高等学校规划教材

现代制造工艺基础

（第2版）

主　编　张云鹏
副主编　阎光明　侯忠滨

西北工业大学出版社
西　安

【内容简介】 本书是在《现代制造工艺基础》(第1版)基础上修订而成的,全书分为7章,内容包括绪论、机械加工工艺规程设计、工艺过程质量控制、机床夹具设计基础、典型零件加工工艺、机器装配工艺基础以及现代制造工艺技术等。本书叙述简明,概念清楚,内容丰富,注重理论与实践的结合,突出实用性。

本书可作为高等学校机械设计制造及自动化专业的教学用书,也可作为机械类其他专业和近机械类专业本、专科学生的教学用书,还可供从事机械设计制造的工程技术人员阅读参考。

图书在版编目(CIP)数据

现代制造工艺基础 / 张云鹏主编. —2版. —西安:西北工业大学出版社,2022.10

ISBN 978-7-5612-8460-5

Ⅰ. ①现… Ⅱ. ①张… Ⅲ. ①机械制造工艺—高等学校—教材 Ⅳ. ①TH16

中国版本图书馆CIP数据核字(2022)第182444号

XIANDAI ZHIZAO GONGYI JICHU

现代制造工艺基础

张云鹏 主编

责任编辑:杨 军 **策划编辑**:杨 军

责任校对:胡莉巾 **装帧设计**:李 飞

出版发行:西北工业大学出版社

通信地址:西安市友谊西路127号 邮编:710072

电　　话:(029)88493844 88491757

网　　址:www.nwpup.com

印 刷 者:陕西向阳印务有限公司

开　　本:787 mm×1 092 mm 1/16

印　　张:17.5

字　　数:459千字

版　　次:2007年8月第1版 2022年10月第2版 2022年10月第1次印刷

书　　号:ISBN 978-7-5612-8460-5

定　　价:59.00元

如有印装问题请与出版社联系调换

第2版前言

《现代制造工艺基础》(第1版)自2007年8月出版以来,已经经过多次印刷,受到广大读者的欢迎,这是对笔者一个很大的鼓舞和鞭策。

2015年5月,我国提出"中国制造2025"国家行动纲领,通过10年努力实现中国制造向中国创造、中国速度向中国质量、中国产品向中国品牌三大转变,基本实现工业化,迈入制造强国行列。编写教材应适应这一形势要求,结合实际,增加相关内容,急国家之所急。另外,国家教育改革使"机械设计制造及自动化"专业培养方案发生了较大的变化,普遍存在专业课合并、学时压缩的情况,为保障学生掌握必要的专业理论知识,获得综合实践能力,需对《现代制造工艺基础》(第1版)内容进行相应的修订,按高标准要求进行编写。

本次修订保持《现代制造工艺基础》(第1版)的基本内容和风格,以现代制造工艺基础知识为主线,将传统机械制造工艺与现代制造技术有机结合,保留了传统机械制造工艺学的经典知识,增加了现代制造技术相关内容,使教材内容更加系统、先进。在机械制造工艺学经典知识方面,增加了现代制造技术发展、零件结构分析、数控加工工艺编制方面的内容,更新了夹具设计内容有关的图表,以体现机械制造工艺学基本知识的系统性。在现代制造工艺技术方面,增加了特种加工技术、增材制造技术、高速和超高速加工技术、精密和超精密加工技术、微细加工及纳米技术和复合加工技术等目前工程实践中比较成熟的现代制造工艺技术方面的内容,保证了本书的先进性。全书坚持以拓宽知识面、内容精简、加强实际应用为原则,以工艺为主,注意与其他专业课程的学习融会贯通,使学生建立与现代制造技术发展相适应的系统、完整的专业知识体系结构。同时,注重提高学生综合运用理论知识分析解决工程实际问题的能力。

本书具有优化精简、系统先进、专业突出和注重实用等特点。系统叙述现代制造工艺的经典知识,融入现代制造新技术、新工艺,采用最新的国家标准,突出机械制造专业的核心专业知识,使学生具备机械加工工艺规程设计,专用夹具设计，解决生产过程中工艺、技术、质量问题的基本能力，为从事机械制造业的工程技术和管理工作奠定理论基础。本书各章节的实例均来自于生产实际，以供学生学习时参考。各章后附有习题，供学生复习、巩固有关理论知识，培养分析问题、解决问题的能力。

本次修订由西北工业大学张云鹏任主编，具体编写分工如下：第 1，2，7 章由西北工业大学张云鹏编写；第 3，4 章由西北工业大学阎光明编写；第 5 章由西北工业大学侯忠滨编写；第 6 章由中国航发动力股份有限公司陈阳编写。

本书承蒙西北工业大学田锡天教授审阅并提出宝贵意见和建议，谨致谢意。

本书编写参阅了相关文献、资料，在此，谨向其作者表示感谢。

由于水平有限，书中难免有疏漏和不足之处，恳请广大读者批评指正。

编　者

2022 年 4 月

第1版前言

《现代制造工艺基础》是“机械设计制造及自动化”专业的专业课教材，是为适应机械工程类专业教学改革的需要，参照目前试行的教学计划和教学大纲，结合笔者多年来机械制造工艺学教学实践以及科研成果，借鉴其他院校的教材和教学经验，重新规划、编写而成的。

编写本书的目的是在近年来专业课合并和课时压缩的情况下，保障学生掌握必要的专业理论知识和培养综合实践能力。因此，在内容安排上将传统的机械制造工艺学与现代生产方式、方法有机结合，并适当增加了现代制造工艺及现代夹具设计等内容，使本书在内容上更加丰富，更加先进。全书坚持以拓宽知识面、精简内容、加强实际应用为原则，以工艺为主，并与其他专业课程的学习融会贯通，使学生建立与现代制造工业发展相适应的系统完整的专业知识体系结构。同时，注重提高学生综合运用理论知识分析解决工程实际问题的能力。

本书的主要特点是优化组合、完整充实，合理取材、专业突出，注重典型、突出实用，并融入现代制造业的新技术、新工艺。通过学习，能使学生具有工艺规程设计，专用夹具设计和分析、解决机械制造生产过程中工艺、技术、质量等问题的初步能力，为从事机械制造工程技术和管理的人员奠定理论基础。

本书各章附有习题，以供学生复习、巩固和掌握有关理论和知识，培养分析问题、解决问题的能力。本书由西北工业大学阎光明(第3,5,6章)、侯忠滨(第1,2章)、张云鹏(第4章)编写，全书由阎光明负责总体规划和统稿。

本书承蒙西北工业大学荆长生教授和马修德教授审阅并提出宝贵意见，谨致谢意。

书中难免有疏漏和不足之处，恳请读者批评指正。

编　者

2007年5月

目　　录

第1章　绪　　论

1.1　现代制造技术概述

一、机械制造技术的发展

现代制造技术或先进制造技术是20世纪80年代提出来的，已经历了半个多世纪。最初的制造是靠手工来完成的，以后逐渐用机械代替手工，以达到提高产品质量和生产率的目的，同时也为解放生产力和减轻繁重的体力劳动，出现了机械制造技术。机械制造技术有两方面的含义：一方面是指用机械来加工零件（或工件）的技术，更明确地说是在一种机器上用切削方法来加工，这种机器通常称为机床、工具机或工作母机；另一方面是指制造某种机械（如汽车、涡轮机等）的技术。此后，由于在制造方法上有了很大的发展，除用机械方法加工外，还出现了电加工、光学加工、电子加工和化学加工等非机械加工方法，因此，人们把机械制造技术简称为制造技术。制造技术省去了“机械”二字，取其泛指之意，同时又有时代感，强调了各种各样的制造技术，但机械制造技术仍是它的主体和基础部分。

可以认为，先进制造技术是将机械、电子、信息、材料、能源和管理等方面的技术，进行交叉、融合和集成，综合应用于产品全生命周期的制造全过程，包括市场需求、产品设计、工艺设计、加工装配、检测、销售、使用、维修和报废处理等，以实现优质、敏捷、高效、低耗、清洁生产，进而快速响应市场的需求。

制造技术的发展是一个永恒的主题，是设想、概念、科学技术物化的基础和手段，是国家经济与国防实力的体现，是国家工业化的关键。制造业的发展和其他行业一样，随着国际、国内形势的变化，有高潮期也有低潮期，有高速发展期也有低速发展期，有国际特色也有民族特色，但需要长期持续不断地向前发展是不变的。

二、制造技术的重要性

制造技术的重要性是不言而喻的，其有以下四方面的意义。

1. 社会发展与制造技术密切相关

现代制造技术是当前世界各国研究和发展的主题，特别是在市场经济繁荣的今天，它更占有十分重要的地位。

人类的发展过程就是一个不断制造的过程，在人类发展的初期，为了生存，制造了石器，以便于狩猎。此后，相继出现了陶器、铜器、铁器和一些简单的机械，如刀、剑、弓、箭等兵器，锅、壶、盆、罐等用具，犁、磨、碾和水车等农用工具，这些工具和用具的制造过程都是简单的，主要围绕生活必需和存亡征战，制造资源、规模和技术水平都非常有限。随着社会的发展，制造技术的范围和规模在不断扩大，技术水平也在不断提高，并向文化、艺术、工业发展，出现了纸张、笔墨、活版、石雕、珠宝、钱币和金银饰品等制造技术。从第一次工业革命开始，出现了大工业生产，使得人类的物质生活和文明有了很大的提高，人们对精神和物质也有了更高的要求，科学技术有了更快、更新的发展，从而与制造技术的关系就更为密切。蒸汽机制造技术的问世带来了工业革命和大工业生产，内燃机制造技术的出现和发展形成了现代汽车、火车和舰船，喷气涡轮发动机制造技术促进了现代喷气客机和超音速飞机的发展，集成电路制造技术的进步左右了现代计算机的水平，纳米技术的出现开创了微型机械的先河，宇宙飞船、航天飞机、人造卫星以及空间工作站等制造技术的出现，使人类的活动走出了地球，走向了太空。因此，人类的活动与制造密切相关，人类活动的水平受到了制造水平的极大约束。

2. 制造技术是科学技术物化的基础

从设想到实现，从精神到物质，是靠制造来转化的，制造是科学技术物化的基础，科学技术的发展反过来又提高了制造的水平。信息技术的发展并被引入制造技术，使制造技术产生了革命性的变化，出现了制造系统和制造科学，从此制造就以系统这一新概念出现。它由物质流、能量流和信息流组成，物质流是本质，能量流是动力，信息流是控制，制造技术与系统论、方法论、信息论、控制论、共生论和协同论相结合就形成了新的制造学科，即制造系统工程学，其体系结构如图 1.1 所示。制造系统是制造技术发展的新里程碑。

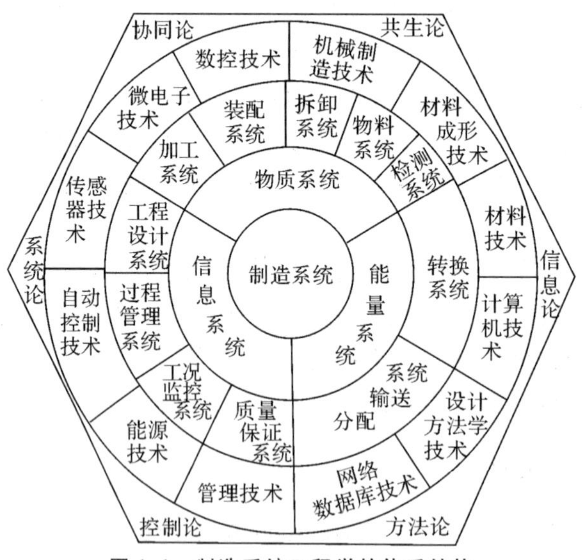

图 1.1　制造系统工程学的体系结构

科学技术的创新和构思需要实践，实践是检验真理的唯一标准。例如，人类对飞行的欲望和需求由来已久，经历了无数的挫折与失败，通过了多次的构思和实验，最后才获得成功。实验就是一种物化手段和方法，生产是一种成熟的物化过程。

3. 制造技术是所有工业的支柱

制造技术涉及面非常广，冶金、建筑、水利、机械、电子、信息、运载和农业等各个行业都要有制造业的支持，如冶金行业需要冶炼、轧制设备，建筑行业需要塔吊、挖掘机和推土机等工程机械，因此，制造业是一个支柱产业，在不同的历史时期有不同的发展重点，但需要制造技术的支持是永恒的。当然，各个行业有其本身的主导技术，如农业需要生产粮、棉等农产品，有很多的农业生产技术，现代农业的发展，也离不开农业机械制造技术发展和支持，这已成为现代农业发展的重要组成部分。因此，制造技术既有普遍性、基础性的一面，又有特殊性、专业性的一面，制造技术既有共性，又有个性。

4. 制造技术是国力和国防的后盾

一个国家的国力主要体现在政治实力、经济实力、军事实力上，而经济和军事实力与制造技术的关系十分密切。只有在制造上是一个强国，才能在军事上是一个强国，一个国家不能靠外汇去购买别国的军事装备来保卫自己，必须有自己的国防工业。有了国力和国防才有国际地位，才能立足于世界。

第二次世界大战以后，日本、德国等国家一直重视制造业，使其国力得以快速恢复，经济实力处于世界前列。从20世纪30年代开始一直在制造技术上处于领先地位的美国，由于在20世纪五六十年代未能重视它而每况愈下。20世纪90年代，美国人提出了集成制造、敏捷制造、虚拟制造和并行工程及“两毫米工程”等举措，促进了先进制造技术的发展，同时对美国的工业生产和经济复苏产生了重大影响。

三、广义制造论

长期以来，由于设计和工艺的分家，制造被定位于制造工艺，这是一种狭义制造的概念。随着社会发展和科技进步，需要综合、融合和复合多种技术去研究和解决问题，特别是集成制造技术的问世，广义制造的概念被提出，亦称之为“大制造”，它体现了制造概念的扩展。

广义制造的概念将设计、工艺和管理紧密联系在一起，形成一个整体，以适应市场经济发展的需求。从制造技术的发展来看，开始是一个原始的综合体，体现了设计、工艺、经营管理的一体化，利用集市进行产品的交换或买卖；此后，社会大发展，生产分工，形成了设计、工艺和销售等各个相对独立的部门，从而产生了设计学、工艺学和管理学等学科，反映了科学技术和生产的进步；现在，由于市场的快速需求和技术的复杂性，简单的分工严重地影响了制造问题的解决和产品上市时间，从而又将它们集成起来，形成了设计、工艺、经营管理的新综合体。这是制造技术从整体发展到分工，从分工又螺旋上升到整体的过程，反映了事物发展的客观规律。

广义制造的概念体现了制造技术的扩展，其具体的形成过程主要表现在以下几方面。

1. 材料加工成形机理的扩展

在传统制造工艺中，人们将零件的加工过程分为热加工和冷加工两大类，而且是以冷去除加工和热变形加工为主，主要是利用力、热原理来进行的。但现在从加工成形机理来分类，可以明确地将加工工艺分为去除加工、结合加工和变形加工。

(1)去除加工。去除加工又称分离加工，是从工件上去除一部分材料而成形，如车削、铣削、磨削加工等。

(2)结合加工。结合加工是利用物理和化学方法将相同材料或不同材料结合在一起而成形，是一种堆积成形、分层制造方法，如电镀、渗碳、氧化和焊接等。

(3)变形加工。变形加工又称流动加工，是利用力、热、分子运动等手段使工件产生变形，改变其尺寸、形状和性能的方法，如锻造、铸造等。

2.制造技术的综合性

现代制造技术是一门以机械为主体，交叉、融合了光、电、信息、材料和管理等学科的综合体，并与社会科学、文化和艺术等关系密切，不是单纯的机械制造。

人造金刚石、立方氮化硼、陶瓷、半导体和石材等新材料的问世形成了相应的加工工艺学。

制造与管理已经不可分割，管理和体制密切相关，体制不协调会制约制造技术的发展。

近年来发展起来的工业设计学科是制造技术与美学、艺术结合的体现。

哲学、经济学、社会学会指导科学技术的发展，现代制造技术有质量、生产率、经济性、产品上市时间、环境和服务等多项目标的要求，靠单纯技术是难以达到的。

3.计算机集成制造技术的问世

计算机集成制造技术最早称为计算机综合制造技术，它强调了技术的综合性，认为一个制造系统至少应由设计、工艺和管理三部分组成，体现了“合一分一合”的螺旋上升。长期以来，由于科技、生产的发展，制造愈来愈复杂，人们已习惯了将复杂事物分解为若干单方面事物来处理，形成了“分工”，这是正确的。但在此同时却忽略了各方面事物之间的有机联系。当制造更为复杂时，不考虑这些有机联系就不能够解决问题，这时，集成制造的概念应运而生，一时间受到了极大的重视。

集成制造系统首先强调了信息集成，即计算机辅助设计、计算机辅助制造和计算机辅助管理的集成。其实集成有多方面和层次，如功能集成、信息集成、过程集成和学科集成等，总的思想是从相互联系的角度去统一解决问题。

此外，在计算机集成制造技术发展的基础上出现了“并行工程”“协同制造”等概念及其技术和方法，强调了在产品全生命周期中能并行、有序地协同解决某一环节所发生的问题，即从“点”到“全局”，强调了局部和全面的关系，在解决局部问题时要考虑其对整个系统的影响，而且能够协同解决。

4.丰富的软硬件工具、平台和支撑环境

长期以来，人们对制造的概念多停留在硬件上，对制造技术来说，主要是各种工艺装备等。现代制造不仅在硬件上有了很大的突破，而且广泛应用软件。

现代制造技术应包括硬件和软件两大方面，并且在丰富的软硬件工具、平台和支撑环境的支持下才能工作。软硬件要相互配合才能发挥作用，而且不可分割。如计算机是现代制造技术中不可缺少的设备，但它必须有相应的软件的支持才能投入使用；又如数控机床，它是由机

床本身和数控系统两大部分组成的，必须有程序编制软件才能使机床进行加工。

专业用软件需要专业人员才能开发，单纯的计算机软件开发人员是难以胜任的，因此，除通用软件外，制造技术在其专业技术的基础上，发展了相应的软件技术，并成为制造技术不可分割的组成部分。

四、现代制造工艺技术的发展

1. 工艺是制造技术的核心

现代制造工艺技术是先进制造技术的重要组成部分，也是最有活力的部分。产品从设计变为现实必须通过加工才能实现，工艺是设计和制造的桥梁，设计的可行性往往会受到工艺的制约，工艺（包括检测）往往会成为“瓶颈”。不是所有设计的产品都能加工出来，也不是所有设计的产品通过加工都能达到预定的技术性能要求。因此，工艺方法和水平是至关重要的。

“设计”和“工艺”都是重要的，把“设计”和“工艺”对立和割裂开来是不对的，应该用广义制造的概念统一起来。人们往往看重产品设计者的作用，而未能正确评价工艺师的作用，这是当前影响制造技术发展的一个关键问题。

例如，在用金刚石车削进行超精密切削时，其刃口钝圆半径的大小与切削性能的关系十分密切，它影响了极薄切削的切屑厚度，反映了一个国家在超精密切削技术方面的水平。通常，刃口是在专用的金刚石研磨机上研磨出来的，国外加工出的刃口钝圆半径可达 2 nm，而我国现在还达不到这个水平。这个例子生动地说明了有些制造技术问题的关键不在设计上，而是在工艺上。

2. 工艺是生产中最活跃的因素

同样的设计可以通过不同的工艺方法来实现。工艺不同，所用的加工设备、工艺装备也就不同，其质量和生产率也会有差别。工艺是生产中最活跃的因素，有了某种工艺方法才有相应的工具和设备出现，反过来，这些工具和设备的发展，又提高了该工艺方法的技术性能和水平，扩大了其应用范围。

加工技术的发展往往是从工艺突破的。在 20 世纪 40 年代，苏联的科学家拉扎林科夫妇发明了电加工方法，此后就出现了电火花线切割加工、电火花成形加工、电火花高速打孔加工等方法，发展了一系列的相应设备，形成了一个新兴行业，对模具的发展产生了重大影响。当科学家发现激光和超声波可以用来加工时，出现了激光打孔、激光焊接、激光干涉测量、超声波打孔和超声波探伤等方法，相应地发展了一批加工和检测设备，从而与其他非切削加工手段在一起，形成了特种加工技术，即非传统加工技术。这在加工技术领域，形成了异军突起的局面。由于工艺技术上的突破和丰富多彩，设计人员也扩大了“眼界”，以前有些不敢涉及的设计，变成现在敢于设计了。例如，利用电火花磨削方法可以加工直径为 0.11 mm 以下的探针，利用电子束、离子束和激光束可以加工直径为 0.1 mm 以下的微孔，而纳米加工技术的出现更是扩大了设计的广度和深度。

世界上制造技术比较强的国家，如德国、日本、美国、英国、意大利等，其制造工艺比较发达，因此产品质量上乘，受到普遍欢迎。产品质量是一个综合性问题，与设计、工艺技术、管理和人员素质等多个因素有关，但与工艺技术的关系最为密切。

3. 现代制造工艺理论和技术的发展

工艺技术发展缓慢和工艺问题不被重视有密切关联。长期以来，人们认为工艺是手艺，是一些具体的加工方法，对它的认识未能上升到理论高度。但是在20世纪初，德国非常重视工艺，出版了不少工作手册。到了20世纪50年代，苏联的许多学者在德国学者研究的基础上，出版了《机械制造工艺学》《机械制造工艺原理》等著作，在大学里开设了机械制造专业，将制造工艺作为一门学问来对待，即将工艺提高到理论高度。此后，在20世纪70年代，又形成了机械制造系统和机械制造工艺系统，至此工艺技术形成一门科学。20世纪80年代发展起来的智能制造是一门新兴学科，具有广阔的前景，被公认为继柔性化、集成化后，制造技术发展的第三阶段。智能制造(Intelligent Manufacturing，IM)源于人工智能的研究，强调发挥人的创造能力和人工智能技术。一般认为智能是知识和智力的总和，知识是智能的基础，智力是获取和运用知识进行求解的能力，学习、推理和联想三大功能是智能的重要因素。智能制造就是将人工智能技术运用于制造中。

近年来在制造工艺理论和技术上的发展比较迅速，除了传统的制造方法外，由于精度和表面质量的提高、许多新材料的出现，特别是不少新型产品[如计算机、集成电路(芯片)、印制电路板等]的制造生产与传统制造方法有很大的不同，从而开辟了许多制造工艺的新领域和新方法。这些发展主要可分为以下几方面。

(1)工艺理论，如加工成形机理、精度原理、相似性原理和成组技术、工艺决策原理和优化原理等。

(2)加工方法，如特种加工、增材制造、高速加工和超高速加工、精密加工和超精密加工、微细加工、复合加工等。

(3)制造模式，如并行工程、协同制造、虚拟制造、智能制造、大规模定制制造，以及绿色制造等。

(4)制造系统，如计算机集成制造系统、柔性制造系统等。

我国已是一个制造大国。世界制造中心正在向我国转移，这对我国的制造业是一次机遇和挑战。要形成世界制造中心就必须掌握先进的制造技术、掌握核心技术，要有很高的制造技术水平，才能不受制于人，才能从制造大国走向制造强国。

1.2 生产过程、工艺过程与工艺系统

1. 机械产品生产过程

机械产品生产过程是指从原材料开始到成品出厂的全部过程，它不仅包括毛坯的制造、零件的机械加工、热处理，机器的装配、检验、测试和涂装等主要劳动过程，还包括专用工具、夹具、量具和辅具的制造，机器的包装，原材料和成品的运输和保管，加工设备的维修，以及动力(电、压缩空气、液压等)供应等辅助劳动过程。

由于机械产品的主要劳动过程都使被加工对象的尺寸、形状和性能产生了一定的变化，即

与生产过程有直接关系，因此称为直接生产过程，亦称为工艺过程。而机械产品的辅助劳动过程虽然未使加工对象产生直接变化，但也是非常必要的，因此称为辅助生产过程。所以，机械产品的生产过程由直接生产过程和辅助生产过程组成。

随着机械产品复杂程度的不同，其生产过程可以由一个车间或一个工厂完成，也可以由多个车间或工厂协作完成。

2. 机械加工工艺过程

机械加工工艺过程是机械产品生产过程的一部分，是直接生产过程，其原意是指采用金属切削刀具或磨具来加工工件，使之达到所要求的形状、尺寸、表面粗糙度和力学物理性能，成为合格零件的生产过程。由于制造技术的不断发展，现在所说的加工方法除切削和磨削外，还包括其他加工方法，如电加工、超声加工、电子束加工、离子束加工、激光束加工，以及化学加工等。

3. 机械加工工艺系统

零件进行机械加工时，必须具备一定的条件，即要有一个系统来支持，称之为机械加工工艺系统。通常，一个系统由物质分系统、能量分系统和信息分系统所组成。

机械制造工艺系统的物质分系统由工件、机床、工具和夹具组成。工件是被加工对象。机床是加工设备，如车床、铣床、磨床等，也包括钳工台等钳工设备。工具是各种刀具、磨具、检具，如车刀、铣刀、砂轮等。夹具是指机床夹具，如果加工时是将工件直接装夹在机床工作台上，也可以不要夹具。因此，一般情况下，工件、机床和工具是不可少的，而夹具可有可无。

能量分系统是指动力供应。

在用一般的通用机床加工时，多为手工操作，未涉及信息技术，而现代的数控机床、加工中心和生产线，则和信息技术关系密切，因此，有了信息分系统。

机械加工工艺系统可以是单台机床，如自动机床、数控机床和加工中心等，也可以是由多台机床组成的生产线。

1.3　生产类型与工艺特点

一、生产纲领

企业根据市场需求和自身的生产能力制定生产计划。在计划期内，应当生产的产品产量和进度计划称为生产纲领。计划期为一年的生产纲领称为年生产纲领。通常零件的年生产纲领计算公式为

$$N = Qn(1+\alpha+\beta) \tag{1.1}$$

式中：N —— 零件的年生产纲领（件 / 年）；

Q —— 产品的年产量（台 / 年）；

n —— 每台产品中，该零件的数量（件或台）；

α —— 备品率（%）；

β —— 废品率(%)。

年生产纲领是设计或修改工艺规程的重要依据，是车间(或工段）设计的基本文件。生产纲领确定后，还应该确定生产批量。

二、生产批量

生产批量是指一次投入或产出的同一产品或零件的数量。零件生产批量的计算公式为

$$n' = \frac{NA}{F} \tag{1.2}$$

式中：n' —— 每批中的零件数量；

N —— 零件的年生产纲领规定的零件数量；

A —— 零件应该储备的天数；

F —— 一年中工作日天数。

确定生产批量的大小是一个相当复杂的问题，应主要考虑以下几种因素。

(1)市场需求及趋势分析。应保证市场的供销量，还应保证装配和销售有必要的库存。

(2)便于生产的组织与安排。保证多品种产品的均衡生产。

(3)产品的制造工作量。对于大型产品，其制造工作量较大，批量应小些，而中、小型产品的批量可大些。

(4)生产资金的投入。批量小些，次数多些，投入的资金少，有利于资金的周转。

(5)制造生产率和成本。批量大些，可采用一些先进的专用高效设备和工具，有利于提高生产率和降低成本。

三、具体生产类型及其工艺特点

根据工厂(或车间、工段、班组、工作地)生产专业化程度的不同，可将它们按大量生产、成批生产和单件生产三种生产类型来分类。其中，成批生产又可分为大批生产、中批生产和小批生产。显然，产量越大，生产专业化程度应该越高。重型机械、中型机械和轻型机械年生产量的各种生产类型的规范见表 1.1，可见对重型机械来说，其大量生产的数量远小于轻型机械的数量。

表 1.1 各种生产类型的规范

生产类型	零件的年生产钢量/(件·年$^{-1}$)		
	重型机械	中型机械	轻型机械
单件生产	≤5	≤20	≤100
小批生产	>5～100	>20～200	>100～500
中批生产	>100～300	>200～500	>500～5 000
大批生产	>300～1 000	>500～5 000	>5 000～50 000
大量生产	>1 000	>5 000	>50 000

从工艺特点上看，小批量生产和单件生产的工艺特点相似，大批生产和大量生产的工艺特点相似，因此生产上常按单件小批生产、中批生产和大批大量生产来划分生产类型，并且按这三种生产类型归纳它们的工艺特点(见表 1.2)。可以看出，生产类型不同，其工艺特点有很大

差异。

表1.2　各种生产类型的工艺特点

项　目	特　点		
	单件小批生产	中批生产	大批大量生产
加工对象	经常变换	周期性变换	固定不变
毛坯的制造方法及加工余量	木模手工造型，自由锻。毛坯精度低，加工余量大	部分铸件用金属型；部分锻件用模锻。毛坯精度中等、加工余量中等	广泛采用金属型机器造型、压铸、精铸、模锻。毛坯精度高、加工余量小
机床设备及其布置形式	通用机床，按类别和规格大小，采用机群式排列布置	部分采用通用机床，部分采用专用机床，按零件分类，部分布置成流水线，部分布置成机群式	广泛采用专用机床，按流水线或自动线布置
夹具	通用夹具或组合夹具，必要时采用专用夹具	广泛使用专用夹具，可调夹具	广泛使用高效率的专用夹具
刀具和量具	通用刀具和量具	按零件产量和精度，部分采用通用刀具和量具，部分采用专用刀具和量具	广泛使用高效率的专用刀具和量具
工件的装夹方法	划线找正装夹，必要时采用通用夹具或专用夹具装夹	部分采用划线找正，广泛采用通用或专用夹具装夹	广泛使用专用夹具装夹
装配方法	广泛采用配刮	少量采用配刮，多采用互换装配法	采用互换装配法
操作工人平均技术水平	高	一般	低
生产率	低	一般	高
成本	高	一般	低
工艺文件	用简单的工艺过程卡管理生产	有较详细的工艺规程，用工艺过程卡管理生产	详细制订工艺规程，用工序卡、操作卡及调整卡管理生产

随着技术进步和市场需求的变换，生产类型的划分正在发生着深刻的变化，传统的大批量生产，往往不能适应产品及时更新换代的需要，而单件小批生产的生产能力又跟不上市场需求，因此各种生产类型都朝着生产过程柔性化的方向发展。

习　　题

1.1　试论述制造技术的重要性。

1.2　试述广义制造论的含义。

1.3　从材料成形机理来分析，加工工艺方法可分为哪几类？它们各有何特点？

1.4　现代制造技术的发展有哪些方向？

1.5　什么是机械加工工艺过程？什么是机械加工工艺系统？

1.6　某机床厂年产CA6140车床2 000台，已知每台车床只有一根主轴，主轴零件的备品率为14%，机械加工废品率为4%，试计算机床主轴零件的年生产纲领。从生产纲领来分析，试说明主轴零件属于何种生产类型，其工艺过程有何特点。若按每年节假日11天，每周工作5天，1年有365－(52×2＋11)＝250个工作日，1月按21个工作日来计算，试计算主轴零件月平均生产批量。

第2章　机械加工工艺规程设计

2.1　基本概念

一、机械加工工艺规程

把工艺过程按一定的格式用文件的形式固定下来，称为机械加工工艺规程。它是一切有关生产人员都应严格执行、认真贯彻的纪律性文件。

机械加工工艺规程在生产中的作用如下。

(1)根据机械加工工艺规程进行生产准备(包括技术准备)。在产品投入生产以前，需要做大量的生产准备和技术准备工作，例如，技术关键的分析与研究，刀具、夹具和量具的设计、制造或采购，设备改装与新设备的购置或定做，等等。这些工作都必须根据机械加工工艺规程来展开。

(2)机械加工工艺规程是生产计划、调度，工人的操作、质量检查等的依据。

(3)新建或扩建车间(或工段)，其原始依据也是机械加工工艺规程。根据机械加工工艺规程确定机床的种类和数量，确定机床的布置和动力配置，确定生产面积的大小和工人的数量。

通常，机械加工工艺规程被填写成表格(卡片)的形式。机械加工工艺规程的详细程度与生产类型、零件的设计精度和工艺过程的自动化程度有关。一般来说，采用普通加工方法的单件小批生产，只需填写简单的机械加工工艺路线卡片(见表2.1)；大批大量生产类型要求有严密、细致的组织工作，因此还要填写机械加工工序卡片(见表2.2)。对有调整要求的工序要有调整卡，检验工序要有检验卡。若机械加工工艺过程中有数控工序或全部由数控工序组成，则不管生产类型如何，都必须对数控工序做出详细规定，填写数控加工工序卡、刀具卡等必要的与编程有关的工艺文件，以利于编程和指导操作。

表2.1　机械加工工艺路线卡片

<table>
<tr><td colspan="2">材　料</td><td>4Cr14Ni14W2Mo</td><td colspan="2" rowspan="3">工艺路线卡片</td><td>产品型号</td><td colspan="2">××××</td></tr>
<tr><td colspan="2">每台件数</td><td>1</td><td>零件名称</td><td colspan="2">加速活门衬套</td></tr>
<tr><td colspan="2">毛坯种类尺寸</td><td>棒料 ϕ19×1 215</td><td>零件号</td><td colspan="2">359-120</td></tr>
<tr><td>工序号</td><td>工序名称</td><td>设备名称型号</td><td>夹具</td><td></td><td>刀具</td><td>量具</td><td>备注</td></tr>
<tr><td>0</td><td>毛坯</td><td></td><td></td><td></td><td></td><td></td><td></td></tr>
<tr><td>5</td><td>下料</td><td>六角车床 C336-1</td><td></td><td></td><td></td><td></td><td></td></tr>
</table>

续 表

工序号	工序名称	设备名称型号	夹 具	刀 具	量 具	备 注
10	热处理					
15	车端面及钻、铰孔	六角车床 C336－1				
20	车外圆	车床 C616A				
25	磨外圆及端面	磨床 M120				
30	车外圆、端面及镗孔	车床 C616A				
35	车槽	车床 C616A				
40	车外圆及倒角	车床 C616A				
45	钻、铰小孔	台钻 Z4006	钻模 6304/0907			
50	去毛刺					
55	铣槽	铣床 X8126	铣床夹具 6320/0013			
60	去毛刺					
65	研内孔					
70	研小孔					
75	研内孔					
80	清洗					
85	检验					
90	电镀					
95	研磨内孔					
100	检验内孔					
105	防锈					
110	热处理					氮化
115	除铜					
120	磨端面	平面磨床 M7130	磨床夹具 6333/0076			
125	磨外圆	磨床 M120	磨床夹具 6331/0073			
130	研小孔					
135	珩磨内孔	珩磨机 M425	专用夹具	珩磨头 2D618/079		
140	清洗					
145	最终检验					
150	油封入库					

工艺更改登记		编 制		审 核	
		校 对		批 准	

表 2.2　机械加工工序卡片

××××厂		机械加工工序卡片		工序名称	车
车间	××			工序号	30
材料	4Cr14Ni14W2Mo	硬度		设　备	车床 616A

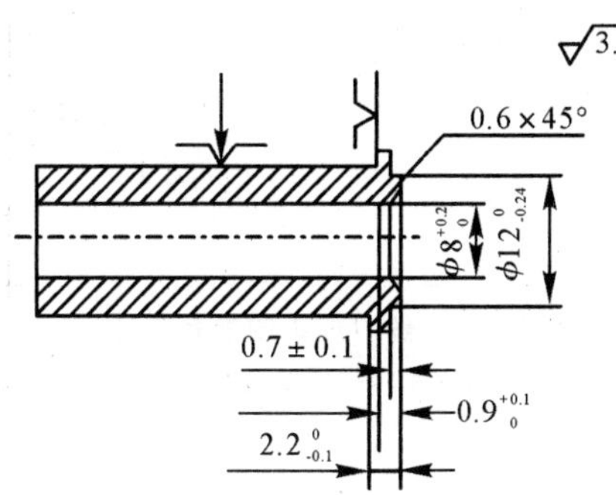

序号	工步内容及加工要求	夹具	刀具	量具
1 2 3 4	车端面保持尺寸 $2.2_{-0.1}^{0}$ 车外圆 $\phi 12_{-0.24}^{0}$，保持 0.7±0.1 镗孔 $\phi 8_{0}^{+0.2}$，深 $0.9_{0}^{+0.1}$ 内孔倒角 0.6×45°	三爪卡盘		

				编制	
				校对	
标记	更改单号	更改者签名	更改日期	审批	

二、机械加工工艺过程的组成

机械加工工艺过程是指用机械加工方法逐步改变毛坯的状态(形状、尺寸和表面质量等)，使之成为合格零件所进行的全部过程。

机械加工工艺过程可分为如下组成部分：

(1)工序。工序是指一个(或一组)工人，在一台机床(或一个工作地点)，对一个(或同时对几个)工件所连续完成的那一部分工艺过程。

(2)工步。工步是在加工表面不变、切削工具不变、切削用量(主要是切削速度和进给量)不变的情况下，所连续完成的那一部分工艺过程。

如果几个加工表面完全相同，所用的刀具及切削用量亦不变，在工艺过程中则看做是一个工步，如图 2.1 所示。或者为了提高生产效率，用几把刀具同时分别加工几个表面时，也看作是一个复合工步，如图 2.2 所示。

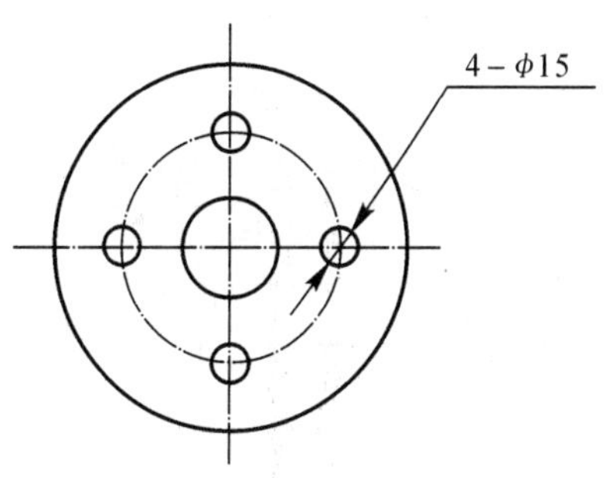

图 2.1　多个相同表面加工的复合工步

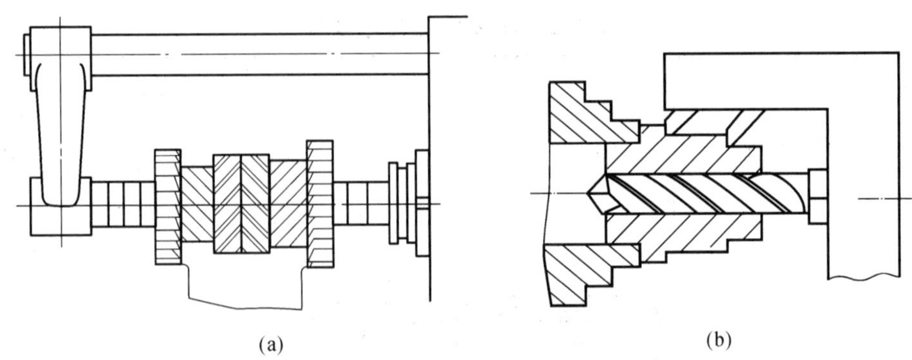

图 2.2　多刀加工的复合工步

(a)多把铣刀加工复合工步;(b)两把车刀一把镗刀加工复合工步

(3)走刀。走刀是切削工具在加工表面上切削一次所完成的那一部分工艺过程。整个工艺过程由若干个工序组成,每一个工序可包括一个工步或几个工步,每一个工步通常包括一次走刀,也可包括几次走刀。

(4)安装。使工件在机床上(或在夹具中)定位并将它夹紧的过程称为安装。在一道工序中,工件可能只安装一次,也可能安装几次。但应尽可能减少安装次数,以减少加工误差和减少装卸工件的辅助时间。

(5)工位。在工件的一次安装中,通过分度(或移位)装置,使工件相对于机床床身变换加工位置,则把每一个加工位置上完成的那一部分工艺过程称为工位。在一次安装中,可能只有一个工位,也可能需要有几个工位。图 2.3 所示为有两个工位。

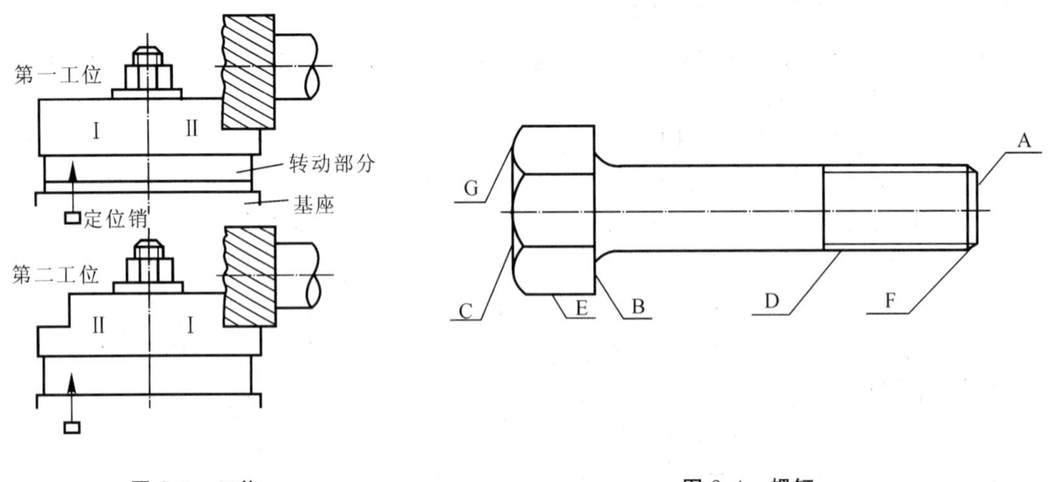

图 2.3　工位　　**图 2.4　螺钉**

最后以六角螺钉的加工为例,说明工艺过程组成常用名词术语的具体应用。零件图如图 2.4 所示,工艺过程的组成见表 2.3。

表 2.3　螺钉机械加工工艺过程

<table>
<tr><th>工　序</th><th>安　装</th><th>工　步</th><th>走　刀</th><th>工　位</th></tr>
<tr><td rowspan="7">05:车</td><td rowspan="7">1
(三爪卡盘)</td><td>1)车端面 A</td><td>1</td><td rowspan="7">1</td></tr>
<tr><td>2)车外圆 E</td><td>1</td></tr>
<tr><td>3)车螺纹外径 D</td><td>3</td></tr>
<tr><td>4)车端面 B</td><td>1</td></tr>
<tr><td>5)倒角 F</td><td>1</td></tr>
<tr><td>6)车螺纹</td><td>6</td></tr>
<tr><td>7)切断</td><td>1</td></tr>
<tr><td rowspan="2">10:车</td><td rowspan="2">1
(三爪卡盘)</td><td>1)车端面 C</td><td>1</td><td rowspan="2">1</td></tr>
<tr><td>2)倒棱 G</td><td>1</td></tr>
<tr><td>15:铣</td><td>1
(旋转夹具)</td><td>1)铣六方
(复合工步)</td><td>3</td><td>3</td></tr>
</table>

三 、工件的装夹与获得尺寸的方法

1. 工件的装夹

在零件加工时,要考虑的重要问题之一就是如何将工件正确地装夹在机床上或夹具中。所谓装夹有两个含义,即定位和夹紧,有些书中将装夹称为安装。

定位是指确定工件在机床(工作台)上或夹具中占有正确位置的过程,通常可以理解为工件相对于切削刀具或磨具的一定位置,以保证加工尺寸、形状和位置的要求。夹紧是指工件在定位后将其固定,使其在加工过程中能承受重力、切削力等且保持定位位置不变。

(1)直接找正装夹。由操作工人直接在机床上利用百分表、划线盘等工具进行工件的定位,俗称找正,然后夹紧工件,称为直接找正装夹。图 2.5 所示为直接找正装夹,将双联齿轮工件装在心轴上,当工件孔径大,心轴直径小,其间无配合关系时,则不起定位作用,这时靠百分表来检测齿圈外圆表面找正。找正时,百分表顶在齿圈外圆上,插齿机工作台慢速回转,停转时调整工件与心轴在径向的相对位置,经过反复多次调整,即可使齿圈外圆与工作台回转中心线同轴。用百分表找正定位精度可达 0.02 mm 左右。

直接找正定位的安装费时费事,因此一般只适用以下情况:

1)工件批量小,采用夹具不经济时。

2)对工件的定位精度要求特别高(例如小于 0.01～0.005 mm),采用夹具不能保证精度时,只能用精密量具直接找正定位。

(2)划线找正装夹。这种装夹方法是事先在工件上划出位置线、找正线和加工线。装夹时按找正线进行找正,即为定位,然后再进行夹紧。图 2.6 所示为一个长方形工件在单动卡盘上,用划线盘按欲加工孔的找正线进行装夹的情况。划线找正的定位精度一般只能达到 0.1 mm左右。

划线找正需要技术高的划线工,而且非常费时,因此一般只适用以下情况:

1)批量不大,形状复杂的铸件。

2)尺寸和重量都很大的铸件和锻件。

3)毛坯的尺寸公差很大,表面很粗糙,一般无法直接使用夹具时。

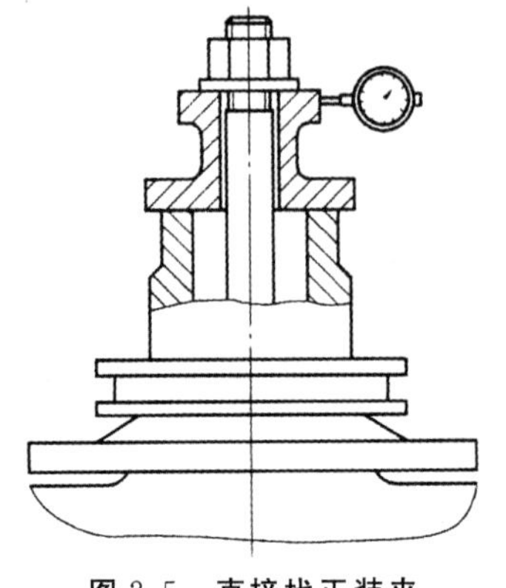

图 2.5　直接找正装夹

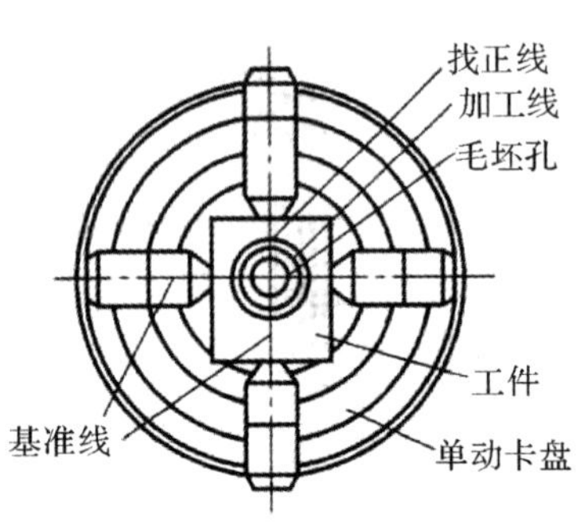

图 2.6　划线找正装夹

(3)夹具中装夹。对中小尺寸的工件,在批量较大时都用夹具定位来安装。夹具以一定的位置安装在机床上,工件以定位基准在夹具的定位件上实现定位,不需要进行找正。这样不仅能保证工件在机床上的定位精度(一般可达0.01 mm),而且装卸方便,可以节省大量辅助时间。但是制造专用夹具的费用高、周期长,因此妨碍它在单件小批量生产中的使用。

图 2.7 所示为双联齿轮装夹在插齿机夹具上加工齿形的情况。定位心轴 3 和基座 4 是该夹具的定位元件,夹紧螺母 1 及螺杆 5 是其夹紧元件,它们都装在插齿机的工作台上。工件以内孔套定位在心轴 3 上,其间有一定的配合要求,以保证齿形加工面与内孔的同轴度,同时又以大齿轮端面紧靠在基座 4 上,以保证齿形加工面与大齿轮端面的垂直度,从而完成定位。再用夹紧螺母 1 将工件压紧在基座 4 上,从而保证了夹紧。这时双联齿轮的装夹就完成了。

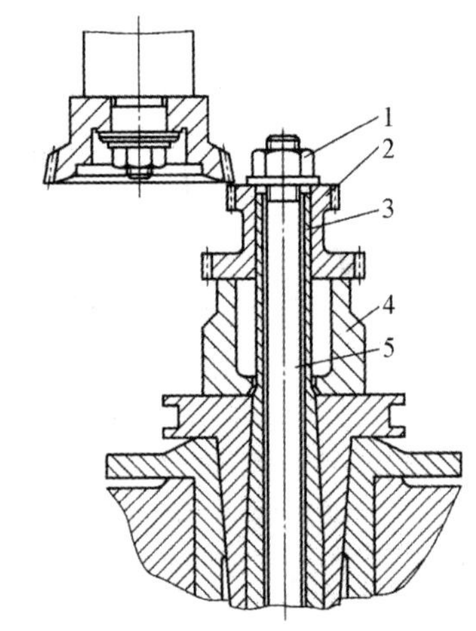

图 2.7　夹具中装夹

1—夹紧螺母;2—双联齿轮(工作);3—定位心轴;4—基座;5—螺杆

2. 工件尺寸的获得方法

工件上各表面间的位置精度可由上述适当的定位安装来解决,而各表面的尺寸精度则可通过下述方法获得。

(1)试切法。即先试切出很小一部分加工表面,测量试切所得的尺寸,再试切,再测量,直至达到图纸要求的尺寸后,再切削整个待加工表面。

(2)定尺寸刀具法。在孔加工中,钻头、扩孔钻、铰刀等的尺寸是有一定的精度的,因此加工出来的孔的尺寸也是一定的。

(3)调整法。利用机床上的定程装置或对刀装置或预先调整好的刀架,使刀具相对于机床或夹具达到一定的位置精度，然后加工一批工件。

在机床上按照刻度盘进刀然后切削，也是调整法的一种。这种方法需要先按试切法确定刻度盘上的刻度。大批量生产中，多用定程挡块、样件、样板等对刀装置进行调整。

(4)自动控制法。使用一定的装置，在工件达到要求的尺寸时，自动停止加工。其方法有以下两种：

1)自动测量，即机床上有自动测量工件尺寸的装置，当工件达到要求尺寸时，自动测量装置即发出指令使机床自动退刀并停止工作。

2)数字控制，即机床中有控制刀架或工作台精确移动的步进马达、滚动丝杠螺母及整套数字控制装置，尺寸的获得由预先编制好的程序通过计算机数字控制装置自动控制。

四、机械加工工艺规程的设计原则、步骤和内容

1. 机械加工工艺规程的设计原则

设计机械加工工艺规程应遵循以下原则：

(1)可靠地保证零件图上所有技术要求的实现。

(2)须能满足生产纲领的要求。

(3)在满足技术要求和生产纲领要求的前提下，一般要求工艺成本最低。

(4)尽量减轻工人的劳动强度，确保生产安全。

2. 设计机械加工工艺规程的步骤和内容

(1)分析产品的装配图和零件图。了解产品的用途、性能和工作条件，熟悉零件在产品中的地位和作用。

(2)工艺审查和分析。对零件图进行工艺分析和审查的主要内容有：①图纸上规定的各项技术条件是否合理；②零件的结构工艺性是否良好；③图纸上是否缺少必要的尺寸、视图或技术条件。过高的精度、过低的表面粗糙度和其他过高的技术条件会使工艺过程复杂，加工困难。应尽可能减少加工量，达到容易制造的目的。如果发现有问题应及时提出，与有关设计人员共同讨论研究，向产品设计部门提出修改建议，不能擅自修改图纸。

所谓零件的结构工艺性是指在满足使用要求的前提下，制造该零件的可行性和经济性。功能相同的零件，其结构工艺性可以有很大差异。结构工艺性好，是指在一定的工艺条件下，既能方便制造，又有较低的制造成本。表 2.4 列举了在常规工艺条件下零件结构工艺性定性分析的例子，供对零件结构工艺性分析时参考。

(3)确定毛坯或按材料标准确定型材的尺寸。确定毛坯的主要依据是零件在产品中的作用和生产纲领以及零件本身的结构。常用毛坯的种类有：铸件、锻件、型材、焊接件和冲压件等。

(4)拟定机械加工工艺路线。这是制定机械加工工艺规程的核心。其主要内容有：选择定位基准、确定加工方法、划分加工阶段、安排加工顺序以及热处理、检验和其他工序等。

(5)确定各工序的尺寸及公差、技术要求及检验方法。

(6)确定满足各工序要求的工艺装备（包括机床、夹具、刀具和量具等）。对需要改装或重新设计的专用工艺装备应提出具体设计任务书。

(7)填写工艺文件。

表 2.4　零件结构工艺性分析举例

序　号	零件结构			
	工艺性不好		工艺性好	
1	孔离箱壁太近：①钻头在圆角处易引偏；②箱壁高度尺寸大，需用加长钻头方能钻孔	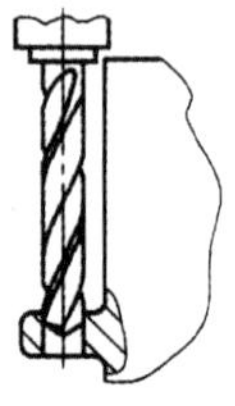	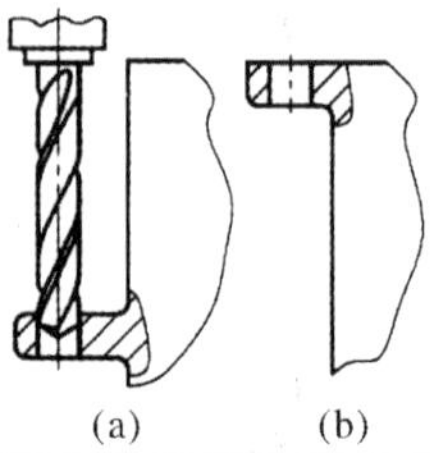 (a)　(b)	①加长箱耳，不需加长钻头即可钻孔；②将箱耳设计在某一端，则不需加工箱耳，可方便加工
2	车螺纹时，螺纹根部易打刀；工人操作紧张，且不能清根	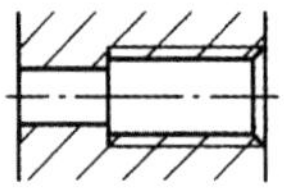	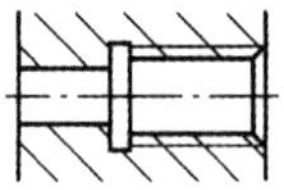	留有退刀槽，可使螺纹清根，操作相对容易，可避免打刀
3	插键槽时，底部无退刀空间，易打刀	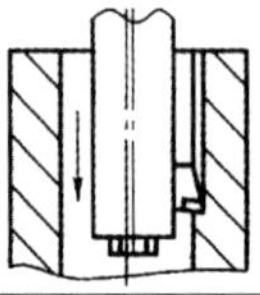	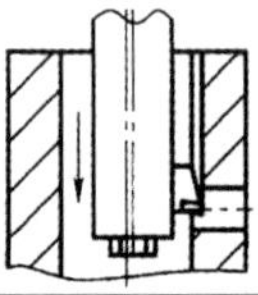	留出退刀空间，避免打刀
4	键槽底与左孔母线齐平，插键槽时，插到左孔表面	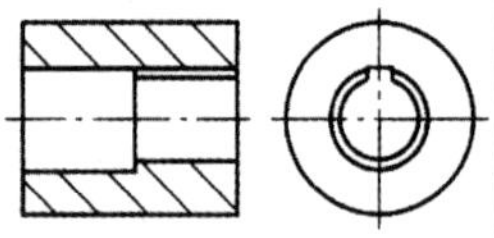	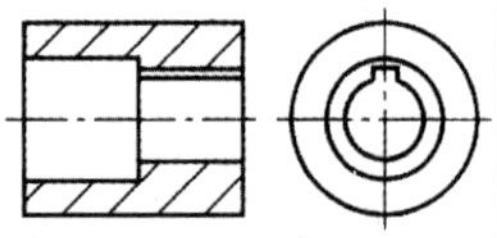	左孔尺寸稍加大，可避免划伤左孔
5	小齿轮无法加工，插齿无退刀空间	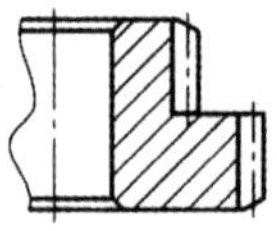	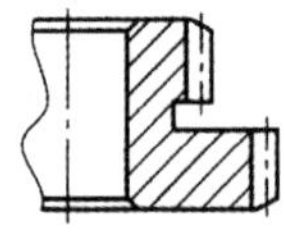	大齿轮可滚齿或插齿，小齿轮可以插齿加工
6	两端轴颈需磨削加工，因砂轮圆角而不能清根	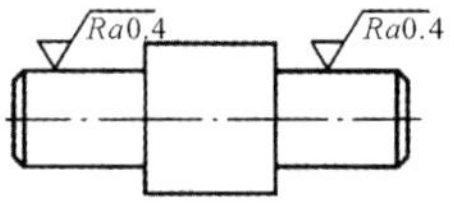 Ra0.4　Ra0.4	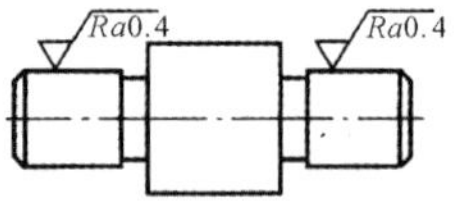 Ra0.4　Ra0.4	留有砂轮越程槽，磨削时可以清根
7	斜面钻孔，钻头易引偏	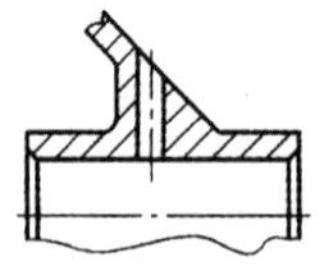	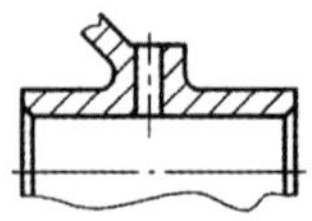	只要结构允许，留出平台，可直接钻孔
8	外圆和内孔有同轴度要求，由于外圆需在两次装夹下加工，同轴度不易保证	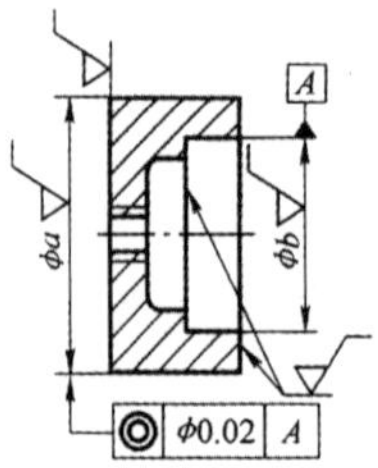 A　φa　φb　◎ φ0.02 A	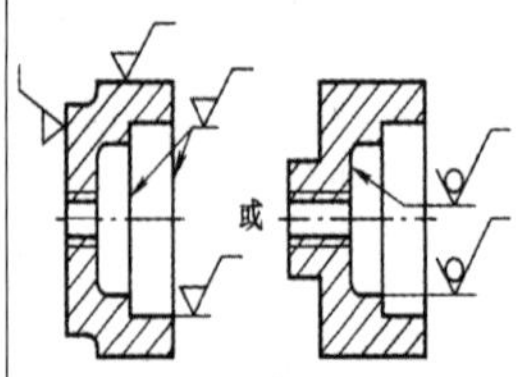 或	可在一次装夹下加工外圆和内孔，同轴度要求易得到保证

续 表

序　号	零件结构			
	工艺性不好		工艺性好	
9	锥面需磨削加工，磨削时易碰伤圆柱面，并且不能清根	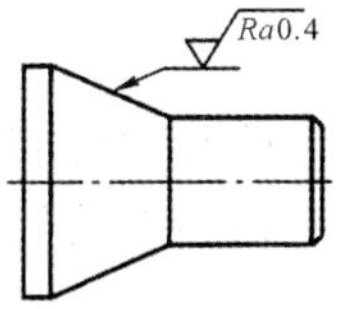 Ra0.4	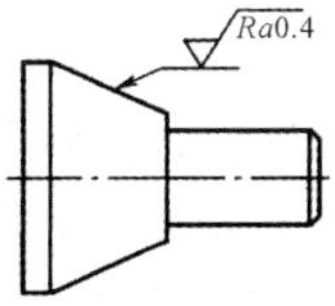 Ra0.4	可方便地对锥面进行磨削加工
10	加工面设计在箱体内，加工时调整刀具不方便，观察也困难	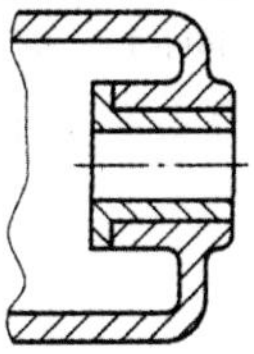	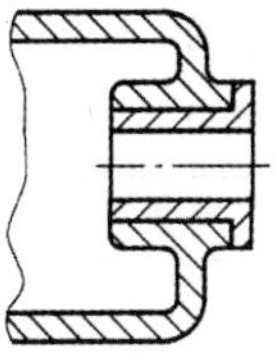	加工面设计在箱体外部，加工方便
11	加工面高度不同，需两次调整刀具加工，影响生产率	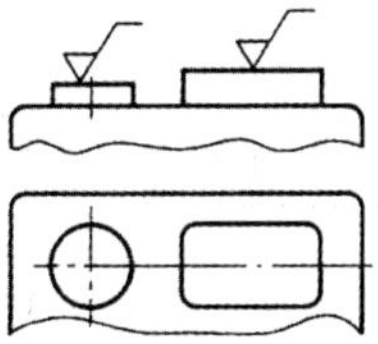	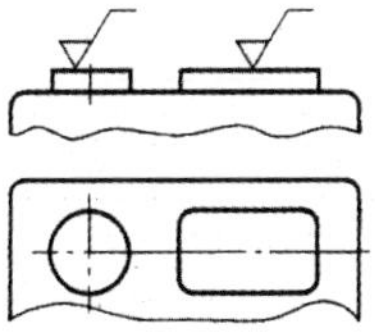	加工面在同一高度，一次调整刀具可加工两个平面
12	3 个空刀槽的宽度有 3 种尺寸，需用 3 种不同尺寸的刀具加工	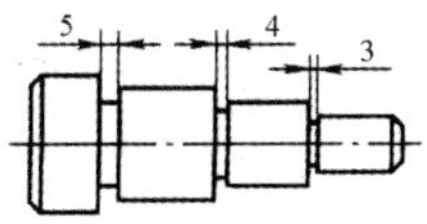 5　4　3	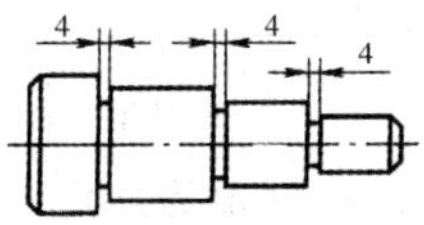 4　4　4	空刀槽宽度尺寸相同，使用同一刀具可加工两个平面
13	同一端面上的螺纹孔尺寸相近，需换刀加工，加工不方便，装配也不方便	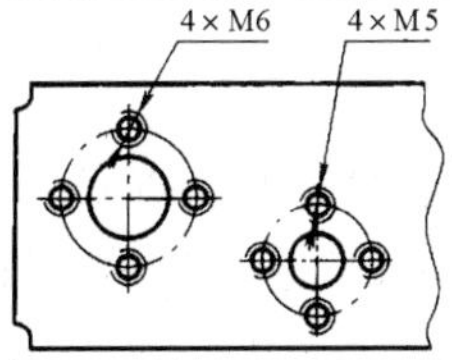 4×M6　4×M5	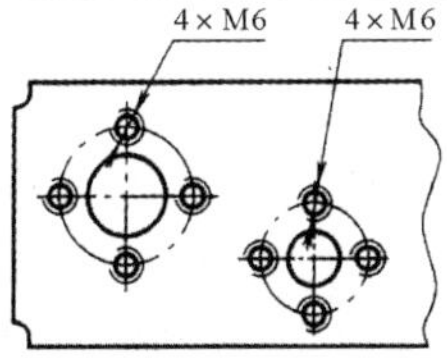 4×M6　4×M6	尺寸相近的螺纹孔，改为同一尺寸螺纹孔，可方便加工和装配
14	①内形和外形圆角半径不同，需换刀加工；②内形圆角半径太小，刀具刚度差	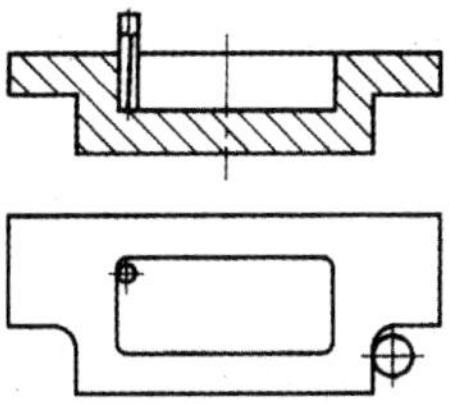	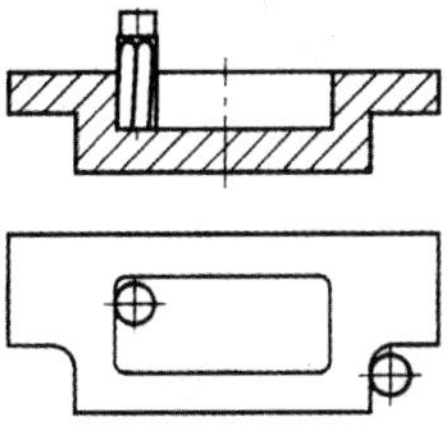	①内形和外形圆角半径相同，减少换刀次数，提高生产率；②增大圆角半径，可以用较大直径立铣刀加工，增大刀具刚度
15	加工面大，加工时间长，并且零件尺寸越大，平面度误差越大	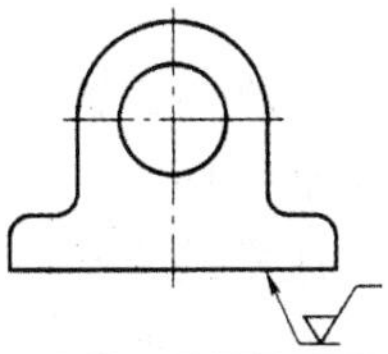	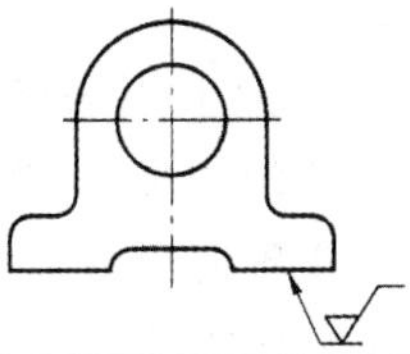	加工面减小，节省工时，减少刀具损耗，并且容易保证平面度要求
16	孔在内壁出口遇阶梯面，孔易钻偏，或钻头折断	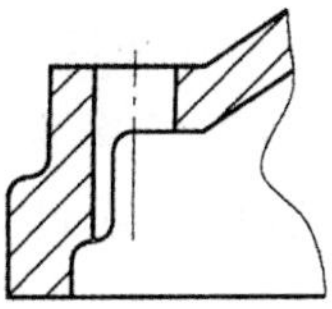	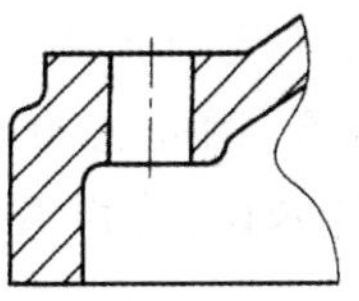	孔的内壁出口为平面，易加工，易保证孔轴线的位置度

2.2 定位基准的选择

一、基准的概念

零件是由若干表面组成的，它们之间有一定的相互位置和距离(尺寸)的要求。在加工过程中，也必须相应地以某个或某几个表面为依据来加工其他表面，以保证零件图上所规定的要求。由零件表面间的各种相互依赖关系，就引出了基准的概念。

所谓基准，就是零件上用来确定其他点、线、面的位置的那些点、线、面。根据基准功用的不同，又可分为设计基准和工艺基准两大类，如图 2.8 所示。

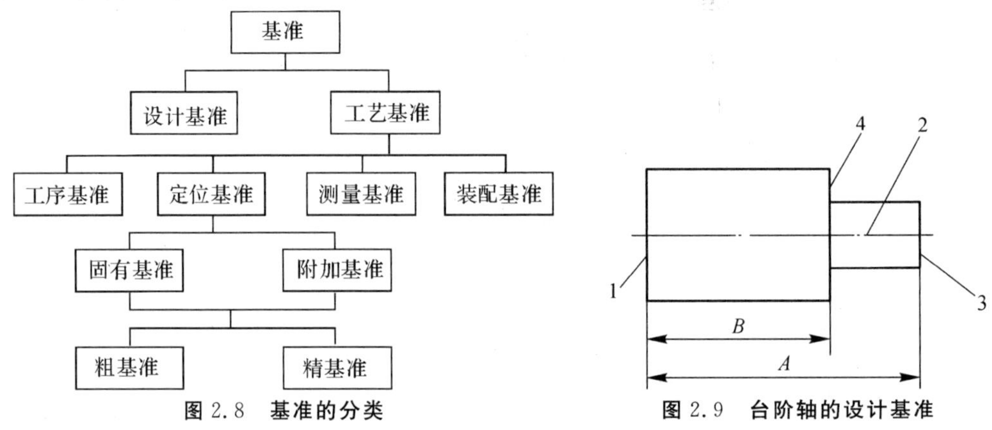

图 2.8 基准的分类

图 2.9 台阶轴的设计基准

1. 设计基准

设计者在设计零件时，根据零件在装配结构中的装配关系和零件本身结构要素之间的相互位置关系，确定标注尺寸(含角度)的起始位置，这些起始位置可以是点、线或面，称之为设计基准。简言之，设计图样上所用的基准就是设计基准。图 2.9 所示为一台阶轴的设计，其中对尺寸 A 来说，面 1 和面 3 是它的设计基准；对尺寸 B 来说，面 1 和面 4 是它的设计基准；中心线 2 是所有直径的设计基准。

2. 工艺基准

零件在加工工艺过程中所用的基准称为工艺基准。工艺基准又可进一步分为工序基准、定位基准、测量基准和装配基准。

(1)工序基准。在工序图上用来确定本工序所加工面加工后的尺寸、形状和位置的基准，称为工序基准。图2.10 为台阶轴的工序基准，对于轴向尺寸，在加工时通常是先车端面 1，再掉头车端面 3 和环面 4，这时所选用的工序基准为端面 3，直接得到的加工尺寸为 A 和 C。对尺寸 A 来说，端面 1、3 均为其设计基准，因此它的设计基准与工序基准是重合的。对于尺寸 B 来说，它没有直接得到，而是通过

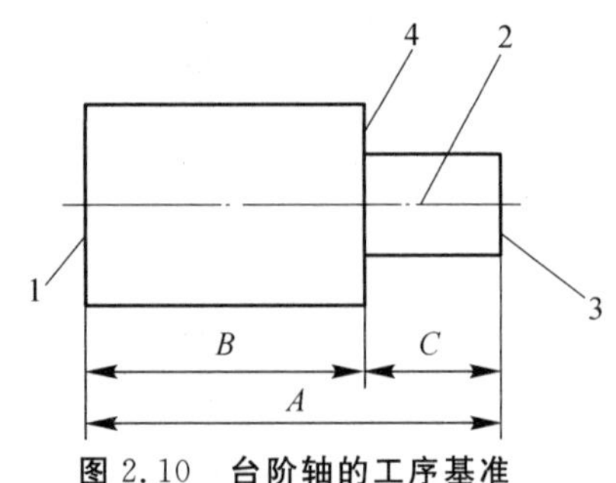

图 2.10 台阶轴的工序基准

尺寸 A、C 间接得到的，因此其设计基准与工序基准是不重合的，由于尺寸 B 是间接得到的，在此多了一个加工尺寸 A 的误差环节。

(2)定位基准。在加工时用于工件定位的基准，称为定位基准。定位基准是获得零件尺寸、形状和位置的直接基准，具有很重要的地位，定位基准的选择是加工工艺中的难题。定位基准可分为粗基准和精基准，又可分为固有基准和附加基准。固有基准是零件上原来就有的表面，而附加基准是根据加工定位的要求在零件上专门制造出来的，如轴类零件车削时所用的顶尖孔就是附加基准。

(3)测量基准。工件测量时所用的基准，称为测量基准。

(4)装配基准。零件在装配时所用的基准，称为装配基准。

二、基准不重合的误差

图 2.11 所示的车床主轴箱箱体，已知孔 Ⅳ 的轴心线在垂直方向上的设计基准是底面 D。在加工时，为了在镗孔夹具上能布置固定的中间导向支撑，可把箱体倒放，采用顶面作为定位基面(见图 2.12)。此时，用调整法加工一批主轴箱箱体，由夹具保证的尺寸则是 a，而零件图中规定了加工要求的尺寸却是 b(即图 2.11 中的 y_4)。可见，尺寸 b 是通过尺寸 c 和尺寸 a 间接保证的。由于尺寸 a 和 c 都有加工误差，若设它们分别为 $a \pm \frac{1}{2}\delta_a$ 和 $c \pm \frac{1}{2}\delta_c$，则这一批主轴箱箱体的尺寸 b 的变化为

$$b_{\max} = c_{\max} - a_{\min}$$

即

$$b + \frac{1}{2}\delta_b = c + \frac{1}{2}\delta_c - (a - \frac{1}{2}\delta_a)$$

$$b_{\min} = c_{\min} - a_{\max}$$

也就是

$$b - \frac{1}{2}\delta_b = c - \frac{1}{2}\delta_c - (a + \frac{1}{2}\delta_a)$$

两式相减，可得

$$\delta_b = \delta_c + \delta_a$$

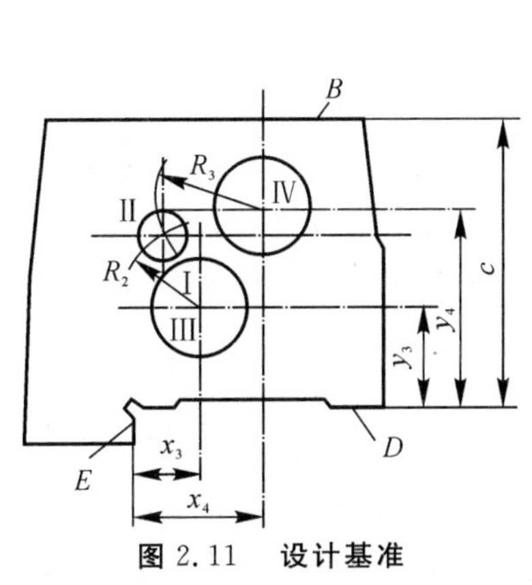

图 2.11　设计基准

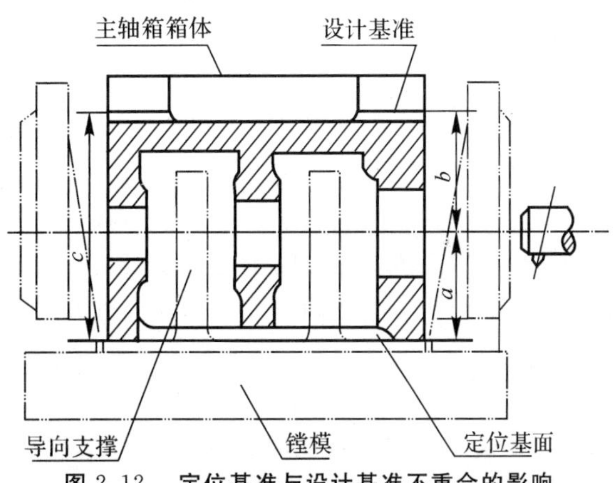

图 2.12　定位基准与设计基准不重合的影响

尺寸 c 原来对孔 Ⅳ 的轴心线的尺寸无关，但是由于采用了顶面作为定位表面，使尺寸 b 的误差中引入了一个从定位基准到设计基准之间的尺寸 c 的误差 δ_c，这个误差就是基准不重合

误差。因为它是在定位过程中产生的，所以是一种定位误差。

设零件图中规定 $\delta_b = 0.6$ mm，$\delta_c = 0.4$ mm。若采用底面作为定位基准，直接获得尺寸 b，则只要求加工误差在 ± 0.3 mm 范围之内就达到要求。这是定位基准与设计基准相重合的情况。

若采用顶面作为定位基面，即基准不重合时，则

$$\delta_a = \delta_b - \delta_c = 0.6\ \text{mm} - 0.4\ \text{mm} = 0.2\ \text{mm}$$

尺寸 a 的加工误差必须在 ± 0.1 mm 范围之内，才能保证这一批主轴箱箱体的尺寸 b 符合图纸规定的要求。这就比基准重合的情况提高了加工要求。

设零件图中只规定 $\delta_b = 0.6$ mm，而尺寸 c(370 mm) 未注公差，若按标准公差 IT13 级的极限偏差考虑，即 $\delta_c = 0.89$ mm，可得

$$\delta_a = \delta_b - \delta_c = 0.6\ \text{mm} - 0.89\ \text{mm} = -0.29\ \text{mm}$$

但加工误差不可能是零或是负值，这就意味着这种定位方法不能保证尺寸 b 的加工要求。这时就必须采取措施，提高镗孔以前工序的加工精度，减小尺寸 c 的误差，不但要使 $\delta_c < \delta_b$，还必须选择尺寸 a 的加工方法，使加工误差 δ_a 不大于 $\delta_b - \delta_c$。

从上面的分析可知：当定位基准与设计基准不重合时，必须检查有关尺寸的公差及加工方法是否能满足

$$\delta_b \geqslant \delta_c + \delta_a$$

若不能满足，则要求改变加工方法，提高尺寸 a 和 c 的加工精度，另行规定合理的制造公差。若工艺上仍无法达到上述要求，就需要考虑另选定位基准或改变工艺方案。

在分析定位误差时要注意以下几个问题：

(1) 从上例可知，定位基准与设计基准不重合而产生定位误差的问题，只发生于用调整法获得尺寸的场合，即镗杆(或镗刀)相对于定位基面的尺寸 a 是预先调整好的(或用导向套保证的)。若用试切法加工，即加工每一个主轴箱箱体孔 Ⅳ 时都直接测量尺寸 b，则此时虽然仍用顶面安装，但它已不再决定刀具相对于工件的位置，所以顶面就不是定位基面，也就不产生定位误差。因此要搞清楚，定位误差问题是在用调整法加工一批零件时才产生的，若用试切法直接保证每个零件的尺寸，就不存在定位误差问题。

(2) 基准不重合误差不仅指定位过程，对度量也有类似的情况。即度量基准和设计基准不重合也会产生基准不重合误差，其分析方法和上述完全相同或类似。

(3) 上面所举的例子是对各表面的尺寸关系而言的，但各表面的位置精度也有类似的情况。例如，主轴箱箱体孔 Ⅳ 的轴心线对底面有一定的平行度要求。若以底面为定位基面加工孔 Ⅳ，则可直接保证其平行度要求(由夹具的制造精度保证)。若以顶面为定位基面加工孔 Ⅳ，则就会在孔 Ⅳ 的轴心线与底面的不平行度误差中引入顶面对底面的不平行度误差。这个误差也是定位误差，其分析方法也和尺寸关系的分析方法相似。

三、基准的选择

合理选择定位基准对保证加工精度和确定加工顺序都有决定性影响。因此，它是制定工艺规程时要解决的主要问题。如前所述，基准的选择实际上就是基面的选择问题，在第一道工序中，只能使用毛坯的表面来定位，这种定位基面就称为粗基面(或毛基面)。在以后各工序的加工中，可以采用已经切削加工过的表面作为定位基面，这种定位基面就称为精基面(或光基面)。

经常遇到这样的情况,工件上没有能作为定位基面用的恰当的表面,这时就有必要在工件上专门加工出定位基面,这种基面称为辅助基面。辅助基面在零件的工作中是没有用的,它是仅为加工需要而设计的。例如轴类零件加工时用的中心孔、活塞加工时用的止口和下端面等都是辅助基面。

在选择基面时,需要同时考虑以下 3 个问题:

(1) 用哪一个表面作为加工时的精基面,才有利于经济、合理地达到零件的加工精度要求?

(2) 为加工出上述精基面,应采用哪一个表面作为粗基面?

(3) 是否有个别工序为了特殊的加工要求,需要采用第二个精基面?

在选择基面时有以下两个基本要求:

(1) 各加工表面有足够的加工余量(至少不留下黑斑),使不加工表面的尺寸、位置符合图纸要求,对一面要加工、一面不加工的壁,要有足够的厚度。

(2) 定位基面有足够大的接触面积和分布面积。接触面积大就能承受大的切削力;分布面积大可使定位稳定可靠。必要时,可在工件上增加工艺搭子或在夹具上增加辅助支撑。

1. 精基准的选择

(1) 应尽可能选用设计基准作为定位基准,这称为基准重合原则,特别在最后精加工时,为保证精度,更应该注意这个原则。这样可以避免因基准不重合而引起的定位误差。

(2) 所选的定位基准,应能使工件定位准确、稳定、刚性好、变形小和夹具结构简单。

(3) 应尽可能选择统一的定位基准加工各表面,以保证各表面间的位置精度,这称为统一基准原则。例如,车床主轴采用中心孔作为统一基准加工各外圆表面,不但能在一次安装中加工大多数表面,而且保证了各级外圆表面的同轴度要求以及端面与轴心线的垂直度要求。又如图 2.11 所示的主轴箱箱体,采用底面和导向面作为统一基准加工各轴孔、前后端面和侧面等,这样不仅保证了这些表面间的位置精度,而且大大简化了夹具的设计和制造工作,缩短了生产准备时间。

(4) 有时还要遵循互为基准、反复加工的原则。如加工精密齿轮,当齿面经高频淬火后磨削时,因其淬硬层较薄,应使磨削余量小而均匀,所以要先以齿面为基准磨内孔,再以内孔为基准磨齿面,以保证齿面余量均匀。又如,当车床主轴支撑轴颈与主轴锥孔的同轴度要求很高时,也常常采用互为基准、反复加工的方法来达到。

(5) 有些精加工工序要求加工余量小而均匀,以保证加工质量和提高生产率,这时就以加工面本身作为精基面。例如,在磨削车床床身导轨面时,就用百分表找正床身的导轨面(导轨面与其他表面的位置精度则应由磨前的精刨工序保证)。

2. 粗基准的选择

在选择粗基面时,考虑的重点是如何保证各加工表面有足够的余量,使不加工表面与加工表面间的尺寸、位置符合图纸要求。因此选择粗基面的原则有以下几方面。

(1) 如果必须首先保证工件某重要表面的余量均匀,就应该选择该表面作为粗基面。车床导轨面的加工就是一个例子,导轨面是车床床身的主要表面,精度要求高,并且要求耐磨。在铸造床身毛坯时,导轨面需向下放置,以使其表面层的金属组织细致均匀,没有气孔、夹砂等缺陷。因此在加工时要求加工余量均匀,以便达到高的加工精度,同时切去的金属层应尽可能薄一些，以便留下一层组织紧密、耐磨的金属层。同时，导轨面又是床身工件上最长的表面，容易发生余量不均匀和余量不够的危险，若导轨表面上的加工余量不均匀，切去又太多，如图2.13(b) 所示，则不但影响加工精度，而且将把比较耐磨的金属层切去，露出较疏松的、不耐磨的金属组织。所以，应该用图 2.13(a) 的定位方法进行加工(先以导轨面作粗基面加工床脚平面，再以床脚平面作精基面加工导轨面)，则导轨面的加工余量将比较均匀。至于床脚上的加工余量不均匀则并不影响床身的加工质量。

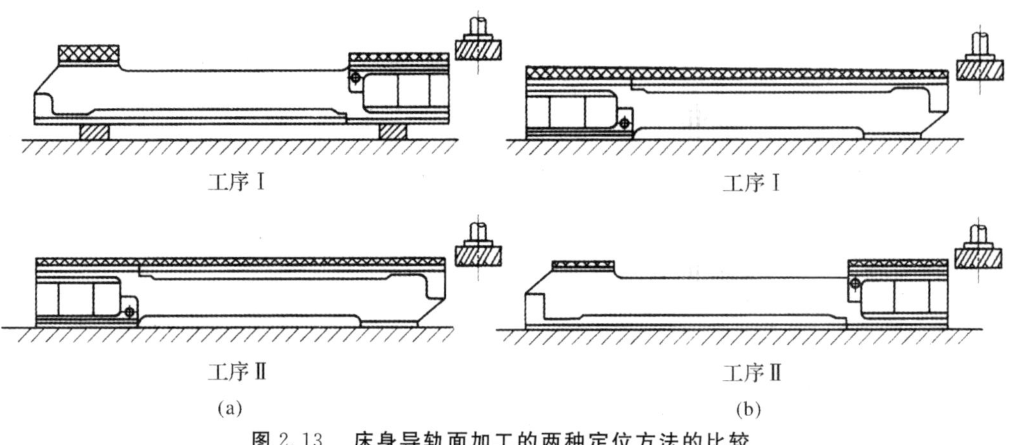

图 2.13 床身导轨面加工的两种定位方法的比较

(a) 正确；(b) 不正确

(2) 如果必须首先保证工件上加工表面与不加工表面之间的位置要求，则应以不加工表面作为粗基面。如果工件上有好几个不需要加工的表面，则应以其中与加工表面的位置精度要求较高的表面作为粗基面，以求壁厚均匀、外形对称等。图 2.14 所示的零件就是一个例子，若选不需要加工的外圆毛面作粗基面定位[见图 2.14(a)]，此时虽然镗孔时切去的余量不均匀，但可获得与外圆具有较高的同轴度的内孔，壁厚均匀、外形对称；若选用需要加工的内孔毛面定位[见图 2.14(b)]，则结果相反，切去的余量比较均匀，但零件壁厚不均匀。若零件上每个表面都要加工，则应该以加工余量最小的表面作为粗基面，使这个表面在以后的加工中不会留下毛坯表面造成废品。例如，铸造或锻造的轴套(见图 2.15) 通常总是孔的加工余量大，而外圆表面的加工余量较小，这时就应以外圆表面作为粗基面来加工孔。

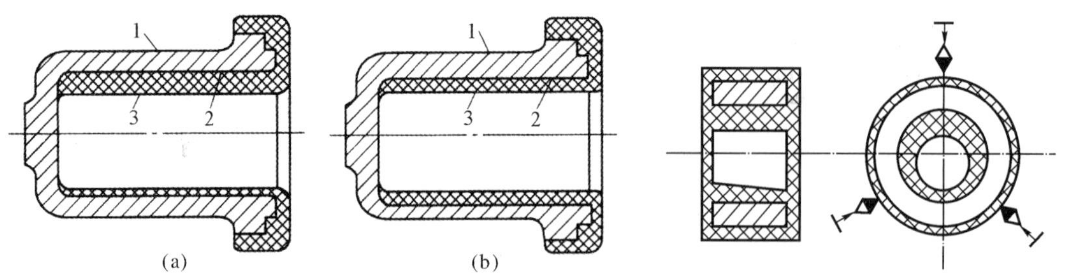

图 2.14 两种粗基面选择方案的对比

(a) 以外圆 1 为粗基准，孔的余量不均，但加工后壁厚均匀；

(b) 以内孔 3 为粗基准，孔的余量均匀，但加工后壁厚不均匀

1— 外圆；2— 加工面；3— 孔

图 2.15 轴套加工的粗基面

(3) 应该用毛坯制造中尺寸和位置比较可靠、平整光洁的表面作为粗基面，使加工后各加工表面对各不加工表面的尺寸精度、位置精度更容易符合图纸要求。在铸件上不应选择有浇冒口的表面、分模面、有飞刺或夹砂的表面作粗基面。在锻件上不应选择有飞边的表面作粗基面。

(4) 由于粗基面的定位精度很低，所以粗基面在同一尺寸方向上通常只允许使用一次，否则定位误差太大。因此在以后的工序中，都应使用已切削过的精基面。

总之，定位基面的选择原则是从生产实践中总结出来的，在保证加工精度的前提下，应使定位简单准确，夹紧可靠，加工方便，夹具结构简单。因此，必须结合具体的生产条件和生产类型来分析和运用这些原则。

2.3　工艺路线的拟定

一、加工方法的选择

在分析研究零件图的基础上，根据各表面的尺寸精度和粗糙度要求，对各加工表面选择相应的加工方法。

(1) 首先要根据每个加工表面的技术要求，确定加工方法及分几次加工。这里的主要问题是选择零件表面的加工方案，这种方案必须在保证零件达到图纸要求方面是稳定而可靠的，并在生产率和加工成本方面是最经济合理的。表 2.5 ～ 表 2.7 分别给出了 3 种最基本表面的较常用的加工方案及其所能达到的经济精度和表面粗糙度。表中所列都是根据生产实际中的统计资料得出的，可以根据对被加工零件加工表面的精度和粗糙度要求，零件的结构和被加工表面的形状、大小，以及车间或工厂的具体条件，选取最经济合理的加工方案。

表 2.5　外圆表面加工方案及其经济精度

加工方案	经济精度公差等级 IT	表面粗糙度 $Ra/\mu m$	适用范围
粗车	11 ～ 13	20 ～ 80	适用于除淬火钢以外的金属材料
└→半精车	8 ～ 9	5 ～ 10	
└→精车	6 ～ 7	1.25 ～ 2.5	
└→滚压(或抛光)	6 ～ 7	0.04 ～ 0.32	
粗车→半精车→磨削	6 ～ 7	0.63 ～ 1.25	不宜用于有色金属，主要适用于淬火钢件的加工
└→粗磨→精磨	5 ～ 7	0.16 ～ 0.63	
└→超精磨	5	0.02 ～ 0.16	
粗车 → 半精车 → 精车 → 金刚石车	5 ～ 6	0.04 ～ 0.63	主要用于有色金属
粗车→半精车→粗磨→精磨→镜面磨	5 级以上	0.01 ～ 0.04	主要用于高精度要求的钢件加工
└→精车→精磨→研磨	5 级以上	0.01 ～ 0.04	
↓粗研→抛光	5 级以上	0.01 ～ 0.16	

表 2.6　内孔表面加工方案及其经济精度

加工方案	经济精度公差等级 IT	表面粗糙度 $Ra/\mu m$	适用范围
钻 └→扩 　└→铰 　└→粗铰→精铰 └→铰 └→粗铰→精铰	11～13 10～11 8～9 7 8～9 7～8	⩾20 10～20 2.5～5 1.25～2.5 2.5～5 1.25～2.5	加工未淬火钢及铸铁的实心毛坯，也可用于加工有色金属(所得表面粗糙度 Ra 值稍大)
钻→(扩)→拉	7～9	1.25～2.5	大批量生产(精度可因拉刀精度而定)，如校正拉削后，而 Ra 可降低到 0.63～0.32 μm
粗镗(或扩) └→半精镗(或精扩) 　└→精镗(或铰) 　　└→浮动镗	11～13 8～9 7～8 6～7	10～20 2.5～5 1.25～2.5 0.63～1.25	除淬火钢外的各种钢材，毛坯上已有铸出或锻出的孔
粗镗(扩)→半精镗→磨 └→粗磨→精磨	7～8 6～7	0.32～1.25 0.16～0.32	主要用于淬火钢，不宜用于有色金属
钻→(扩)→粗铰→精铰→珩磨 └→拉→珩磨 粗镗→半精镗→精镗→珩磨	6～7 6～7 6～7	0.04～0.32 0.04～0.32 0.04～0.32	精度要求很高的孔，若以研磨代替珩磨，精度可达标准公差等级 IT6 以上，Ra 可降低到 0.16～0.01 μm

表 2.7　平面加工方案及其经济精度

加工方案	经济精度公差等级 IT	表面粗糙度 $Ra/\mu m$	适用范围
粗车 └→半精车 　└→精车 　└→磨	11～13 8～9 6～7 6	20～80 5～10 1.25～2.5 0.32～1.25	适用于工件的端面加工
粗刨(或粗铣) └→精刨(或精铣) 　└→刮研	11～13 7～9 5～6	20～80 10～2.5 0.16～1.25	适用于不淬硬的平面(用端铣加工，可得较低的表面粗糙度)
粗刨(或粗铣)→精刨(或精铣)→宽刀精刨	6	0.32～1.25	批量较大，宽刀精刨效率高
粗刨(或粗铣)→精刨(或精铣)→磨 └→粗磨→粗磨	6 5～6	0.32～1.25 0.04～0.63	适用于精度要求较高的平面加工

续 表

加工方案	经济精度公差等级 IT	表面粗糙度 $Ra/\mu m$	适用范围
粗铣 → 拉	6 ～ 9	0.32 ～ 1.25	适用于大量生产中加工较小的不淬火平面
粗铣→精铣→磨→研磨 └→抛光	5 ～ 6 5 级以上	0.01 ～ 0.32 0.01 ～ 0.16	适用于高精度平面的加工

(2) 确定加工方法时要考虑被加工材料的性质。例如，淬火钢必须用磨削的方法加工，而有色金属则磨削困难，一般都采用金刚镗或高速精密车削的方法进行精加工。

(3) 选择加工方法要考虑到生产类型，即要考虑生产率和经济性的问题。在大批量生产中可采用专用的高效率设备和专用工艺装备，例如，平面和孔可用拉削加工，轴类零件可采用半自动液压仿型车床加工，盘类或套类零件可用单能车床加工，等等。在大批量生产中甚至可以从根本上采取改变毛坯的形态，大大减少切削加工的工作量。例如，用粉末冶金制造油泵的齿轮，用石蜡浇铸制造柴油机上的小尺寸零件，等等。在单件小批量生产中，就采用通用设备、通用工艺装备及一般的加工方法。

(4) 选择加工方法还要考虑本厂(或本车间) 的现有设备情况及技术条件，应该充分利用现有设备，挖掘企业潜力，发挥广大员工的积极性和创造性。有时虽有此种设备，但因负荷的平衡问题，还得改用其他的加工方法。

此外，选择加工方法还应该考虑一些其他因素，例如，工件的形状、质量以及加工方法所能达到的表面物理机械性能等。

二、加工阶段的划分

零件的加工质量要求较高时，必须把整个加工过程划分为以下几个阶段：

(1) 粗加工阶段。在这一阶段中要切除较大量的加工余量，因此主要问题是如何获得高的生产率。

(2) 半精加工阶段。在这一阶段中应减小粗加工中留下的误差，使加工面达到一定的精度，为主要表面的精加工做好准备(达到一定的加工精度，保证一定的精加工余量)，并完成一些次要表面的加工(钻孔、攻丝、铣键槽等)，一般在热处理之前进行。

(3) 精加工阶段。保证各主要表面尺寸、形状、位置精度以及表面粗糙度达到图纸规定的质量要求。

(4) 光整加工阶段。对于精度要求很高、表面粗糙度值要求很小(标准公差等级 IT 6 级及 6 级以上，表面粗糙度 $Ra \leqslant 0.32\ \mu m$) 的零件，还要有专门的光整加工阶段。光整加工阶段以提高加工表面的尺寸精度和降低表面粗糙度为主，一般不用以纠正形状精度和位置精度。

有时，由于毛坯余量特别大，表面特别粗糙，在粗加工前还要有去皮加工阶段。为了及时发现毛坯废品以及减少运输工作量，常把去皮加工放在毛坯准备车间进行。

划分加工阶段的原因有以下方面：

（1）粗加工阶段中切除金属较多，产生的切削力和切削热都较大，所需的夹紧力也应该较大，因而使工件产生的内应力和由此引起的变形也大，不可能达到高的精度和低的表面粗糙度。因此需要先完成各表面的粗加工，再通过半精加工和精加工逐步减少切削用量、切削力和切削热，逐步修正工件的变形，提高加工精度和降低表面粗糙度，最后达到零件图要求。同时各阶段之间的时间间隔相当于自然时效，有利于消除工件的内应力，使工件有变形的时间，以便在后一道工序中加以修正。

（2）划分加工阶段可合理使用机床设备。粗加工时可采用功率大、精度不高的高效率设备；精加工时可采用相应的高精度机床。这样不但发挥了机床设备各自的性能特点，而且也有利于高精度机床在使用中保持高精度。

（3）在机械加工工序中需插入必要的热处理工序，同时使热处理发挥充分的效果，这就自然而然地把机械加工工艺过程划分为几个阶段，并且每个阶段各有其特点及应该达到的目的。例如，在精密主轴加工中，在粗加工后进行去应力时效处理，在半精加工后进行淬火，在精加工后进行冰冷处理及低温回火，最后再进行光整加工。

此外，由于划分了加工阶段，就带来两个有利条件：

（1）粗加工各表面后可及时发现毛坯的缺陷，及时报废或修补，以免继续进行精加工而浪费工时和制造费用。

（2）精加工表面的工序安排在最后，可保护这些表面少受损伤或不受损伤。

应当指出上述阶段的划分并不是绝对的。当加工质量要求不高，工件的刚性足够，毛坯质量高、加工余量小时，则可以不划分加工阶段，例如在自动机上加工的零件。另外，有些重型零件，由于安装、运输费时又困难，常不划分加工阶段，在一次安装下完成全部粗加工和精加工；或在粗加工后松开夹紧，消除夹紧变形，然后再用较小的夹紧力重新夹紧，进行精加工，这样也有利于保证重型零件的加工质量。但是对于精度要求高的重型零件，仍要划分加工阶段，并插入时效、去除内应力处理等工序，这就需要按照具体情况来决定。

三、工序的集中与分散

一个工件的加工是由许多工步组成的，如何把这些工步组织成工序，是拟定工艺过程时要考虑的一个问题。在一般情况下，根据工步本身的性质（例如，车外圆、铣平面等），进行粗精阶段的划分、定位基面的选择和转换等，就是把这些工步集中成若干个工序，在若干台机床上进行。但是这些条件不是固定不变的。例如，主轴箱箱体底面可以用刨加工、铣加工或磨加工；只要工作台的行程足够长，主轴箱箱体底面可以在粗铣结束后，再用另外一些动力头进行半精铣，等等。因此有可能把许多工步集中在一台机床上来完成。立式多工位回转工作台组合机床、加工中心和柔性生产线（FML），就是工序集中的极端情况。由于集中工序总是要使用结构更复杂、机械化自动化程序更高的高效率机床，因此集中工序就必然具备下述特点：

（1）由于采用高生产率的专用机床和工艺设备，大大提高了生产率。

（2）减少了设备的数量，相应地也减少了操作工人和生产面积。

（3）减少了工序数目，缩短了工艺路线，简化了生产计划的制定工作。

（4）缩短了加工时间，减少了运输工作量，因而缩短了生产周期。

(5) 减少了工件的安装次数，不仅有利于提高生产率，而且由于在一次安装下加工许多表面，也易于保证这些表面间的位置精度。

(6) 因为采用的专用设备和专用工艺装备数量多而且复杂，因此机床和工艺装备的调整、维修也很费时费事，生产准备工作量很大。

当然还存在另一个可能性，那就是每一个工步(甚至走刀) 都作为一个工序在一台机床上进行，这就是工序分散的极端情况。由于每一台机床只完成一个工步的加工，因此工序分散就具有以下特点：

(1) 采用比较简单的机床和工艺装备，调整容易。

(2) 对工人的技术要求低，或只须经过较短时间的训练。

(3) 生产准备工作量小。

(4) 容易变换产品。

(5) 设备数量多，工人数量多，生产面积大。

在一般情况下，单件小批生产只能工序集中，而大批大量生产则可以集中，也可以分散。但根据目前情况及今后发展趋势来看，一般多采用工序集中的原则来组织生产。

四、工艺顺序的安排

1. 切削加工工序的安排

安排加工顺序时，应遵循下述几条原则：

(1) 先粗后精。先安排粗加工，中间安排半精加工，最后安排精加工和光整加工(见表2.5 ～ 表 2.7)。

(2) 先主后次。先安排主要表面的加工，后安排次要表面的加工。这里所谓主要表面是指装配基面、工作表面等；所谓次要表面是指非工作表面(如紧固用的光孔和螺孔等)。由于次要表面的加工工作量比较小，而且它们又往往和主要表面有位置精度的要求，因此一般都在主要表面的主要加工结束之后，而在最后精加工或光整加工之前进行。

(3) 先基面后其他。加工一开始，总是先把精基面加工出来。如果精基面不止一个，则应该按照基面转换的顺序和逐步提高加工精度的原则来安排基面和主要表面的加工。例如，在一般机器零件上，平面所占的轮廓尺寸比较大，用平面定位比较稳定可靠，因此在拟定工艺过程时总是选用平面作为定位精基面，总是先加工平面后加工孔。

在安排加工顺序时，要注意退刀槽、倒角等工作的安排。有关这一类结构元素，在审查图纸的结构工艺性时就应予以注意。

为保证加工质量的要求，有些零件的最后精加工须放在部件装配之后或在总装过程中进行。例如，拖拉机连杆的大头孔，就要在连杆盖和连杆体装配好后再进行精镗和珩磨。

2. 热处理工序的安排

热处理主要用来改善材料的性能及消除内应力。一般可分为以下几种：

(1) 预备热处理。安排在机械加工之前，以改善切削性能、消除毛坯制造时的内应力为主要目的。例如，对于含碳量超过 0.5% 的碳钢，一般采用退火，以降低硬度；对于含碳量不大于 0.5% 的碳钢，一般采用正火，以提高材料的硬度，使切削时切屑不粘刀，表面较光滑。由于调质（淬火后进行 500 ～ 650℃ 的高温回火）能得到组织细密均匀的回火索氏体，因此有时也用作预备热处理。

(2) 去除内应力处理。最好安排在粗加工之后、精加工之前，如人工时效、退火。但是为了避免过多的运输工作量，对于精度要求不太高的零件，一般把去除内应力的人工时效和退火放在毛坯进入机械加工车间之前进行。但是对于精度要求特别高的零件（例如精密丝杠），在粗加工和半精加工过程中要经过多次去除内应力退火，在粗、精磨过程中还要经过多次人工时效。

对于机床床身、立柱等铸件，常在粗加工前以及粗加工后进行自然时效（或人工时效），以消除内应力，并使材料的组织稳定，不在以后继续变形。虽然目前机床铸件已多采用人工时效来代替自然时效，但是对精密机床的铸件来说，仍以采用自然时效为好。

对于精密零件（如精密丝杠、精密轴承、精密量具、油泵油嘴偶件），为了消除残余奥氏体，使尺寸稳定不变，还要采用冰冷处理（在 －80 ～ 0℃ 之间的空气中停留 1 ～ 2 h）。冰冷处理一般安排在回火之后进行。

(3) 最终热处理。安排在半精加工以后和磨削加工之前（但氮化处理应安排在精磨之后），主要用于提高材料的强度及硬度，如淬火-回火。由于淬火后材料的塑性和韧性很差，有很大的内应力，易于开裂，组织不稳定，材料的性能和尺寸要发生变化等原因，因而淬火后必然进行回火。其中调质处理能使钢材获得既有一定的强度、硬度，又有良好的冲击韧性等综合机械性能，常用于汽车、拖拉机和机床零件，如汽车半轴、连杆、曲轴、齿轮和机床主轴等。

3. 其他工序的安排

检查、检验工序，去飞边、平衡和清洗工序等也是工艺规程的重要组成部分。

检查、检验工序是保证产品质量合格的关键工序之一。每个操作工人在操作过程中和操作结束以后都必须自检。在工艺规程中，下述情况下应安排检查工序：

(1) 粗加工阶段结束以后。

(2) 工时较长或重要的关键工序之后。

(3) 从一个车间转到另一个车间时。

(4) 零件全部加工结束以后。

除了一般性的尺寸检查（包括几何公差的检查）以外，X射线检查、超声波探伤检查等多用于工件（毛坯）内部的质量检查，一般安排在工艺过程的开始。磁力探伤、荧光检验主要用于工件表面质量的检验，通常安排在精加工阶段进行。密封性检查、零件的平衡、零件重量检验一般安排在工艺过程的最后阶段进行。

切削加工之后，应安排去飞边处理。零件表层或内部的飞边，影响装配操作、装配质量，以至影响整机性能，因此应给予充分重视。

工件在进入装配之前，一般都应安排清洗。工件的内孔、箱体内腔易存留切屑，清洗时要特别注意。研磨、珩磨等光整加工工序之后，砂粒易附着在工件表面上，要认真清洗，否则会加剧零件在使用中的磨损。采用磁力夹紧工件的工序（如在平面磨床上用电磁吸盘夹紧工件），工件被磁化，应安排去磁处理，并在去磁后进行清洗。

2.4　工序尺寸的确定和工艺尺寸的计算

一、加工余量的确定

在由毛坯变为成品的过程中，在某加工表面上切除的金属层的总厚度称为该表面的加工总余量。每一道工序所切除的金属层厚度称为工序间加工余量。对于外圆和孔等旋转表面而言，加工余量是从直径上考虑的，故称为双边余量，即实际所切除的金属层厚度是直径上的加工余量之半。平面的加工余量则是单边余量，它等于实际所切除的金属层厚度。

对于工序尺寸的公差，习惯上按“入体”的方法标注。即对于被包容面（如轴、键宽等），取上偏差为零，注成单向负偏差；对于包容面（如孔、键槽宽等），取下偏差为零，注成单向正偏差。但是应注意毛坯尺寸的公差取双向分布。

根据上面所说的规定，可以作出图 2.15 和图 2.16 所示的加工余量及其和工序尺寸公差的关系图。由图可以看出其有以下关系。

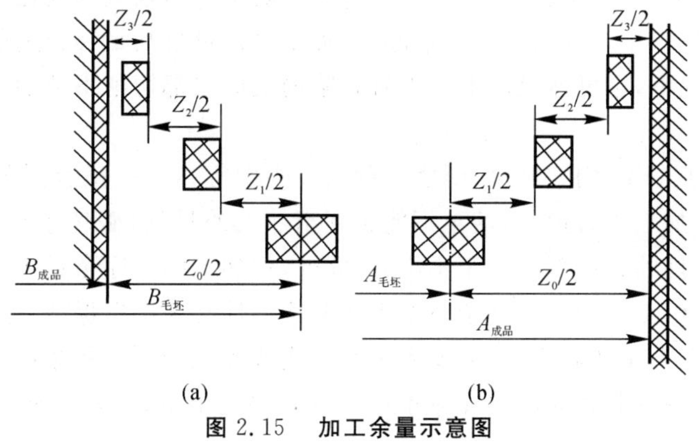

图 2.15　加工余量示意图

（a）被包容面（轴）；（b）包容面（孔）

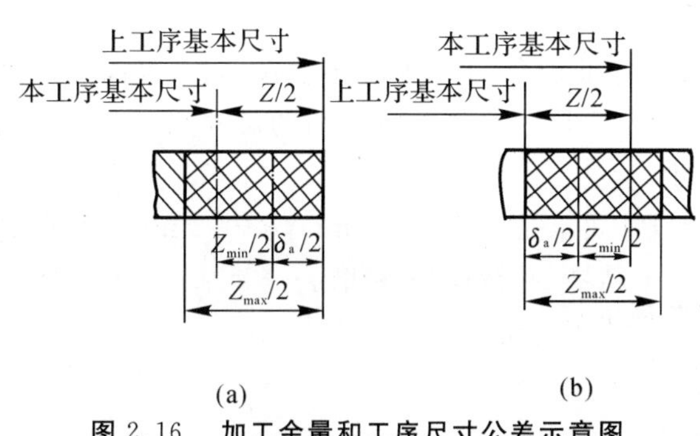

图 2.16　加工余量和工序尺寸公差示意图

（a）被包容面（轴）；（b）包容面（孔）

（1）加工总余量等于各工序间余量之和，即

$$Z_0 = Z_1 + Z_2 + Z_3 + \cdots$$

(2) 对于被包容面而言，有

工序间余量 = 上工序的基本尺寸 − 本工序的基本尺寸

工序间最大余量 = 上工序的最大极限尺寸 − 本工序的最小极限尺寸

工序间最小余量 = 上工序的最小极限尺寸 − 本工序的最大极限尺寸

(3) 对于包容面而言，有

工序间余量 = 本工序的基本尺寸 − 上工序的基本尺寸

工序间最大余量 = 本工序的最大极限尺寸 − 上工序的最小极限尺寸

工序间最小余量 = 本工序最小极限尺寸 − 上工序的最大极限尺寸

上面所说的工序间余量都是计算基本工序尺寸用的，所以又称为公称余量。由于工序尺寸有公差，所以加工余量必然在一定范围内变化。其大小等于本道工序与上道工序尺寸公差之和。

加工总余量的大小对制定工艺过程有一定的影响。总余量不多，不能保证加工质量；总余量过大，不但增加机械加工的劳动量，而且也增加了材料、工具、电力等的消耗，从而增加了成本。加工总余量的数值，一般与毛坯的制造精度有关。同样的毛坯制造方法，总余量的大小又与生产类型有关，批量大，总余量就可小些。由于粗加工的工序间余量的变化范围很大，半精加工和精加工的加工余量较小，所以，在一般情况下，加工总余量总是足够分配的。但是在个别余量分布极不均匀的情况下，也可能发生毛坯上有缺陷的表面层都切削不掉，甚至留下了毛坯表面的情况。

对于一些精加工工序(例如磨削、研磨、珩磨、金刚镗等)，有一最合适的加工余量范围。加工余量过大，会使精加工工时过长，甚至不能达到精加工的目的(破坏了精度和表面质量)；加工余量过小，会使工件的某些部位加工不出来。此外，精加工的工序余量不均匀，也会影响加工精度。所以对于精加工工序的工序间余量的大小和均匀性必须予以保证。

实际生产中加工余量的确定，主要参考由生产实践和试验研究积累起来的资料，可以从一般的机械加工手册中查阅。查表时要注意单边余量和双边余量，对称表面为双边余量，非对称表面为单边余量。

二、工序尺寸与公差的确定

(1) 当工艺基准与设计基准重合，工艺基准不变换，同一表面经过多道工序加工才能达到图纸尺寸的要求时，其中间工序尺寸可根据零件图的尺寸采用“由后往前推”的方法来确定，并可一直推算到毛坯尺寸。

例如，某零件上孔的设计要求是 $\phi72.5^{+0.03}_{0}$ mm，Ra0.2 mm，毛坯为模锻件(孔已锻出)，工艺过程为扩孔 → 粗镗 → 半精镗 → 精镗 → 精磨。

1) 根据手册查得各工序公称余量。

精磨　0.7 mm；

精镗　1.3 mm；

半精镗　2.5 mm；

粗镗　4.0 mm；

扩孔　5.0 mm。

2) 计算各工序公称尺寸。计算工序尺寸的方法是后道工序的工序尺寸加上(对于被包容面）或减去（对于包容面）后道工序的加工余量为前道工序的工序尺寸。

精磨后　　按零件图规定尺寸为 $\phi72.5$ mm；

精镗后　　尺寸为 $\phi72.5-0.7=\phi71.8$ mm；

半精镗后　尺寸为 $\phi71.8-1.3=\phi70.5$ mm；

粗镗后　　尺寸为 $\phi70.5-2.5=\phi68$ mm；

扩孔后　　尺寸为 $\phi68-4=\phi64$ mm；

模锻孔　　尺寸为 $\phi64-5=\phi59$ mm。

3）确定中间工序尺寸的公差和表面粗糙度。工序尺寸的公差应参考经济加工精度来确定，标注时按“入体”的方法标注。对于毛坯的公差，可根据毛坯的生产类型、结构特点、制造方法和生产厂的具体条件，参照手册资料确定。

精磨　　按零件图设计要求标注 $\phi72.5^{+0.03}_{0}$ mm，Ra 0.2 mm；

精镗　　精度能达到 IT8，按 H8 标注 $\phi71.8^{+0.046}_{0}$ mm，Ra 0.8 mm；

半精镗　精度能达到 IT10，按 H10 标注 $\phi70.5^{+0.12}_{0}$ mm，Ra 3.2 mm；

粗镗　　精度能达到 IT11，按 H11 标注 $\phi68^{+0.19}_{0}$ mm，Ra 6.3 mm；

扩孔　　精度能达到 IT12，按 H12 标注 $\phi64^{+0.3}_{0}$ mm，Ra 12.5 mm；

模锻孔　参照手册资料标注 $\phi59^{+1}_{-2}$ mm，非加工面。

为清楚起见，上述计算和查表结果汇总见表 2.8。

表 2.8　工序尺寸、公差、表面粗糙度及毛坯尺寸的确定

工序名称	工序余量 /mm	工序精度		工序公称尺寸 /mm	工序尺寸的标注 /mm
		尺寸精度 /mm	表面粗糙度 Ra/μm		
精磨	0.7	$IT7^{+0.03}_{0}$	0.2	72.5	$\phi72.5^{+0.03}_{0}$
精镗	1.3	$H8(^{+0.046}_{0})$	0.8	71.8	$\phi71.8^{+0.046}_{0}$
半精镗	2.5	$H10(^{+0.12}_{0})$	3.2	70.5	$\phi70.5^{+0.12}_{0}$
粗镗	4.0	$H11(^{+0.19}_{0})$	6.3	68	$\phi68^{+0.19}_{0}$
扩孔	5.0	$H12(^{+0.3}_{0})$	12.5	64	$\phi64^{+0.3}_{0}$
毛坯（锻造）		$^{+1}_{-2}$		59	$\phi59^{+1}_{-2}$

（2）当工艺基准与设计基准不重合，或零件在加工过程中需要多次转换工艺基准，或工序尺寸须从尚待继续加工的表面标注时，工序尺寸的确定就比较复杂了，这时就应利用尺寸链原理来分析和计算，并对工序间余量进行验算以确定工序尺寸及其上下偏差。

三、工艺尺寸链

1. 工艺尺寸链的定义和特征

现以图 2.17 镗活塞销孔为例，图 2.17(a)(b) 尺寸 A_Σ，A_1，A_2 的关系可以简单地用图 2.17(c) 表示，这种互相联系的尺寸按一定顺序首尾相接排列的尺寸封闭图就定义为尺寸链。

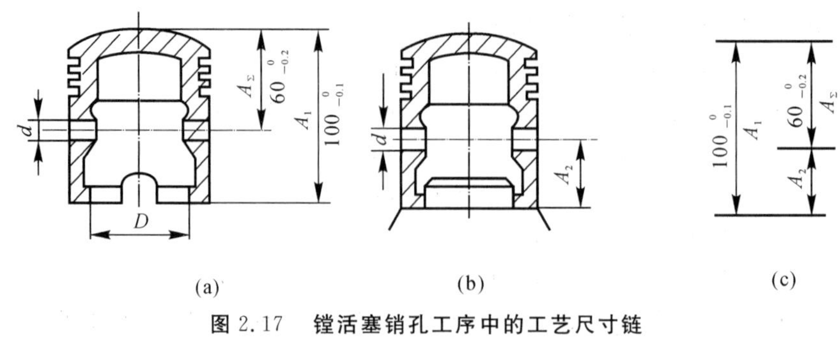

图 2.17　镗活塞销孔工序中的工艺尺寸链

(a) 零件图；(b) 工序图；(c) 尺寸链图

由于定位基准与设计基准不重合，工序尺寸 A_2 和 A_1 必须要保证零件图上 A_Σ 的设计要求。要注意的是尺寸 A_1 和 A_2 是在加工过程中直接获得的，尺寸 A_Σ 是间接保证的。

尺寸链的主要特征如下：

1）尺寸链是由一个间接获得的尺寸和若干个对此有影响的尺寸（即直接获得的尺寸）所组成的；

2）各尺寸按一定的顺序首尾相接；

3）尺寸链必然是封闭的；

4）直接获得的尺寸精度都对间接获得的尺寸精度有影响，因此直接获得的尺寸精度总是比间接获得的尺寸精度高。

2. 尺寸链的组成

组成尺寸链的各个尺寸称为尺寸链的环。图 2.17 中的尺寸 A_Σ，A_1，A_2 都是尺寸链的环，这些环又分为以下两种：

（1）封闭环。最终被间接保证的那个环为封闭环，如尺寸 A_Σ，它在工序图中不标注，但它是间接被保证的设计尺寸，或者按加工顺序在尺寸链图中是最后形成的一个环。在画尺寸链图时，封闭环有时也用双线表示。

（2）组成环。除封闭环之外的其他环皆称为组成环，如尺寸 A_1 和 A_2 就是组成环。按它对封闭环的影响不同，组成环又分为增环和减环。

当其余各组成环不变时，尺寸 A_1 增大，封闭环 A_Σ 随之增大，相反，随着 A_1 减小而减小，A_1 尺寸就称为增环。

当其余各组成环不变时，尺寸 A_2 增大，封闭环 A_Σ 随之减小，相反，随着 A_2 减小而增大，A_2 尺寸就称为减环。

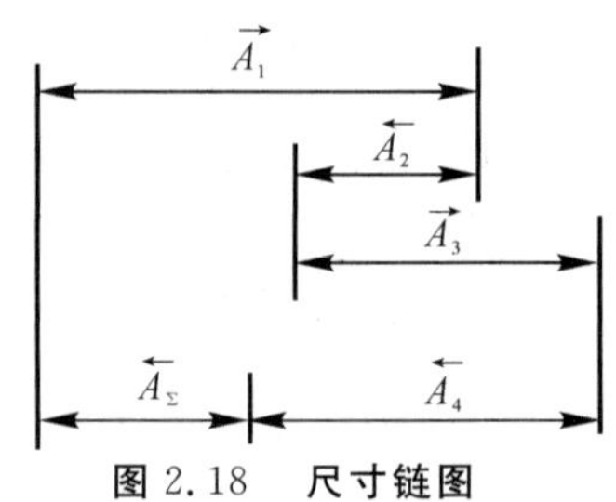

图 2.18　尺寸链图

尺寸链计算的关键在于画出正确的尺寸链后，先正确地确定封闭环，其次确定增环和减环。在这里可用一个简便的方法来确定增环和减环，如图 2.18 所示，先给封闭环任意定个方向，然后像电流回路一样，给每一尺寸环画出箭头，凡箭头方向与封闭环方向相反者为增环（如 $\overrightarrow{A_1}$），相同者为减环（如 $\overleftarrow{A_2}$）。

3. 尺寸链的基本计算公式

在尺寸链已建立，组成环和封闭环已经确定后，下一步任务则是进行尺寸链计算。用极值法解尺寸链的基本计算公式如下：

封闭环的基本尺寸等于增环的基本尺寸之和减去减环的基本尺寸之和，即

$$A_{\Sigma} = \sum_{i=1}^{m} \overrightarrow{A}_i - \sum_{i=m+1}^{n-1} \overleftarrow{A}_i \tag{2.1}$$

封闭环的最大尺寸等于增环最大尺寸之和减去减环最小尺寸之和，即

$$A_{\Sigma\max} = \sum_{i=1}^{m} \overrightarrow{A}_{i\max} - \sum_{i=m+1}^{n-1} \overleftarrow{A}_{i\min} \tag{2.2}$$

封闭环的最小尺寸等于增环最小尺寸之和减去减环最大尺寸之和，即

$$A_{\Sigma\min} = \sum_{i=1}^{m} \overrightarrow{A}_{i\min} - \sum_{i=m+1}^{n-1} \overleftarrow{A}_{i\max} \tag{2.3}$$

由式(2.2) 减去式(2.1)，得

$$\mathrm{ES}(A_{\Sigma}) = \sum_{i=1}^{m} \mathrm{ES}(\overrightarrow{A}_i) - \sum_{i=m+1}^{n-1} \mathrm{EI}(\overleftarrow{A}_i) \tag{2.4}$$

即封闭环的上偏差等于增环上偏差之和减去减环下偏差之和。

由式(2.3) 减去式(2.1)，得

$$\mathrm{EI}(A_{\Sigma}) = \sum_{i=1}^{m} \mathrm{EI}(\overrightarrow{A}_i) - \sum_{i=m+1}^{n-1} \mathrm{ES}(\overleftarrow{A}_i) \tag{2.5}$$

即封闭环的下偏差等于增环下偏差之和减去减环上偏差之和。

由式(2.4) 减去式(2.5)，得

$$T(A_{\Sigma}) = \sum_{i=1}^{m} T(\overrightarrow{A}_i) + \sum_{i=m+1}^{n-1} T(\overleftarrow{A}_i) \tag{2.6}$$

即封闭环的公差等于所有组成环公差之和。

式中：A_{Σ}—— 封闭环的基本尺寸；

$\overrightarrow{A}_i$—— 增环的基本尺寸；

$\overleftarrow{A}_i$—— 减环的基本尺寸；

$A_{\max}$—— 最大尺寸；

$A_{\min}$—— 最小尺寸；

ES—— 上偏差；

EI—— 下偏差；

T—— 公差；

m—— 增环的环数；

n—— 包括封闭环在内的总环数。

由式(2.6) 可见，封闭环的公差比任何一个组成环的公差都大，为了减少封闭环的公差，应使尺寸链中组成环的环数尽量少，这就是尺寸链的最短路线原则。

根据尺寸链计算公式解尺寸链时，常遇到以下两种类型的问题：

(1) 已知全部组成环的极限尺寸,求封闭环的极限尺寸,称为"正计算"问题。这种情况常用于根据初步拟定的工序尺寸及公差验算加工后的工件尺寸是否符合设计图纸的要求,以及验算加工余量是否足够。

(2) 已知封闭环的极限尺寸,求某一个或几个组成环的极限尺寸,称为"反计算"问题。通常在制定工艺规程时,由于基准不重合而需要进行的尺寸换算就属于这类计算。

四、工艺尺寸的计算举例

1. 基准不重合引起的尺寸换算

例 2.1 图 2.19 所示套筒工艺尺寸链(径向尺寸从略),加工表面 A 时,要求保证图纸尺寸 $10^{+0.2}_{0}$ mm,今在铣床上加工此表面,定位基准为 B 表面,试计算此工序的工序尺寸 H_{EI}^{ES}(mm)。

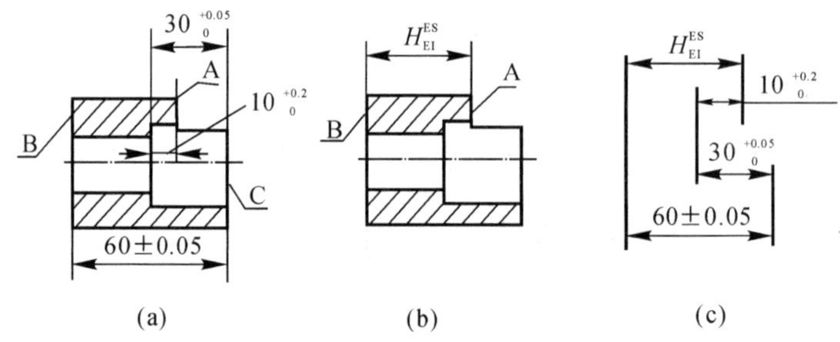

图 2.19 套筒工艺尺寸链

(a) 零件图;(b) 铣削工序图;(c) 尺寸链图

本题属于定位基准与设计基准不重合的情况。因基准不重合,故铣削 A 面时其工序尺寸 H 就不能按图纸尺寸来标注,而须经尺寸换算后得到。图纸尺寸 $30^{+0.05}_{0}$ mm 和(60 ± 0.05) mm 在前面工序皆已加工完毕,是由加工直接获得的,故可根据此加工顺序建立尺寸链图,计算 H_{EI}^{ES}。

从图 2.19 尺寸链图中看出,图纸需要保证的尺寸 $10^{+0.2}_{0}$ mm 是通过加工间接得到的,它为封闭环,H_{EI}^{ES} 和 $30^{+0.05}_{0}$ mm 为增环,(60 ± 0.05) mm 为减环。

本题已知封闭环 $10^{+0.2}_{0}$ mm,两个组成环(60 ± 0.05) mm 和 $30^{+0.05}_{0}$ mm,求另一个组成环 H_{EI}^{ES},属于"反计算"。根据尺寸链计算公式求解:

$10 = H + 30 - 60$, $\qquad H = 40$ mm

$0.2 = ES(H) + 0.05 - (-0.05)$, $\qquad ES(H) = 0.1$ mm

$0 = EI(H) + 0 - 0.05$, $\qquad EI(H) = 0.05$ mm

因此 $$H_{EI}^{ES} = 40^{+0.1}_{+0.05}$$

2. 由于多尺寸保证而进行的尺寸换算

例 2.2 图 2.20 为一压气机铝盘工艺尺寸链,图 2.20(b)(c) 为端面 E 的最后两道加工工序。现在要求按图 2.20(b) 工序加工端面 E 时,E 和 F 的距离 L 的尺寸和公差为多少,才能使在

图 2.20(c) 工序加工端面 E 中，车一刀就直接获得 $60_{-0.05}^{0}$ mm，同时间接保证图纸尺寸(22±0.1) mm。

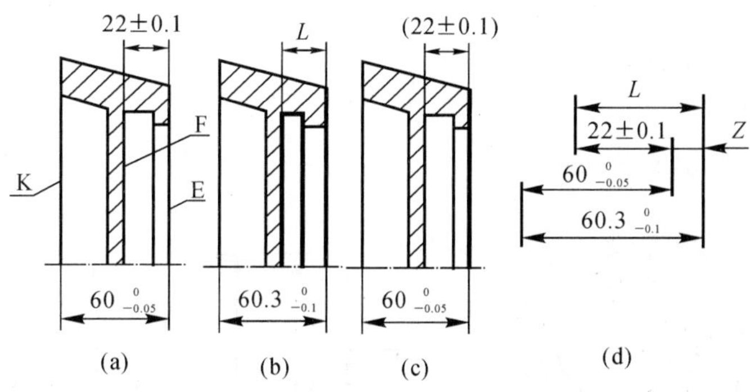

图 2.20　压气机铝盘工艺尺寸链

(a) 零件图；(b)(c) 工序图；(d) 尺寸链图

本题是一个多尺寸保证的例子，所谓多尺寸保证是指加工一个表面时，同时要求保证几个位置尺寸。如图 2.20(c) 所示，加工端面 E 时，不但直接保证 $60_{-0.05}^{0}$ mm，而且要间接保证 22 ± 0.1 mm 的要求。

根据加工顺序首先画出工艺尺寸链图 2.20(d)，其中先通过 $60_{-0.05}^{0}$ mm，$60.3_{-0.1}^{0}$ mm 和 Z 组成的尺寸链，求出 Z 值；然后在(L，22 ± 0.1) mm 和 Z 组成的尺寸链中，求出 L 值。也可用 L，(22 ± 0.1) mm，$60_{-0.05}^{0}$ mm 和 $60.3_{-0.1}^{0}$ mm 这个尺寸链直接求出 L 值。现在分两个尺寸链进行计算。

在由 $60_{-0.05}^{0}$ mm，$60.3_{-0.1}^{0}$ mm 和 Z 组成的尺寸链中，Z 为 E 端面的加工余量，按加工顺序是最后得到的一环，所以 Z 为封闭环。此尺寸链属于“正计算”类型。Z 值应为

$Z = 60.3 - 60$，　　　　$Z = 0.3$ mm

$ES(Z) = 0 - (-0.05)$，　　　　$ES(Z) = 0.05$ mm

$EI(Z) = -0.1 - 0$，　　　　$EI(Z) = -0.1$ mm

因此
$$Z = 0.3_{-0.1}^{+0.05}\ \text{mm}$$

在由 L，(22 ± 0.1) mm 和 Z 组成的尺寸链中，(22 ± 0.1) mm 是间接保证的尺寸，是封闭环。尺寸 L 值应为

$22 = L - Z = L - 0.3$，　　　　$L = 22.3$ mm

$+0.1 = ES(L) - EI(Z) = ES(L) - (-0.1)$，　　　　$ES(L) = 0$

$-0.1 = EI(L) - ES(Z) = EI(L) - 0.05$，　　　　$EL(L) = -0.05$ mm

因此
$$L = 22.3_{-0.05}^{0}$$

如果该零件的腹板刚性甚差，在车腹板时 $22.3_{-0.05}^{0}$ mm 的要求达不到，则可用缩小其他尺寸公差的方法来增大尺寸 L 的公差，如将 $60.3_{-0.1}^{0}$ mm 改为 $60.3_{-0.05}^{0}$ mm，则 L 尺寸将由 $22.3_{-0.05}^{0}$ mm 变为(22.3 ± 0.05) mm。

3. 中间工序尺寸换算

例 2.3　图 2.21(a) 为齿轮内孔键槽的尺寸关系。该齿轮图纸要求的孔径是 $\phi40_{0}^{+0.06}$ mm，

键槽深度尺寸为 $43.6^{+0.34}_{0}$ mm。有关内孔和键槽的加工顺序为

工序 1：镗内孔至 $\phi 39.6^{+0.1}_{0}$ mm。

工序 2：插键槽至 X 尺寸。

工序 3：热处理。

工序 4：磨内孔至 $\phi 40^{+0.06}_{0}$ mm。

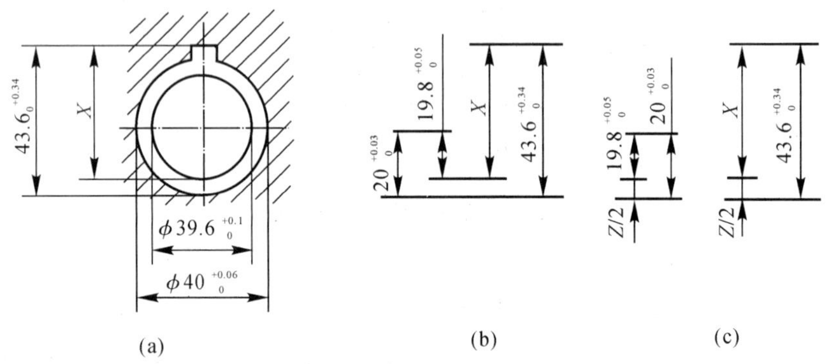

图 2.21　齿轮内孔键槽的尺寸关系

(a) 零件图；(b)(c) 尺寸链图

现在要求工序 2 插键槽尺寸 X 为多少，才能使孔径磨削至 $\phi 40^{+0.06}_{0}$ mm 时，最终保证图纸尺寸 $43.6^{+0.34}_{0}$ mm。

要解这道题，可有两种不同的尺寸链图。图 2.21(b) 的尺寸链是一个 4 环尺寸链，它表示 X 和其他 3 个尺寸的关系，其中 $43.6^{+0.34}_{0}$ mm 是封闭环。图 2.21(c) 是把图 2.21(b) 的尺寸链分成两个 3 环尺寸链，并引进半径余量 $Z/2$。从图 2.21(c) 的左图中可看到 $Z/2$ 是封闭环；在右图中，$43.6^{+0.34}_{0}$ mm 是封闭环，$Z/2$ 是组成环。工序尺寸 X 可以由图 2.21(b)(c) 求出，前者便于计算，后者便于分析。

现对图 2.21(b) 进行计算，尺寸链中 X 和 $20^{+0.03}_{0}$ mm 是增环，$19.8^{+0.05}_{0}$ mm 是减环。利用计算公式可得

$$43.6 = X + 20 - 19.8, \qquad X = 43.4\ \text{mm}$$

$$0.34 = \text{ES}(X) + 0.03 - 0, \qquad \text{ES}(X) = 0.31\ \text{mm}$$

$$0 = \text{EI}(X) + 0 - 0.05, \qquad \text{EI}(X) = 0.05\ \text{mm}$$

因此

$$X = 43.4^{+0.31}_{+0.05}\ \text{mm}$$

标注尺寸时，采用“入体”方向，即 $X = 43.45^{+0.26}_{0}$ mm。

4. 为保证渗碳或渗氮层深度所进行的尺寸换算

当零件要求渗碳（或渗氮）时，为了保证零件所要求的渗碳（或渗氮）层深度，必须对渗碳（或渗氮）工序的渗入深度作出规定，这就要进行尺寸换算。

例 2.4　图 2.22 为某轴颈衬套，内孔 $\phi 145^{+0.04}_{0}$ mm 的表面要求渗氮，渗氮层深度要求为 $0.3 \sim 0.5$ mm（即单边为 $0.3^{+0.2}_{0}$ mm，双边为 $0.6^{+0.4}_{0}$ mm）。

其加工顺序如下：

(1) 磨内孔到 $\phi 144.76^{+0.04}_{0}$ mm，Ra 0.8 mm。

(2) 渗氮。

(3) 最后磨孔到 $\phi 145^{+0.04}_{0}$ mm，Ra 0.8 mm。

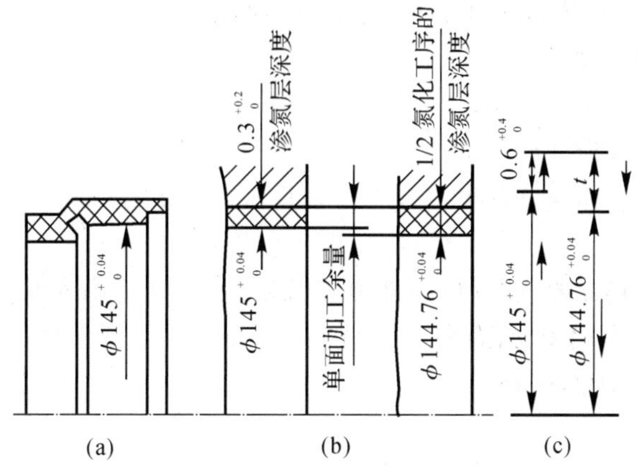

图 2.22　某轴颈衬套工艺尺寸链

(a) 零件图；(b) 氮层深度放大图；(c) 尺寸链图

磨孔后零件内表面所留的氮层深度须在零件要求的 0.3 ～ 0.5 mm 范围内，求渗氮工序渗氮层的深度为多少，才能保证上述要求。

从尺寸关系可以看出，渗氮深度 $0.3^{+0.2}_{0}$ mm(双边为 $0.6^{+0.4}_{0}$ mm) 是加工间接保证的设计尺寸，是封闭环，它和渗氮前后的磨孔尺寸 $\phi 144.76^{+0.04}_{0}$ mm，$\phi 145^{+0.04}_{0}$ mm 以及渗氮工序的渗入深度 $t/2$(双边为 t) 组成为尺寸链，则有

$$0.6 = 144.76 + t - 145, \qquad t = 0.84 \text{ mm}$$

$$0.4 = 0.04 + \mathrm{ES}(t) - 0, \qquad \mathrm{ES}(t) = 0.36 \text{ mm}$$

$$0 = 0 + \mathrm{EI}(t) - 0.04, \qquad \mathrm{EI}(t) = 0.04 \text{ mm}$$

可得

$$t = 0.84^{+0.36}_{+0.04} \text{ mm(双边)}$$

$$\frac{t}{2} = 0.42^{+0.18}_{+0.02} \text{ mm} \quad 或 \quad \frac{t}{2} = 0.44 \sim 0.6 \text{ mm} \quad (单边)$$

即渗氮工序的渗氮层深度为 0.44 ～ 0.6 mm。

保证渗碳层的尺寸链计算和渗氮情况相同。

5. 电镀零件的工序尺寸换算

零件上有尺寸精度要求的表面需要电镀时(镀铬、镀铜或镀锌等)，为了保证得到一定的镀层厚度和零件表面尺寸精度，需要进行有关的尺寸和公差的换算。这种尺寸换算，在生产中常碰到两种情况：一种是零件表面镀完其镀层后直接保证零件的设计要求，无须再加工；另一种是表面镀后再加工，最后达到零件的设计要求。这两种情况在进行尺寸链计算时，其封闭环是不同的，现分别叙述如下：

(1) 零件表面在镀完镀层后，就达到设计尺寸。这时，镀层厚度公差和零件镀前的尺寸公差都对该表面的设计尺寸精度有影响，所以要间接保证的这个设计尺寸精度是封闭环。

例 2.5 图 2.23 为一个轴套简图，外径镀铬，镀层厚度为 0.025 ～ 0.04 mm，该表面的加工顺序是车 — 磨 — 镀铬，求其镀铬前磨外圆工序的尺寸和公差。

从尺寸关系可以看出，$\phi28_{-0.045}^{\ 0}$ mm，$0.08_{-0.03}^{\ 0}$ mm(双边镀层范围) 和磨削工序尺寸 A 组成尺寸链。在成批生产镀铬时，是按镀层 0.025 ～ 0.04 mm 为依据来控制其工艺用量的(电流、温度、溶液浓度和时间等)，而零件尺寸 $\phi28_{-0.045}^{\ 0}$ mm 是间接保证的，所以它是封闭环。现对其镀铬前磨削工序尺寸公差计算如下：

$$28 = A + 0.08, \qquad A = 27.92 \text{ mm}$$

$$0 = \mathrm{ES}(A) + 0, \qquad \mathrm{ES}(A) = 0$$

$$-0.045 = \mathrm{EI}(A) + (-0.03) \qquad \mathrm{EI}(A) = -0.015 \text{ mm}$$

因此
$$A = 27.92_{-0.015}^{\ 0} \text{ mm}$$

(2) 当零件表面的精度要求高时，表面镀完镀层后，还须进行精加工。这样镀前和镀后表面加工工序的尺寸公差都将对镀层厚度产生影响，因而由三者所组成的尺寸链中，零件要求的镀层厚度(间接保证的) 为封闭环。

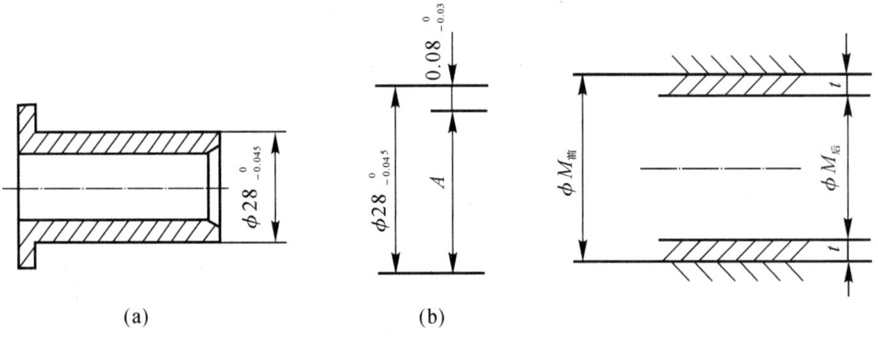

图 2.23 轴套简图

(a) 零件图；(b) 尺寸链图

图 2.24 银层厚度尺寸链

例 2.6 已知涡轮轴承座零件 M 表面要求镀银层厚度为 0.2 ～ 0.3 mm，镀银后尺寸为 $\phi63_{\ 0}^{+0.03}$ mm。此表面的加工顺序为镗孔 — 镀银 — 镗孔。试求镀银前镗孔工序中孔的直径尺寸及公差。

根据加工顺序列出银层厚度尺寸链如图 2.24 所示，由图可知，银层厚度是由前、后两个镗孔工序尺寸来间接保证的，所以它是封闭环。图中 $t = 0.2_{\ 0}^{+0.1}$ mm，$M_{后} = \phi63_{\ 0}^{+0.03}$ mm。

代入尺寸链方程，则有

$$2t = M_{前} - M_{后},$$

$$0.4 = M_{前} - 63, \qquad M_{前} = \phi63.4 \text{ mm}$$

$$+0.2 = \mathrm{ES}(H) - 0, \qquad \mathrm{ES}(H) = 0.2 \text{ mm}$$

$$0 = \mathrm{EI}(H) - 0.03, \qquad \mathrm{EI}(H) = 0.03 \text{ mm}$$

因此
$$M_{前\,\mathrm{EI}(H)}^{\ \ \ \mathrm{ES}(H)} = \phi63.4_{+0.03}^{+0.2} \text{ mm 或 } \phi63.43_{\ 0}^{+0.17} \text{ mm}$$

6. 余量校核

工序余量的变化大小取决于本工序与上工序加工误差的大小，在已知本工序、上工序的工序尺寸及其公差的情况下，用工艺尺寸链来计算余量的变化，可以衡量余量是否能适应加工情况，防止余量过大或过小。

例 2.7　图 2.25 为压气机铝盘工艺尺寸链，加工端面 E 时，校核其余量。其加工顺序如下：

1）车端面 K，工序尺寸 $60.8_{-0.1}^{0}$ mm。

2）半精车端面 E，工序尺寸 $60.3_{-0.1}^{0}$ mm。

3）精车端面 E，工序尺寸 $60_{-0.05}^{0}$ mm。

端面 E 经两次加工，计算其每次余量是否够用。

根据加工顺序建立尺寸链[见图 2.25(d)]，可看出 $60.8_{-0.1}^{0}$ mm，$60.3_{-0.1}^{0}$ mm 和余量 Z_1 以及 $60.3_{-0.1}^{0}$ mm，$60_{-0.05}^{0}$ mm 和余量 Z_2 各自组成一个工艺尺寸链。Z_1 和 Z_2 分别为两个尺寸链中的封闭环。

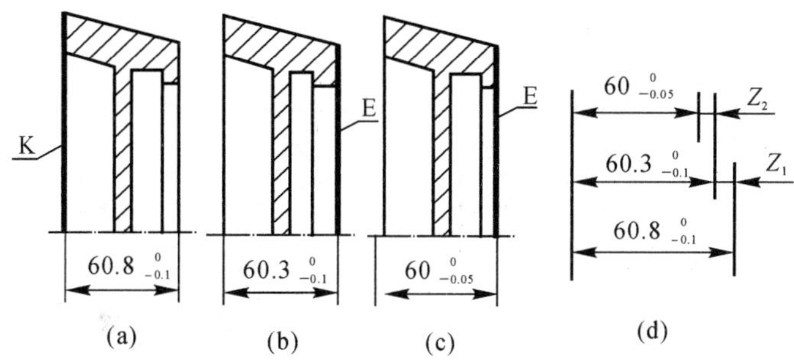

图 2.25　压气机铝盘工艺尺寸链

(a) 车端面 K；(b) 半精车端面 E；(c) 精车端面 F；(d) 尺寸链图

按工艺尺寸链的基本计算公式可解得 $Z_1=(0.5\pm0.1)$ mm，$Z_2=0.3_{-0.1}^{+0.05}$ mm。即半精车端面 E 时的余量 Z_1 在 0.4 ～ 0.6 mm 范围内变化，精车端面 E 的余量 Z_2 的变化范围是 0.2 ～ 0.35 mm，其中精车的最小余量为 0.2 mm，具体对这个零件来说是可以的，所以有关工序尺寸及公差决定的公称余量及其偏差是合适的。

通过以上实例，将尺寸链计算步骤总结如下：

(1) 先正确作出尺寸链图。

(2) 按照加工顺序找出封闭环。

(3) 分出增环和减环。

(4) 进行正计算或反计算。

(5) 尺寸链计算完后，可按“封闭环公差等于各组成环公差之和”的关系进行校核。

五、工序尺寸计算与加工余量计算图表法

在工艺路线初步确定之后，就可用图表法来确定工序尺寸及公差。下面以图 2.26 所示的衬套零件为例，介绍尺寸图表法。图 2.27 是图 2.26 所示衬套零件的工艺路线。

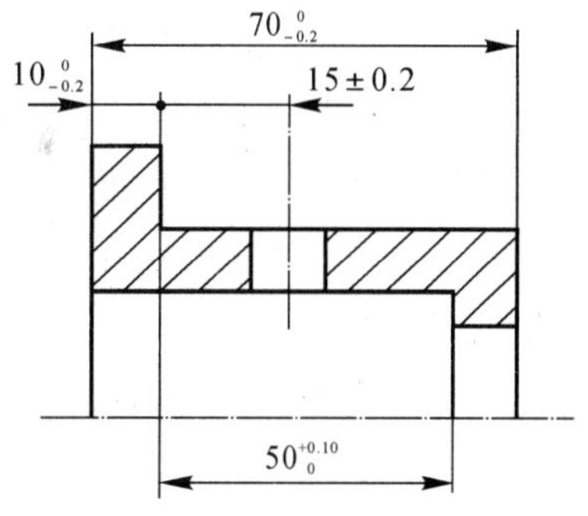

图 2.26　衬套的零件图

1. 尺寸图表的建立

建立尺寸图表的步骤如下：

(1) 画出零件的轴向剖面图(见图 2.28)，并从图中各轴向表面向下引出表面线，将各表面予以编号，如图中的

A,B,C,D,E。

(2) 按照拟定好的工艺路线，在引线的两侧列表。左侧表包括工序号、工序名称、工序平均尺寸和工序尺寸偏差，右侧表包括工序的平均余量和余量变化范围。工序号自上而下地增大，即先加工的放在上面，后加工的放在下面。

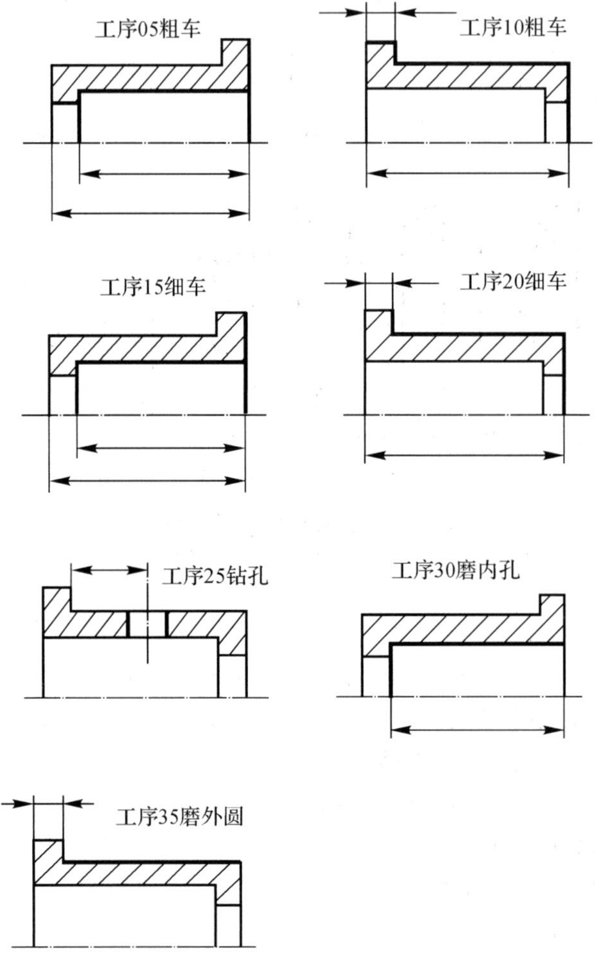

图 2.27 衬套工艺路线

(3) 按照工艺路线中所选择的定位基准，将每个工序的工序尺寸依照加工的先后顺序自上而下地标在图表的中部，在定位基准处标以小圆点，被加工表面处画一箭头。对图表中所有的工序尺寸可自下而上也可自上而下加以编号。

为了使图表清晰简洁，图中不标出余量，即同一表面在不同工序加工时，工序尺寸线的箭头指向同一处。

(4) 在图表的右下方，按照零件图的长度尺寸列表，其中右栏为“图纸尺寸”，左栏为“结果尺寸”。

(5) 在“图纸尺寸”栏内，将零件的长度尺寸换算成对称偏差后填入。

(6) 在与“图纸尺寸”对应的表面线中间，画出结果尺寸线，尺寸线之两端各画一圆点，以示有别于工序尺寸。

图 2.28 是根据图 2.26、图 2.27 所画出的衬套零件的尺寸图表。

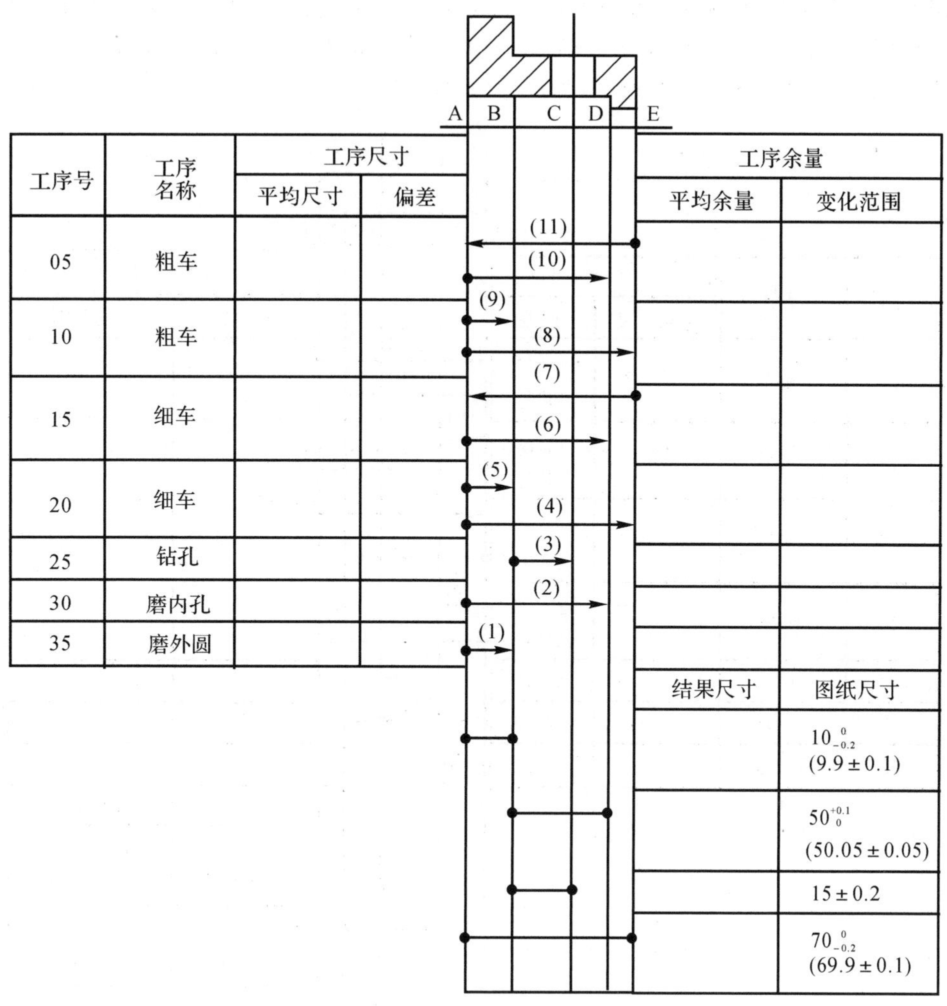

图 2.28　衬套零件的尺寸图表

2. 尺寸图表的计算

(1) 确定与设计尺寸有关的工艺组成环，并确定与设计有关的工序尺寸偏差和校对结果尺寸。

1) 确定与设计尺寸有关的工艺组成环，其方法如下：

ⅰ) 由某一设计尺寸之一端，垂直向上探索，首次遇到箭头即沿尺寸线之水平方向寻迹，至尺寸线之末端为止。

ⅱ) 由设计尺寸之另一端开始，仍按上述方法探索。

ⅲ) 当两条探索线不相交时，则遇到定位基准继续垂直向上探索，遇到箭头继续沿水平方向顺尺寸线探索，直到两探索线交汇在代表加工面的垂直线上为止，这时两条探索线形成一个封闭的折线。

ⅳ）封闭折线经过的所有各工序的工序尺寸，即为该设计尺寸的工艺组成环。当工艺组成环只有一个时，则该设计尺寸就被这个工序尺寸直接保证。

在图 2.29 中，尺寸(69.9±0.1) mm 的工艺组成环为尺寸(4)，尺寸(9.9±0.1) mm 的工艺组成环为尺寸(1)，尺寸(50.05±0.05) mm 的工艺组成环为尺寸(1)(2)，而尺寸(15±0.2) mm 的工艺组成环则如图中虚线所示，为尺寸(1)(3)(5)。

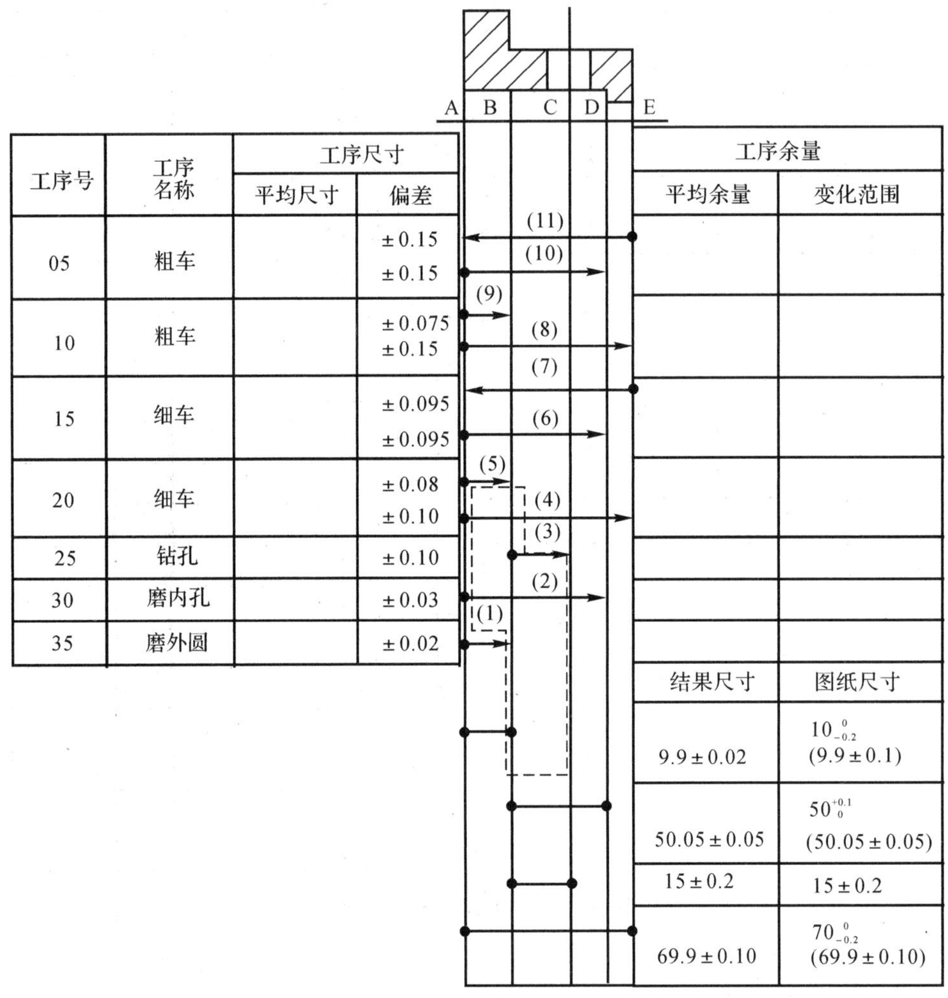

图 2.29　确定与设计尺寸有关的工艺组成环和工序尺寸偏差

2）确定与设计尺寸有关的工序尺寸偏差：

ⅰ）当工序尺寸直接保证某一设计尺寸时（即只有一个工艺组成环时），则该工序的尺寸偏差就等于设计尺寸的偏差，如图 2.29 中工序 20 中的尺寸(4)，其尺寸偏差就等于±0.1 mm。

ⅱ）当一个工序尺寸参与保证几个设计尺寸时，则根据要求最高的设计尺寸来确定工序尺寸的偏差；而当一个设计尺寸由几个工序尺寸一起保证时，则将以对称偏差形式标注的设计尺寸公差以平均分配法或等精度法也采用对称偏差的形式分给各工序尺寸。

例如图 2.29 中尺寸(1)参与保证(9.9±0.1) mm，(50.05±0.05) mm 和(15±0.2) mm 这三个设计尺寸。尺寸(15±0.2) mm 的工艺组成环有工序尺寸(1)(3)(5)，组成环虽多，但设计尺寸公差大，即使将设计尺寸公差平均分配，各工艺组成环之公差仍为 ± 0.066 mm，而(50.05 ± 0.05) mm 这个设计尺寸公差最小，其工艺组成环是尺寸(1) 和(2)，尺寸(2) 只参与保证设计尺寸(50.05 ± 0.05) mm，因而可根据(50.05 ± 0.05) mm 这个尺寸的 ± 0.05 mm 公差来确定尺寸(1)(2) 的偏差。尺寸(1) 还直接保证(9.9 ± 0.1) mm，因这个设计尺寸公差较大，所以可不考虑。

由于设计尺寸和工序尺寸皆采用对称偏差形式，根据封闭环的公差等于组成环公差之和的原理，并考虑尺寸(2) 的公称值大于尺寸(1) 的公称值，可令尺寸(2) 的偏差为 ± 0.03 mm，则尺寸(1) 的偏差为 ± 0.02 mm。

尺寸(1)(3)(5) 共同保证设计尺寸(15 ± 0.2) mm，钻孔工序尺寸(3) 的偏差根据经验(两孔中心距或孔至端面的距离误差当用钻模钻孔时约为 0.1 ～ 0.2 mm，划线钻孔时为 1 ～ 3 mm) 可取为 ± 0.1 mm，因此尺寸(5) 的偏差值应为 ± 0.08 mm。

3) 校对结果尺寸。确定了与设计尺寸有关的工序尺寸偏差以后，将各设计尺寸的工艺组成环(即封闭折线所包括的各工序尺寸) 的公差相加以对称偏差形式填入结果尺寸栏中，作为结果尺寸的公差。结果尺寸的公称值即为换算成为对称偏差后的图纸尺寸公称值，于是在图 2.29 中，可以得到(69.9 ± 0.1) mm，(9.9 ± 0.02) mm，(50.05 ± 0.05) mm 和(15 ± 0.2) mm 这样 4 个结果尺寸。

为了避免差错，可将结果尺寸的公差再与零件图纸尺寸公差(两者均为对称偏差) 进行比较：如结果尺寸公差小于或等于零件图纸尺寸公差，则表示满足要求；如结果尺寸公差大于零件图纸尺寸公差，说明在决定与设计尺寸有关的工序尺寸偏差时有错误，那就需要重新调整有关工序的工序尺寸偏差。

(2) 确定零件上各表面间的基本尺寸，并据以确定与保证设计尺寸无直接联系的工序尺寸偏差。

由于标准公差数值及余量规格表都是按尺寸段来制定的，在绘制尺寸图表时，各工序尺寸并未确定，同时工艺系统中之工序尺寸系统又不一定与零件图纸尺寸系统一致，所以先要算出各表面间基本尺寸的大小，看它属于哪一个尺寸段，以便作出选择经济精度的公差值和余量的依据。在图 2.29 中，有

$$L_{AB} = 9.9\ \text{mm};\qquad L_{AD} = 9.9 + 50.05 = 59.95\ \text{mm};$$

$$L_{AE} = 69.9\ \text{mm};\qquad L_{BC} = 15\ \text{mm}$$

知道了各表面间的基本尺寸以后，便可对那些与设计尺寸无直接联系的工序尺寸公差按经济加工精度(例如粗车为 IT12，细车为 IT11) 加以确定，然后再将公差值以对称偏差的形式填入尺寸图表中的工序尺寸偏差栏中。图 2.29 中工序 05 至工序 15 各工序尺寸之偏差即按上述方法确定。

(3) 计算余量变动范围。由于工序加工余量受工序尺寸公差的影响，实际切除的余量在一定范围内变化。余量过大，费工费料；余量过小，加工困难，甚至加工成为不可能。为使所确定的余量比较合理，在确定了工序尺寸偏差以后，需计算出余量的变动范围。

计算某工序尺寸余量变动范围时，首先要确定影响该余量的有关工序尺寸。确定的方法与确定和设计尺寸有关的工艺组成环的方法一样，即从欲求的工序尺寸之两端垂直向上探索，遇到箭头即沿水平方向顺尺寸线寻迹，直到两条探索线在代表加工面的垂直线上为止，从而形成一个封闭的折线。将封闭折线上所有工序尺寸偏差(包括所求的工序尺寸之偏差) 都加起来，其总和就是所求工序尺寸的余量变动范围。

图 2.30 所示为计算余量变动范围，在计算尺寸(5) 余量变动范围时，其封闭折线所包括的

工序尺寸有(5),(7) ～ (9),因而其余量变动范围是 ±(0.095 + 0.08 + 0.15 + 0.075) = ±0.40 mm;求尺寸(6) 的余量变动范围时,其封闭折线所包括的工序尺寸有(6),(7) ～ (10),故工序尺寸(6) 余量变动范围是 ±(0.15 + 0.15 + 0.095 + 0.095) =±0.49 mm。

按所述方法求出各工序尺寸的加工余量变动范围并标注在余量变动范围一栏内。尺寸(9) ～ (11) 由毛坯加工得到,不必求余量变动范围,尺寸(3) 系在圆柱面上钻径向小孔,无所谓余量变动问题。

在工艺过程制定中,由于精加工阶段余量较小,所以经常只是计算精加工工序尺寸的加工余量变化,必要时,也可计算细加工阶段的余量变化。

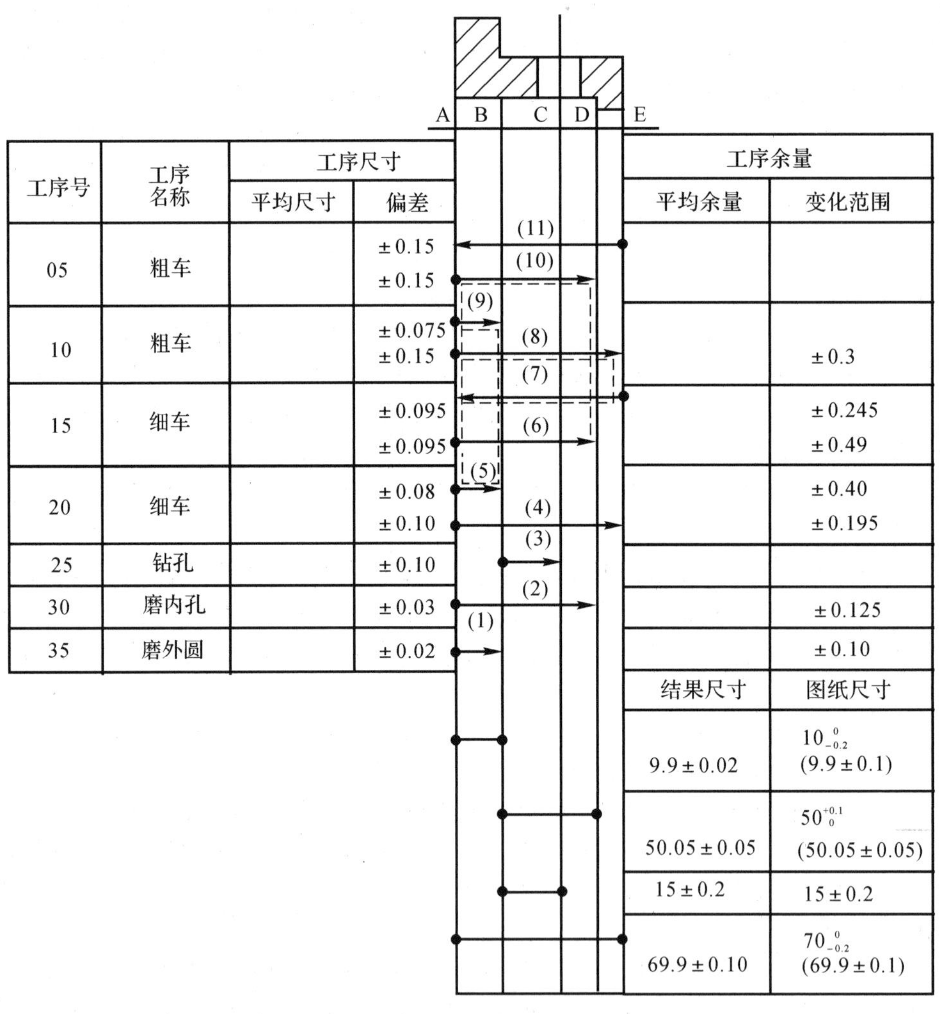

图 2.30 计算余量变动范围

(4) 确定各工序的平均余量。在确定工序平均尺寸以前,首先要确定各尺寸的加工余量的平均值。各尺寸余量平均值是按所选择加工方法在有关资料或手册中查出而确定的。但平均余量的大小要结合已计算出的工序余量变动范围的大小考虑,应满足关系式:

$$Z_P - \frac{\delta}{2} \geqslant Z_{min}$$

式中:Z_P—— 平均余量;

δ—— 余量变动范围(图表中用 $\pm\dfrac{\delta}{2}$ 表示);

Z_{min}—— 保证各加工尺寸所必须的最小余量。

Z_{min} 的数值因加工方法和加工性质而异,下面数据仅供参考:

磨端面　　$Z_{min}=0.08$ mm;

细车端面　$Z_{min}=0.3$ mm;

粗车端面　$Z_{min}=1.0$ mm。

在确定了平均余量公称值后,应按余量的变化情况检查一下最大、最小余量是否合适。如最小余量太小,可增大公称余量值,或者调整工序尺寸偏差以减小余量变化范围;如余量变化过大,则在加工困难增加不大的情况下,可适当压缩有关工序尺寸偏差,或调整工艺路线以达到改变有关尺寸链组成的目的;如最大余量过大,则可在保证最小余量的情况下,适当减小平均余量之公称值。

图 2.31 为确定平均余量和工序平均尺寸,其中,尺寸(5)可查表得到平均余量为 0.6 mm,但其余量变化范围为 ± 0.4 mm,故 $Z_{min}=0.6-0.4=0.2$ mm,而细车最小余量推荐值为 0.3 mm,所以将平均余量增大至 0.7 mm。

粗加工余量可由毛坯总余量减去工序余量得到。

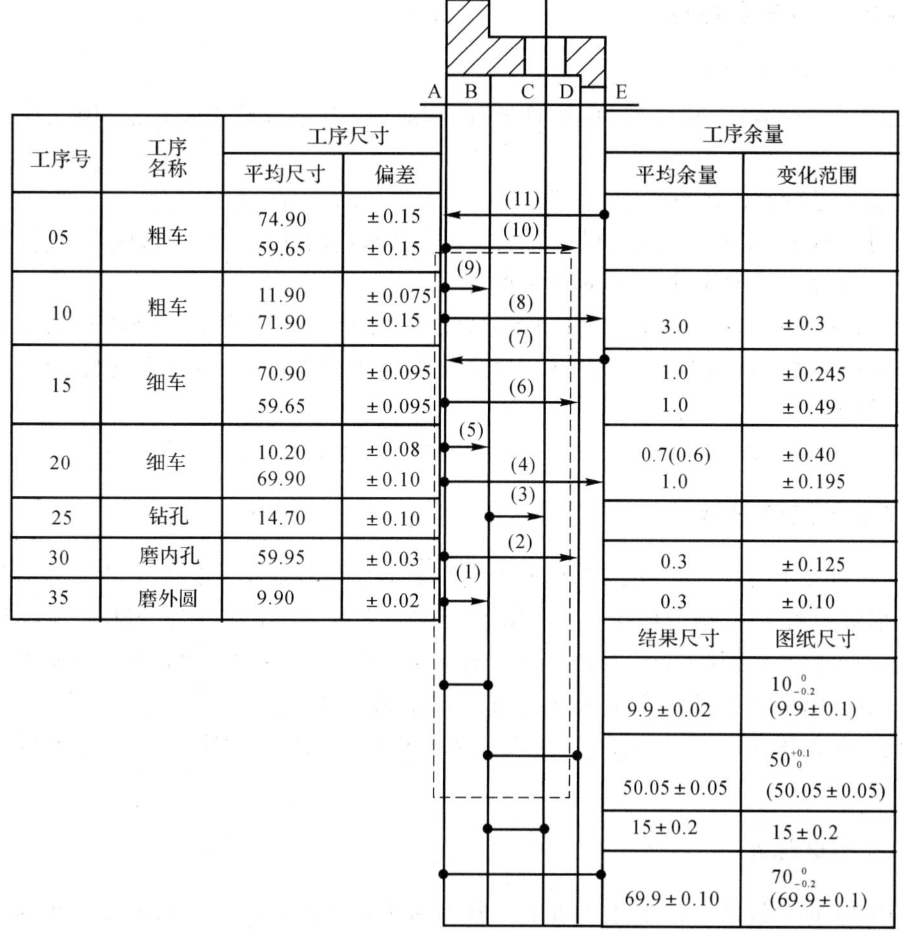

工序号	工序名称	工序尺寸 平均尺寸	工序尺寸 偏差	工序余量 平均余量	工序余量 变化范围
05	粗车	74.90 59.65	±0.15 ±0.15		
10	粗车	11.90 71.90	±0.075 ±0.15	3.0	±0.3
15	细车	70.90 59.65	±0.095 ±0.095	1.0 1.0	±0.245 ±0.49
20	细车	10.20 69.90	±0.08 ±0.10	0.7(0.6) 1.0	±0.40 ±0.195
25	钻孔	14.70	±0.10		
30	磨内孔	59.95	±0.03	0.3	±0.125
35	磨外圆	9.90	±0.02	0.3	±0.10

结果尺寸	图纸尺寸
9.9±0.02	$10^{0}_{-0.2}$ (9.9±0.1)
50.05±0.05	$50^{+0.1}_{0}$ (50.05±0.05)
15±0.2	15±0.2
69.9±0.10	$70^{0}_{-0.2}$ (69.9±0.1)

图 2.31　**确定平均余量和工序平均尺寸**

(5) 决定工序平均尺寸。确定了各工序尺寸的平均余量以后，即可确定各工序的平均尺寸，具体方法是从欲求的工序尺寸的尺寸线两端开始沿垂直线向下探索，直到结果尺寸的两端为止，然后在结果尺寸上加上或减去在两边探索线上所遇到的除本身尺寸以外的加工面（即所遇到的箭头）的平均余量。当被加工面是内表面时，应减去平均余量；当被加工面是外表面时，应加上平均余量。

在图 2.31 中，尺寸(1) 两端至结果尺寸两探索线未遇到加工面，故其平均尺寸为 9.90 mm；同理，尺寸(2) 之平均尺寸为 50.05 + 9.9 = 59.95 mm；尺寸(10) 探索线如图中虚线表示，其加工三次，左侧 15 工序加工一次，余量为 1 mm，它使得尺寸变小，相当于外表面，应加余量，而右侧在 15，30 工序各加工一次，余量分别为 1 mm 和 0.3 mm，相当于内表面加工，故应减去余量，所以尺寸(10) 应为 59.95 + 1 − 1 − 0.3 = 59.65 mm。

(6) 标注各工序尺寸。在上述图表计算完成以后，再将各工序尺寸及偏差转换为"入体"形式标注在工序图上。各工序径向尺寸亦须根据工序余量算出加以标注。

2.5 数控加工工艺设计

一、数控加工的主要特点

数控加工的主要特点如下。

(1) 数控机床传动链短、刚度高，可通过软件对加工误差进行校正和补偿，因此加工精度高。

(2) 数控机床是按设计好的程序进行加工的，加工尺寸的一致性好。

(3) 在程序控制下，几个坐标可以联动并能实现多种函数的插补运算，所以能完成普通机床难以加工或不能加工的复杂曲线、曲面及型腔等。

此外，有的数控机床（加工中心）带自动换刀系统和装置、转位工作台以及可自动交换的动力头等，在这样的数控机床上可实现工序的高度集中，生产率比较高，并且夹具数量少，夹具的结构也相对简单。

由于数控加工有上述特点，所以在安排工艺过程时，有时要考虑安排数控加工。

二、数控加工工序设计

如果在工艺过程中安排有数控工序，则不管生产类型如何都需要对该工序的工艺过程做出详细规定，形成工艺文件，指导数控程序的编制，指导工艺准备工作和工序的制定。从机械加工工艺角度来看数控工序，其主要设计内容和普通工序没有差别。这些内容包括定位基准的选择、加工方法的选择、加工路线的确定、加工阶段的划分、加工余量及工序尺寸的确定、刀具的选择以及切削用量的确定等。但是，数控工序设计必须满足数控加工的要求，其工艺安排必须做到具体、细致。

1. 建立工件坐标系

数控机床的坐标系统已标准化。标准坐标系统是右手直角笛卡儿坐标系统。工件坐标系建立与编程中的数值计算有关。为简化计算，坐标原点可选择在工序尺寸的尺寸基准上。

在工件坐标系内可以使用绝对坐标编程，也可以使用相对坐标编程。在图 2.32 中，从 A 点到 B 点的坐标尺寸可以表示为 B (25,25)，即以坐标原点为基准的绝对坐标尺寸，也可以表示为 B (15,5)，这是以 A 点为基准的相对坐标尺寸。

2. 编程数值计算

数控机床具有直线和圆弧插补功能。当工件的轮廓由直线和圆弧组成时，在数控程序中只要给出直线与圆弧的交点、切点（简称基点）坐标值：加工中遇到直线，刀具将沿直线指向直线的终点，遇到圆弧，将以圆弧的半径为半径指向圆弧的终点。当工件轮廓由非圆曲线组成时，通常的处理方法是用直线段或圆弧段去逼近非圆曲线，通过计算直线段或圆弧段与非圆曲线的交点（简称节点）的坐标值来体现逼近结果。随着逼近精度的提高，这种计算的工作量会很大，需要借助计算机来完成。因此，编程前根据零件尺寸计算出基点或节点的坐标值，是不可少的工艺工作。除此之外，编程前应将单向偏差标注的工艺尺寸换算成对称偏差标注；当粗、精加工集中在同一工序中完成时，还要计算工步之间的加工余量、工步尺寸及公差等。

3. 确定对刀点、换刀点、切入点和切出点

为了使工件坐标系与机床坐标系建立确定的尺寸联系，加工前必须对刀。对刀点应直接与工序尺寸的尺寸基准相联系，以减少基准转换误差，保证工序尺寸的加工精度。通常选择在离开工序尺寸基准一个塞尺的距离，用塞尺对刀，以免划伤工件。此外，还应考虑对刀方便，以确保对刀精度。

由于数控加工工序集中，常需要换刀。若用机械手换刀，则应有足够的换刀空间，避免发生干涉，确保换刀安全。若采用手工换刀，则应考虑换刀方便。

切入点和切出点的选择也是设计数控工序时应该考虑的一个问题。刀具应沿工件的切线方向切入和切出（见图 2.33），避免在工件表面留下刀痕。

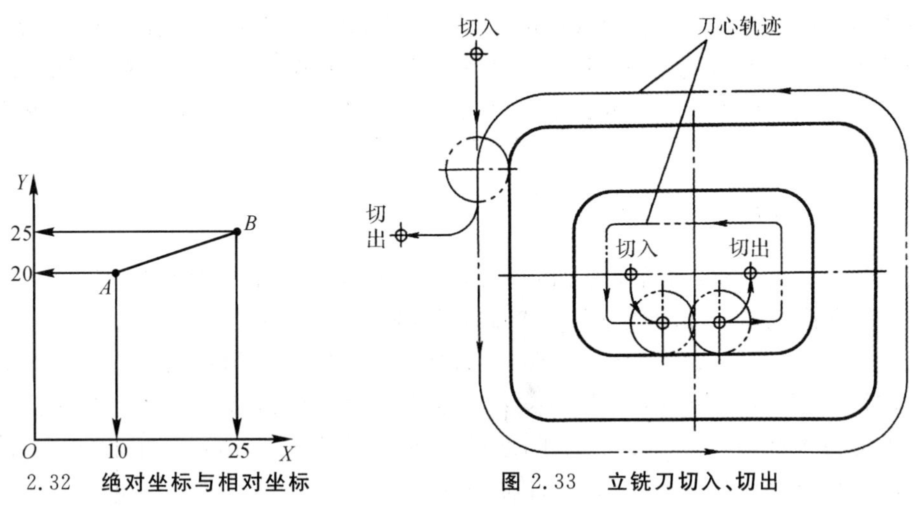

图 2.32　**绝对坐标与相对坐标**　　图 2.33　**立铣刀切入、切出**

4. 划分加工工步

由于数控工序集中了更多的加工内容，所以工步的划分和工步设计就显得非常重要，它将影响到加工质量和生产率。例如，同一表面是否需要安排粗、精加工，不同表面的先后加工顺序

应该怎样安排，如何确定刀具的加工路线，等等。所有这些工艺问题都要按一般工艺原则给出确定的答案。同时还要为各工步选择加工刀具（包括选择刀具类型、刀具材料、刀具尺寸以及刀柄和连接件），分配加工余量，确定切削用量等。

此外，数控工序还应确定是否需要有工步间的检查，何时安排检查；是否需要考虑误差补偿；是否需要切削液，何时开关切削液；等等。总之，在数控工序设计中要回答加工过程中可能遇到的各种工艺问题。

三、数控编程简介

根据数控工序设计，按照所用数控系统的指令代码和程序格式，正确无误地编制数控加工程序是实现数控加工的关键环节之一。数控机床将按照编制好的程序对零件进行加工。可以看出，数控编程工作是重要的，没有数控编程，数控机床就无法工作。数控编程方法分为手工编程和自动编程。手工编程是根据数控机床提供的指令由编程人员直接编写的数控加工程序。手工编程适合于简单程序的编制。自动编程有两种形式：一种是由编程人员用自动编程语言编制造源程序，计算机根据源程序自动生成数控加工程序。另一种是利用 CAD/CAM 软件，以图形交互方式生成工件几何图形，系统根据图形信息和相关的工艺信息自动生成数控加工程序。自动编程适合于计算量大的复杂程序的编制。

1. 数控程序代码及其有关规定

目前，国际上通用的数控程序指令代码有两种标准，一种是国际标准化组织（ISO）标准，另一种是美国电子工业协会（EIA）标准。我国规定了等效于 ISO 标准的准备功能 G 代码（比如，G00 表示点定位，G01 表示直线插补）和辅助功能 M 代码（比如，M00 表示程序停止，M02 表示程序结束）。除上述 G 代码和 M 代码以外，ISO 标准还规定了主轴转速功能 S 代码、刀具功能 T 代码、进给功能 F 代码和尺寸字地址码（X，Y，Z，I，J，K，R，A，B，C）等，供编程时选用。

由于标准中的有些 G 代码和 M 代码属于“不指定”和“永不指定”的情况，加上标准中标有“#”号的代码亦可选作其他用途，所以不同数控系统的数控指令含义就可能有差异。编程前，必须仔细阅读所用数控机床的说明书，熟悉该数控机床数控指令代码的定义和代码使用规则，以免出错。

2. 程序结构与格式

数控程序由程序号和若干个程序段组成。程序号由地址码和数字组成，如 05501。程序段由一个或多个指令组成，每条指令为一个数据字，数据字由字母和数字组成。例如：

N05　G00　X－10. 0　Y－10. 0　Z8. 0　S1000　M03　M07

为一个程序段，其中，数据字 N05 为程序段顺序号；数据字 G00 使刀具快速定位到某一点；X、Y、Z 为坐标尺寸地址码，其后的数字为坐标数值，坐标数值带＋、－符号，＋号可以省略；S 为机床主轴转速代码，S1000 表示机床主轴转速为 1 000 r/min；M03 规定主轴顺时针旋转；M07 规定开切削液。在程序段中，程序段的长度和数据字的个数可变，而且数据字的先后顺序无严格规定。

上述程序段中带有小数点的坐标尺寸表示的是长度（单位为毫米）。在数据输入中，若漏输入小数，有的数控系统认为该数值为脉冲数，其长度等于脉冲数乘以脉冲当量。因此，在输入数据或检查程序时对小数点要给予特别关注。

四、工序安全与程序试运行

数控工序的工序安全问题不容忽视。数控工序的不安全因素主要来源于加工程序中的错误。将一个错误的加工程序直接用于加工是很危险的。例如，程序中若将 G01 错误地写成 G00，即把本来是进给指令错误地输入成快进指令，则必然会发生撞刀事故。再如，在立式数控钻铣床上，若将工件坐标系设在机床工作台台面上，程序中错误地把 G00 后的 Z 坐标数值写成0.00或负值，则刀具必将与工件或工作台相撞。另外，程序中的任何坐标数据错误都会导致产生废品或发生其他安全事故等。因此，对编写完的程序一定要经过认真检查和校验，进行首件试加工。只有确认程序无误后，才可投入使用。

2.6　计算机辅助工艺设计

一、CAPP 概述

1. 计算机辅助工艺设计的概念及功能

长期以来，工艺规程通常由工艺人员凭经验手工编制，编制质量因人而异，这在很大程度上取决于工艺人员的水平和主观性。首先是设计出的工艺过程一致性差，达不到标准化、规范化，也难以实现最佳化；其次是工艺编制中有大量的制表、查表、填表、绘图和一般简单计算等烦琐的事务性工作，用手工完成不仅效率低、周期长、容易出错，更主要的是这些工作分散了工艺人员的精力，使工艺人员不能更好地从事新产品和新工艺的开发等创造性的思维和设计工作。计算机辅助工艺设计(Computer Aided Planning，CAPP) 从根本上改变了上述状况，它不仅可以提高工艺规程的编制质量，而且还使工艺人员从烦琐重复的工作中摆脱出来。

CAPP 系统一般应具有以下功能：① 选择加工方法。② 安排加工路线。③ 选择机床、刀具、量具、夹具等。④ 选择装夹方式和装夹表面。⑤ 优化选择切削用量。⑥ 计算加工时间和加工费用。⑦ 确定工序尺寸和公差及选择毛坯。⑧ 绘制工序图及编写工序卡等。

2. CAPP 系统的结构

CAPP 系统的基本结构主要包括零件信息的输入、工艺决策、工艺数据与知识库、人-机界面以及工艺文件管理 5 个部分。

(1) 零件信息的输入。零件信息是 CAPP 系统进行工艺规程设计的依据。计算机目前还不能自动识别零件图上的所有信息，所以在计算机内部必须有一个专门的数据结构来对零件信息进行描述，CAPP 的关键技术之一是描述和输入零件信息。

(2) 工艺决策。工艺决策是 CAPP 系统的核心，它的作用是以零件信息为依据，按预先规定的顺序或逻辑，调用有关工艺数据或规则，进行必要的比较、计算和决策，生成零件的工艺规程。

(3) 工艺数据与知识库。工艺数据与知识库是 CAPP 系统的支撑工具，数据库中包含了工艺设计所要求的所有工艺数据(如加工方法、切削用量、机床、刀具、夹具、量具、辅具以及材料、工时、成本核算等多方面的信息) 和规则(包括工艺决策逻辑、工艺经验等)。工艺数据和知识的表达、数据库的不断更新与维护是建立 CAPP 系统的重要环节。

(4) 人-机界面。人-机界面是用户的工作平台,它包括系统菜单、工艺设计的界面、工艺数据、知识的输入和管理界面,以及工艺文件的显示、编辑和打印输出等。

(5) 工艺文件管理。一个系统可能有上千个工艺文件,如何管理工艺文件是 CAPP 系统的重要内容。

二、CAPP 系统的类型及应用

目前已经开发出的 CAPP 系统种类很多,按其工作原理可分为下述几种。

1. 检索型 CAPP 系统

检索型 CAPP 系统是最简单的 CAPP 系统,它根据输入信息直接检索整个工艺过程的解。在建立 CAPP 系统时,需要预先存入一系列标准工艺过程。运行 CAPP 系统时,则根据输入信息对标准工艺过程进行检索,若有符合加工要求的标准工艺过程,就作为求解结果而输出,否则就无解。因此,纯检索式 CAPP 系统不具备工艺路线的决策过程,严格来说,它只不过是一个工艺设计管理系统,所输出的工艺过程完全是工艺人员手工编制并存入计算机的。因此,检索型 CAPP 系统的工艺过程设计能力与预先存入的标准工艺过程的数量密切相关。这种 CAPP 系统经常用于工件种类很少、工件变化不大且相似程度很高的大批量生产模式中。

2. 创成型 CAPP 系统

功能最复杂的 CAPP 系统为创成型 CAPP 系统。如图 2.34 所示,创成型 CAPP 系统的工艺规程是根据程序中所反映的决策逻辑和制造工程数据信息生成的,这些信息主要是有关各种加工方法的加工能力和对象、各种设备及刀具的适用范围等一系列的基本知识。创成型 CAPP 系统中不存在标准工艺规程,但有一个收集大量工艺数据的数据库和一个存储工艺专家知识的知识库。创成型 CAPP 系统运行的第一步也是进行检索,但它检索到的不是零件的整个加工工艺过程的“实体”,而是作为工艺过程最基本单元的“细胞”,即工艺学中所称的工步。因此,在建立创成型 CAPP 系统时,要预先存入针对不同单元表面,满足不同加工要求的多种工艺方法,内容愈丰富,系统工作的基础愈好。创成型 CAPP 系统运行的第二步是对检索出来的工步集合进行“规划”,使无序的工步集合转换成一个完整的零件加工工艺过程,其中包括加工阶段的划分、加工工序的划分和排序、加工设备和工装的选择、基准的选择等,因此,在创成型 CAPP 系统中,要建立复杂的能模拟工艺人员思考问题、解决问题的决策系统。这部分工作被视为具有创造性,故称之为“创成型”(有时也称“生成型”或“产生型”)的 CAPP 系统。建立创成型 CAPP 系统的具体工作步骤如下。

(1) 确定零件的建模方式。

(2) 确定 CAPP 系统获取零件信息的方式。

(3) 工艺分析和工艺知识总结。

(4) 确定和建立工艺决策模型。

(5) 建立工艺数据库。

(6) 系统主控模块设计。

(7) 人-机接口设计。

(8) 文件管理和输出模块设计。

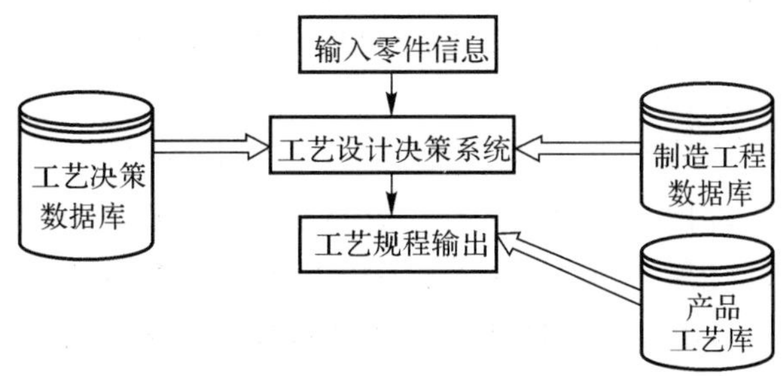

图 2.34　创成型 CAPP 系统流程图

创成型 CAPP 系统无须太多的工艺信息储备就能生成新零件的工艺规程，而且对用户所掌握的工艺知识水平要求较低，同时还可以利用人工智能技术，综合工艺专家的知识和经验进行决策，但由于许多技术难点尚未突破，特别是处理模糊型工艺课题的能力很差，目前的纯创成型 CAPP 系统还处于研发阶段，尚未达到实用程度。为了能实用，在最简单的检索型 CAPP 系统和最复杂的创成型 CAPP 系统之间出现了一系列中间形式。

3. 派生型 CAPP 系统

派生型 CAPP 系统又称为变异型 CAPP 系统，它是建立在成组技术(Group Technology, GT) 的基础上，其基本原理是零件的相似性，即相似的零件具有相似的工艺规程。该方法首先对生产对象进行分析，根据成组技术原理，将各种零件分类归族；对于每一零件族，选择一个能包含该组中所有零件特征的零件作为标准样件，也可以构造一个并不存在但包含该组中所有零件特征的零件为标准样件；对标准样件编制成熟的、经过考验的标准工艺规程；将该标准工艺规程存放在数据库中，当要为新零件设计工艺规程时，首先输入该零件的成组技术代码，也可以输入零件信息，由系统自动生成该零件的成组技术代码；根据零件的成组技术代码，系统自动判断零件所属的零件组，并检索出该零件族的标准工艺规程；根据零件的结构形状特点、尺寸及公差，利用系统提供的修改编辑功能，对标准工艺规程进行修改编辑，最后得到所需的工艺规程。其工作流程如图 2.35 所示。

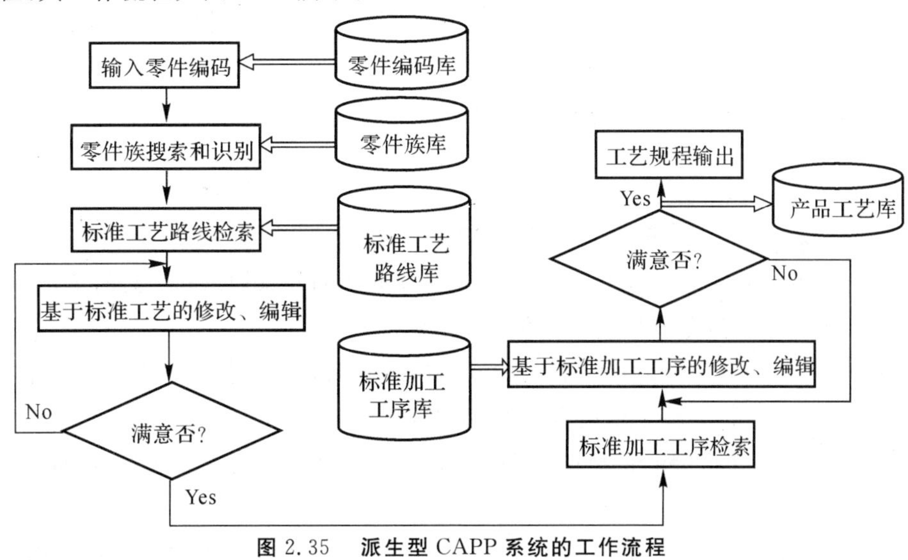

图 2.35　派生型 CAPP 系统的工作流程

派生型CAPP系统具有结构简单，系统容易建立，便于维护和使用，系统性能可靠、成熟等优点，所以应用比较广泛。目前，大多数实用型CAPP系统都属于这种类型。

4. 交互型CAPP系统

交互型CAPP系统采用人-机对话的方式，它是基于标准工步、典型工序进行工艺设计的，工艺规程的设计量对人的依赖性很大。该系统采用人-机交互为主的工作方式，用户在系统的提示引导下，回答工艺设计中的一系列问题，对工艺过程进行相应的决策。该系统主要由零件工艺设计模块和一系列工艺设计数据库组成，用户在系统指引下，按照工艺设计流程，利用工艺设计资源库，根据工艺设计习惯、经验等，交互完成工艺过程设计、工时计算和成本估算等工作，并由系统进行统一信息存储、分类统计，最后输出供生产用的工艺规程卡片，供计划调度用的产品(零部件)工艺流程，生产过程中使用的设计清单和刀、夹、量、辅具清单等。

5. 智能型CAPP系统

智能型CAPP系统是将人工智能技术应用在CAPP系统中形成的CAPP专家系统。与创成型CAPP系统相比虽然都可以自动生成工艺规程，但它们的区别在于创成型CAPP系统采用逻辑算术规则进行决策，而智能型CAPP系统则以推理加知识的专家系统技术来解决工艺设计中经验性强、模糊和不确定的若干问题。这种CAPP系统更加完善和方便，是CAPP系统的发展方向，也是当今国内外研究的热点之一。

CAPP专家系统的基本结构如图2.36所示，其主要组成部分的功能如下。

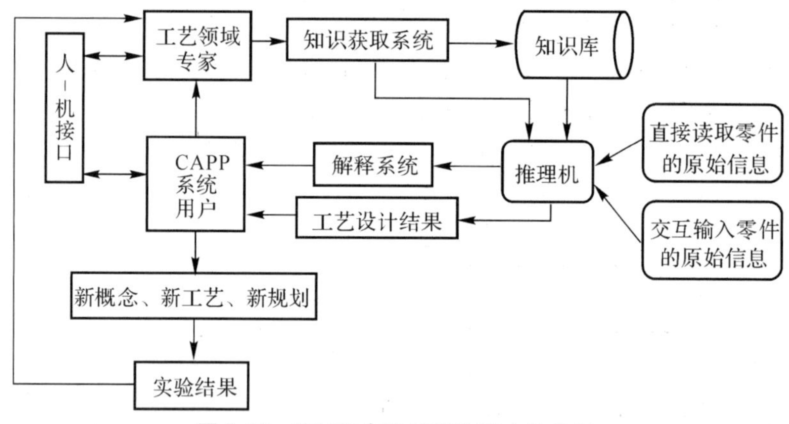

图2.36　CAPP专家系统的基本结构图

(1) 知识库(Knowledge Base)。它是以一定形式表示的专家知识和经验的集合，知识库的组织和结构形式对于提高专家系统的效率至关重要。

(2) 推理机(Inference Engine)。它是协调和控制专家系统工作的机构。它根据当前接收到的信息，运用知识库的知识，按既定策略推断出问题的解。

(3) 解释系统(Explanation System)。它是CAPP专家系统用于解释自己行为、推理和结论的系统。

(4) 知识获取系统(Knowledge Acquisition System)。该体系提炼专家的专门知识和推理过程，将它们转化为计算机易于识别的符号和结构建立知识库，并根据需要修改、扩充和更新知识库。

(5) 人-机接口(Man-Machine Interface)。它将专家和用户的输入信息和知识转化为系统可以接受的内部形式，同时把系统向专家和用户的输出信息翻译为人类易于理解的形式或语言。

目前，把专家系统的概念和方法应用于 CAPP 已成为制造工程中颇受关注的课题之一。专家系统求解问题的过程是逻辑判断和决策过程，非常适合工艺过程设计中需要依靠专家经验和优化策略等解决的问题。

习　　题

2.1　何谓机械加工工艺规程？工艺规程在生产中起何作用？

2.2　试述在零件加工过程中，定位基准(包括粗基准和精基准) 选择的原则。根据原则试分析图 2.37 所示零件，镗孔 $D^{+\delta d}_{0}$ 工序时的精定位基准选择的几种方案，确定其最佳方案。

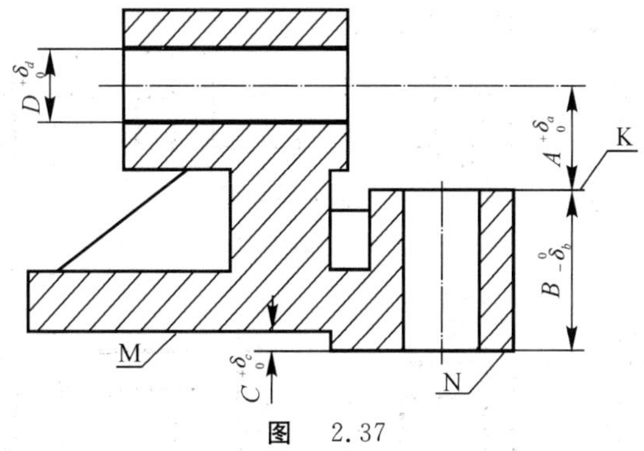

图　2.37

2.3　试述在零件加工过程中，划分加工阶段的目的和原则。

2.4　叙述零件在机械加工工艺过程中，安排热处理工序的目的、常用热处理的方法及其在工艺过程中安排的位置。

2.5　某轴套类零件，材料为 38CrMoAlA 氮化钢，内孔为 ϕ90H7 mm，粗糙度要求 Ra 0.03 mm，内孔表面要求氮化，渗氮表面硬度 HRC ≥ 58，零件心部调质处理 HRC28 ~ 34。试选择零件孔 ϕ90H7 mm 的加工方法，并安排孔的加工工艺路线。

2.6　一根长为 100 mm 的轴，材料为 12CrNi3A 渗碳钢，外圆直径为 ϕ10H7 mm，粗糙度要求为 Ra 0.03 mm，外圆表面要求渗碳、淬火，渗碳淬火后表面硬度 HRC ≥ 60，试选择零件外圆 ϕ10H7 mm 的加工方法，并安排外圆加工工艺路线。

2.7　一根光轴，直径为 ϕ30f6 mm，长度为 240 mm，在成批生产条件下，试计算外圆表面加工各道工序的工序尺寸及其公差。其加工顺序为棒料 — 粗车 — 精车 — 粗磨 — 精磨。经查手册可知各工序的名义余量分别为粗车 3 mm，精车 1.1 mm，粗磨 0.3 mm，精磨 0.1 mm。其公差分别为 0.39 mm，0.16 mm 和 0.062 mm。

2.8　求图 2.38 所示尺寸链中的 F^{ES}_{EI}，H^{ES}_{EI}。

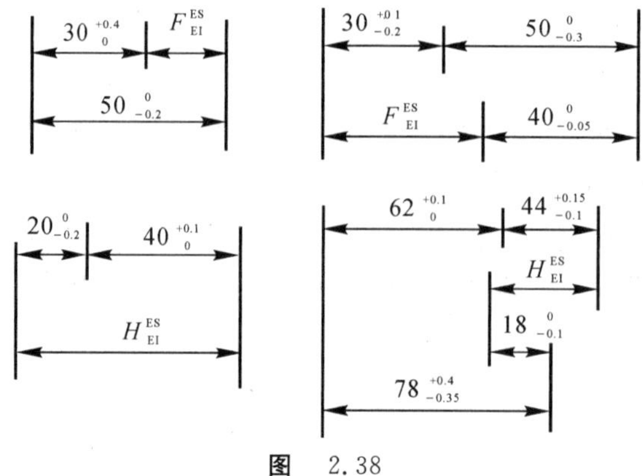

图 2.38

2.9 求图 2.39 中下述几种情况下，加工指定表面时的定基误差的数值：

(1) 求图 2.39(a) 工序 15 精车端面时的定基误差。

(2) 求图 2.39(b) 工序 20 铣槽时的定基误差。

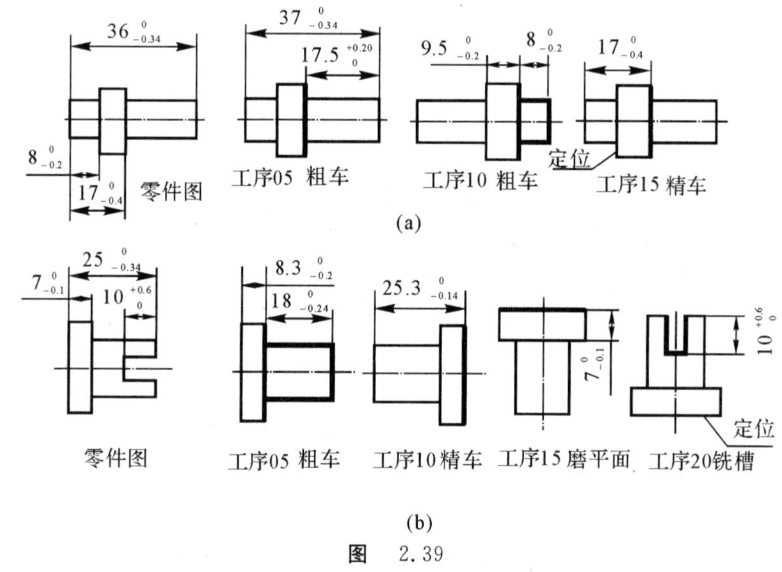

图 2.39

(a) 某零件车削工序图；(b) 某零件车、削工序图

2.10 从图 2.40 所示零件图(a)、工艺过程工序图(b)(c) 中，校核零件图的尺寸能否保证。

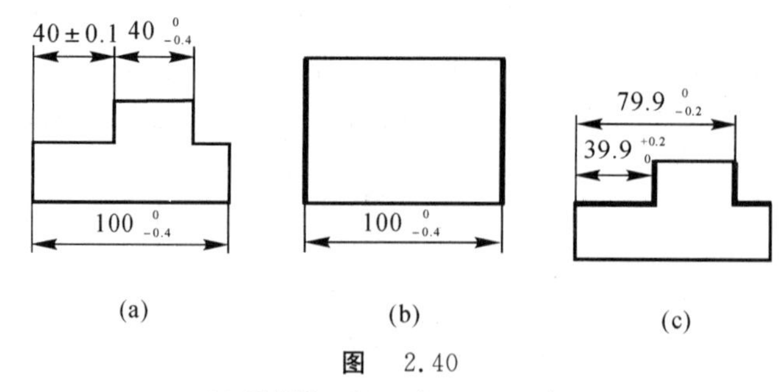

图 2.40

(a) 零件图；(b) 工序 5；(c) 工序 10

2.11　图 2.41(a) 所示零件，为测量方便，今以图(b)(c) 方式标注工序尺寸，试求尺寸 t 或 h 的尺寸及公差应为多少才能满足图纸要求。

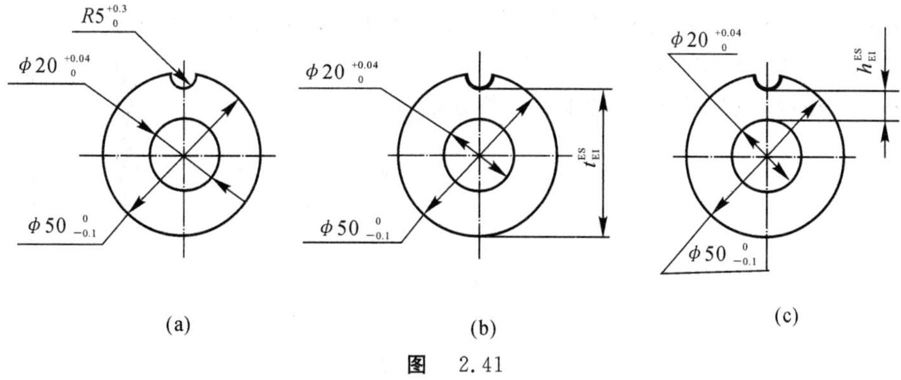

图　2.41

(a) 零件图；(b)(c) 工序图

2.12　图 2.42 所示为零件图和部分工序图。试问，零件图中 $40^{0}_{-0.3}$ 尺寸是否能保证？H^{ES}_{EI} 为多少？

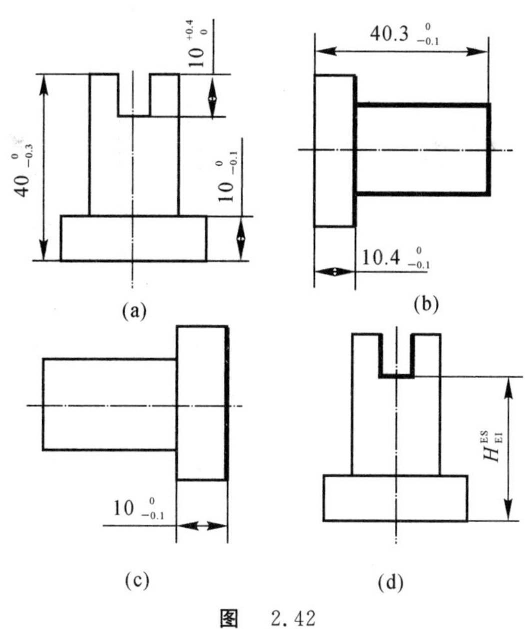

图　2.42

(a) 零件图；(b) 工序 15；(c) 工序 20；(d) 工序 25

2.13　某零件加工工艺过程如图 2.43 所示，试校核工序 15 精车端面余量是否足够。

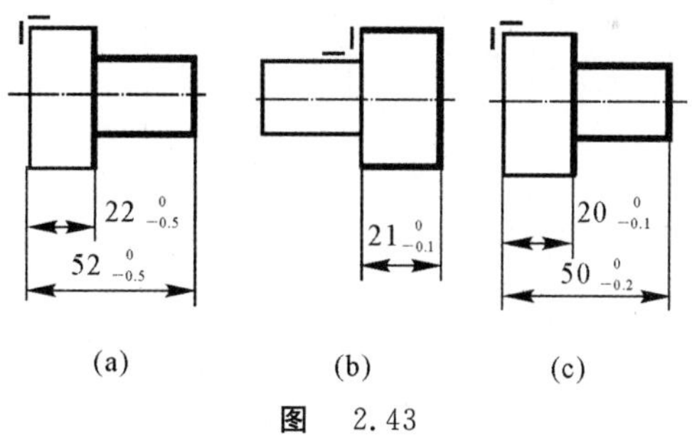

图　2.43

(a) 工序 5；(b) 工序 10；(c) 工序 15

2.14　某零件的外圆 $\phi 106_{-0.013}^{0}$ mm 上要渗碳，渗碳深度为 0.9 ～ 1.1 mm(即单边为 $0.9_{0}^{+0.2}$ mm)。此外圆加工顺序安排是先按 $\phi 106.6_{-0.03}^{0}$ mm 车外圆，然后渗碳并淬火，其后再按零件尺寸 $\phi 106_{-0.013}^{0}$ mm 磨此外圆，所留渗碳层深度要在 0.9～1.1 mm 范围内。试问，渗碳工序的渗入深度应控制在多大范围？

2.15　简述数控加工工序设计中有哪些必须考虑的主要内容。

第3章　工艺过程质量控制

3.1　基本概念

质量、生产率和经济性是机械加工过程中的基本问题。这三者之间是互有联系的，然而，质量始终是最根本的问题。

零件的制造质量一般用几何参数（如尺寸、形状、位置关系、表面粗糙度）、物理参数（如导电性、导磁性、导热性等）、机械参数（如强度、硬度等）及化学参数（如耐腐蚀性）来表示。

为了便于分析研究，通常将加工质量分为两部分：① 宏观几何参数，称为加工精度；② 微观几何参数和表面物理机械性能等方面的参数，称为表面质量或表面完整性。

一、加工精度概述

加工精度包括零件的尺寸精度、形状精度和表面相对位置精度三个方面。加工精度在数值上通过加工误差值的大小来表示，误差愈小，则加工精度愈高；反之，误差愈大，则加工精度愈低。

加工误差和设计规定的公差不同，它是加工过程中产生的，是一个变量。公差则是设计规定的对各参数允许变化的范围，它限制误差的数值。当工件上某一参数的误差值超过公差范围时，则此工件为不合格件，需要返修或报废。

研究加工精度的目的，就是要把各种误差控制在所允许的公差范围之内。为此，需要分析产生误差的各种原因，从而找出减小加工误差、提高加工精度的工艺措施。

二、表面质量概述

1. 研究表面质量的重要意义

近年来，随着科学技术的发展，人们对产品零件工作性能和可靠性的要求越来越高，尤其在高温强度、疲劳强度以及抗腐蚀能力等方面的要求更为突出。在实际工作中也不断出现因零件表面层受损伤而产生故障，如齿轮等零件表面的磨削烧伤及裂纹、叶片根部的磨削裂纹等。

零件在工作时只要有载荷，它的工作应力就总是受到所用结构材料疲劳特性的限制。使用经验表明，疲劳破坏通常发源于零件表面，因此疲劳性能与零件表面状态有关。零件的表面质量对其使用性能有如此重大的影响，其原因有下面几点：

(1) 零件的表面是金属的边界，经过机械加工后，晶粒的完整性被破坏，从而表面层的机械性能降低，但实际上零件表面层承受外部载荷所引起的应力是最大的。

(2) 经过加工零件表面产生了如裂纹、裂痕、加工痕迹等各种缺陷。在动载荷的作用下,这些缺陷可能引起应力集中而导致零件破坏。

(3) 零件表面经过切削加工或特种加工后,表面层的物理-机械性能、金相组织、化学性能都变得和基体材料不同,这些变化对零件的使用寿命有重大的影响。

研究加工表面质量的目的,就是要掌握机械加工中各种工艺因素对加工表面质量的影响规律,以便应用这些规律控制加工过程,最终达到提高表面质量和产品使用性能的目的。

2. 表面质量(表面完整性) 的基本概念

零件经过机械加工或特种加工后,表面上形成的结构和影响所及的与基体金属性质有所变异的表面层的状态,称为表面质量。这一表面层的厚度一般只有 0.05 ~ 0.15 mm。

表面质量主要包括以下几方面:

(1) 加工表面的几何形貌。加工表面的几何形貌,是由加工过程中刀具与被加工工件的相对运动在加工表面上残留的切痕、摩擦、切屑分离时的塑性变形以及加工工艺系统的振动等因素的作用,在工件表面上留下的表面结构。

加工表面的几何形貌(表面结构) 包括表面粗糙度、表面波纹度、纹理方向和表面缺陷等。

1) 表面粗糙度。表面粗糙度轮廓是加工表面的微观几何轮廓,其波长与波高比值一般小于 50。

2) 表面波纹度。加工表面上波长与波高的比值等于 50 ~ 1 000 的几何轮廓称为表面波纹度。它是由机械加工中的振动引起的。加工表面上波长与波高比值大于 1 000 的几何轮廓称为宏观几何轮廓,它属于加工精度范畴。

3) 纹理方向。纹理方向是指表面刀纹的方向,它取决于表面形成过程中所采用的加工方法。

4) 表面缺陷。加工表面上出现的缺陷,如砂眼、气孔和裂痕等。

(2) 表层金属的力学物理性能和化学性能。由于机械加工中力因素和热因素的综合作用,加工表层金属的力学物理性能和化学性能将发生一定的变化,主要反映在以下几方面:

1) 表层金属的冷作硬化。表层金属硬度的变化用硬化程度和硬化层深度两个指标来衡量。在机械加工过程中,工件表层金属都会有一定程度的冷作硬化,使表层金属的显微硬度有所提高。一般情况下,硬化层的深度可达 0.05 ~ 0.30 mm;若采用滚压加工,硬化层的深度可达几毫米。

2) 表层金属的金相组织变化。机械加工过程中,切削热的作用会引起表层金属的金相组织发生变化。在磨削淬火钢时,磨削热的影响会引起淬火钢马氏体的分解,或出现回火组织等。

3) 表层金属的残余应力。由于切削力和切削热的综合作用,表层金属晶格会发生不同程度的塑性变形或产生金相组织的变化,使表层金属产生残余应力。

在生产中并不是对所有零件都要进行上述各项的研究和检查,一般是根据零件工作的重要性来决定在生产中要控制和检查的项目。

3.2　加工误差产生的原因

加工误差主要来源于两方面：① 工艺系统各组成环节本身及其相互间的几何关系、运动关系、调整状态等方面偏离理想状态而造成的加工误差；② 在加工过程中，载荷和其他干扰（如受力变形、受热变形、振动、磨损等）使工艺系统偏离理想状态而造成的加工误差。

根据对生产实践和科学实验的总结，下面对影响加工精度的一些主要因素加以讨论。

一、理论误差

这种误差是因为在加工时采用了近似的运动方式或者形状近似的刀具而产生的。为了简化机床设备或者刀具的结构，当加工一些复杂型面时，常常采用近似的运动或近似形状的刀具，这就必然产生理论误差。这种误差不应超过工件相应公差的 10% ～ 15%。

如，用模数铣刀加工齿轮时，如果工件的齿数和铣刀齿形原设计的齿数不符，就会由于基圆不同而产生方法性的齿形误差。

又如，加工某种涡轮叶片的叶盆时（见图 3.1），叶盆型面是斜圆锥表面，而加工时，圆锥形刀具的旋转运动只能形成正圆锥表面，这样每个截面上的理论曲线（圆弧）便由椭圆来代替，造成了理论误差 δ。为了使叶盆仍然为斜圆锥形面，最后还得再加一道抛光工序进行修型。

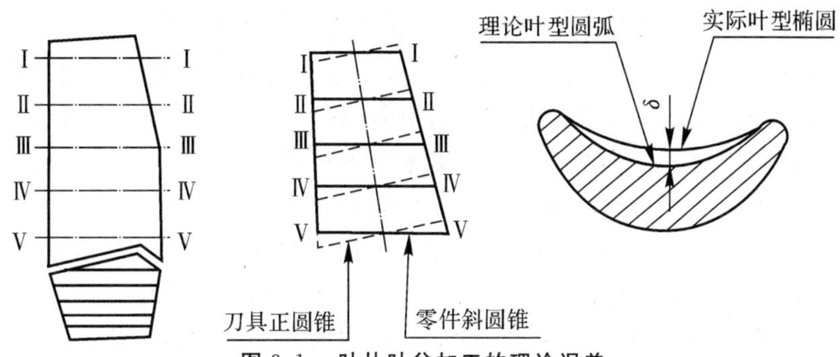

图 3.1　叶片叶盆加工的理论误差

再如，在三坐标数控铣床上铣削复杂型面零件时（见图 3.2），通常要用球头铣刀采用“行切法”加工。所谓行切法，就是球头刀与零件轮廓的切点轨迹是一行一行的，而行间距 s 是按零件加工要求确定的。究其实质，这种方法是将空间立体型面视为众多的平面截线的集合，每次走刀加工出其中的一条截线。每两次走刀之间的行间距 s 可以按下式确定：

$$s = \sqrt{8Rh}$$

式中：R —— 球头铣刀半径；

h —— 允许的表面不平度。

由于数控铣床一般只具有空间直线插补功能，所以即便是加工一条平面曲线，也必须用许多很短的折线段去逼近它。当刀具连续地将这些小线段加工出来，也就得到了所需的曲线形状。逼近的精度可由每根线段的长度来控制。因此，就整个曲面而言，在三轴联动数控铣床上加工，实际上是以一段一段的空间直线逼近空间曲面，或者说整个曲面就是由大量加工出来的小直线段逼近的。这说明，在曲线或曲面的数控加工中，刀具相对于工件的成形运动是近似的。

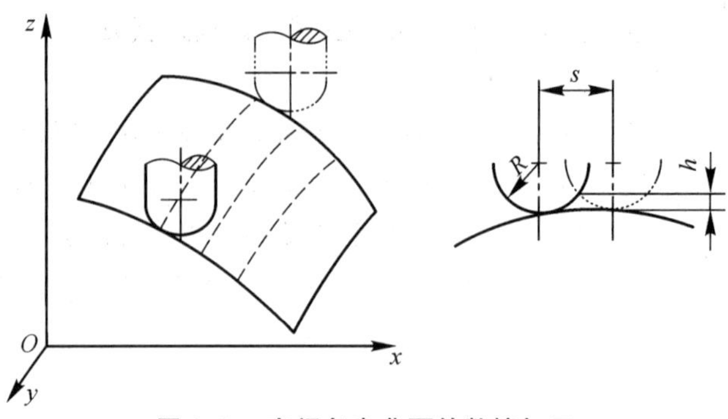

图 3.2　空间复杂曲面的数控加工

二、机床、夹具和刀具本身的误差

1. 机床误差的影响

机床影响加工精度的主要因素是主轴的回转精度、移动部件的直线运动精度以及成形运动的相对关系。

(1) 主轴回转精度。主轴回转精度通常反映在主轴径向跳动、轴向窜动和角度摆动上，它在很大程度上决定着被加工表面的形状精度，是机床主要精度指标之一。

主轴的径向跳动会使工件产生圆度误差，引起主轴径向跳动的原因主要是滑动轴承的轴颈和轴套的圆度误差及波纹度，滚动轴承滚道的圆度误差及波纹度，滚动轴承滚子的圆度误差及尺寸差、配合间隙，等等。不同的加工条件，影响各不相同。

在车床上车外圆，假设切削力的比值不变，则切削力的合力通过零件使主轴轴颈在加工过程中始终与轴承孔的某个固定点 K 接触，这样主轴轴颈的圆度误差就会传给工件，而轴承孔的形状误差则影响不大。若主轴轴颈为一椭圆，那么由于在加工过程中其旋转中心发生变化，而使得随其一起旋转时工件成为一个椭圆，不过椭圆的大小与主轴不同，且相位相差一个 β 角，如图 3.3 所示。

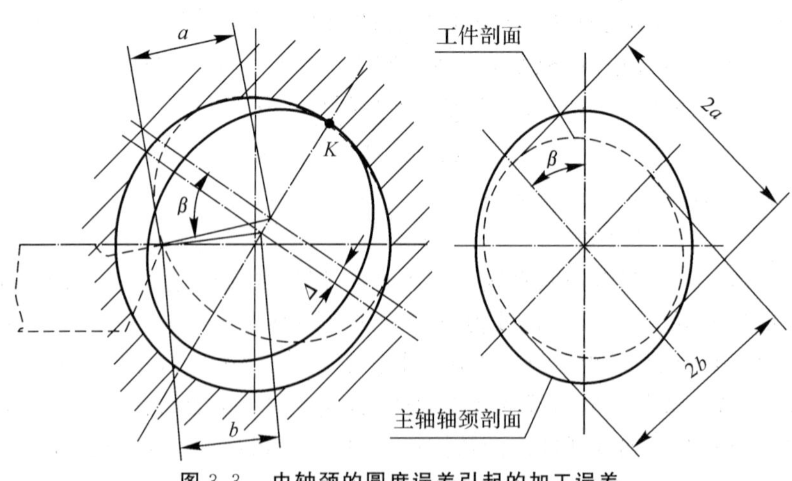

图 3.3　由轴颈的圆度误差引起的加工误差

实际加工时，由于余量、材料和切削条件等因素的影响，切削力的方向不可能保持不变，因此轴承孔的形状误差也会对工件的加工精度产生影响，不过影响较小。一般车床主轴的径向跳动为 0.01 ～ 0.015 mm，精密丝杠车床为 0.003 mm。

镗床上镗孔时，由于刀具是装在旋转着的主轴上的，所以切削力的方向随镗刀旋转而发生变化(见图 3.4)。主轴轴颈上的一条母线依次与轴承孔的各条母线相接触，所以轴承孔的形状误差将反映到工件上，而主轴的几何形状误差则对工件影响甚小。

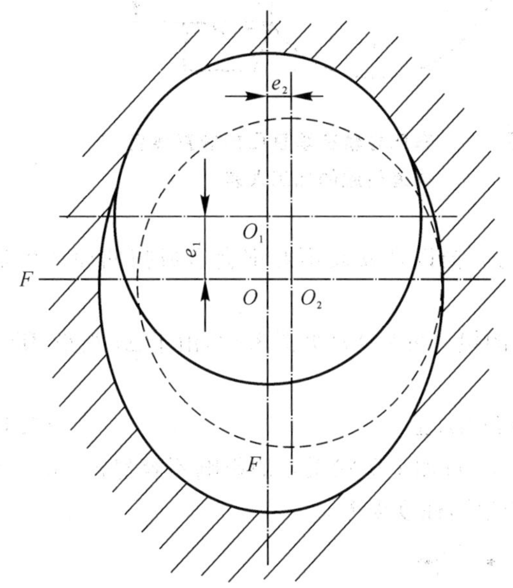

图 3.4　轴承的圆度误差引起的加工误差

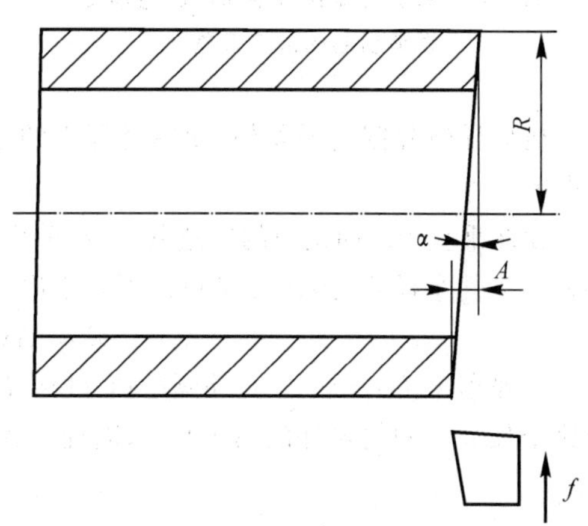

图 3.5　轴向窜动对端面加工的影响

在外圆磨削中，由于作为定位件的前后顶尖都不转动，只起定心作用，所以可以避免工件头架主轴回转误差的影响。砂轮头架的径向跳动不会引起工件的圆度和锥度等几何形状误差，但会产生棱度和波度，降低表面质量。

主轴的轴向窜动，对于加工内外圆柱面没有影响，但在车端面时，会使车出的工件端面与外圆不垂直(见图 3.5)，端面与轴心线的垂直度误差随切削直径的减小而加大。当加工螺纹时，主轴的轴向窜动将会引起螺距误差。

(2) 移动部件的直线运动精度。移动部件的直线运动精度主要取决于机床导轨精度，主要包括在水平面内的直线度、在垂直面内的直线度以及前后导轨的平行度(扭曲) 三方面。

以车床为例，导轨在水平面内的直线度误差，使得刀尖的直线运动轨迹产生同样程度的位移 Δy，而此位移刚好发生在被加工表面的法线方向，所以工件的半径误差 ΔR 就等于 Δy(见图 3.6)。

车床导轨在垂直面内的直线度误差，使得刀尖在被加工表面的切线方向产生了位移 Δz，从而造成加工误差 $\Delta R \approx \dfrac{\Delta z^2}{D}$(见图 3.7)。由此可以看出，车床导轨在垂直面内直线度误差对加工误差的影响是很小的，可忽略不计。

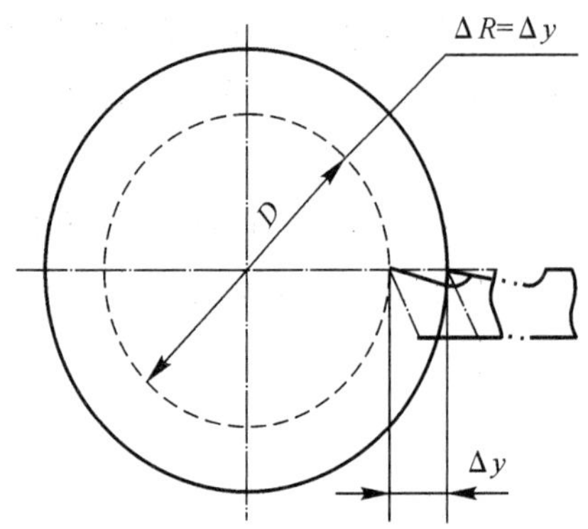

图 3.6　车床导轨在水平面内的直线度误差引起的加工误差

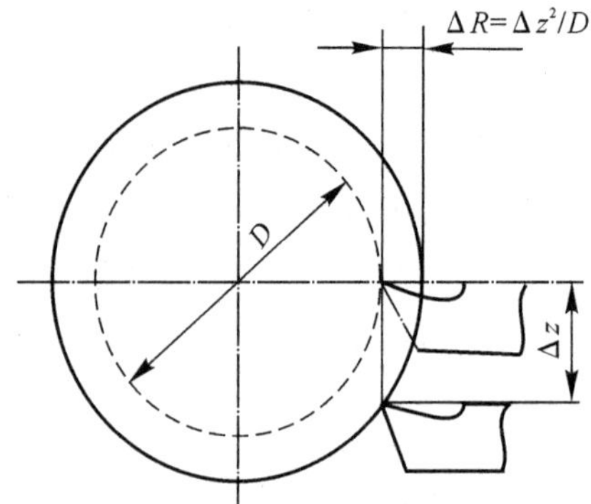

图 3.7　车床导轨在垂直面内的直线度误差引起的加工误差

机床导轨除制造误差外，使用过程中的不均匀磨损以及安装不好都会造成扭曲而产生加工误差。

设在垂直于纵向走刀的任意截面内，前后导轨的扭曲量为 Δx（见图 3.8），由于 Δx 很小，所以 $\alpha \approx \alpha'$，工件半径的变化量 ΔR 可由下式求出：

$$\Delta R \approx \Delta y = (H/B)\Delta x \tag{3.1}$$

一般车床 $H/B \approx 2/3$，外圆磨床 $H \approx B$，故 Δx 对加工形状误差的影响不容忽视。由于沿导轨全长上不同位置处的 Δx 不同，因此工件将产生圆柱度误差。

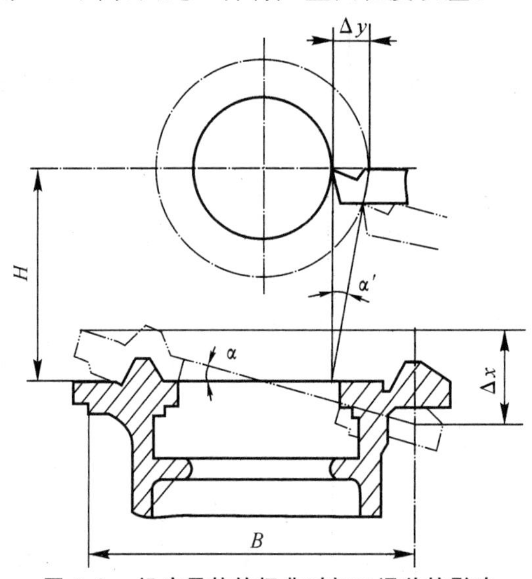

图 3.8　机床导轨的扭曲对加工误差的影响

(3) 成形运动相对关系。成形运动的几何关系主要是指主运动与进给运动之间的几何关系。如：车削或磨削圆柱体时，车刀或砂轮的直线运动轨迹与工件回转轴线是否平行；铣床上用端铣刀铣削平面时，铣刀的回转轴线与工件进给的直线运动是否垂直；等等。

当车削或磨削圆柱体时，如果车刀或砂轮的直线运动轨迹与工件轴线在水平面内不平行，加工出的将是圆锥表面，如图 3.9 所示，圆柱度误差的大小为 $2\Delta x = 2L\tan\alpha$，零件愈长，圆柱度误差愈大。

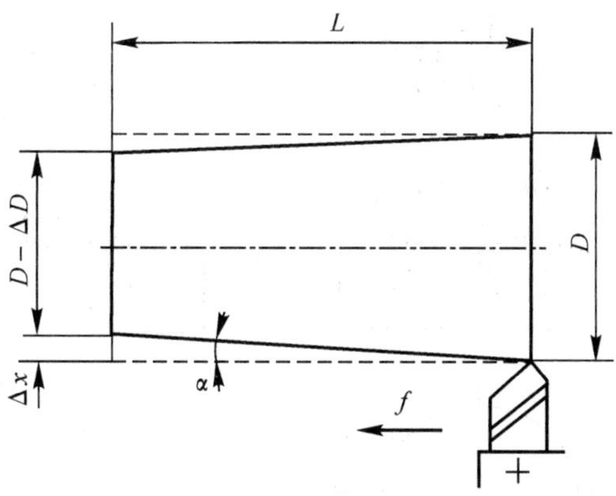

图 3.9　车刀直线运动轨迹与工件轴线在水平面内不平行而造成的加工误差

当车刀或砂轮的直线运动轨迹与工件轴线彼此交叉时，加工出来的表面是一个旋转双曲面(见图 3.10)，造成了圆柱度误差，其大小 $2\Delta R \approx \dfrac{hx^2}{R_0}$，它数值很小，可以忽略不计。

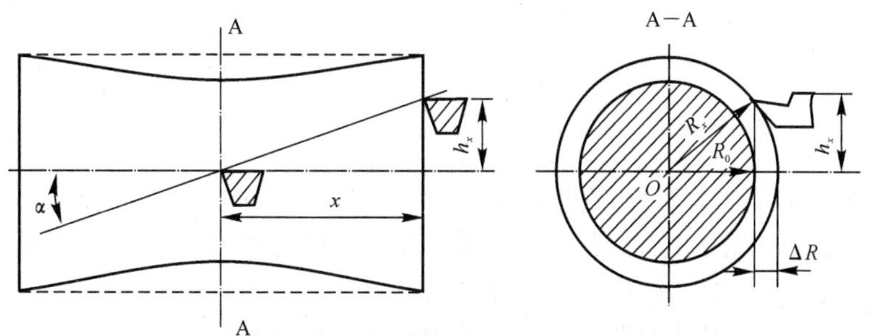

3.10　车刀直线运动轨迹与工件轴线在垂直面内不平行而造成的形状误差

由于车刀或砂轮的直线运动轨迹与工件回转轴线在水平面内平行度误差对工件的形状误差的影响很大，因此一般车床和磨床的前后顶尖在水平方向都可以调整，而上下的等高则一次装配后不再调整。

镗床镗孔时，当工件直线进给运动与镗杆的回转轴线不平行时(见图 3.11)，镗出的孔在垂直于进给方向的截面内为一椭圆，整个内孔将是一个椭圆柱面。

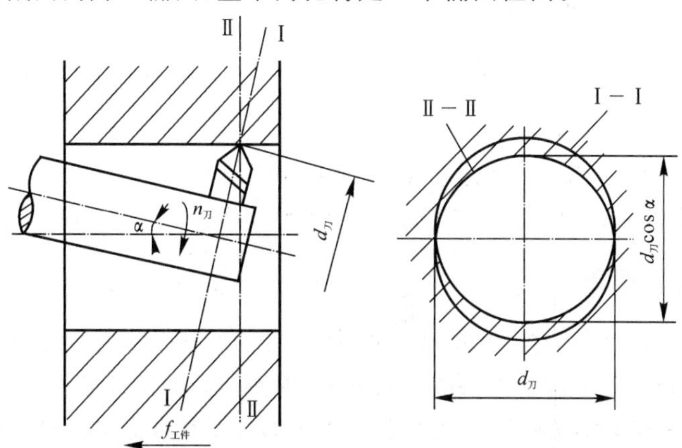

图 3.11　工件直线进给运动与镗杆回转轴线不平行所引起的工件形状误差

用立铣刀铣平面时，如果铣刀的回转轴线与工作台直线进给运动不垂直，工件表面就会呈凹形而产生平面度误差 Δ，如图 3.12 所示。

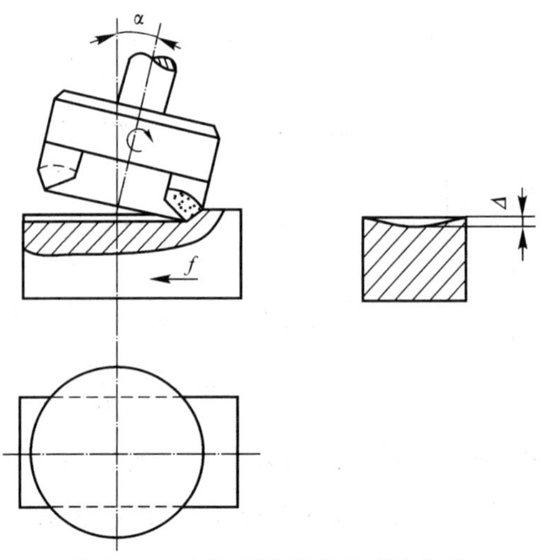

图 3.12　立铣刀倾斜后造成的误差

成形运动的速度关系不准确，同样会使工件产生误差，如螺纹的螺距误差、螺距累积误差、齿轮的周节误差以及周节累积误差等。

2. 刀具误差的影响

刀具误差对加工精度的影响，根据刀具种类的不同而不同。

用定尺寸刀具（如钻头、铰刀、拉刀等）加工时，刀具的制造误差直接影响工件的尺寸精度，刀具安装不当也会影响工件的尺寸精度。

用成形刀具加工时，刀具的形状误差直接影响工件的形状精度。

用成形刀具对工件表面进行展成加工时，刀具的切削刃形状以及有关尺寸和技术条件也会直接影响工件的加工精度。

一般刀具（如车刀、铣刀、镗刀等）的制造误差对加工精度没有直接的影响，但是刀具的磨损将会引起工件尺寸和形状的改变。例如，车削大长轴时，由于刀具的磨损，工件的纵剖面会出现锥度。为了减小刀具磨损对加工精度的影响，应该根据工件的材料和加工要求，合理地选择刀具材料、切削用量和冷却润滑方式。

3. 夹具的影响

夹具上的定位元件、刀具引导件、分度机构以及夹具在机床上定位部分的制造误差和磨损，都会影响工件的加工精度。当设计夹具时，凡影响工件加工精度的元件，其制造误差应严加限制，一般可根据零件上相应的尺寸或位置精度选定，取其 1/3 ～ 1/5。

三、机床的调整误差

在每一个工序中，总要进行一些调整工作，例如在机床上安装夹具，按图纸要求调整刀具到加工尺寸，等等。由于安装调整不可能绝对准确，因而会影响工件的加工精度。

夹具在机床上安装时，有些利用夹具上与机床的连接面定位，如铣床夹具的底面和导向键；有些夹具和一些要求高的夹具，在机床上安装时需精细调整，如镗床夹具安装时就需要用百分表找正夹具上的安装面。夹具的安装误差对工件的加工精度有较大影响。

在自动机床、多刀机床、转塔车床以及组合机床上，刀具与夹具定位面之间、几个刀架之间的刀具之间、凸轮与停挡之间的相对位置都要进行调整，由于调整得不可能绝对准确，都将影响工件的加工精度。刀具磨损或重新更换刀具后，还要进行新的调整。

引起调整误差的因素有调整时所用的刻度盘、定程机构(行程挡块、凸轮、靠模等)的精度以及与它们配合使用的离合器、电器开关、控制阀等元件的灵敏度。此外，调整误差还与测量样板、标准件、仪表本身的误差有关。

四、工件在机床或夹具上安装时的定位和夹紧误差

工件安装时，由于基准不重合、定位件和定位面本身的制造误差以及它们之间的配合间隙，都将引起工件的定位误差。夹具上的夹紧机构以及工件夹紧处的状态，都会影响工件的夹紧误差。定位误差和夹紧误差都会引起加工误差。

五、工艺系统受力变形所引起的加工误差

在加工过程中，工艺系统会受到切削力、传动力、夹紧力、重力以及其他控制力和干扰力的作用。由于工艺系统本身不是一个绝对刚体，在上述外力作用下，各组成部分将产生相应的变形，使得已经调整好的刀具与工件的相对位置发生变化，造成工件几何形状和尺寸两方面的误差。在一般情况下，切削力所引起的变形是主要的。当加工重的工件和高速切削时，就需要分别考虑重力和离心力的影响。

工艺系统受力变形所产生的加工误差是指在加工过程中刀具相对工件在切削接触点法线方向的相对位移量 y，其值的大小与外力 F 和工艺系统刚度 $K_{系统}$ 有关，即

$$y = \frac{F}{K_{系统}}$$

所谓刚度是指物体或系统抵抗使其变形的外力的能力。对于工艺系统来说，由于在其组成的各个部件之间存在许多连接表面，所以工艺系统的刚度在加工过程中并不是一个常数，它将随工件加工部件的不同而变化。现将工艺系统刚度对加工精度的影响分不同情况加以分析讨论。

1. 切削力作用点位置变化引起的工件加工误差

现以在车床上两顶尖之间加工光轴为例。由于机床、刀具和工件的刚度不等以及刀具在加工过程中所处的位置不同而形成不同的系统刚度值 $K_{系统}$。从加工精度的观点，则

$$K_{系统} = \frac{F_y}{y_{系统}} \tag{3.2}$$

式中：F_y—— 切削力的径向分力；

$y_{系统}$—— 在 F_y 作用下，工艺系统的变形量。

由图 3.13 可知

$$y_{系统} = y_{工件} + y_{机床} = y_{工件} + y_{头架} + (y_{尾架} - y_{头架})\frac{x}{L} + y_{刀架} =$$

$$y_{工件} + (1 - \frac{x}{L})y_{头架} + y_{尾架}\frac{x}{L} + y_{刀架} \tag{3.3}$$

式中：$y_{工件}$，$y_{机床}$，$y_{头架}$，$y_{尾架}$，$y_{刀架}$—— 工件、机床、床头、尾座及刀架在加工过程中的 x 位置处的变形量。

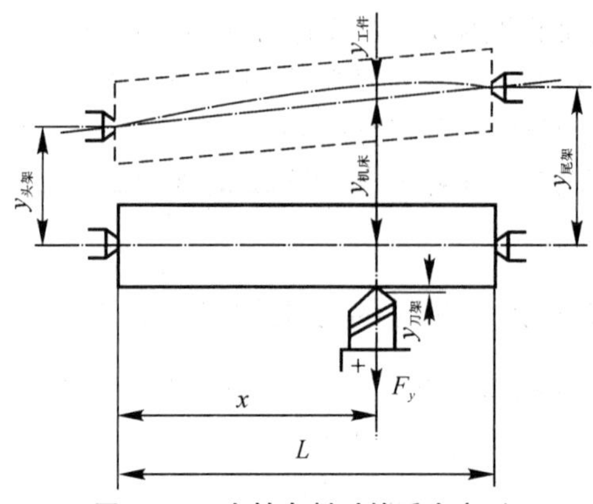

图 3.13　**光轴车削时的受力变形**

根据材料力学的公式，可得

$$y_{工件} = \frac{F_y L^3}{3EJ}\left(\frac{x}{L}\right)^2\left(\frac{L-x}{L}\right)^2$$

式中：E—— 弹性模量（N/mm^2）；

J—— 截面惯性矩（mm^4）。

由于力 F_y 的作用，作用在床头上的力为 F_1，作用在尾座上的力为 F_2。由于

$$F_1 = \left(\frac{L-x}{L}\right)F_y,\quad F_2 = \frac{x}{L}F_y$$

可得

$$y_{头架} = \frac{F_y}{K_{头架}}\left(1-\frac{x}{L}\right)$$

$$y_{尾架} = \frac{F_y}{K_{尾架}}\left(\frac{x}{L}\right)$$

刀架的位移量 $y_{刀架}$ 根据下式计算：

$$y_{刀架} = \frac{F_y}{K_{刀架}}$$

将上述各项代入 $y_{系统}$ 公式中并加以简化，得

$$y_{系统} = \frac{F_y L^3}{3EJ}\left(\frac{x}{L}\right)^2\left(\frac{L-x}{L}\right)^2 + \frac{F_y}{K_{头架}}\left(1-\frac{x}{L}\right)^2 + \frac{F_y}{K_{尾架}}\left(\frac{x}{L}\right)^2 + \frac{F_y}{K_{刀架}} \tag{3.4}$$

式中：$K_{头架}$，$K_{尾架}$，$K_{刀架}$—— 床头、尾座和刀架的刚度（N/mm）。

当在车床上加工细长轴时，由于刀具在两端时系统刚度最高，工件变形很小，当在工件中间时，由于工件刚度很低而变形很大，因此加工后出现腰鼓形，如图 3.14(a) 所示。

假设工件材料为钢，尺寸为 $\phi 30\ mm \times 600\ mm$，$F_y = 300\ N$，只考虑工件变形时，则

$$y_{工件} = \frac{F_y L^3}{3EJ}\left(\frac{1}{2}\right)^2\left(\frac{1}{2}\right)^2 = \frac{F_y L^3}{48EJ}$$

式中

$$E = 2\times 10^5\ N/mm^2$$

$$J = \frac{\pi D^4}{64} = \frac{3.14\times 30^4}{64}\ mm^4$$

则

$$y_{工件} = \frac{300\times 600^3}{48\times 2\times 10^5}\times\frac{64}{3.14\times 30^4} = 0.167\ mm$$

这时加工后的中间直径将比两端大 0.334 mm，误差很大。

当在车床上车削短而粗的高刚度轴时，工件几乎不变形，这时由于机床的刚度在各个位置不等而使加工出的零件形状与细长轴正好相反，两头大而中间小，成马鞍形，如图 3.14(b)所示。

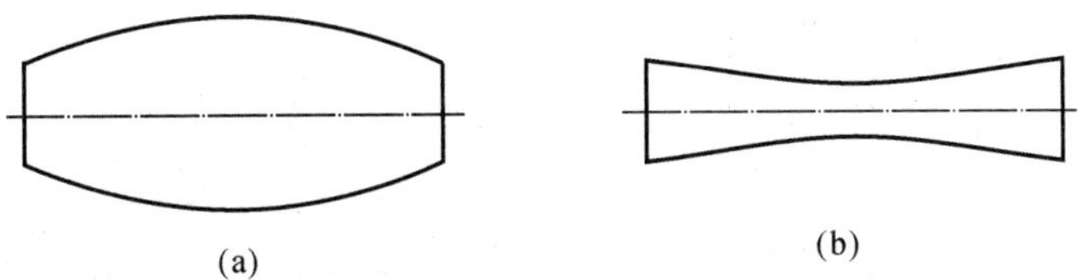

图 3.14　车削时由于工件和机床刚度不足而造成的加工误差

(a) 车削细长轴时工件变形；(b) 车削粗短轴时工件变形

由工艺系统刚度在加工不同部位处不相等而造成加工误差的实例很多。如图3.15(a)(b)所示，由于工件壁厚不均匀，所以在拉削或铰削后产生圆柱度误差和圆度误差。

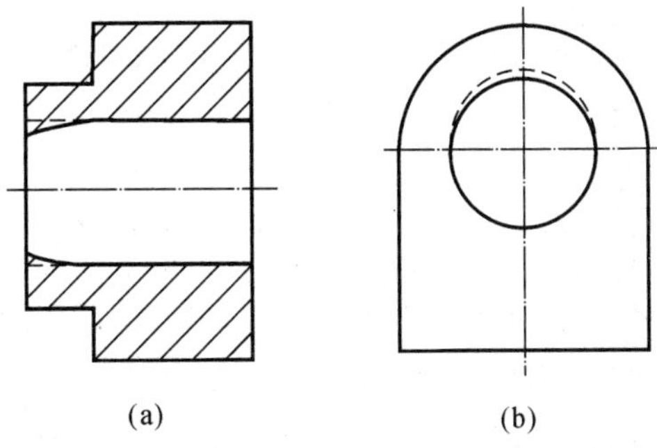

图 3.15　由于工件壁厚不均匀造成的加工误差

(a) 拉孔后工件变形；(b) 铰孔后工件变形

外圆磨削时，如果机床刚度不足，会出现类似车床刚度不足的情况，零件呈抛物线形(见图 3.16)。当磨内孔时，如零件刚度不足，会出现缩口现象[见图 3.17(b)]，如砂轮杆刚度不足，则会产生喇叭口，如图 3.17(c) 所示。

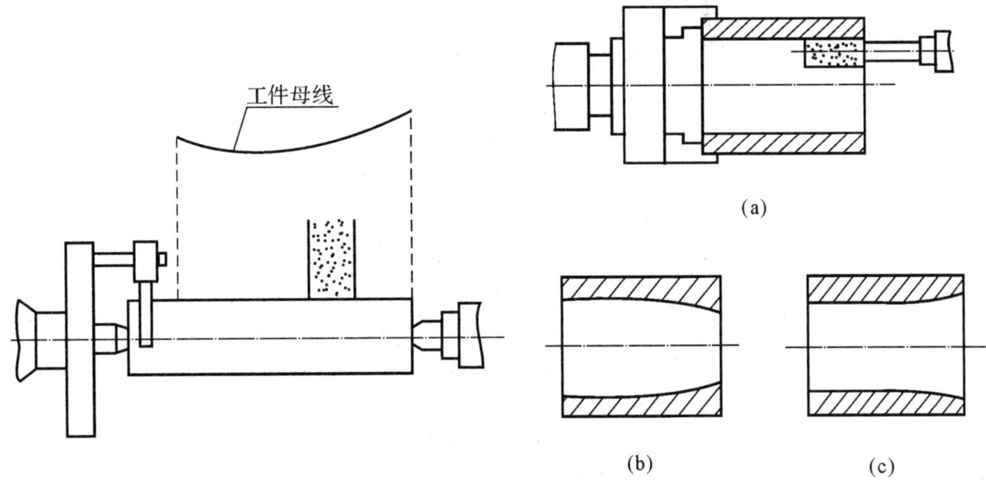

图 3.16　外圆磨床刚度不足对加工精度的影响

图 3.17　磨内孔时零件和砂轮杆刚度不足对加工精度的影响

(a) 磨削零件内孔；(b) 零件刚度不足；(c) 砂轮杆刚度不足

在单臂刨床或铣床上加工平面时，由于机床悬臂，加工时因着力点不同而机床刚度不等，这样就会造成平面度误差，如图 3.18 所示。

镗床镗孔时，如果镗杆是悬臂的，镗孔后，孔会产生图 3.19 所示的圆柱度误差。

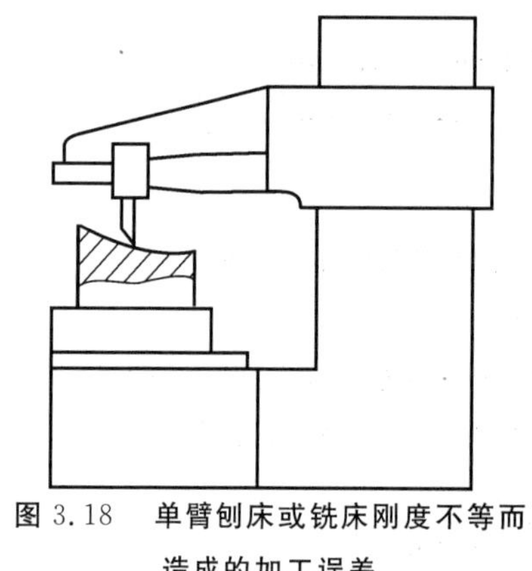
图 3.18　单臂刨床或铣床刚度不等而造成的加工误差

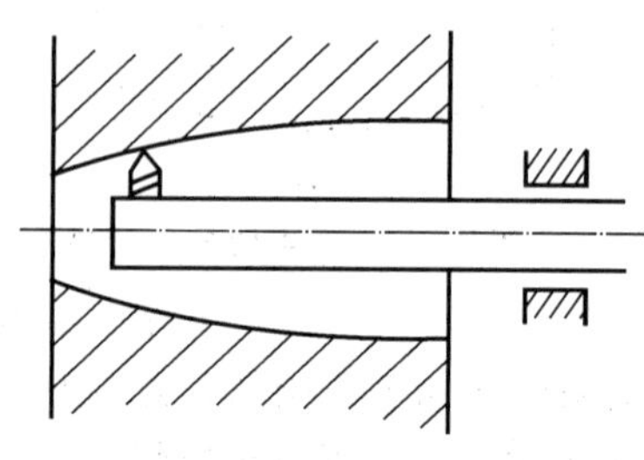
图 3.19　镗杆刚度对加工精度的影响

2. 在加工过程中由切削力的变化而产生的加工误差

加工工件时，在工艺系统刚度为常值的情况下(如车刀横向进给车槽或纵向车一个短而粗的圆柱表面)，余量不均匀或硬度不均匀也会造成加工误差。

如图 3.20 所示，当毛坯有圆度误差时，将刀尖调整到要求的尺寸后。在工作每一转的过程中，切削深度将发生变化。车刀切至椭圆长轴时为最大切深 a_{p1}，切至椭圆短轴时为最小切深 a_{p2}，其余处则在 a_{p1} 和 a_{p2} 之间。因此切削力也随切深 a_p 的变化而由最大值 F_{ymax} 变到最小值 F_{ymin}，它所引起的变形量也由 y_{max} 变到 y_{min}，所以加工后工件仍有圆度误差。毛坯的形状误差以类似的形式复映到加工后的工件表面上，这种现象称为误差复映。

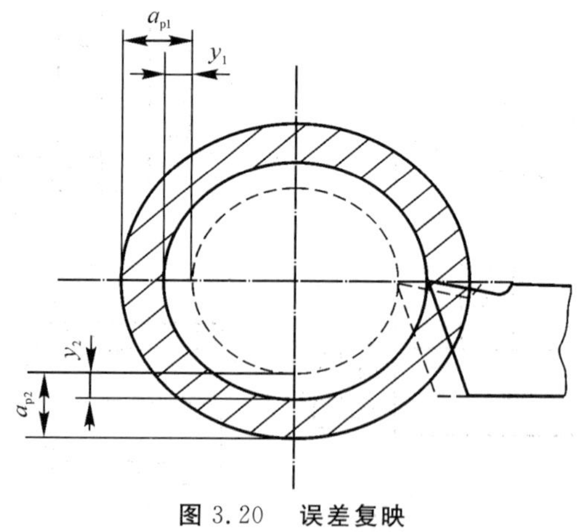

图 3.20　误差复映

误差复映的程度以误差复映因数 ε 表示，其大小可根据系统刚度 $K_{系统}$ 来计算。

根据图 3.20 可知

$$\Delta_{工作} = y_1 - y_2 = \frac{F_1 - F_2}{K_{系统}} \tag{3.5}$$

由于

$$F = Ca_{\mathrm{p}}$$

式中：C—— 与送进量和切削条件有关的系数。代入则有

$$\Delta_{工作} = \frac{F_1 - F_2}{K_{系统}} = \frac{C}{K_{系统}}(a_{\mathrm{p1}} - a_{\mathrm{p2}}) = \frac{C}{K_{系统}}\Delta_{毛坯} \tag{3.6}$$

令

$$\frac{C}{K_{系统}} = \varepsilon$$

则

$$\Delta_{工作} = \varepsilon\Delta_{毛坯}, \quad \frac{\Delta_{工作}}{\Delta_{毛坯}} = \varepsilon \tag{3.7}$$

可以看出，工艺系统刚度愈高，误差复映因数就愈小，复映在零件上的误差也愈小。当镗孔、磨内孔和车细长轴时，工艺系统刚度较低，误差复映现象比较严重。为了减小误差复映因数，可以改善刀具的几何形状和刃磨质量以减小 C，减小进给量也可以减小 C，还可以分几次走刀来逐步消除 $\Delta_{毛坯}$ 所复映的误差。

当加工材料硬度不均匀的工件时，也会引起工艺系统的变形不等而造成加工误差。如图 3.21 所示，因铸造后轴承盖硬度常常高于轴承座，故镗孔后产生了圆度误差，锻造后，由于下部冷却快而硬度高，这样在加工时也会产生形状误差。

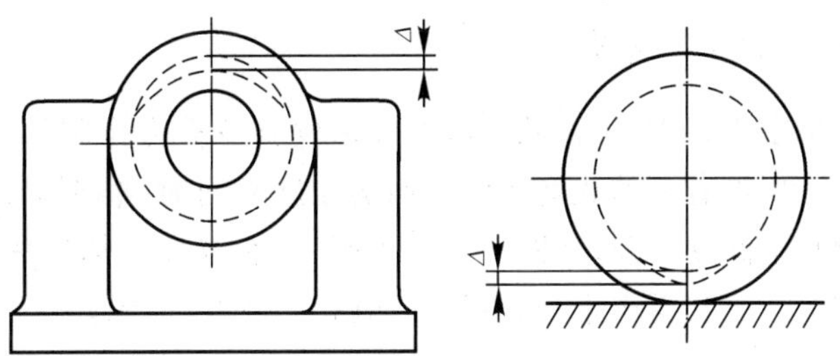

图 3.21　由于硬度不均匀而造成的加工误差

3. 由夹紧变形而引起的加工误差

当工件刚度较差时，由于夹紧不当而产生夹紧变形，也常常引起加工误差。如图 3.22 所示，用三爪卡盘夹持薄壁套筒来镗孔，夹紧前如图 3.22(a) 所示，夹紧后外圆与内孔成三角棱圆形［见图 3.22(b)］；镗孔后如图 3.22(c) 所示，外圆形状仍为三角棱圆形，而内孔呈圆形；松开三爪卡盘后则如图 3.22(d) 所示，外圆恢复圆形而内孔则呈三角棱圆形。

为了减小夹紧变形，可如图 3.22(e)(f) 所示，在工件外面加一个开口的过渡环或加大卡爪接触面积，以使夹紧均匀，减小变形。

在飞机和发动机上有许多薄壁的本体零件和环形件，材料又多为铝镁合金，刚性低，易变形，所以加工时多采用轴向夹紧。为了消除由夹紧力使零件变形而带来的加工误差，往往在半精加工后，将夹紧螺钉稍松一下，以便让零件恢复变形后再进行精加工。另外，要控制切削用量，减小切削力，有时使用增强零件刚性的辅助夹具，以减小零件加工时的变形。

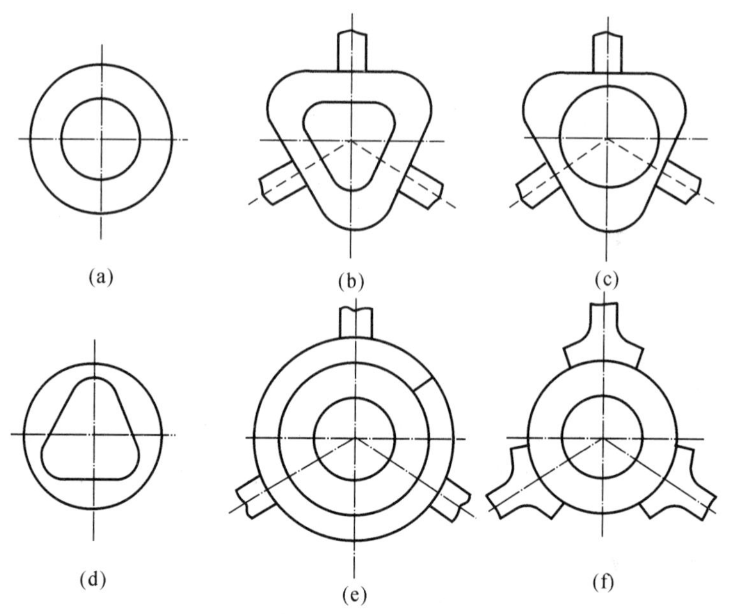

图 3.22　由于夹紧变形而造成的加工误差

(a) 零件；(b) 夹紧后；(c) 镗孔后；(d) 松开三爪后；(e) 加开口过渡环；(f) 增大卡爪面积

4. 其他力所引起的加工误差

在切削力很小的精密机床中，工艺系统因有关部件自身重力作用所引起的变形造成的加工误差也较突出。例如，用带有悬伸式磨头的平面磨床磨平面时，磨头部件的自重变形将使得磨削平面产生平行度和平面度误差，如图 3.23(a) 所示；在双柱坐标镗床上加工孔系时，主轴部件重力引起横梁变形会使孔系产生位置误差，如图 3.23(b) 所示。

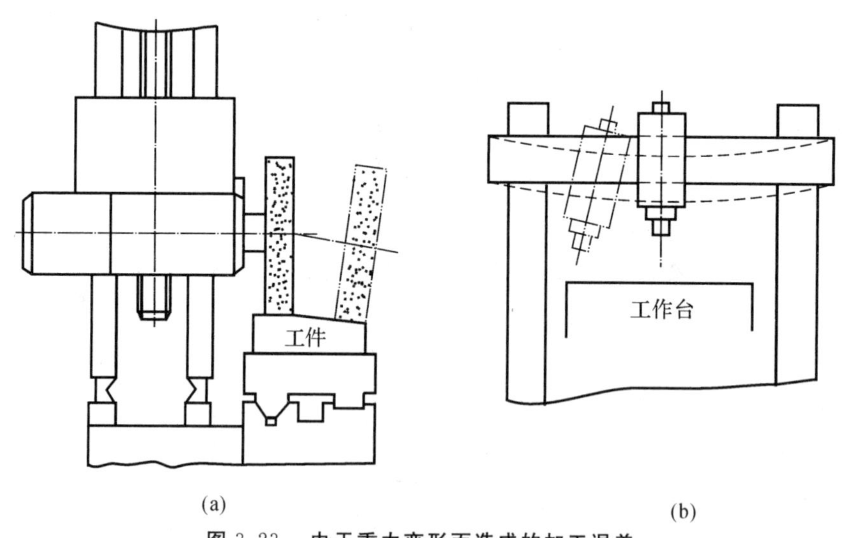

图 3.23　由于重力变形而造成的加工误差

(a) 磨削平面；(b) 镗孔

为了减小由重力而产生的变形问题，除机床设计时加强机床刚性外，可根据工艺系统变形的规律，采取补偿变形的方法。

5. 为减小工艺系统变形对加工误差的影响应采取的措施

为减小工艺系统变形，提高加工精度，积极的措施是提高工艺系统的刚度。例如：减小机床、夹具中的接合面，减少不必要的连接环节，精心调整间隙等以提高机床、夹具的刚度；加工中使用中心架、跟刀架、导套等来提高工件的刚度；从刀具材料、结构和热处理方面采取措施来提高刀具的刚度等。

另外，减小切削力和其他外力及其在加工过程中的变化也是一条重要措施。例如：合理选择刀具材料和切削用量；及时刃磨刀具；通过热处理改善材料的加工性；精加工时采用多次走刀；控制夹紧力大小使其均匀分布；使机床旋转部件平衡，以减小离心力和惯性力；等等。

六、工艺系统热变形所引起的加工误差

在零件加工过程中，工艺系统由于内部和外部热源的影响而引起变形，从而破坏了刀具与工件相对运动的准确性，也会产生加工误差。在精加工和大零件加工中，据统计，由热变形而造成的加工误差约占总加工误差的 40% ～ 70%。在航空产品中，铝镁合金的壳体较多，而铝镁合金的线膨胀系数约为钢的 2 倍，因此，受热后产生的变形更不容忽视。

引起热变形的原因是工艺系统在加工过程中有内部和外部热源。内部热源有机床运动副的摩擦热，动力源（电动机、油马达）和液压系统、冷却系统工作时生成的热，加工时的切削热等。外部热源有由于空气对流而传来的热，阳光、灯光、加热器的辐射热等。

1. 机床热变形的影响

机床受热后，虽然温升不大，但由于机床尺寸较大，所以热变形的数值并不算小。机床的热变形会使主轴位置发生变化，转动丝杠伸长，导轨或工作台发生翘曲，从而破坏刀具与工件已调整好的相对位置，造成加工误差。由于机床结构复杂，各部分温升及热平衡所需的时间相差较大，所以其热变形难以精确计算，一般要通过试验测定。

要减小机床热变形对加工精度的影响，除改善机床结构和润滑条件外，当加工精密零件时，应先将机床空转一段时间，待机床达到热平衡后再加工零件，以控制机床热变形对加工精度的影响。例如，花键磨床磨花键之前，如果机床不空转一段时间，则加工开始一段时间内主轴由于受热膨胀而逐渐向外伸长，磨出的花键将产生较大的齿距误差。当加工大零件或一批精密零件时，最好不要间断，至少不要长期停车。此外，避免日光照射、车间内加热器安排均匀、利用恒温间放置机床也是很重要的工艺措施。

2. 工件热变形的影响

工件的热变形主要是切削热引起的。车、铣、刨、镗约有 10% ～ 30% 的切削热传给工件，钻孔约为 50%，而磨削时传给工件的切削热约占切削热的 84%。精密零件往往要进行磨削，因此工件的热变形对精密零件来说是不可忽视的影响加工精度的重要因素。

切削加工时，工件如果均匀受热，将只引起尺寸的变化而不产生形状误差，宽砂轮切入磨削即属这种情况。当加工精度要求高的长轴时，开始加工时，温升为零，随着加工的继续，工件温度逐渐增高，直径则逐渐增大，加工终了时直径增大量最大。但此逐渐增大的量被切去，待工

件冷却后，将出现尾座处直径最大而床头工件直径最小的现象，形成了锥度。

在平面磨床上磨削薄片类工件时，由于上下表面受热不均，温差较大，零件会发生翘曲。这样平磨冷却后工件将产生平面度误差，加工表面呈凹形，如图 3.24 所示。这时只有两面反复交替磨削才能磨平。

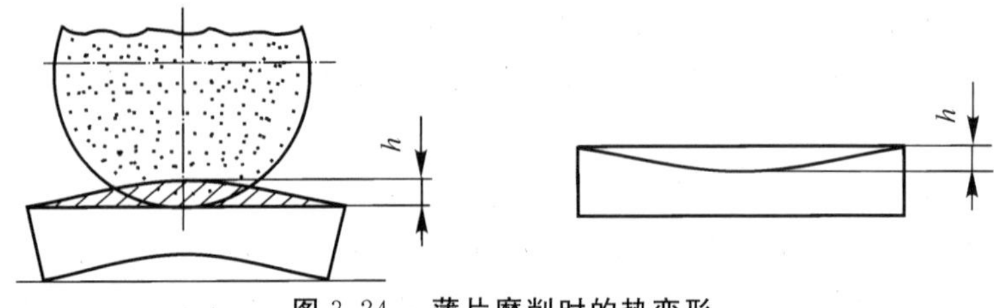

图 3.24　薄片磨削时的热变形

装夹工件也要考虑加工时热变形的影响。如图 3.25 所示，磨削薄壁套筒时，工件受热要伸长，但两边没有伸长的余地，因而中间要向外鼓出，磨削后卸下工件冷却，最后出现鞍形。像这类问题，设计夹具时应考虑工件沿轴向可以伸长。

铝镁合金制造的壳体零件，由于材料线膨胀系数比钢大约大 1 倍，所以热变形大，必须特别加以注意。在用钢质测量工具检验这类壳体零件时，材料线膨胀系数的不同，也会带来误差，所以一般应在车间采用与工件材料和尺寸都相同的标准件来校正测量工具。对于大型铝镁合金零件，加工后要用压缩空气吹零件，使零件与室温一致后再进行测量。

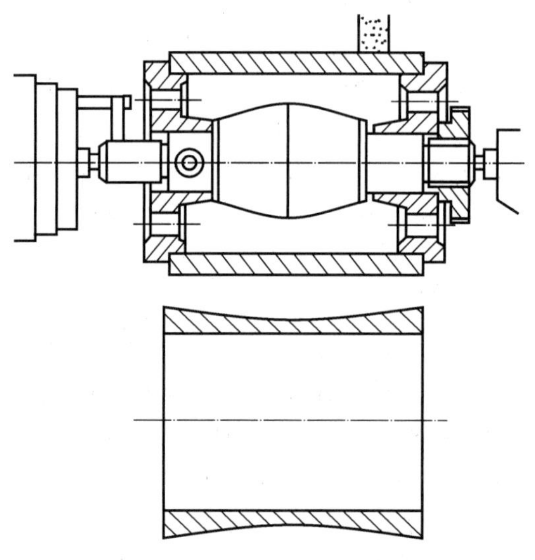

图 3.25　薄壁套筒加工时的热变形

3. 刀具热变形的影响

刀具受热膨胀也会影响零件的加工精度。但由于刀具体积小，能较快地达到热平衡，故对零件的影响较小。特别是加工小零件，影响不甚显著。刀具的热伸长与刀具的磨损对零件加工精度的影响在一定条件下（如一批短零件的头几个零件的加工）有一定的补偿作用。为了减小刀具热变形的影响，就要采取充分的冷却。

七、工艺系统磨损所造成的加工误差

在零件加工过程中，组成工艺系统各部分的有关表面之间，由于存在着力的作用和相对运动，经过一段时间后，不可避免地要产生磨损。无论是机床，还是夹具、刀具，有了磨损都会破坏工艺系统原有的精度，从而对零件的加工精度产生影响。但是，一般来说，机床、夹具的磨损很慢，而刀具的磨损很快，甚至在一个零件的加工过程中就可能出现不能允许的磨损，特别是在大尺寸零件精加工中表现得更为突出。

在加工过程中，刀具的磨损将直接影响刀刃与工件的相对位置，从而造成一批零件的尺寸误差或加工表面较大的单个零件的形状误差。成形刀具的磨损，将直接引起加工表面的形状误差。为了减缓刀具的磨损，就要合理地选择刀具材料及切削用量；选择恰当的冷却润滑液，以减少热与摩擦的影响;可采取热处理的办法改善材料的加工性能。

机床有关零部件的磨损,会破坏机床原有的成形运动精度,从而造成加工零件的形状和位置误差。夹具有关零件的磨损,会影响工件的定位精度,在加工一批零件的情况下,将造成零件加工表面与基准表面之间的位置误差。为延缓机床、夹具的磨损,就要合理地设计机床有关零部件的结构(如采用防护装置、静压结构等),提高有关零部件的耐磨性(如降低相对运动表面的粗糙度、采用合理的润滑方式等)。

八、工件因内应力而引起的加工误差

内应力是在没有外界载荷的情况下,存在于零件内部互相平衡的应力。当加工时,内应力的平衡遭到破坏,要重新进行平衡。在重新平衡时,零件会发生变形,破坏原有精度。内应力愈大,加工后的变形也愈大。

内应力产生的原因,一方面是由铸、锻、焊和热处理等热加工过程中零件各个表面冷却速度不均匀、塑性变形程度不一致而又互相牵制造成的;另一方面是由在机械加工过程中的塑性变形、局部高温以及局部相变引起局部体积变化,而各部分又彼此互相牵制、不能自由伸缩而造成的。就整个工件而言,内应力是互相平衡的,所以在零件内部,内应力是成对出现的。

图 3.26(a) 是一个铸造毛坯,壁 1,2 较壁 3 为薄,因而冷却也较壁 3 快。当壁 1 和 2 冷却到常温而变硬时,壁 3 的温度仍较高,尚处于塑性状态,当壁 3 继续冷却到弹性状态时,企图收缩,但受到温度已很低的壁 1,2 的限制,因此壁 3 产生拉应力,壁 1,2 产生压应力,并处于平衡状态。如果在壁 2 处铣个缺口,则壁 2 的应力消失,在壁 1,3 的内应力作用下,工件将发生如图 3.26(b) 所示的变形,以达到新的平衡。

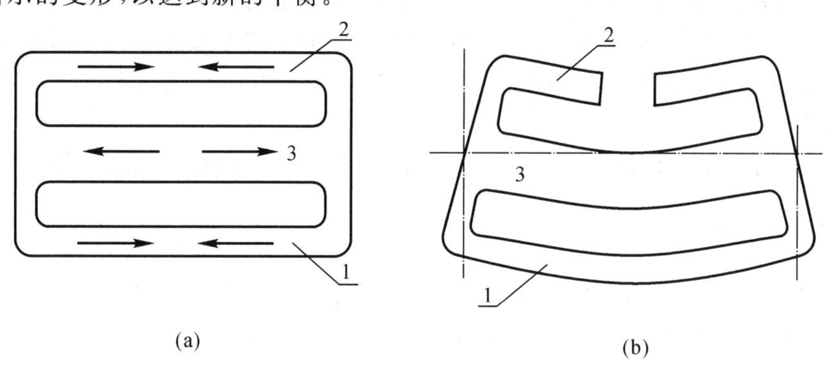

图 3.26　由于内应力而引起的变形

(a) 铸造毛坯;(b) 铣削后变形

为了克服内应力的重新分布而引起的变形,一般采取以下几种措施:

(1) 安排热处理工序来消除毛坯和零件粗加工后产生的内应力,对于特别精密的零件,还要进行多次消除内应力的热处理工序。例如,对于航空陀螺仪表框架的铝合金压铸毛坯,为了消除其内应力、稳定尺寸、减小加工和使用过程中的变形,常常采用“高低温处理”,即在 250 ～ 350℃ 和 − 50 ～ − 60℃ 的温度下反复放置一定时间,使在变化的温度下内应力逐渐消除。

(2) 对于构件复杂,刚度低的零件,将工艺过程分为粗、半精、精 3 个加工阶段,以减小内应力引起的变形。

(3) 严格控制切削用量和刀具磨损,使零件不致产生较大的内应力。

(4) 合理设计零件结构,尽量减小各部分厚度尺寸差值,以减小毛坯制造中的内应力。

(5) 采用无切削力的特种工艺方法，如电化学加工、电蚀加工等。

九、测量误差

零件加工精度的提高，往往首先受到测量精度的限制。目前有些零件从工艺方法上看，完全可以加工得很准确，但由于测量误差大而无法分辨。因此，必须把测量误差作为加工过程中产生加工误差的一项重要因素来考虑。

影响测量误差的原因很多，如：测量工具本身的极限误差(包括示值误差、示值稳定性、回程误差和灵敏度) 和使用过程中的磨损，量具与工件的温度不一致，非标准温度下测量时量具与工件材料不一致，量具与工件的相对位置不准确，测量力不适当以及测量者的视力、判断能力和测量经验，等等。

测量误差的大小与所用的量具和测量条件(温度、测量力、视差等) 有关，一般将测量误差控制在工件公差的 1/10 ～ 1/5 之内。

对于大型、精密零件的测量，要特别注意温度的影响，应在恒温间在标准温度下测量。

3.3 确定加工误差的方法

一、概述

研究加工精度的方法有单因素分析法和统计分析法两种。前面对影响加工误差的各种主要因素进行了分析。从分析方法来讲，是属于局部的、单因素的性质。生产实际中影响加工误差的因素往往是错综复杂的，很难用单因素的估算方法来分析其因果关系。为了全面分析产生误差的原因，掌握各种误差的规律，从而减小加工误差或进行补偿，就要用数理统计方法来找出解决问题的途径。

各种单因素误差，按其性质的不同，可以分为系统性误差和随机性误差两大类。

1. 系统性误差

当顺次加工一批零件时，大小和方向保持不变或按加工顺序作有规律的变化的误差称为系统性误差。前者是常值系统性误差，后者是变值系统性误差。

例如，当铰刀直径比规定值小 0.02 mm 时，若不考虑其他因素，铰出的每一个孔在直径上都将小 0.02 mm，此即为常值系统性误差。又如，刀具的磨损随加工表面长度的变化是有规律的，因此，刀具磨损引起的加工误差是变值系统性误差。

2. 随机性误差

在加工一批零件中，大小和方向无规律变化的误差称为随机性误差。例如，用同一把铰刀加工一批零件的孔，条件虽然相同，但孔的直径尺寸却不一样，这与毛坯的加工余量的差异、硬度的不均匀有关。这种毛坯误差的复映就是随机性误差。

系统性误差因为有规律可循，可采取相应的措施加以补偿或消除。随机性误差虽然无明显的规律变化，但可以用数理统计的方法找出它们的总体规律。

就工件表面的加工误差而言，它经常是许多系统性误差和随机性误差综合作用的结果。我们的任务就是要将这两大类误差分开，确定系统性误差的数值和随机性误差的范围，从而采取相应的措施来提高加工精度。解决此类问题最常用的方法就是统计分析法。

二、统计分析法

这种方法是以现场观察所得到的资料为基础，用概率论和数理统计的方法进行处理，以确定在一定加工条件下全部作用因素的共同影响而得到的尺寸散布范围。这种方法既可以显示出系统性误差的大小，又可以指示出随机性因素对加工精度的综合影响。下面主要介绍统计法中的分布曲线法。

1. 实际分布曲线

某一工序加工出来一批零件，由于误差的存在，各个零件的尺寸都不相同。测量每一个零件的加工尺寸并记录下来，然后按尺寸大小分成若干组，每一组中的零件尺寸都处在一定的间隔范围内。同一尺寸间隔内的零件数称为频数，以 m_i 表示。频数 m_i 与该批零件总数 n 之比叫做频率。以频数或频率为纵坐标，以零件尺寸为横坐标，可画出直方图，进而根据各组的中值和频率(或频数)可画出一条折线。图 3.27 就是根据表 3.1 的数据作出的。当零件数目增多、尺寸间隔很小时，这根折线非常接近曲线，这就是所谓的实际分布曲线。

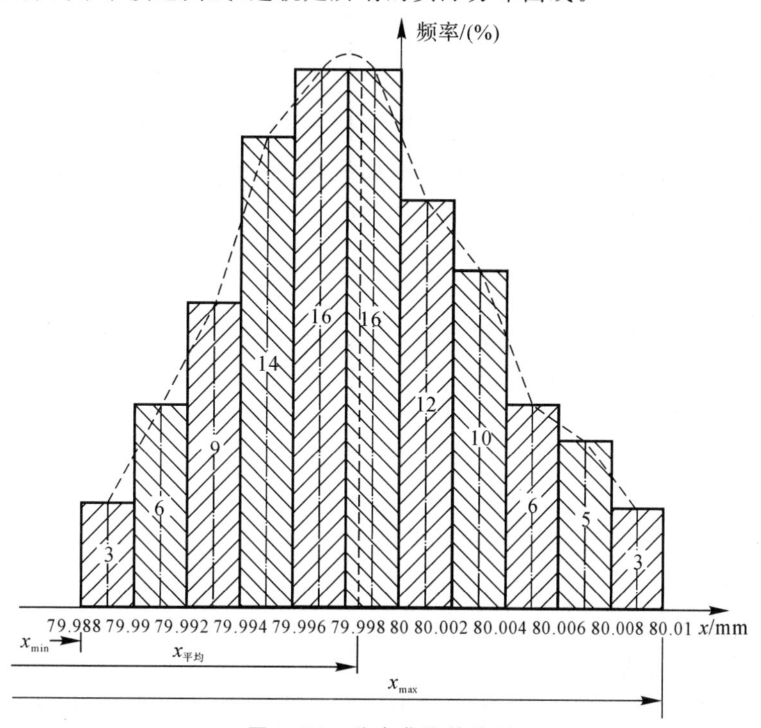

图 3.27　分布曲线的绘制

表 3.1 中的 x_i 指的是各尺寸区间的平均值，n 是一批零件的总数。$x_{平均}$ 称为尺寸平均值。从分布曲线可以看出，大部分零件的尺寸聚集在尺寸平均值附近，所以尺寸平均值 $x_{平均}$ 又称为差量聚集中心。σ 称为均方根偏差，它在分析误差时，有着特别重要的作用，它决定着尺寸散布的程度，比直接由测量得出的散布界 $V = x_{max} - x_{min}$ 能更正确地反映工序加工条件对尺寸散布的影响。

表 3.1　某零件直径测量结果

组　别	尺寸范围/mm	m_i	m_i/n	$x_i - x_{平均}$/mm	$(x_i - x_{平均})^2$/μm^2	$(x_i - x_{平均})^2 m_i$/μm^2
1	(80－0.012)～(80－0.01)	3	3/100	－0.009 5	90.25	270.75
2	(80－0.01)～(80－0.008)	6	6/100	－0.007 5	56.25	337.50
3	(80－0.008)～(80－0.006)	9	9/100	－0.005 5	30.25	272.25
4	(80－0.006)～(80－0.004)	14	14/100	－0.003 5	12.25	171.50
5	(80－0.004)～(80－0.002)	16	16/100	－0.001 5	2.25	36.00
6	(80－0.002)～(80＋0)	16	16/100	＋0.000 5	0.25	4.00
7	(80＋0)～(80＋0.002)	12	12/100	＋0.002 5	6.25	75.00
8	(80＋0.002)～(80＋0.004)	10	10/100	＋0.004 5	20.25	202.50
9	(80＋0.004)～(80＋0.006)	6	6/100	＋0.006 5	42.25	253.50
10	(80＋0.006)～(80＋0.008)	5	5/100	＋0.008 5	72.25	361.25
11	(80＋0.008)～(80＋0.01)	3	3/100	＋0.010 5	110.25	330.75
$x_{平均} = \dfrac{\sum x_i m_i}{n} = 79.998\ 5$ mm				$\sigma = \sqrt{\dfrac{\sum (x_i - x_{平均})^2 m_i}{n}} = 0.004\ 8$ mm		

由测量统计得来的分布曲线，往往是折线，不便于找出一般规律。可以用数理统计学中的一些理论分布曲线近似地表达相应的实际分布曲线，然后根据理论分布曲线来研究加工误差问题。当转化为理论分布曲线时，重要的参数仍是 σ。

2. 理论分布曲线

实践证明，在一般情况下(即无某种优势因素影响)，在机床上用调整法加工一批零件所得的尺寸分布曲线符合正态分布曲线。

正态分布曲线的数学表达式为

$$y = \frac{1}{\sqrt{2\pi}\sigma} e^{-\frac{x^2}{2\sigma^2}} \tag{3.8}$$

式中：x—— 各个实际尺寸与尺寸平均值的差量；

y—— 概率密度；

σ—— 均方根偏差；

e—— 自然对数的底数(e = 2.718 3)。

理论分布曲线的形状如图 3.28 所示。在这一坐标系统中，差量聚集中心即为坐标的原点，即 $x_{平均} = 0$。

从正态分布方程式和分布曲线可以看出，曲线呈钟形。当 $x = 0$ 时

$$y = y_{max} = 1/\sqrt{2\pi}\sigma$$

是曲线的最大值。曲线关于 y 轴对称，即当 $x = \pm a$ 时，y 值相等；当 $x = \pm\sigma$ 时，有两个转折点，这时 $y_\sigma = 1/\sqrt{2\pi e}\sigma = y_{max}/\sqrt{e} = 0.6 y_{max} = 0.24 \dfrac{1}{\sqrt{\sigma}}$；当 x 趋于 $\pm\infty$ 时，y 值趋近于零，即曲

线以 x 轴为渐近线。

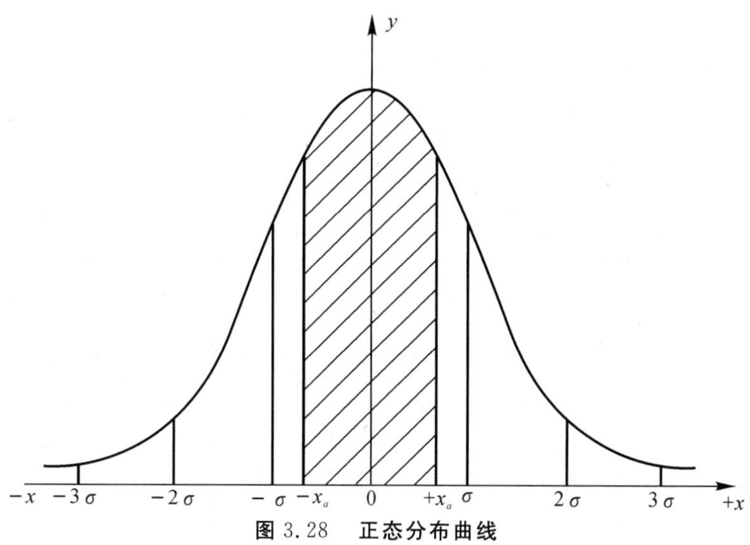

图 3.28　正态分布曲线

曲线下的面积可以通过

$$F=\int_{-\infty}^{+\infty} y\mathrm{d}x$$

求出。将 y 的表达式代入，则

$$F=\frac{1}{\sigma\sqrt{2\pi}}\int_{-\infty}^{+\infty}\mathrm{e}^{-\frac{x^2}{2\sigma^2}}\mathrm{d}x=\frac{1}{\sqrt{2\pi}}\int_{-\infty}^{+\infty}\mathrm{e}^{-\frac{1}{2}\left(\frac{x}{\sigma}\right)^2}\mathrm{d}\left(\frac{x}{\sigma}\right)=\frac{1}{\sqrt{2\pi}}\frac{2\sqrt{\pi}}{2\sqrt{1/2}}=1 \tag{3.9}$$

即曲线下的面积等于 1，亦即相当于具有随机性误差的全部零件数。由于曲线下面积为一常值 1，当 σ 值小时，最大值 $y_{\max}=1/\sigma\sqrt{2\pi}$ 大，曲线两侧向中间紧缩，曲线中部向上伸展；当 σ 值大时，$y_{\max}$ 值小，曲线趋向平坦并向两端伸展。所以 σ 值表达了分布曲线的形状，也是决定随机性误差影响程度的参数。图 3.29 为不同 σ 值的三条正态分布曲线。

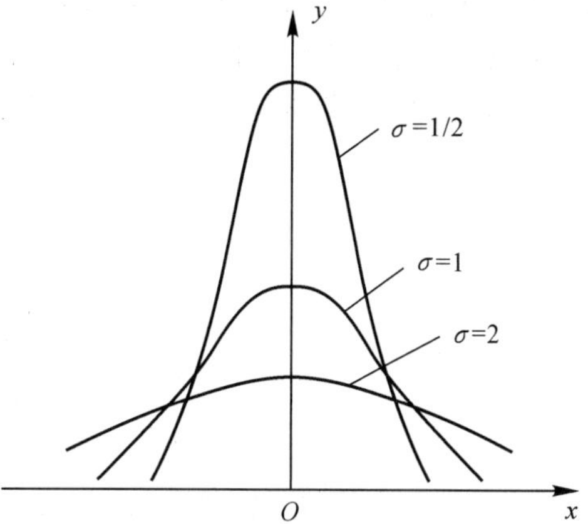

图 3.29　在各种 σ 数值下的正态分布曲线

既然曲线下的面积相当于具有随机性误差的全部零件数，那么任意尺寸范围内所具有的零件数占全部零件数的百分比（即频率）自然可通过相应的定积分求得。例如尺寸在 $\pm\frac{x}{\sigma}$ 范围内的工件频率即 $\pm\frac{x}{\sigma}$ 范围内的面积可通过如下的积分来计算，即

$$F=\frac{1}{\sqrt{2\pi}}\int_{-\frac{x}{\sigma}}^{+\frac{x}{\sigma}}\mathrm{e}^{-\frac{1}{2}\left(\frac{x}{\sigma}\right)^2}\mathrm{d}\left(\frac{x}{\sigma}\right) \tag{3.10}$$

不同 x/σ 时的 F 值可由表 3.2 查得。

表 3.2　不同 x/σ 时的 F 值

x/σ	F	x/σ	F	x/σ	F
0	0.0	1.10	0.728 6	2.30	0.972 8
0.05	0.039 8	1.20	0.769 8	2.40	0.983 6
0.10	0.079 4	1.30	0.806 4	2.50	0.987 6
0.20	0.158 6	1.40	0.838 4	2.60	0.990 6
0.30	0.235 8	1.50	0.866 4	2.70	0.993 0
0.40	0.310 8	1.60	0.890 4	2.80	0.994 0
0.50	0.383 0	1.70	0.910 8	2.90	0.996 3
0.60	0.451 4	1.80	0.928 2	3.00	0.997 3
0.70	0.516 0	1.90	0.942 6	3.10	0.998 1
0.80	0.576 2	2.00	0.954 4	3.20	0.998 6
0.90	0.631 8	2.10	0.964 2	3.30	0.999 0
1.00	0.682 6	2.20	0.972 2	3.40	0.999 3

根据表 3.2 的数值可知，零件尺寸出现在 $x=\pm 3\sigma$ 以外的频率仅占 0.27%，这个数值很小，可以忽略不计。因而可以认为正态分布曲线的实用分散范围是 $\pm 3\sigma$。如果规定的零件公差带在 $\delta > 6\sigma$，且尺寸散布对公差带中间值对称而又符合正态分布规律时，则可以认为产生废品的概率是可以忽略的。

常值系统性误差对正态分布曲线的形状没有影响，只改变分布曲线在 x 坐标轴上的位置（即聚集中心的位置），也就是说只改变尺寸平均值的数值。如图 3.30 中的 Δn 为常值系统性误差，它使尺寸散布界 Δp 加大，尺寸的变化范围为 $\Delta n + \Delta p$。例如，将两次调整下加工的工件混在一起，由于每次调整时常值系统误差是不同的，就会得到双峰曲线。

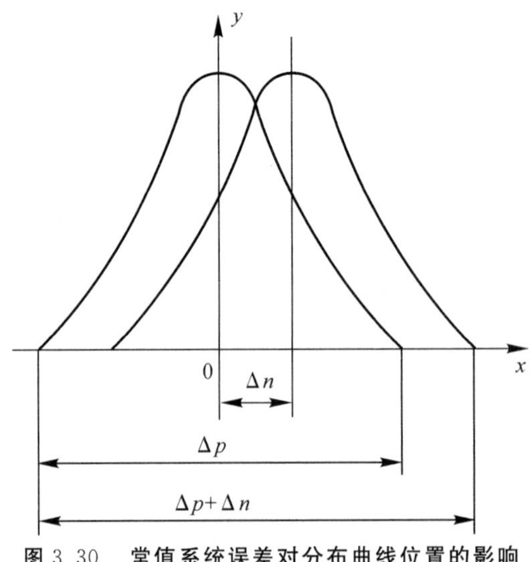

图 3.30　常值系统误差对分布曲线位置的影响

利用正态分布曲线，可以判断所选的加工方法是否合适，并判断废品率的大小，也可以用来指导下一次生产。

例 3.1　在一批零件上钻孔，尺寸要求是 $\phi 10\ \text{mm} \pm 0.01\ \text{mm}$，即公差 $\delta = 0.02\ \text{mm}$。加工一批零件后，测量零件孔的尺寸，整理结果求得 $\sigma = 0.0066\ \text{mm}$，这样 $6\sigma = 6 \times 0.0066 = 0.0396 \approx 0.04\ \text{mm}$，由于 $6\sigma = 0.04\ \text{mm} > \delta = 0.02\ \text{mm}$，因此必然产生废品。

当加工时的尺寸聚集中心调整到和公差带中心重合时(见图 3.31)，其尺寸过大和过小的废品率计算公式为

因为

$$x/\sigma = 0.01/\left(\frac{0.04}{6}\right) = 1.5\ \text{mm}$$

由表 3.2 查得

$$F = 0.8664\ \text{mm}$$

故不可修复废品率为

$$P = \frac{1}{2}(1 - 0.8664) = 6.68\%$$

如将尺寸聚集中心调整到离公差带中心小 0.01 mm 处，就不会出现过大的废品率，而只有过小的可修废品，其废品率为 50%。

要想消除废品，只有采取加工精度更高的方法。

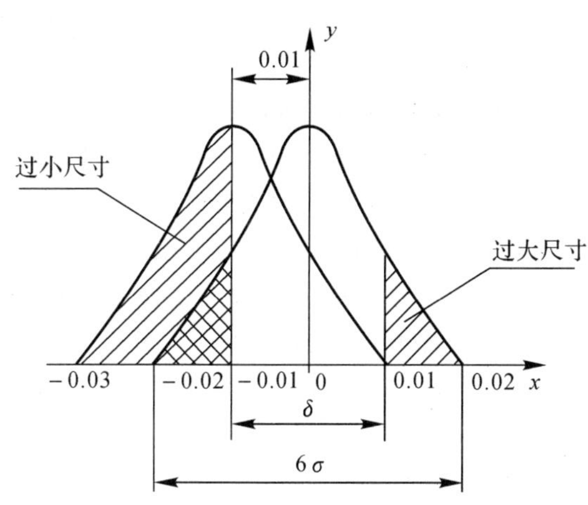

图 3.31　**孔的直径分布**

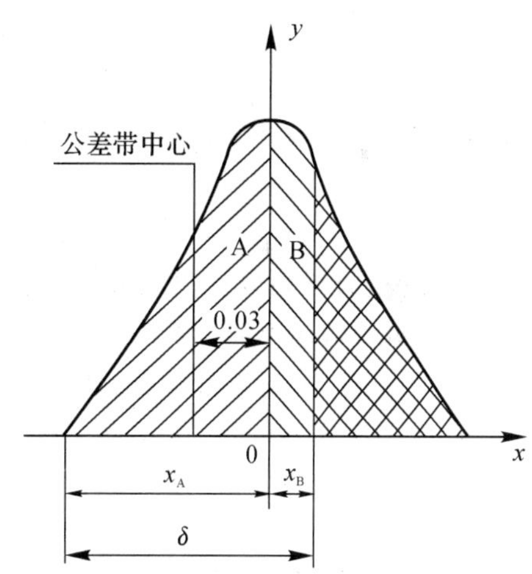

图 3.32　**轴的直径分布**

例 3.2　车削一批轴的外圆，工序尺寸要求 $\phi 20_{-0.1}^{\ 0}$ mm。根据测量结果，尺寸的分布符合正态分布的曲线规律，均方根偏差 $\sigma = 0.025$ mm，但曲线顶峰位置对公差带中间位置向右偏移0.03 mm，如图 3.32 所示，试求废品率。

合格率按 A 和 B 两部分计算：

$$\frac{x_A}{\sigma} = \pm \frac{\frac{\delta}{2} + 0.03}{0.025} = \pm \frac{0.05 + 0.03}{0.025} = \pm 3.2\ \text{mm}$$

$$\frac{x_B}{\sigma} = \pm \frac{\frac{\delta}{2} - 0.03}{0.025} = \pm \frac{0.05 - 0.03}{0.025} = \pm 0.8\ \text{mm}$$

查表3.2可知，当 $x/\sigma=\pm3.2$ 时，合格率为99.86%；当 $x/\sigma=\pm0.8$ 时，合格率为57.62%，所以全部零件的合格率为

$$\frac{1}{2}(99.86+57.62)\%=78.74\%$$

废品率为

$$1-78.74\%=21.26\%$$

这些废品尺寸大于工序尺寸，所以是可修复的废品。在这种情况下，正态分布曲线对公差带中间位置的偏移，说明加工过程中有常值系统性误差，大小是0.03 mm，所以应该加以调整。

通过上述例子可以看出，分布曲线是工序精度的客观标志，可以利用分布曲线制定各种典型工序的精度标准，并可预测产生废品的可能性。

3. 质量控制图

质量控制图是用来控制加工质量指标随时间而发生波动的图表，是分析工序是否处于稳定状态，以及保持工序处于控制状态的有效工具。它是根据数理统计原理制定的。

在数理统计学中，称研究对象的全体为总体，而其中每一个单位则称为个体。总体的一部分称为样本，样本中所含的个体数称为样本容量。

在加工过程中，每隔一定时间随意地抽取样本，经过一段时间后，就得到若干个样本，样本中个体 $x_1,x_2,\cdots,x_m$ 的平均数称为样本均值 $\overline{x}$，则

$$\overline{x}=\frac{1}{m}\sum_{i=1}^{m}x_i \tag{3.11}$$

式中：m—— 样本容量。样本个体中最大值与最小值之差称为样本极差 R，则

$$R=\max(x_1,x_2,\cdots,x_m)-\min(x_1,x_2,\cdots,x_m) \tag{3.12}$$

式中：$\max(x_1,x_2,\cdots,x_m)$ 和 $\min(x_1,x_2,\cdots,x_m)$——$x_1,x_2,\cdots,x_m$ 中的最大值与最小值。

由数理统计学可知，总体的分布近似于正态分布，则样本的均值 $\overline{x}$ 的分布也接近于正态分布。但只有平均数还不能反映分布的特征，还必须有一个反映离散程度的指标。为了便于计算，常用样本极差来度量。所以最常见的质量控制图是用 $\overline{x}$ 和 R 的数据作成的，称为 $\overline{x}-R$ 图。

图3.33为某零件的 $\overline{x}-R$ 图。该工件内孔工序尺寸为 $\phi16.4^{+0.07}_{0}$ mm。样本容量 $m=5$，共取16个随机样本，经过计算后，样本均值 $\overline{x}$ 和样本极差 R 见表3.3。

表3.3 某零件样本均值和极差

样本号	均值 $\overline{x}$/mm	极差 R/mm	样本号	均值 $\overline{x}$/mm	极差 R/mm
1	16.430	0.020	9	16.445	0.015
2	16.435	0.025	10	16.435	0.025
3	16.425	0.030	11	16.435	0.030
4	16.420	0.020	12	16.430	0.020
5	16.435	0.015	13	16.440	0.030
6	16.440	0.025	14	16.430	0.040
7	16.440	0.035	15	16.430	0.030
8	16.435	0.020	16	16.425	0.035

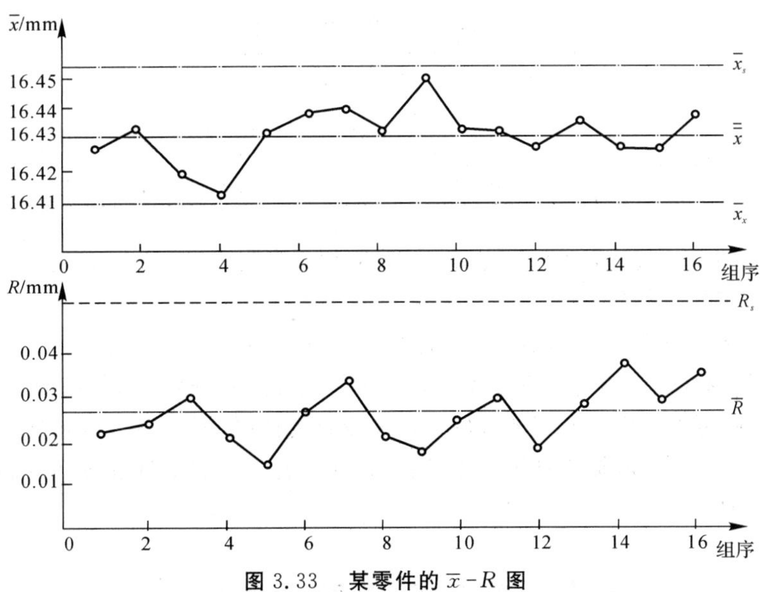

图 3.33　某零件的 $\overline{x}$-R 图

在 $\overline{x}$-R 图上有中心线和控制线，控制线是用以判断工艺是否稳定的界限线。$\overline{x}$ 图的中心线是 $\overline{x}$ 的数学期望，即

$$\overline{\overline{x}} = \sum_{i=1}^{j} \overline{x}_i / j \tag{3.13}$$

R 图的中心线是 R 的数学期望，即

$$\overline{R} = \sum_{i=1}^{j} R_i / j$$

式中：j—— 样本数；

$\overline{x}_i$—— 第 i 组的样本均值；

R_i—— 第 i 组的样本极差。

上下控制线的位置可按下式计算：

$\overline{x}$ 图的上控制线为

$$\overline{x}_s = \overline{\overline{x}} + A\overline{R} \tag{3.14}$$

$\overline{x}$ 图的下控制线为

$$\overline{x}_x = \overline{\overline{x}} - A\overline{R} \tag{3.15}$$

R 图的上控制线为

$$R_s = D_4 \overline{R} \tag{3.16}$$

R 图的下控制线为

$$R_x = D_3 \overline{R} \tag{3.17}$$

式中：A, D_3, D_4—— 根据数理统计原理定出的数值，与样本容量有关。分布愈接近正态分布，样本容量可以取得愈小，一般 m 取 4 或 5。A，D_3 和 D_4 的数值见表 3.4。

从质量控制图（$\overline{x}$-R）上可以看出，图中的点都没有超出控制线，说明本工序的工艺是稳定的。若点超出控制线或有超出控制线的趋势，则工艺是不稳定的。也就是说，一个过程（如一个工序）的质量参数的总体分布，其平均值 $\overline{x}$ 和均方根差 σ 在整个过程中若能保持不变，则过程是稳定的，否则是不稳定的。

表 3.4　A,D_3 和 D_4 值

m	2	3	4	5	6	7	8	9	10
A	1.880	1.023	0.729	0.577	0.483	0.419	0.373	0.337	0.308
D_3	0	0	0	0	0	0.076	0.136	0.184	0.223
D_4	3.267	2.575	2.282	2.115	2.004	1.924	1.864	1.816	1.777

对于不稳定的工艺过程，须分析其原因并采取相应措施使工艺过程稳定，而不能用加大废品率的办法来制定质量控制线。

对于某些尺寸公差较宽的不稳定工艺过程，可允许过程有一定程度的不稳定，但仍需用上述方法来制定质量控制图。其控制线则根据公差带、允许的废品率按数理统计的原理予以确定。

利用 $\bar{x}-R$ 图可以看出系统误差和随机误差变化的情况，同时还可以在加工过程中（不必等到一批工件加工完毕）就提供加工状态信息。这就有利于对加工过程进行控制，这也是它比分布曲线优越之处。

3.4　加工后表面层的状态

零件加工后，因加工过程中塑性变形及温度高等的影响，表面层在物理-机械性能、金相组织、化学性质等方面与基体金属不同，这一层称为表面层或表面缺陷层。

一、表面层的加工硬化

在切削加工的过程中，刀具前刀面迫使被切削金属受挤压而形成塑性变形区。由于刀具刃口有一圆角半径 ρ，当刀具和工件继续进行相对运动时，在 A 点以下的金属将受很大的挤压变形，如图 3.34 所示。在刀具刃口离开后，工件表面上这部分受挤压的金属，由于材料的弹性恢复，将与刀具后面发生摩擦，这就使表面粗糙，并使表面层金属受到拉伸。图 3.35 所示为加工后的表面硬化层。

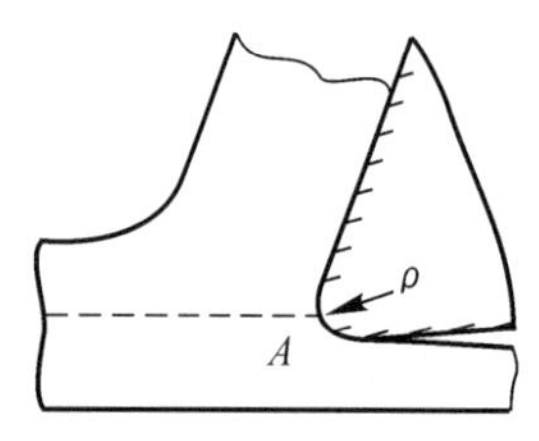

图 3.34　表面层的形成

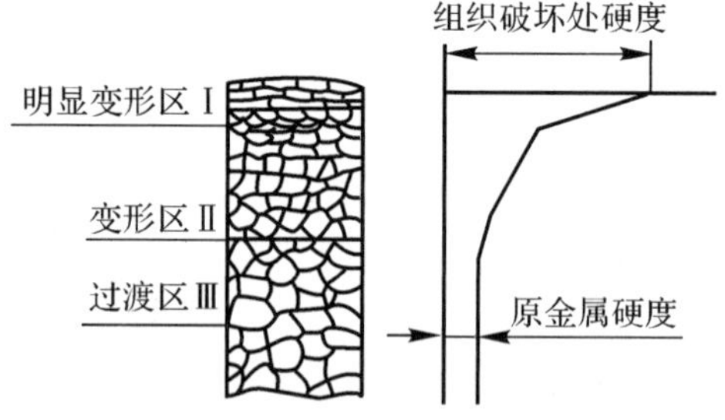

图 3.35　加工后的表面硬化层

零件表面层经上述塑性变形后，其金属性质也发生了变化，其具有下述特点：

（1）晶体形状改变。部分晶体被挤破，晶体的一致性遭到破坏。

（2）晶体的方向改变。在未变形前，其晶体的方向是不规则的，而在塑性变形以后，常产生纤维组织，并形成一定方向。

（3）变形抵抗力增加。金属产生了冷作硬化，亦称强化。金属强化时晶格的畸变和晶体的破坏都进一步提高了产生塑性变形所需的临界剪应力，即变形抗力。由于变形抗力的增加，屈服点及极限强度将上升，硬度也随之增加，金属的塑性则降低。另外，其导电性、导磁性和导热性方面也有所变化。

(4) 表面层产生了残余应力。工件加工后，冷硬层的硬度大约是原来材料硬度的 1.8 ～ 2 倍。冷硬层的深度受到进给量、切削深度、切削速度和切削角的影响。

在加工过程中，零件表面金属不只是强化，同时还存在回复的过程。晶格扭曲等强化现象都有回复正常的趋势，因为在加工过程中产生切削热，热的作用会加强回复的过程。当温度超过一定数值时（即 $0.4T_{熔}$ 时，$T_{熔}$ 代表该金属熔点的绝对温度），将开始再结晶过程，强化现象逐渐消失。因此，凡是使塑性变形区温度降低（如改善冷却情况、减少摩擦等）、热作用时间缩短（如提高工件速度等）的因素，都会使工件表层的强化程度增强。

二、表面层的残余应力

金属在塑性变形和局部受热后还会产生残余应力。所谓残余应力就是那些在引起应力出现的外因消除后，仍然残留在物体中的应力。它可分为三类：第一类是在零件整个尺寸范围内平衡的残余应力。例如切削加工的零件表面层，就因塑性变形不均匀而产生残余应力。又如在焊接过程中，由于零件各部分的温度不同而产生残余应力。当这种残余应力的平衡受到破坏时会引起零件的变形。第二类是在晶粒范围内平衡的残余应力。第三类是晶胞（原子的最小组合）间平衡的残余应力。后两类一般不影响零件的变形，但对金属性能有一定的影响。

切削加工时，表面层中的残余应力可能是拉应力（一般用正值表示），也可能是压应力（一般用负值表示），这和加工条件有关。这里对切削加工时产生残余应力的主要原因进行分析。

1. 塑性变形的影响

零件在切削加工时产生塑性变形，使部分原子从稳定的晶格位置上移动，晶格被扭曲，破坏了原来紧密的原子排列，因此密度下降，比容增大。一方面，工件表面层的金属由于塑性变形使比容增大，体积膨胀，而四周基体又阻止其膨胀，因此受到压应力。另一方面，由于刀刃后刀面的摩擦与挤压，工件表面层的晶格被拉长，在刀具离开工件表面后，被拉长的表层就会受到下面基体的作用，使表层在切削方向受到压应力，里层则产生残余拉应力与其相平衡；相反，如果表面层产生收缩塑性变形，则由于基体金属的阻碍，表面层将产生残余拉应力。

2. 温度的影响

切削区的高温，使工件表层受热伸长，如果在此温度下，金属的弹性并没有消失，则四周基体阻止其伸长，表层受到压应力。当冷却时，压应力逐渐消失，冷到室温就恢复原来状态；如果温度很高，例如对钢来说，温度高到 800 ～ 900℃ 时，金属的弹性几乎全部消失，这时在高温下，表面层处于塑性状态，表层的伸长因受基体金属的限制而全部压缩掉，不产生任何压应力，冷却时，表层收缩，当温度低到使表层金属恢复弹性时，表层就会因基体阻止其收缩而产生拉应力。因此，在切削区温度超过某一极限值时，工件的表层会产生拉应力，在下层则产生压应力。

3. 金相组织变化的影响

切削时产生的高温常常引起金属的相变，而相变又常常会引起比容的变化。由于表面层的温度不同，因此在不同深度上相变也不相同。由金属学知，各种金相组织具有不同的相对密度

($r_{马} = 7.75, r_{奥} = 7.96, r_{铁} = 7.88, r_{珠} = 7.78$)和比容。马氏体组织相对密度最小，比容最大；奥氏体组织相对密度最大，比容最小。因此，当磨削淬火工件时，如表层出现回火结构，则表层比容减小，体积要缩小，而基体又阻止其收缩，故表层产生拉应力。如果最外层有二次淬火结构，则在最外层由于金相组织变化而产生压应力。

在实际加工中，上述几种原因可能同时起作用，因此，零件表面层中最后的应力要取决于各组成因素的综合结果。

图3.36为淬火钢在磨削切深为0.05 mm/行程时不同砂轮速度下磨出的表面层的应力状态。当 $v = 30$ m/s时，得到以产生相变影响为主的应力层(曲线1)。因为里层的回火组织比基体回火马氏体组织小，因而产生拉应力。而表层由于产生淬火马氏体组织体积比里层的回火组织大，因而产生压应力。当 $v = 10$ m/s时，得到以塑性变形影响为主的残余压应力(曲线2)。表层因有温度影响其压力值较小，图3.37为 $v = 30$ m/s时改变磨削切深对残余应力的影响，当磨削切深减小至一定值时得到的是低残余应力值。

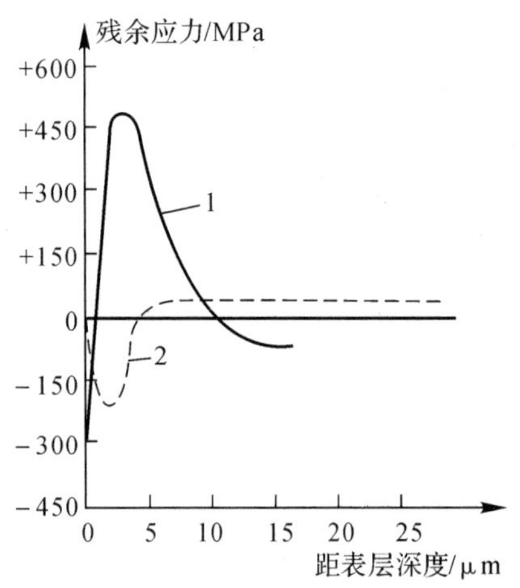

图3.36 砂轮速度对残余应力的影响
曲线1：$v = 30$ m/s；
曲线2：$v = 10$ m/s

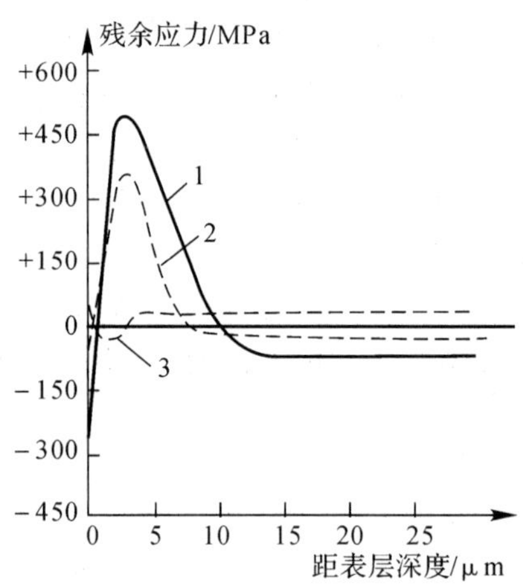

图3.37 磨削切深对残余应力的影响曲线
曲线1：切深0.05 mm/行程；
曲线2：切深0.025 mm/行程；
曲线3：低残余应力

3.5 表面质量对零件使用性能的影响

一、耐磨性

在没有润滑的情况下，两个相互摩擦的表面，最初只是在表面凸峰部分接触，它传递的压力实际上只是分布在这些微小的面积上，如图3.38所示。例如车削和铣削后的实际接触面只有计算接触面的15% ~ 25%，细磨后也仅为30% ~ 50%，研磨后才能达到90% ~ 95%。因此，在正压力 F 的作用下，在凸峰部产生很大的挤压应力，使表面粗糙部分产生弹性和塑性变形，在相互运动时还有一部分被剪切掉。当有润滑时，情况要复杂一些，但在最初阶段仍可发现凸峰划破油膜而产生上述类似的现象。

实践表明，磨损过程在不同条件下，基本规律是一样的，图3.39为磨损量与工作时间的关系。

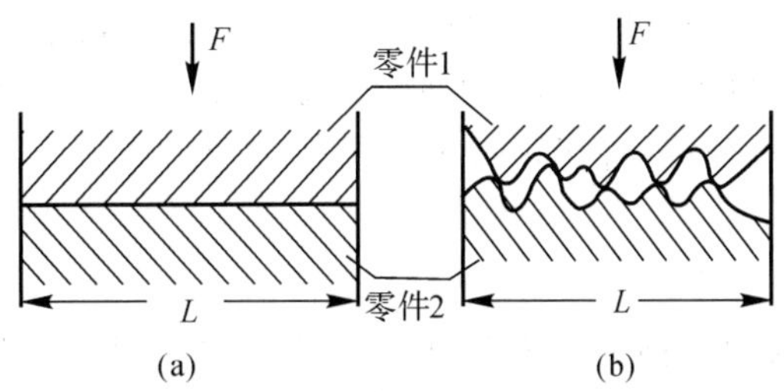

图 3.38　零件表面的接触情况

(a) 理论接触情况；(b) 实际接触情况

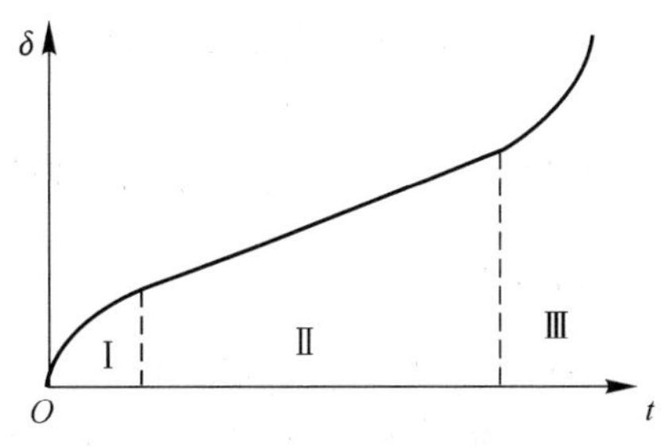

图 3.39　磨损过程基本规律

磨损的第 Ⅰ 阶段是装配后零件的磨配阶段，其特点是装配时所保证的间隙此时迅速增大，粗糙度高度可能降低 65% ～ 75%。其后，就开始了正常工作的第 Ⅱ 阶段，此阶段接触面积逐渐增大，单位压力下降，磨损趋于缓和，这属正常工作阶段。超过这个阶段就出现了急剧磨损的第三阶段，此时由于油膜破坏及滞涩等原因，摩擦副的作用破坏了，因而产生急剧磨损。

在不同的条件下，初期磨损和正常工作阶段的时间与表面粗糙度有极密切的关系，而且与加工痕迹和表面滑动的相对方向亦有关系。

图 3.40 为表面粗糙度与磨损量间的关系。一对摩擦副在一定的工作条件下通常有一最佳表面粗糙度，过大的表面粗糙度会引起工作时的严重磨损，过小也会产生同样的结果，这是因为过低的表面粗糙度由于接触面贴合，在较大的正压力作用下，润滑油被挤出而减弱润滑作用，并产生分子间的亲和力，接触面上的金属分子会相互渗透而产生“冷焊” 现象，当相互运动时就发生“撕裂”作用，使磨损增加。例如，活塞式发动机活塞环滑动面的粗糙度为 Ra 0.8 μm 最佳，如果改为 Ra 0.1 ～ 0.05 μm，则只经短期作用后，表面质量就迅速变坏。汽缸套最合适的表面粗糙度为 Ra 0.2 μm。

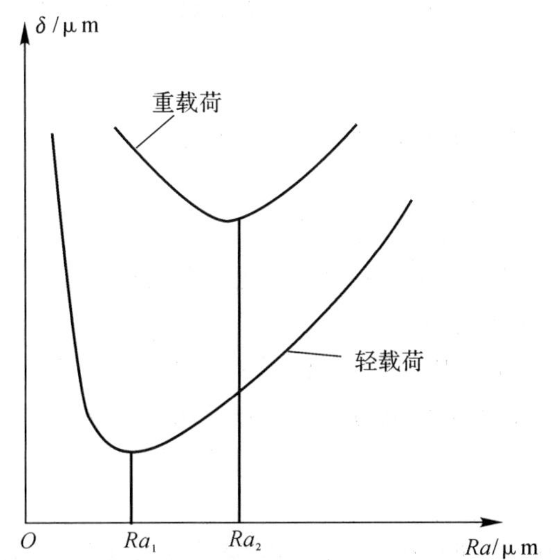

图 3.40　磨损量与表面粗糙度的关系

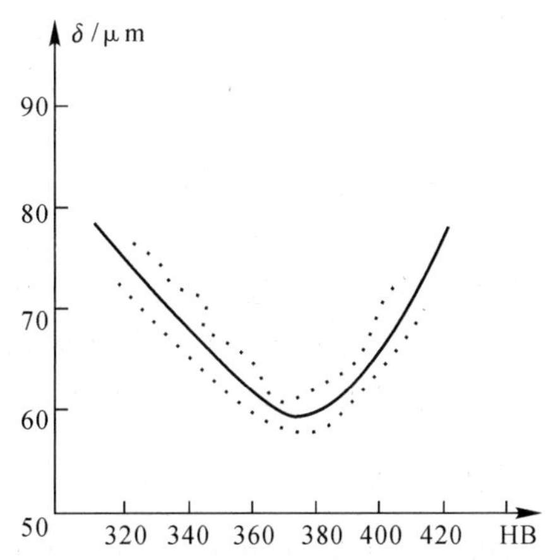

图 3.41　T7A 钢车削加工后，不同冷硬程度与耐磨性的关系

冷作硬化一般都能使耐磨性有所提高。但并不是冷作硬化的程度愈高，耐磨性也愈高，如图 3.41 所示，当冷作硬化提高到 HB380 左右时（工具钢 T7A），耐磨性达到最佳值，如再进一步加强冷作硬化程度，耐磨性反而降低，其原因是过度的硬化即过度的冷态塑性变形将引起金属组织的过度“疏松”，严重时则出现疲劳裂纹，都会使耐磨性降低。

二、疲劳强度

在周期交替变化的负荷作用下，当零件工作表面粗糙度较大时，就会产生应力集中，在凹底部的应力可能比作用于表面层的平均应力大 50% ～ 150%，这样，就促使疲劳裂纹的形成。实验证明，合金钢的试件在做疲劳试验时，粗车的试件和经过精细抛光的试件比较，后者疲劳强度可提高 30% ～ 40%。材料对应力集中越敏感，这种效果就越明显。所以承受交变负荷的零件表面常常需较低的粗糙度。

表面冷作硬化能提高零件的疲劳强度，因为强化过的表面层会阻止已有的疲劳裂纹扩大和产生新裂纹。同时，硬化会显著地减少表面外部缺陷和粗糙度的有害影响。

残余应力的大小和正负都对疲劳强度有影响。当表面具有残余压应力时，由于它能使表面显微裂纹合拢，从而提高零件的疲劳强度。如果有拉应力，则使表面显微裂纹加剧，疲劳强度降低。图3.42 为 40Cr 钢试件残余压应力 $-\sigma$ 与疲劳强度 σ_{-1} 的关系。

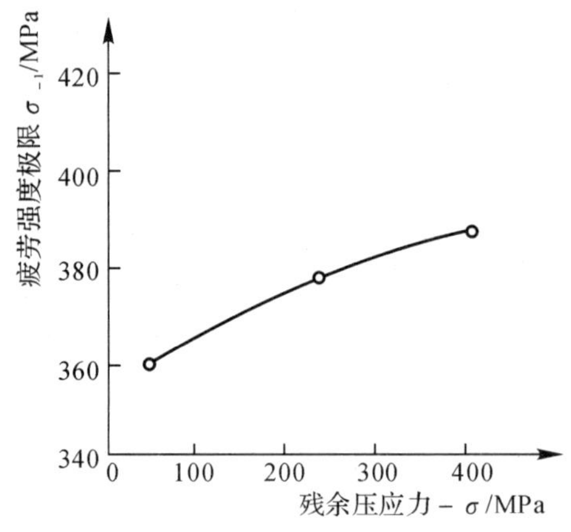

图 3.42　40Cr 钢试件残余压应力与疲劳强度的关系

对高强度金属，在低于恢复温度下工作的耐热钢和耐热合金，残余应力对疲劳强度有重大的影响。

随着零件工作温度的提高和时间的延长，冷作硬化将变为不利因素。这是因为冷作硬化可以由高温引起的回火作用而消失。例如，对于高温下使用的耐热钢和高温合金来说，在高温的工作条件下，材料中原子扩散增强，再结晶过程加剧，使金相组织发生变化，表面硬度改变，表层内的残余应力也会发生松弛。同时由于合金元素的氧化以及晶界层的软化，高温性能有所降低，进而会导致沿冷作硬化层晶界形成起始裂纹。

所以，对于在高温（一般指工作温度高于材料的再结晶温度）下使用的耐热钢和高温合金零件来说，能保证疲劳强度和持久强度的最佳表面层，应是没有加工硬化或者只有极小变形硬化的表面层，即是说用低应力加工方法所获得的表面层为最好。

可以采用在零件表面不会生成冷硬层的方法造成压应力，以便提高零件的疲劳强度。例如，表面淬火、渗碳、渗氮等。渗氮对表面带有缺陷和粗糙切痕的零件尤为有效。

三、耐蚀性

零件在潮湿的空气中或在有腐蚀性的介质中工作时，常会发生化学腐蚀或电化学腐蚀。化学腐蚀是由于大气中的气体及水汽或腐蚀介质容易在粗糙表面的谷底处积聚而发生化学反应，逐步在谷底形成裂纹，在拉应力作用下扩展以至破坏。电化学腐蚀是由于两个不同金属材料的零件表面相接触时，在表面的粗糙度顶峰间产生电化学作用而被腐蚀掉。所以降低表面粗糙度，可以提高零件的抗腐蚀性。

零件在应力状态下工作时，会产生应力腐蚀。这是因为金属零件处于特殊的腐蚀环境中，在这种条件下，在一定的拉应力作用下，便会产生裂纹并进一步扩展，引起晶间破坏，或者使表面受腐蚀而氧化，抗腐蚀性能降低。凡零件表面存在残余拉应力，零件的耐蚀性都将降低。

由于钛合金和其他合金在进行电化学加工时有晶界腐蚀和局部腐蚀的倾向，所以在这些工序后，还应有其他的强化工序。

四、配合质量的稳定性及可靠性

间隙配合零件的表面如果表面粗糙度太大，初期磨损量就大，工作一段时间后配合间隙就会增大，以至改变了原来的配合性质，影响间隙配合的稳定性。对于过盈配合表面，轴在压入孔内时其表面粗糙度的部分凸峰被挤平，而使实际过盈量变小，影响过盈配合的可靠性。所以对有配合要求的表面都要求较低的表面粗糙度。另外，零件表面层的残余应力如过大，而零件本身刚性又差，这样就会使零件在使用过程中继续变形，失去原有的精度，降低机器的工作质量。

3.6　磨削的表面质量

磨削的表面质量对零件的使用性能影响是很大的，因为一般要求较高的零件表面，多以磨削作为最终加工工序。

磨削加工与用一般刀具进行切削加工相比，又有很多的特点。磨削是由砂轮外表面上的很多砂粒进行切削的，这些砂粒在砂轮表面上的分布不规则，几何角度也各不相同，磨削表面就是由这些大量与加工基准等距或相近的磨粒刻痕所构成的。如单纯从几何角度考虑，可以认为在单位加工面积上，刻痕愈多，粗糙度就愈低。或者说，通过单位加工面的磨粒数愈多，粗糙度就愈低。因此，砂轮线速度 $v_{砂}$ 愈高，工件线速度 $v_{工}$ 愈低，纵向走刀量 $f_{纵}$ 愈低，则粗糙度就愈低。砂轮粒度愈细，粗糙度也愈低。

事实上，在磨削表面的形成中，不仅有几何因素，而且有塑性变形方面的因素。虽然从切削速度的角度来看，磨削的切削速度远比一般切削加工的切削速度高得多，但不能认为磨削加工中塑性变形不严重。事实证明，由于磨粒相对来说并不锋利、尖锐，“刀尖”圆弧半径常达十几微米，而每个颗粒所切的切削厚度一般仅为 0.2 μm 左右或更小，所以大多数磨粒在磨削过程中，只在加工面上挤过，根本没有切削，磨除量是在很多后继磨粒的多次挤压下，经过充分的塑性变形出现疲劳后，而被剥落。可见加工表面的塑性变形是很严重的。

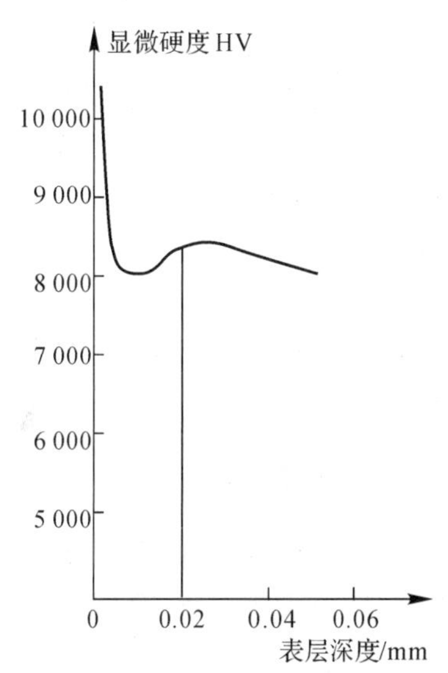

图 3.43　淬火钢 T8A 磨削后表面层显微硬度变化

所以磨削表面层的冷作硬化程度一般大于车削和铣削，而硬化层的深度不如车削和铣削。图 3.43 表示 T8A 工件淬火后磨削表层硬度的变化情况。磨削后外表面的显微硬度比原硬度上升了40%左右。这是由于表层发生了塑性变形。从外表向里层,硬度迅速下降,至 0.04 ~ 0.06 mm 深处,已降到原来的淬火硬度。

增加磨削深度 a_p 和纵向走刀量 $f_{纵}$,将使塑性变形程度增加,冷作硬化程度上升,表面粗糙度也变高。如过大地增加磨削用量而冷却条件又不好,就可能发生烧伤而使原组织转变成新的金相组织;同时,温度剧烈变化,也是产生残余应力的主要原因。如果产生的拉应力过大,就要产生裂纹。无论发生烧伤或裂纹,零件只能报废,无从返修。因此磨削中必须防止这些情况的发生。

一、烧伤

工件表层发生烧伤,关键在于磨削温度过高,高温作用时间过长,引起了金属组织变化(相变),改变了原始硬度。根据磨削烧伤性质的不同可分两种。

1. 回火烧伤

当磨削淬火或低温回火钢工件时,如果用量偏大,冷却液不充分,表层温度超过了淬火钢工件的回火温度,那么表层中的淬火组织(马氏体)会转变成回火组织(索氏体、屈氏体),表层的硬度和强度将显著降低,这就称为回火烧伤。

发生回火烧伤的表面都带有氧化膜,氧化膜的颜色因温度的高低而不同,这种氧化膜可以作为烧伤的鉴别标志。但表面没有烧伤色并不等于表面层未受热损伤。如在磨削过程中采用的无进给磨削仅磨去了表面烧伤色,但却未能去掉烧伤层,留在工件上就会成为使用中的隐患。

2. 夹心烧伤或称为淬火烧伤

当磨削淬火钢零件时,温度超过了奥氏体的转变温度,表面层的马氏体会在瞬时内转变为奥氏体,随即充分冷却,如果冷却速度超过了淬火临界速度,那么在表层又形成二次淬火组织(马氏体)。这一层是非常薄的,它的下面是一层回火层,其硬度要比原淬火硬度低得多,如图 3.44 所示。原因是高温传入表层内部,使这层温度高于回火温度,原淬火组织(马氏体)转变为回火组织(索氏体、屈氏体),从而发生了回火烧伤。

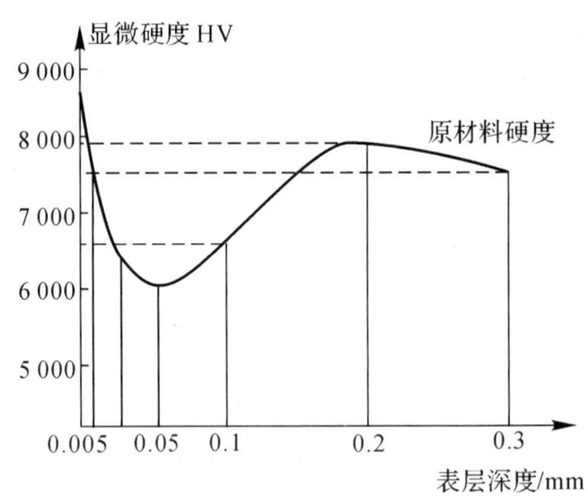

图 3.44　夹心烧伤层的硬度变化

这种烧伤的表面,有时不带氧化膜,因此不易鉴别,其受压后会下凹。带这种烧伤的零件同样不能使用。

二、裂纹

如果磨削时表面产生的残余应力是拉应力,其值超过了材料的强度极限,零件表面就会产生裂纹。从外观来看,裂纹可分为两类。

1. 平行裂纹

裂纹垂直于磨削方向,这是因为磨削时表面产生的残余拉应力超过了晶体界面的强度极限而发生界面破坏的微观裂纹，如图 3.45(a)(b) 所示，有时凭眼睛不一定能发现，只有经探伤或酸洗后才能暴露出来。裂纹的产生与烧伤可能同时出现，在这种微观裂纹的基础上，工作时引起宏观裂纹，使零件发生破坏。

磨削裂纹的产生与材料及热处理工序有很大关系。由于硬质合金脆性大、抗拉强度低以及导热性差，所以磨削时容易产生裂纹。含碳量高的钢，由于晶界脆弱，磨削时也易产生裂纹。工件淬火后，如果存在残余拉应力，即使在正常的磨削条件下也可能出现裂纹。

2. 网状裂纹

渗碳、渗氮时如果工艺不当，就会在表面层晶界面上析出脆性的碳化物、氮化物，当磨削时，在热应力作用下就容易沿这些组织发生脆性破坏，而出现网状裂纹，它经酸洗后可清楚显示出来。避免产生网状裂纹，只有从热处理工艺入手，即从根本上防止碳化物和氮化物的析离，才能保证在磨削中不会出现网状裂纹[见图 3.45(c)]。

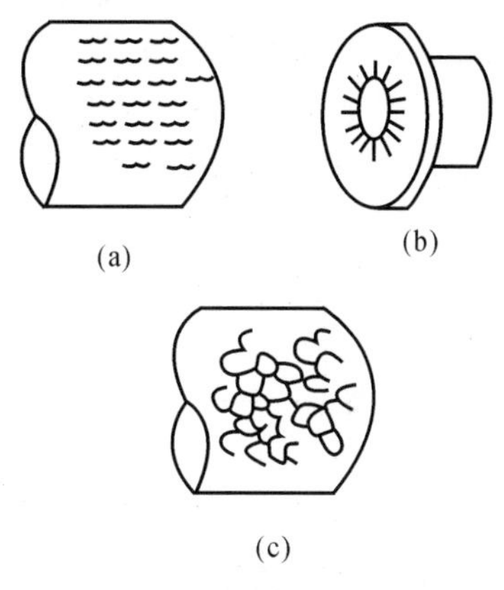

图 3.45　磨削裂纹

(a) 平行裂纹；
(b) 端面裂纹(平行性的)；
(c) 网状裂纹

采取常规的甚至不良的磨削所造成的金相组织变化，有时并不立即产生裂纹，但造成了延迟出现裂纹的条件，裂纹可能在零件架上或在使用中过早地出现。

低应力磨削是获得良好表面质量的有效方法，它可以减少表面金相组织的改变和裂纹的产生，也可以减小因磨削引起的变形。具体做法是在精磨时要求仔细地控制磨削余量还剩 0.25 mm 时的向下送进量，首先以 0.013 mm/ 行程去掉 0.2 mm；最后去除 0.05 mm 余量时，采用连续的逐渐减小切除量的方法，目的是逐步去掉前次磨削行程中产生的表面损伤层，最后得到小而浅的残余压应力(见图 3.37 曲线 3)。其用量是 ①0.013 mm/ 行程，两次；②0.01 mm/ 行程；③0.007 mm/ 行程；④0.005 mm/ 行程；⑤0.002 mm/ 行程。或者最后的 0.05 mm 以 0.005 mm/ 行程的向下送进量去除也可以。

避免产生磨削裂纹的途径主要在于降低磨削热与改善其散热条件，所以在磨削时提高冷却效果，选择合理的用量，以及选择合适硬度的砂轮都是很重要的。

3.7　表面强化工艺

零件表面的冷作硬化和残余压应力，在一般情况下对零件的使用寿命是有利的。所以喷丸强化、表面滚压、内孔挤压等强化工艺和渗碳、渗氮、渗铝、氰化等表面处理方法经常用来提高零件的疲劳强度，因为这些方法的共同特点是可在零件表面上造成压应力。此外用振动光饰等光整加工方法，不但可以降低零件表面粗糙度，也对提高疲劳强度有利。

喷丸加工是提高零件疲劳强度的重要方法之一，目前在国内外都得到了广泛的应用。进行喷丸加工时是将大量的直径细小(0.04 ~ 0.84 mm) 的丸粒向零件的表面射击，犹如无数小锤对表面锤击(见图 3.46)。丸粒是利用片轮转动时的离心力甩出，或利用喷嘴喷出。图 3.47 为喷嘴原理图，压缩空气以高速经喷嘴 1 流出，在出口处速度很高，压力很低，利用造成的压力差，把弹丸从储存器中吸到喷嘴喉部，同压缩空气一起喷射到工件上。用喷嘴对复杂表面加工较方便。加工钢件时一般用钢丸，加工铝合金、不锈钢、耐热合金等材料时用玻璃丸。工件表面粗糙度可达 *Ra*0.2 mm。

在喷丸过程中，由于表面层的塑性变形，零件表面产生很大的压应力，由此提高了零件的疲劳强度。但是在零件承受交变载荷的过程中，压应力会逐渐释放。为使零件表面经常维持具有一定数值的压应力水平，在零件工作达到一定寿命而进行翻修时，可以对零件表面再度采用喷丸强化处理。

当工件的表面粗糙度要求较低时，如齿轮的齿面，可在喷丸强化后再磨掉薄层(0.02 ～ 0.05 mm)，这对强化效果没有重大影响。

喷丸加工不仅能显著地提高零件的疲劳强度，而且还能提高零件的耐腐蚀能力。例如，铝、镁合金，它们一般是不耐海水腐蚀的，但经喷丸强化之后，其耐盐水腐蚀的能力获得成百倍的提高。

图 3.46　喷丸加工

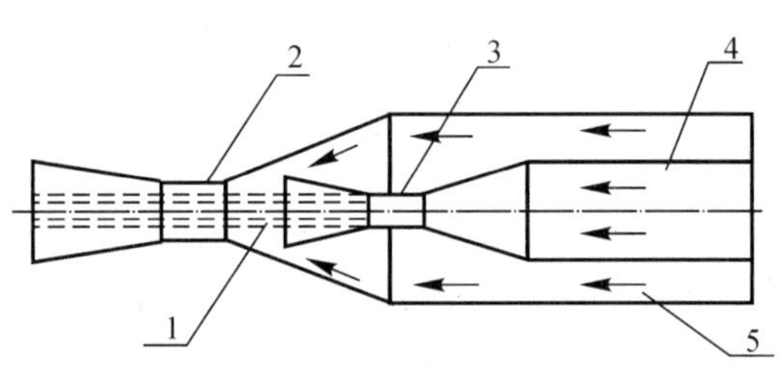

图 3.47　喷嘴原理图

1— 高速气流；2— 喷嘴；3— 喷嘴 1；4— 压缩空气；5— 磨流

喷丸加工具有下述优点：

(1) 提高电镀零件的疲劳强度。钢质零件电镀后表面易产生残余拉应力，使镀层微裂纹向基体发展，降低疲劳强度。所以在电镀前或在电镀前后各进行一次喷丸，可进一步改善零件的疲劳强度和抗腐蚀能力。

(2) 消除电解、化学铣切、磨削等加工零件有害残余拉应力、裂纹或晶界腐蚀等有害影响，并产生残余压应力。

(3) 可增进渗碳、渗氮或高温处理钢件的疲劳强度，减少其脆性破坏的机会。渗碳淬火齿轮喷丸强化后，不但造成表面压应力，提高表面硬度，而且可促进表面层内残余奥氏体的转变。据试验将氰化后的齿轮进行喷丸，疲劳寿命可提高 12 倍。

(4) 防止涂层零件的疲劳强度降低。为提高零件的防腐抗磨性能，涂层技术得到广泛应用。为提高涂层与基体的结合力，涂前零件要糙化到 *Ra* 3.2 μm，这就使零件的疲劳强度降低。若在糙化前进行喷丸则可弥补这一损失，使疲劳强度相当于 *Ra* 0.1 μm 表面的水平。

近年来的一些研究表明，认为喷丸强化能用于高温合金材料，但其工作温度不宜超过松弛残余应力的区域。如有的资料报道，认为冷作硬化现象对工作温度在 650 ～ 700℃ 下的耐热合金的疲劳强度是有利的，超过这个界限后才产生不利的影响，受喷零件的工作温度界限见表 3.5。

表 3.5　受喷材料工作温度的界限

材料名称	工作温度 /℃	材料名称	工作温度 /℃
碳钢	260	镍基合金(Inconel)	733
不锈钢	566	铝合金	121
模具钢	454	钛合金	330

喷丸工艺还可用于整体壁板的成形和其他金属薄壁零件的校形。这种工艺方法的原理是利用喷丸产生的压应力层，当应力重新分布时使零件产生所需的弯曲变形。

目前一些技术先进的国家，几乎对所有承受高压力和交变载荷，有一定寿命要求的零件都进行喷丸处理，在航空工业中应用最广，如螺旋桨、叶片、起落架、齿轮、涡轮盘等大都采用喷丸处理。强化的部位主要是应力集中区。

3.8　机械加工过程中的振动

在机械加工过程中，有时会产生振动，它使正常的切削工作受到干扰和破坏，不仅会恶化加工精度和表面质量，而且还会缩短机床和刀具的寿命。振动时还会发出噪声，污染环境，损害工人健康。为了避免振动，有时不得不改用较低的切削用量，限制了生产率的提高。因此了解机械加工过程中振动产生的原因及发展规律，找出消减振动的途径和措施是提高机械加工精度及表面质量的一个重要课题。

机械加工过程中振动的基本类型有自由振动、强迫振动和自激振动。

机械加工过程中的强迫振动是在外界周期性变化的干扰力作用下产生的振动；自激振动则是切削过程本身引起切削力周期变化产生的振动。这两种振动皆是非衰减性的振动，其危害性较大。自由振动是由切削力突然变化或其他外界偶然原因引起的，是一种迅速衰减的振动，它对加工过程的影响较小。下面主要讨论强迫振动和自激振动。

一、机械加工过程中的强迫振动

1. 强迫振动产生的原因

(1) 离心惯性力引起的振动。工艺系统中的旋转零件如齿轮、皮带轮、电机转子、砂轮、卡盘、联轴器等，如果它们的材质不均匀，或者形状不对称，安装偏心，制造质量不好等都会产生离心干扰力，使工艺系统受到方向周期性变化的干扰力，从而产生振动。

如假设电机转子的偏心质量为 m，偏心距为 R，偏心质量的旋转角速度为 ω，则离心力 $F=m\omega^2R$。该力对电机的支撑板呈周期性的变化，引起支撑板的强迫振动。

(2) 传动机构的缺陷。如皮带传动中平皮带的接头、三角皮带厚度不均匀、轴承滚动体尺寸的不均匀、往复运动换向时的冲击及液压传动油路中油压的脉动等，都会引起强迫振动。

(3) 切削过程的间歇特性。如某些加工方法导致切削力的周期性变化，其中常见的有铣削、拉削及周边磨损不均的砂轮等。此外，加工断续表面，如有槽的表面常会发生冲击。

(4) 邻近设备和通道运输设备等的振动，通过地基传输，激起工艺系统发生振动。

2. 强迫振动的动态特性

由机械原理可知，振动的强弱不仅取决于激振力的大小，而且与工艺系统的动态特性有关。工艺系统的动态特性可以用工艺系统在动态力作用下所产生的运动(响应)来表示。现以单自由度系统为例说明工艺系统动态特性的一些基本概念。

图3.48为内圆磨削加工示意图，在加工中磨头受周期性变化的干扰力而产生振动。把磨削系统简化为一单自由度系统的动力模型，把磨头简化为一个等效质量 m。磨头受力后会发生变形，因此可把等效质量 m 支撑在刚度为 K 的等效弹簧上。系统中或多或少存在阻尼，相当于和等效弹簧并联着一个等效阻尼 r。设作用在 m 上的交变力 $F_0\sin\omega t$ 是系统的干扰力，这样就可以得到单自由度系统的典型动力模型。在干扰力的作用下，若 m 偏离平衡点的位移为 x，则速度 $v=\dot{x}$，加速度 $a=\ddot{x}$，因此 m 的受力情况如图3.48(c)所示。经过受力分析，可以得出单自由度受迫振动的方程式为

$$m\ddot{x}+r\dot{x}+Kx=F_0\sin\omega t \tag{3.18}$$

解此方程，当系统进入稳态振动时，得

$$x=A\sin(\omega t-\varphi) \tag{3.19}$$

式中：A—— 振动幅值；

ω—— 干扰力角频率；

φ—— 振动体位移与干扰力之间的相位角。

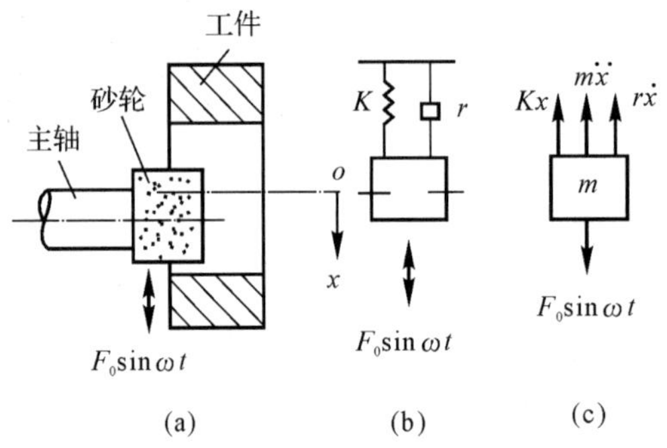

图3.48 内圆磨削系统

(a) 内圆磨削示意图；(b) 简化动力学模型；(c) 受力图

由式(3.19)得

$$A=\frac{A_0}{\sqrt{(1-\lambda^2)^2+4(D\lambda)^2}} \tag{3.20}$$

$$\tan\varphi=\frac{2D\lambda}{1-\lambda^2} \tag{3.21}$$

式中：λ—— 频率比，即干扰频率与系统无阻尼固有频率的比值，$\lambda=\omega/\omega_0$；

D—— 阻尼比，即系统等效阻尼系数与临界阻尼系数的比值，$D=r/r_c$，临界阻尼系数 $r_c=2\sqrt{mk}$；

A_0—— 与激振力幅值相等的静力 P_0 作用下系统的静位移，$A_0 = P_0/K$。

单位振幅所需的激振力 K_d 称为动刚度，$K_d = P_0/A$，据式(3.20)，得

$$K_d = K\sqrt{(1-\lambda^2)^2 + 4D^2\lambda^2} \tag{3.22}$$

式(3.20)表示了振幅与干扰力角频率 ω 之间的依从关系，称为振动的幅频特性。式(3.21)表示了振动中位移与干扰力之间的相位与干扰力角频率 ω 的依从关系，称为振动的相频特性。式(3.22)表示了系统的刚度 K_d 与干扰力角频率 ω 之间的依从关系，称为刚度频率特性。

为了说明它们之间的关系，现以振幅比 $\eta = A/A_0$ 作纵坐标，以干扰力角频率 ω 与振动系统固有频率 ω_0 的频率比 λ 作横坐标，以阻尼比 D 为参变量，由式(3.20)得图 3.49。相位角 φ 与 ω，ω_0 和 D 有关。若以 φ 为纵坐标，频率比 λ 为横坐标，阻尼比 D 为参变量，由式(3.21)得图 3.50。以刚度比 K_d/K 为纵坐标，频率比 λ 为横坐标，由式(3.22)得图 3.51。

由式(3.19)可以得出：

(1) 强迫振动的稳态过程是谐振，当交变的干扰力消除时，强迫振动就停止。

(2) 强迫振动的频率等于干扰力的频率。

由图 3.49 可以看出：

(1) 当 $\omega = 0$ 或 $\lambda = \frac{\omega}{\omega_0} \ll 1$ 时，则 $\frac{A}{A_0} \approx 1$，即 $A \approx A_0 = \frac{P_0}{K}$。这是相当于干扰作为静载荷加在系统上，使系统产生静位移，称为准静态区。在该区内增加系统刚度即可消振。

(2) 当 $\frac{\omega}{\omega_0} \approx 1$ 时，振幅急剧增加，称为共振。共振一般是不允许存在的。

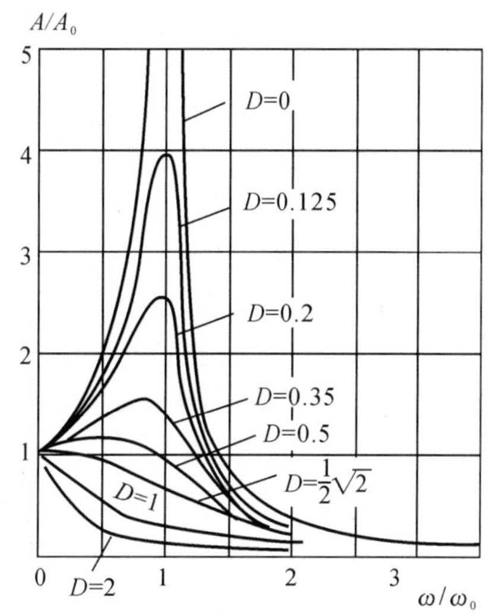

图 3.49　幅-频特性曲线

(3) 增大系统阻尼，对共振区有显著的影响，即能有效地降低振幅值。

(4) 当 $\frac{\omega}{\omega_0} \gg 1$ 时，振幅放大系数 $\eta = 0$，振幅迅速下降。这是因为干扰力变化太快，振动系统由于本身的惯性跟不上干扰力的变化，所以干脆不振动了，称为惯性区。

从图 3.50 可以看出，角 φ 总是正值，所以强迫振动的位移总是滞后于干扰力，当 $\lambda = 1$ 时，φ 总是等于 $\frac{\pi}{2}$。当 $\lambda < 1$ 时，$\varphi < \frac{\pi}{2}$；当 $\lambda > 1$ 时，$\varphi > \frac{\pi}{2}$。在 $\lambda = 1$ 前后，φ 突然发生 180° 的变化，称为“反相”。阻尼愈小，反相愈明显。反相是产生共振的明显标志。

由图 3.51 可以看出：

(1) 当 $\omega = 0$ 时，动载荷转化成为静载荷，$K_d = K$，产生静位移。

(2) 当 $\omega = \omega_0$，发生共振时，K_d 出现最小值。在相同频率比的条件下系统动刚度随 D 的增大而增大，也就是说，增加阻尼对提高系统刚度、减小振动是有利的。

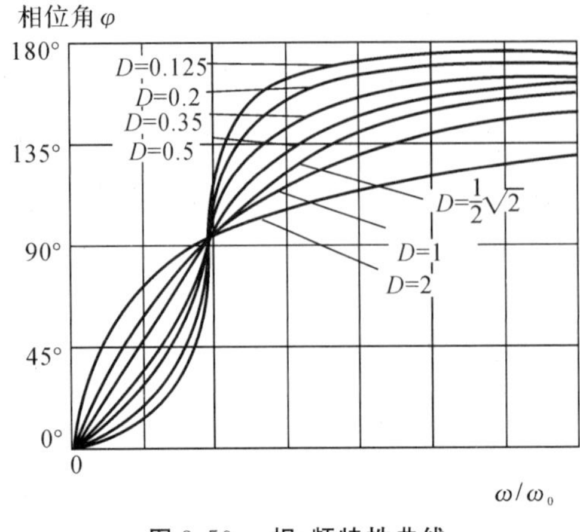

图 3.50　相-频特性曲线

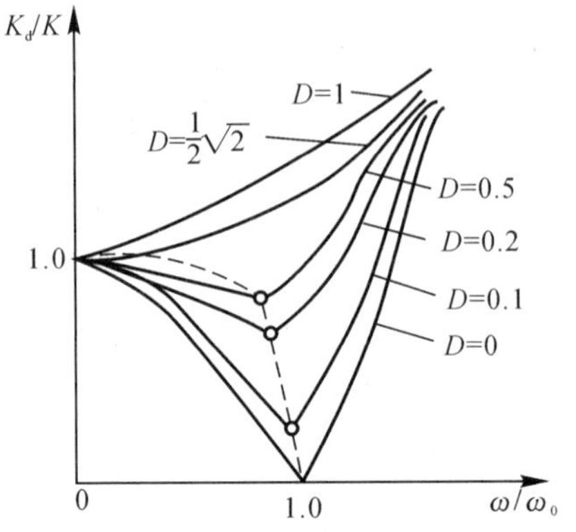

图 3.51　动静刚度比与频率比的关系

3. 减小强迫振动的途径

强迫振动是由周期性外激振力引起的，因此，消除振动，首先要找出引起振动的根源——振源。由于振动的频率总是和激振频率相同或成倍数关系，故可将实测的振动数据同各个可能激振的振源进行比较，然后确定。

(1) 减小激振力。减小激振力即减小因回转元件的不平衡所引起的离心惯性力及冲击力等。对高速旋转的零件，如砂轮、卡盘、电动机转子及刀盘等，必须给予平衡。

提高皮带、链、齿轮及其他传动装置的稳定性，如：采用较完善的皮带接头，使其连接后的刚度和厚度变化最小；采用纤维织成的传动带；以斜齿轮或人字齿轮替代直齿轮；在主轴上安装飞轮；等等。对于高精度小功率机床，尽量使动力源与机床脱离，用丝带传动。适当调整皮带拉力，合理选择皮带长度，使其扰动频率远离主轴转速。

(2) 调节振源频率。当选择转速时，尽可能使旋转件的频率远离机床有关元件的固有频率。也就是避开共振区，使工艺系统各部件在准静态区或惯性区运动，以免共振。

(3) 提高工艺系统刚性及增加阻尼。提高系统刚性，是增强系统抗振性从而防止振动的积极措施，它在任何情况下都能防止强迫振动。

增加系统的阻尼，如适当调节零件某些配合处的间隙，以及采取阻尼消振装置等，将增强系统对激振能量的消耗作用，保证系统平衡工作。

(4) 采用消振和隔振措施。某些动力源如电机、油泵等最好与机床分开，用软管连接。隔振是使振源的干扰不向外传。常用的隔振材料是橡皮、金属弹簧、泡沫乳胶、软木、矿渣棉、木屑和玻璃纤维等。中小型机床多用橡皮衬垫，重型机床则必须用金属的弹性元件。常见的如外圆磨床的电机用厚橡皮衬垫将电机与机床隔开，其效果很明显。

工件本身不平衡，加工表面不连续及刀齿断续切削等引起的周期性切削冲击振动，可采用阻尼器或减振器消振。

二、机械加工过程中的自激振动

1. 自激振动的概念

自激振动不是因为来自外界周期性变化的干扰力的作用，而是由振动过程本身引起切削力周期性的变化，又由这一周期性变化的切削力反过来加强和维持的一种振动。在切削过程中，自激振动的频率较高，通常又称为颤振。自激振动的主要特点如下：

(1) 自激振动是一种不衰减的振动。振动过程本身能引起某种力周期性的变化，而振动系统能通过这种力的变化，从不具备交变特性的能源中周期性地获得补充能量，从而维持这个振动。当运动停止时，则这种力的周期性变化和能量的补充过程也都立即跟着停止。

(2) 自激振动的频率等于或接近于系统的固有频率。

(3) 自激振动是否产生及振幅的大小，决定于每一振动周期内系统所获得的能量与所消耗的能量的对比。当振幅为某一数值时，如果获得的能量大于消耗的能量(如图 3.52 所示，振幅为 A_1 值时)，则振幅将不断增加；反之，则振幅不断减小(见图 3.52 中，振幅为 A_2 值时)。振幅一直增加或减少到其所获得的能量和消耗的能量相等时为止。如果振幅在任何数值时系统所获得的能量都小于消耗的能量，则自激振动就不可能产生。当振幅达到 A_0 值时，系统振动将处于稳定状态。

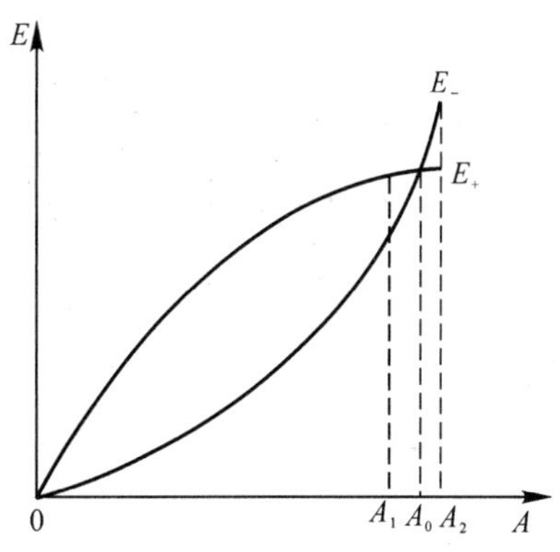

图 3.52　自激振动的能量关系

减弱和消除自激振动的根本途径是尽量减少振动系统所获得的能量，以及增加它所消耗的能量。

2. 产生自激振动的学说

关于切削过程产生自激振动的原因，虽然长期研究，但至今尚无一种能阐明各种情况下的切削自激振动的理论。下面介绍 3 种解释自激振动的学说。

(1) 负阻尼(负摩擦) 激振原理。这种理论认为，当切削韧性材料时，由于刀具前刀面与切屑之间存在着摩擦力，而其摩擦力又随着两者之间的相对滑移速度增加而下降(称负摩擦，大多数材料的摩擦因数在一定滑移速度范围内都有这种特性)，这种特性称为负摩擦特性，正是由于这种特性引起了颤振。

图 3.53(a) 为车削加工示意图。可以将其简化为单自由度振动系统，刀具相当于重物，只作 y 方向运动，刀架相当于弹簧。图 3.53(b) 为径向切削分力 F_y 与切屑和刀具前刀面相对摩擦速度 v 的关系曲线图。当稳定切削时，工件表面的切削速度为 v_0，而刀具和切屑的相对滑动速度为 $v_1=\dfrac{v_0}{\xi}$(ξ 为切屑收缩系数)。当刀具产生振动时，刀具前面与切屑的相对摩擦速度将受振动速度 $\dot{y}$ 的影响而发生变化。当刀具收入工件时，相对摩擦速度为 $v_1+\dot{y}$，这时由于相对摩擦速度增大，摩擦力将下降为 F_{y1}。在弹簧力减弱之后，刀具与工件分开，这时刀具运动方向与切屑流动方向相同，相对摩擦速度减小为 $v_1-\dot{y}$，切屑与刀具前刀面的摩擦力增大为 F_{y2}，压缩弹簧使其储能。可以看出，刀具切入的半个周期中，切削分力小于刀具切出的半个周期的切削分力，因此其所做的负功(因刀具的运动方向与切屑流出方向相反做负功) 也小于刀具切出时所做的正功(刀具运动方向与切屑流出方向同向做正功)。在一个振动周期中，有多余的能量输入振动系统，振动将继续维持下去。

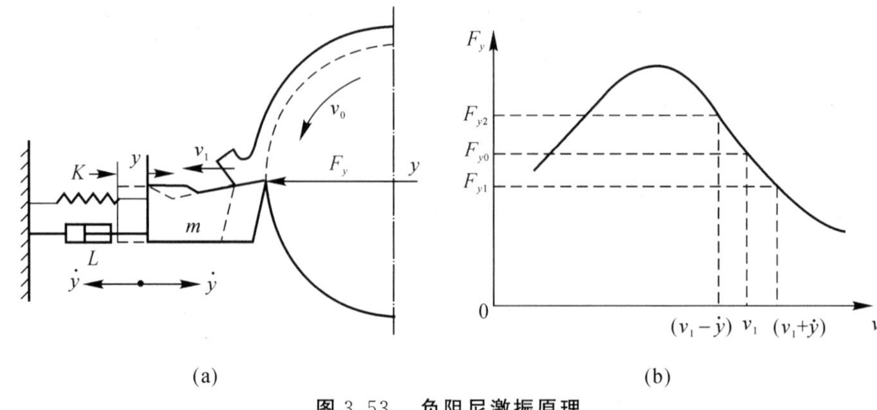

(a)　　　　　　　　　　　(b)

图 3.53　负阻尼激振原理

(a) 车削加工示意图；(b) 径向力 Fy 与切屑和前刀面相对速度 v 的关系

(2) 再生自激振动原理。当车削加工时，如果刀具的进给量不大，刀具的副偏角又较小，则当工件转过一圈，开始切削下一圈时，刀刃必然与已加工过的上一圈表面接触，即产生重叠。磨削加工尤为如此，从图 3.54 可以看出，当砂轮宽度 B 大于工件每转进给量 f_a 时，后一转切削表面与前一转已加工表面会有重叠，其重叠因数为

$$\mu = \frac{B - f_a}{B}$$

当 $\mu > 0$ 时，如果前一转切削时由于某种原因在加工表面上留下了振纹，则在后一转切削时，刀具将在具有振纹的表面上进行切削。这时切削厚度就会发生周期性的变化，从而引起切削力的周期变化，使刀具产生振动，而在本转加工的表面上产生新的振纹。这个振纹又影响到再下一转的切削，从而引起持续的再生自激运动。

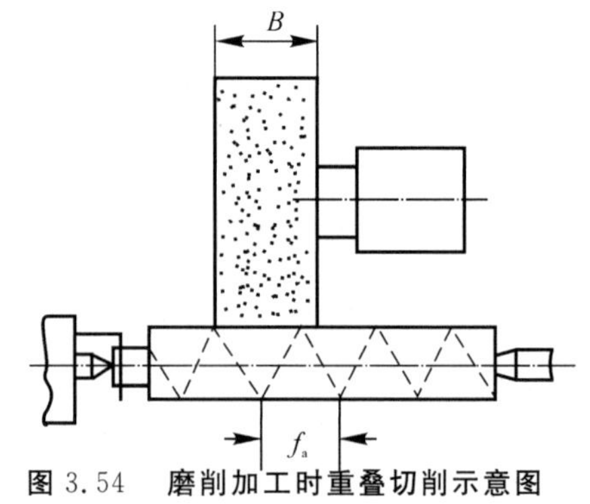

图 3.54　磨削加工时重叠切削示意图

当然，如果工艺系统稳定，或者创造适当的条件，也不一定就会产生自激振动。因此，需要进一步分析系统是在怎样的条件下才被激发产生振动的。

在振动的一个周期内，只有能量输入才能维持自激振动。图 3.55 表示了 4 种情况：图 3.55(a) 表示前后两转的振纹没有相位差，即 $\varphi = 0$，这时可以看出，切入、切出时切削厚度没有变化，切削力也就无变化，因此不会产生自激振动；图 3.55(b) 表示前后两转的振纹相位差为 $\varphi = \pi$，这时，切入、切出的平均切削厚度不变，两者没有能量差，也不可能产生自激振动；图 3.55(c) 表示后一转的振纹相位导前，即 $0 < \varphi < \pi$，切入的平均切削厚度大于切出的平均切削厚度，负功大于正功，也不可能产生自激振动；图 3.55(d) 表示后一转的振纹相位滞后，即 $0 > \varphi > -\pi$，这时切出比切入时有较大的切削力，推动刀架（弹簧）后移，使刀架储能，即可产生自激振动。所以，再生自激振动只有当后一转的振纹相位滞后于前一转的振纹相位，即 $0 > \varphi > -\pi$ 时才有可能产生自激振动。相位角 φ 与工件每转中的振动次数 f 有以下的关系：

$$f = \frac{60 f_z}{n} = J + \varepsilon \tag{3.23}$$

式中：f_z—— 自激振动频率(Hz)；

n—— 工件转速(r/min)；

J—— 工件一转中振动次数的整数部分；

ε—— 工件一转中振动次数的小数部分，并规定 $-0.5 < \varepsilon \leqslant 0.5$。

相位角
$$\varphi = 2\pi\varepsilon = 360^\circ\varepsilon$$

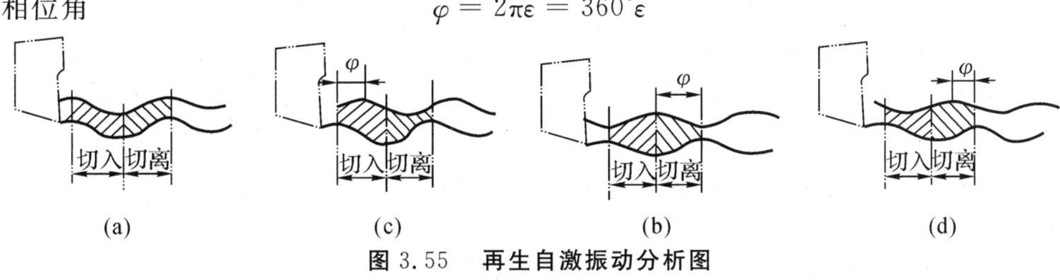

图 3.55　再生自激振动分析图

(a) $\varphi = 0$；(b) $\varphi = \pi$；(c) $0 < \varphi < \pi$；(d) $-\pi < \varphi < 0$

当振动频率与工件转速不成整数倍关系，且只有在 $-0.5 < \varepsilon < 0$ 时才会产生再生自激振动。现举例计算如下：

1) 工件转速 200 r/min，$f_z = 160$ Hz

$$J + \varepsilon = \frac{60 \times 160}{200} = 48$$

此时，$J = 48$，$\varepsilon = 0$，前一转振纹与后一转振纹相同，没有相位差，故不产生自激振动。

2) 工件转速 200 r/min，$f_z = 158$ Hz，则有

$$J + \varepsilon = \frac{60 \times 158}{200} = 47.4$$

此时，$J = 47$，$\varepsilon = 0.4$，相位角 $\varphi = 0.4 \times 360^\circ = 144^\circ$，这时第二转的振纹超前，对振动起了抑制作用，故不产生自激振动。

3) 工件转速 200 r/min，$f_z = 163$ Hz，则有

$$J + \varepsilon = \frac{60 \times 163}{200} = 48.9$$

此时，$J = 49$，$\varepsilon = -0.1 < 0$，$\varphi = -0.1 \times 360^\circ = -36^\circ$，第二转比第一转振纹滞后 36°，这时可能产生自激振动。

由此可见，适当调整切削用量，可以抑制自激振动的产生。

(3) 振型耦合自激振动原理。当加工方牙螺纹外圆时，工件前后两转并未产生重叠切削，若按再生原理，理应不产生自激振动。但在实际加工时，当切削深度达到一定值时，仍会产生自激振动，其原因可用“振型耦合理论”来解释。

图 3.56 所示，用电子示波器测得刀尖在切削过程中的位置是变化的，而其轨迹呈椭圆形。刀尖由 A 点到 C 点，由 C 点再到 B 点，然后由 B 点经 D 点回到 A 点。这样，切削深度不断地变化，切削力也就跟着变化，所以引起了自激振动。

刀尖轨迹还说明了切削过程的自激振动，不是单自由度振动系统，而是多自由度的振动系统，通常看成是两个自由度的振动系统。在图 3.56 中，假定刀具及与刀具有联系的机床零部件(如刀架、刀架拖板等)的质量为 m，集中在刀具上。质量 m 以刚度分别为 K_1 和 K_2 的两根弹簧支持着，两根弹簧的轴线分别为 x_1 和 x_2，它们互相垂直。x_1 与 y 轴相交成 α_1 角，x_2 和 y 轴相交成 α_2 角，切削力 F_d 与 y 轴相交成 β 角。实际上刀具系统在 x_1 和 x_2 方向上的刚度不同，质量 m 同时在 x_1 和 x_2 两个方向上振动，结果在两个方向上振动的合成运动，就使刀尖振动的轨迹呈椭圆形。质量 m 在 x_1 上的位移量大，即椭圆形的长轴；在 x_2 上的位移量小，即椭圆形的短轴。

常称 x_1 为“弱刚度主轴”，而称 x_2 为“强刚度主轴”。假定图中刀尖A是按箭头方向运动，当从A点到B点时切削力的作用方向与运动方向相反；另外半周从B点到A点时，切削力的方向与运动方向相同。在前半周，振动的能量被振动系统的运动所抵消，而在后半周，振动的能量却被加强。因为运动的后半周平均切削深度较大，所以在这半周中切削力平均值也较前半周大些。这就使得在振动的一个周期中，传递到振动系统中的能量较振动系统所消耗的能量大些，剩余的能量可以补偿因工艺系统（即自激振动系统）的阻尼而损失的能量，因而使自激振动得以维持。

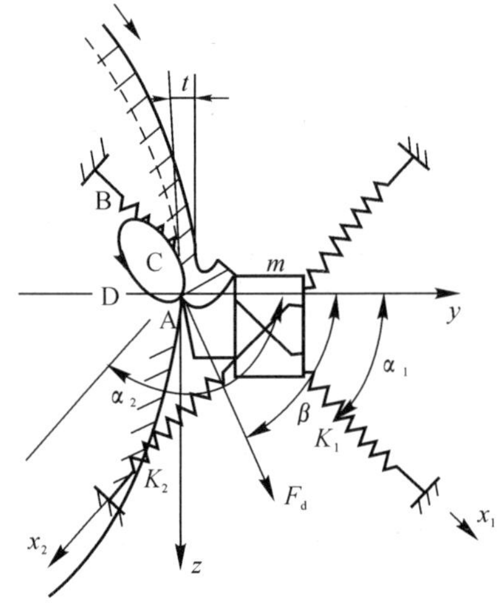

图 3.56　两个自由度振动系统简图

如果 x_1 和 x_2 的方向以及 K_1 和 K_2 的数值选择合理，则可以使刀尖振动的振幅（即位移量 y）最小。根据理论分析并经试验证明，如果要使工艺系统在任何切削用量下不产生振动，必须符合下述条件：

若 x_1 在 y 与 F_d 之间，即 $0 < \alpha_1 < \beta$，当 $K_1 > K_2$ 时，则工艺系统内不会产生自激振动；当 $K_1 < K_2$ 时，就会产生自激振动。

由此可见，振动系统的刚度主轴 x_1 和 x_2，对于切削力 F_d 的坐标位置影响着自激振动。

有两种方法可以避免工艺系统中产生自激振动。

1) 正确地布置 x_1，x_2 和 F_d 的相对位置。由于切削力 F_d 的位置由刀具位置决定，所以要正确布置刚度主轴和刀具的位置。

2) 正确地选用工艺系统的两个坐标轴上的刚度 K_1 和 K_2。实验证明，在车床上安装车刀的方位，对提高车削加工过程的稳定性，避免产生自激振动具有很大的影响。图 3.57 给出了车床上不同方位的车刀位置，即将车刀分别装在 $a = 0°$，30°，60°，90°，120°，150° 及 180° 七个方位上进行切削，试验其切削过程的稳定性。在实验过程中求得车刀在各个方位上不同的极限切削宽度 b。b 为产生自振时切削厚度极限值，当切削厚度不小于 b 时，会立即产生自激振动。将实验结果所得的 b 值绘于极坐标图中，如图 3.57(b) 所示。角度坐标表示 y 轴与水平面之间的夹角 α，径向坐标表示极限切削宽度 b。实验结果表明，普通车床车刀通常装在水平面上，其稳定性最差（$b = 2.7$ mm）。而将车刀装在 $\alpha = 60°$ 的方位上，车削过程的稳定性最好，此时，$b = 8$ mm。这是改变角 α 达到消除工艺系统中的自激振动的一个重要实例。

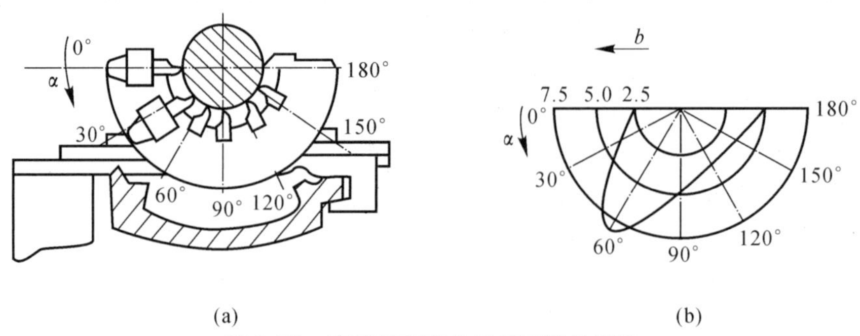

图 3.57　车刀不同方位对稳定性的影响

(a) 车床上车刀安装位置；(b) 切削厚度极限值 b 与安装角 a 的关系

改变两个坐标轴 x_1 和 x_2 上的刚度 K_1 和 K_2 以达到消除工艺系统中自激振动的最好例子是扁形镗杆。镗孔时，镗杆的直径和悬伸长度常因受工作尺寸限制，刚度差，容易引起振动。若在 x_2 的方向上将圆镗杆削去两边，如图 3.58 所示，这样刚度 K_2 值就小于 K_1 值。从图中可以看出，这时 $0 < \alpha_1 < \beta$，且 $K_1 > K_2$。由前边结论可知，采用这种扁形镗杆，镗孔过程是稳定的，不会产生自激振动，因而可以选取大的切削深度和进给量，以提高生产率并获得较小的表面粗糙度。

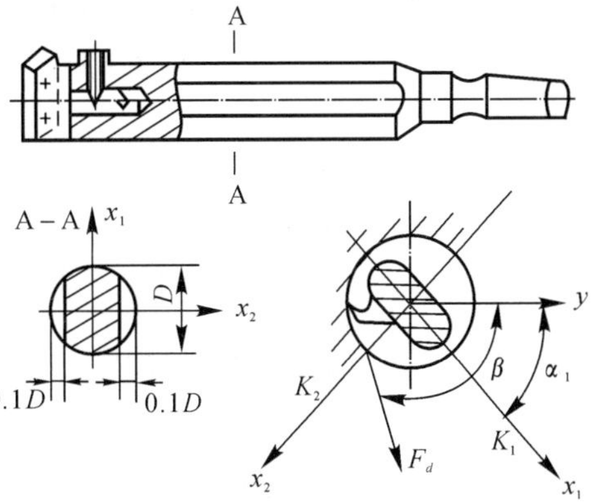

图 3.58　削扁镗杆

3. 控制自激振动的途径

由上述可以看出，自激振动与切削过程本身有关，与工艺系统的结构性能也有关，所以控制自激振动的基本途径是减小和抵抗激振力的问题。

(1) 合理选择切削用量。首先是合理选择切削速度 v。以车削为例，在 $v = 30 \sim 70$ m/min 范围内容易产生自振，若高于或低于这个范围，则振动减弱。当精密加工时以采用低速切削为宜，一般加工则宜采用高速切削。

由图 3.59 可以看出，增大进给量 f 可使振幅 A 减小，所以在加工表面粗糙度允许的情况下，可选取较大的进给量以避免自激振动。

根据切削深度 a_p 与切削宽度 b 的关系 $\left(b = \dfrac{a_p}{\sin\kappa_r}\right)$，当 a_p 增加时，b 亦增加。图 3.60 表明，随着 a_p 的增大，振动不断加强。这时由于切削宽度 b 对振动影响较大，故选择 a_p 时，一定要考虑切削宽度 b 对振动的影响。

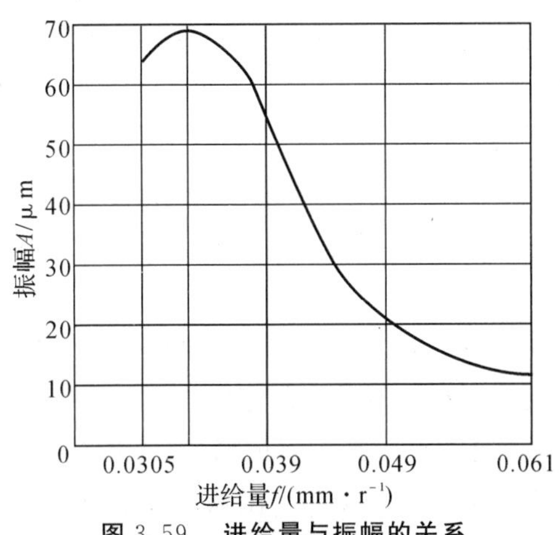

图 3.59　进给量与振幅的关系

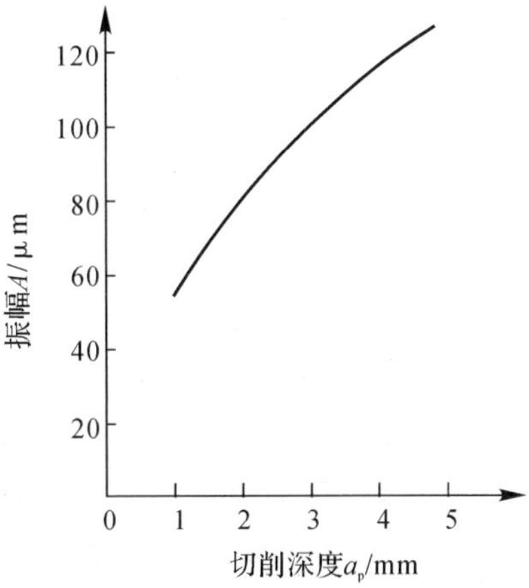

图 3.60　切削深度与振幅的关系

(2) 合理选择刀具的几何角度。前角 r_0 对振动强度的影响也很大(见图 3.61)，前角愈大，切削过程愈平稳，故应采取正前角($r_0 > 0$)。有时为了提高刀具的耐用度，可磨出倒棱。

由图 3.62 可知，主偏角 κ_r 应尽可能选得大些，这是因为 κ_r 增加，垂直于加工表面方向的切

削分力 p_y 就减小，且实际切削宽度 b 亦减小，因此不易产生切削中的颤振。在此条件下，x 方向上的切削分力最大，而一般来说，工艺系统的刚度在 x 方向上比 y 方向上要好得多，故不易发生振动。

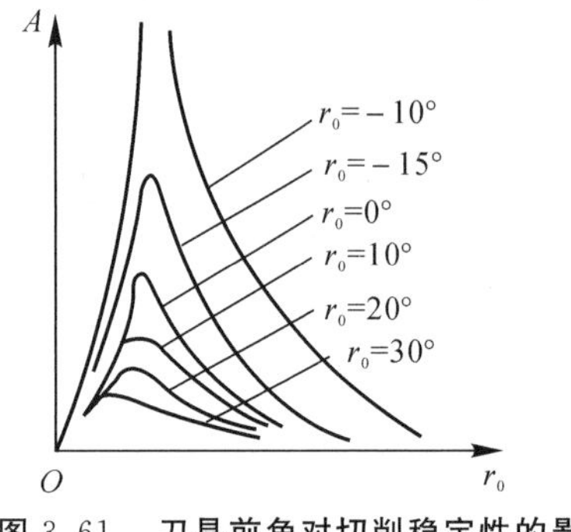

图 3.61 刀具前角对切削稳定性的影响

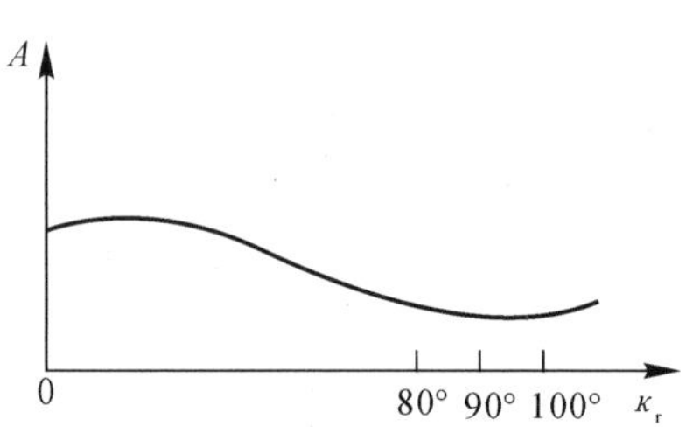

图 3.62 刀具主偏角 κ_r 对振动的影响

后角 α_0 应尽可能取小些，但不能太小，以免刀具后刀面与加工表面之间发生摩擦，反而容易引起振动。通常在刀具的主后刀面上磨出一段负的倒棱，能起到很好的消振作用，此种刀具也称消振车刀。

(3) 提高工艺系统的抗振性。机床的抗振性在整个工艺系统的抗振性中占主导地位。衡量机床结构的抗振性的主要指标是动刚度，提高机床的抗振性，也就是要提高机床的动刚度，特别是振动中起主振作用的部件(主轴、刀架、尾座等)的动刚度。

对于一台现有机床来说，要改变它的结构往往是难以办到的，主要是确切地了解机床的动态特性，掌握其薄弱环节，便可以采取措施提高它的抗振性。例如薄弱环节的刚度和固有频率在很大程度上取决于连接表面的接触刚度和接触阻尼，因此往往通过刮研连接表面、增强连接刚度提高机床的抗振性。

机床与地基之间的连接刚度对机床的静特性影响不明显，但对其动刚度却有很大的影响。机床与基础之间的连接刚度越高，机床的动刚度也就越高。对于高速转动或往复运动中冲击惯性大的机床来说，增强机床与基础之间的连接刚度尤为重要。

提高刀具和工件的装夹刚度也是非常重要的。细长件、薄壁件等类型零件的刚性差，加工时容易产生振动，在装夹时应特别加以注意，例如对细长轴应增加中心架、跟刀架。此外，顶针的结构对安装刚性的影响也很大，一般说，死顶尖刚度较好，活顶尖中滚针比滚柱的刚性要好。

在工件及其支撑件刚度相同的情况下，刀具及刀具的支撑件(刀杆)会成为工艺系统的薄弱环节。例如悬臂镗削时，镗杆的刚度越高，发生切削颤振的对应切削速度也越高。

(4) 采用减振装置。当使用上述各种措施仍然不能达到减振的目的时，可考虑使用减振装置。减振装置具有结构轻巧、效果显著等优点，对于消除强迫振动和自激振动同样有效，已受到广泛的重视和应用。常用的减振装置有以下几种类型：

1) 阻尼器。它基于阻尼的作用，能把振动能量变成热能消散掉，以达到减小振动的目的。阻尼越大，减振的效果越好。常用的有液体摩擦阻尼、固体摩擦阻尼和电磁阻尼等。图 3.63 表示利用液体流动阻力的阻尼作用消除振动。

2）吸振器。可分为动力式吸振器、冲击式吸振器和摩擦式吸振器。图 3.64 是用于镗刀杆的有阻尼动力吸振器。其原理是用弹性元件把一个附加质量连接到振动系统上，利用此附加质量的动力作用，使弹性元件加在系统上的力与系统的激振力尽量相抵消，以减弱振动。这种吸振器用微孔橡皮衬垫做弹性元件，并有附加阻尼作用，因而能得到较好的消振效果。

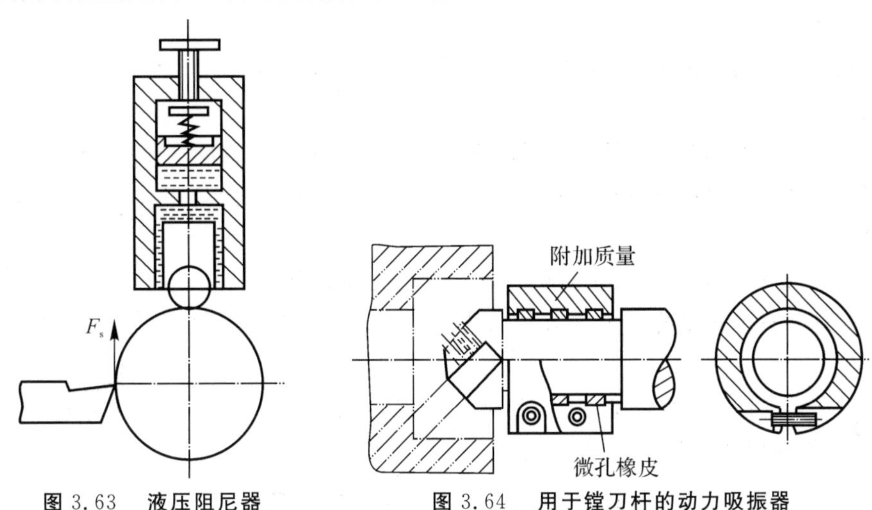

图 3.63　液压阻尼器

图 3.64　用于镗刀杆的动力吸振器

（5）合理安排机床、工件、刀具的相对坐标位置。根据振型耦合自激振动原理，刚度比 K_1/K_2 及方位角 α 的合理选择可以提高抗振性，抑制自激振动。如前所述，采用扁形镗杆，调整切削力与低刚度主轴的相对位置，有助于避免切削的颤振，便是一例。另外，车削加工时，工件的正转与反转对振动的影响往往不同。在很多情况下，工件反转切削时，其切削力方向往往与系统的高刚度方向一致，因此切削的稳定性较好。

习　　题

3.1　在普通车床上车外圆，若导轨存在扭曲，将使工件产生什么样的误差？

3.2　在镗床上镗孔，镗床主轴与工作台面有平行度误差时，问：

（1）当工作台作进给运动时，所加工的孔将产生什么误差？

（2）当主轴作进给运动时，所加工的孔将产生什么误差？

3.3　在立轴式六角车床上加工外圆时，为什么不水平装夹车刀而垂直装夹车刀（见图3.65）？

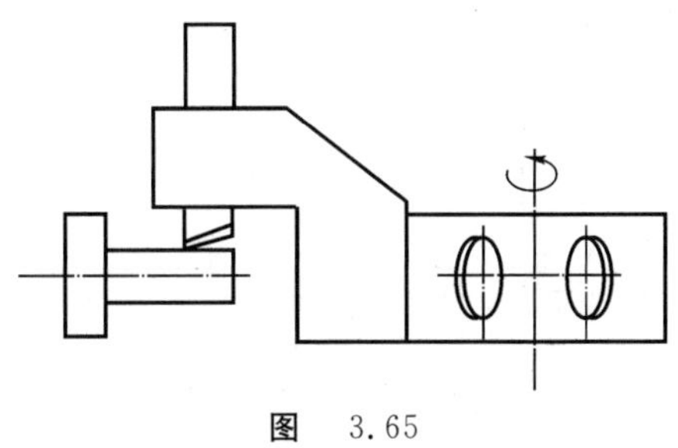

图　3.65

3.4　如图 3.65 所示，在立轴式六角车床上加工外圆，影响直径误差的因素中，导轨在垂直面内和水平面内的弯曲，哪项误差影响大？与普通车床比较有什么不同？为什么？

3.5　在磨床上磨外圆，常使用死顶尖，为什么？

3.6　在车床或磨床上加工相同尺寸及相同精度的内外圆柱面时，加工内圆表面的走刀次数往往较外圆多，为什么？

3.7　在卧式铣床上铣削键槽，经测量发现工件两端之槽深大于中间之槽深，且都比调整的深度尺寸小，为什么？

3.8　在车床上镗孔时，若刀具的直线进给运动和主轴回转运动均很准确，只是它们在水平面内或垂直面内不平行，试分析在只考虑工艺系统本身误差的条件下，加工后将造成什么样的形状误差。

3.9　在车床上车削一细长轴，加工前工件横截面有圆度误差，且床头刚度大于尾座刚度，试分析在只考虑工艺系统受力变形影响的条件下，一次走刀加工后工件的横向及纵向形状误差。

3.10　在车床上加工圆盘端面时，有时会出现图 3.66(a) 所示的圆锥面或图3.66(b) 所示的端面凸轮似的形状，试分析产生的原因。

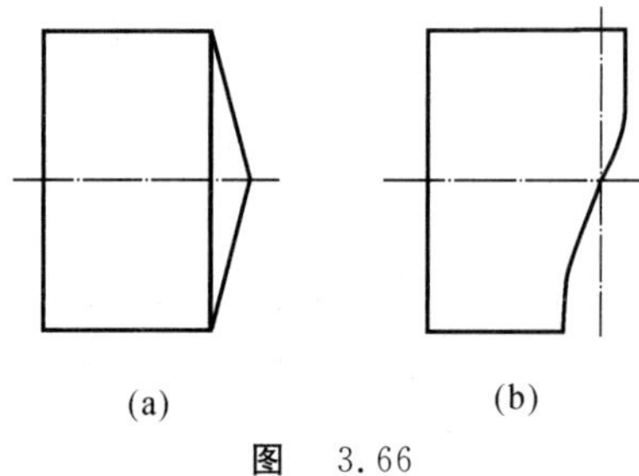

图　3.66

3.11　如图 3.67 所示，在车床上半精镗一工件上已钻出的斜孔，试分析在车床本身具有准确成形运动的条件下，一次走刀后能否消除原加工的内孔与端面的垂直度误差。为什么？

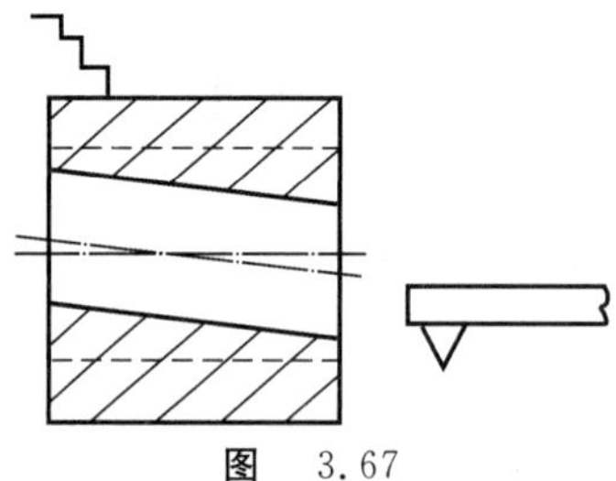

图　3.67

3.12　如图 3.68 所示，铸件的一个加工面上有一冒口未铲平，试分析加工后，该表面会产生什么误差。

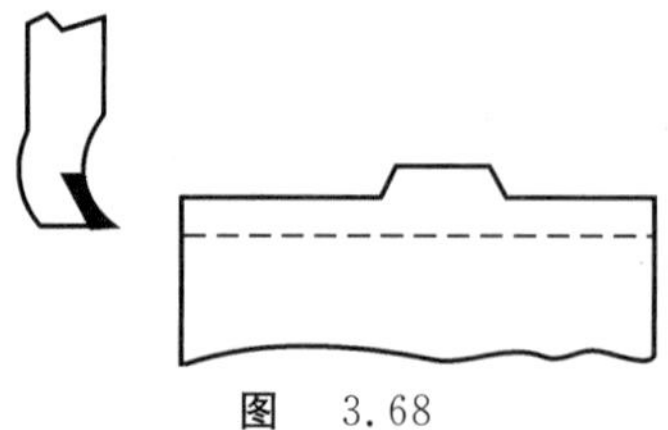

图　3.68

3.13　一个工艺系统，其误差复映因数为 0.25，工件在本工序前的圆度误差为 0.5 mm，为保证本工序 0.01 mm 的形状精度，本工序最少走刀次数是几次？

3.14　在车床上镗某零件内孔，尺寸要求 $\phi 19.97^{+0.06}_{0}$ mm，加工后测量一批工件之实际尺寸，经整理得到 $\sigma = 0.02$ mm，问：

(1) 加工后如 $\bar{x} = 20$ mm，试用分布曲线图标出合格部分与废品部分(包括可修复与不可修复废品两部分)；

(2) 如果把废品全部变为可修复废品，则 $\bar{x}$ 值为多少？并用分布曲线图表示之。

3.15　在无心磨床上加工一批小轴，其设计尺寸为 $\phi 30_{-0.06}^{0}$ mm，从中抽查 100 件，经计算 $\bar{x} = 29.98$ mm，呈正态分布，$\sigma = 0.01$ mm，试计算该工序的废品率并用分布曲线图表示之。

3.16　在普通镗床上镗箱壁两同心孔时，由于镗杆不能伸得太长，否则刚性不好，往往是镗一孔后，工作台转 180°，再镗另一侧的孔，结果两孔出现同轴度误差，试分析产生原因。

3.17　当加工工件平面时，若只考虑工艺系统受力变形的影响，试分析采用龙门刨床和牛头刨床加工，哪种方法可获得较高的形状和位置精度。为什么？

3.18　在内圆磨床上磨孔时，有时出现喇叭口形状，试分析其产生的原因。

3.19　在机械加工过程中，为什么会造成零件表面层物理-机械性能的改变？这些常见的物理-机械性能改变包括哪些方面？它们对产品质量有何影响？

3.20　机械加工时工件表面层产生残余应力的主要原因有哪些？试解释之。

3.21　什么叫夹心烧伤？其对零件使用性能有何影响？

3.22　磨削淬火钢零件时表面有时会产生裂纹，其主要原因是什么？应采取什么措施防止裂纹产生？

3.23　一块薄平板在加工时表面层产生拉应力，将零件从机床上拿下来后，平板会产生怎样的变形？应力如何重新分布？以图表示之。

3.24　在高温下工作的零件，表面层的冷作硬化层和残余应力对使用性能会产生怎样的影响？

3.25　喷丸和冷滚压零件表面后为什么能提高零件的疲劳强度？

3.26　在外圆磨床上磨削一个刚度较大的 20 号钢光轴，在磨削时工件表面温度曾升高到 850℃，磨削时用冷却液，问：工件冷却到室温(20℃)时，表面上会产生多大的残余应力？是压应力还是拉应力？(钢的线膨胀系数 $\alpha = 11.5 \times 10^{-6}$ ℃$^{-1}$，钢的弹性模量 $E = 2.1 \times 10^{11}$ Pa)

3.27　强迫振动有何特征？减小强迫振动有哪些措施？

3.28　试阐述切削加工中产生再生自激振动的机理。

第4章　机床夹具设计基础

4.1　机床夹具设计概述

在机械加工中，为完成需要的加工工序、装配工序及检验工序等，首先要将工件固定，使工件占有确定的位置，这种保证一批工件占有确定位置的装置，统称为夹具。例如，焊接过程中用的焊接夹具、检验中用的检验夹具、装配中用的装配夹具、机械加工中用的机床夹具等，这些都属于泛指的夹具范畴。

一、机床夹具的分类

夹具的种类和形式很多，一般按其应用范围可分为以下几种类型：

(1)通用夹具。它是指已经标准化的夹具。在通用机床上一般都附有通用夹具，如车床上的三爪或四爪卡盘、顶尖，铣床上的平口钳、分度头和回转工作台，等等。它们有较大的适用范围，无需调整或稍加调整就可以用来装夹不同的工件。这类夹具一般已标准化，由专业工厂生产，作为机床附件供给用户，通用夹具主要用于单件小批量生产，缺点是定位精度不高。

(2)专用夹具。专用夹具是针对某一种工件的某道工序而专门设计的，无需考虑它的通用性，但是需要专门设计制造，生产周期长，夹具成本高。当产品变更时，就不能再使用。专用夹具适用于产品固定的大批量生产中，这类夹具也是这章要研究的主要对象。

(3)可调整夹具。可调整夹具通过少量的零件更换或调节之后，使一套夹具可适用于多个工序并可多次重复使用。可调整夹具与专用夹具相比，可缩短生产准备周期，降低产品成本30%～50%。

可调整夹具由通用和可调整两部分组成。通用部分包括夹具体、动力装置、传动机构和操纵部件等，这部分长期安装在机床上(使用期内)。可调整部分包括定位件、夹紧件、导向件等。

(4)组合夹具。组合夹具是由一套预先准备好的各种不同形状、不同规格尺寸的标准元件与合件(规格化部件)所组成的。就像搭积木一样，可根据工件形状和工序要求装配成各种机床夹具。夹具用完后，将夹具拆开，经过清洗、油封后存放起来，待需要时再重新组装成其他夹具。这样标准元件不会因夹具取消而报废，标准元件的多次使用带来了明显的经济效益。

(5)随行夹具。这是一种在自动线或柔性制造系统中使用的夹具。工件安装在随行夹具上，除完成对工件的定位和夹紧外，还载着工件由输送装置送往各机床，并在各机床上被定位和夹紧。

专用夹具是针对某个具体工件的某一工序专门设计的，在实际生产中应用的专用夹具很多，分类方法也有多种，通常可以根据不同的工序特征进行分类，以便于研究和考虑夹具的构造形式。专用夹具可分为以下几种：

(1)车床类夹具，包括车床、内外圆磨床、螺纹磨床夹具，其特点是夹具与工件一起做旋转运动。

(2)铣床类夹具，包括铣床、刨床、平面磨床等夹具，其特点是夹具固定在机床工作台上，只作纵向、横向或回转送进运动。

(3)钻镗床类夹具：用于在钻床上进行钻、扩、铰等工序称为钻模，用于在镗床或车床上进行镗孔者称为镗模，其特点是夹具在机床上不动(固定或不固定)，由刀具完成送进运动。

(4)其他机床夹具，如拉削夹具、齿轮加工夹具等。

二、专用夹具的功用与组成

1. 专用夹具的功用

为了了解专用夹具的功用，先来分析一个实例。

如图 4.1 的油泵壳体，两轴承孔轴线相距(30±0.02)mm，且应和其基准端面垂直，一个轴承孔还要求与其基准外圆同轴线。对这些工序要求，如果在车床上采用通用夹具(四爪、卡盘、花盘等)或以找正法来安装工件，其位置精度要求难以保证。如果设计一个像图 4.1 所示的专用夹具，就可以方便而可靠地满足工序要求，而且使用方便，效率也高。该夹具是用定位件 1 和 2 来确定工件的正确位置，用压板 3 将工件夹紧在盘 8 上。当加工完第一孔后，松开压板 6，拔出分度销 4，将工件与盘 8 一起绕轴 7 回转 180°，再将分度销 4 插入本体 5 的另一孔中，并用压板 6 重新夹紧后，即可加工第二个孔。

由上述可以看出，专用夹具的主要功用有以下几种：

(1)保证加工质量。机床夹具的首要任务是保证加工精度，特别是保证被加工工件的加工面与定位面之间以及被加工表面相互之间的尺寸精度和位置精度。也就是夹具所能保证的主要是位置尺寸和表面的相互位置精度。如图 4.1 中两孔间距离，使用夹具后，这种精度主要靠夹具和机床来保证，不再依赖于工人的技术水平。

(2)提高劳动生产率、降低成本。使用夹具后可减少划线、找正等辅助时间，而且易于实现多件、多工位加工。在现代夹具中，广泛采用气动、液压等机动夹紧等装置，还可使辅助时间进一步减小。

(3)扩大机床工艺范围。在机床上使用夹具可使加工变得方便，并可扩大机床的工艺范围。例如在车床或钻床上使用镗模，可以代替镗床镗孔。又例如使用靠模夹具，可在车床或铣床上进行仿形加工。

(4)改善工人劳动条件。使用夹具后，可使装卸工件方便、省力、安全。如采用气动、液压等机动夹紧装置，可以大大减轻工人劳动强度。

2. 专用夹具的组成

通过对图 4.1 所示夹具的分析，可以看到组成专用夹具的各基本元件在夹具中所起的作用各不相同。下面分析专用夹具的各部分组成。

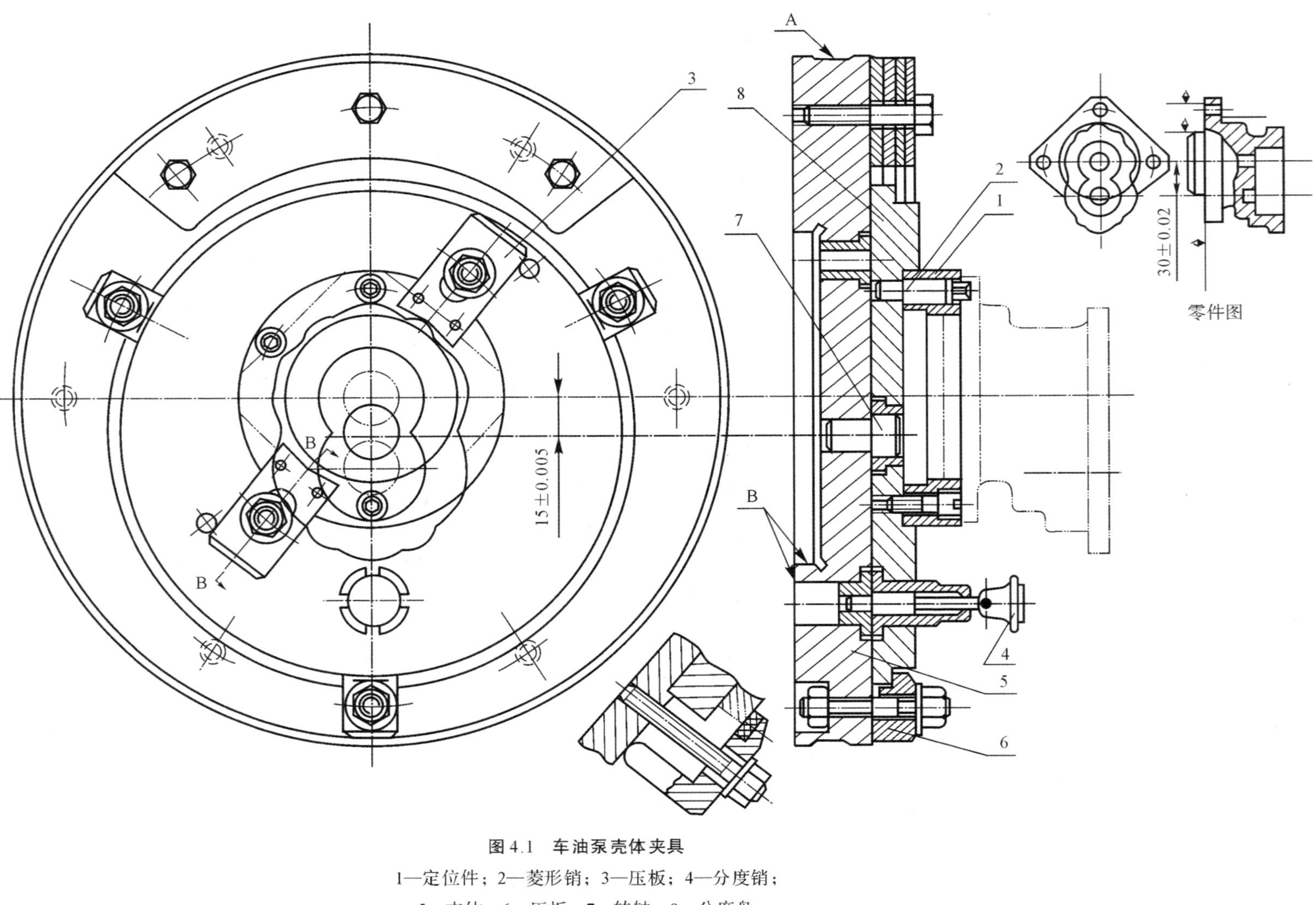

图 4.1 车油泵壳体夹具

1—定位件；2—菱形销；3—压板；4—分度销；5—本体；6—压板；7—转轴；8—分度盘

(1)定位件。它包括定位件或元件的组合,其作用是确定工件在夹具中的位置,如图 4.1 中的定位衬套及菱形销。

(2)夹紧件。它包括夹紧元件或其组合以及动力源,其作用是将工件压紧夹牢,保证工件在定位时所占据的位置在加工过程中不会因受力而产生位移,同时防止或减少振动,如图 4.1 中的压板 3。

(3)导向、对刀元件。这类元件用于引导刀具或确定刀具与被加工面之间的正确位置,如铣床夹具上的对刀块,钻床夹具上的钻套。

(4)连接元件。这类元件用于确定夹具本身在机床的工作台或主轴上的位置,例如夹具与机床工作台连接的定向键,或与机床主轴(车床、磨床)连接的锥柄等。

(5)夹具体。它是夹具的基座和骨架,用来连接或固定夹具上各元件,使之成为一个整体。

(6)其他装置和元件。这类装置或元件主要有分度装置、靠模装置、顶出器等。

在上述组成部分中,定位件、夹紧件和夹具体是必需的,其他不是所有夹具都需要的。

三、设计专用夹具的依据和主要原则

1.设计专用夹具的依据

夹具设计人员在接受夹具设计任务书之后,应作好以下几项工作:

(1)研究被加工工件的工序图与工艺规程,着重了解本工序的工序尺寸、精度要求、工件的材料和生产批量。

(2)研究本工序的定位基准(工艺人员已确定)以及该基准与工序基准的关系,以便确定定位方法。

(3)使用该夹具的机床规格与状况。

(4)夹具制造车间的技术水平。

(5)检索类似夹具的有关资料。

2.设计夹具时应遵循的主要原则

夹具设计人员在设计夹具应遵循下述几项原则:

(1)结构简单。结构复杂的夹具往往并非是最好的夹具,相反只能增加夹具的制造成本,应在保证加工精度和生产率的条件下,使夹具的结构尽可能简单。

(2)采用标准夹具元件。采用标准夹具元件可有效地缩短夹具制造周期和减少夹具的制造成本,并能保证夹具质量,设计时尽可能选择标准件。

(3)减少夹具元件的热处理与精加工工序。夹具元件除配合面、耐磨面需要进行热处理与精加工外,其他非配合面以及与保证夹具精度无关的元件与表面,都不应提出这类要求,以减少制造成本和缩短制造周期。

(4)合理选取夹具的公差。夹具上的公差通常取工件公差的 1/5～1/3,工件公差大者取下限,工件公差小者取上限。

(5)简化设计图纸。绘图工作量的大小直接影响夹具的设计费用,夹具图纸上应省略不必要的投影与说明,以符号(形位公差)代替文字说明。

4.2　工件的定位原理、定位方法和定位设计

一、工件的定位原理

1. 定位基本原理

任何一个工件在夹具中未定位之前，都可以看成是空间直角坐标系中的自由物体，任何一个自由物体，都有6个活动的可能性，即在直角坐标系中，沿 X，Y，Z 三个坐标轴的移动，及绕 X，Y，Z 三个坐标轴的转动，这通常称为空间自由物体的6个自由度，要使工件在某个方向上有确定的位置，就必须限制工件在该方向的自由度，当6个自由度完全被限制后，工件在空间的位置就被确定了，在分析工件定位时，通常是用1个支撑点限制工件的1个自由度。

用合理分布的6个支撑点限制工件的6个自由度，使工件在夹具中的位置完全确定，这就是通常说的“六点定则”。

下述通过一个例子，来进一步说明“六点定则”的道理。

如图4.2(a)所示，如果在这长方体的底部有3个支撑点与其接触，那么便限制了长方体沿 Z 轴的移动和绕 X 轴与 Y 轴的转动。在其侧面若有两个支撑点与其接触，则限制了它沿 X 轴的移动和 Z 轴的转动。若在端面再有一点与其接触，那么长方体的最后一个自由度，即沿 Y 轴的移动也被限制了。如果将坐标轴移到夹具上，即在上述例子中，长方体是被加工工件，其支撑点是夹具上的支撑销钉，如图4.2(b)所示，那么被加工工件相对于夹具上的位置也就完全被限制了，即工件在夹具中已完全定位。

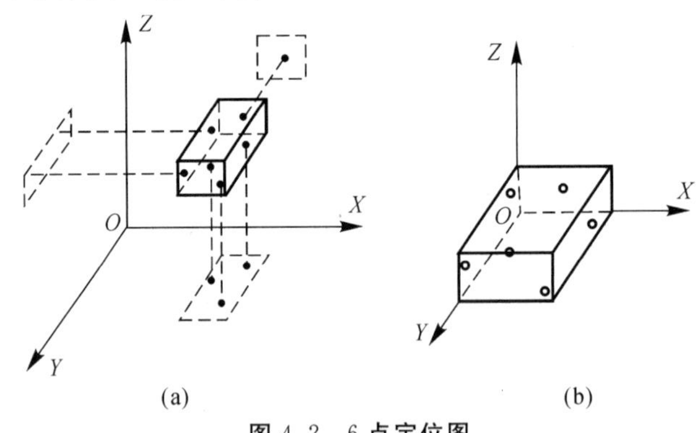

图4.2　6点定位图

(a)物体空间自由度；(b)在夹具上定位

在分析支撑点限制工件在空间的自由度时，要注意下面两点：

(1)支撑点限制工件自由度的作用，就是支撑点与工件的定位基准始终保持紧密贴合接触，如果两者脱离，就表示支撑点失去了限制工件自由度的作用。

(2)在分析定位支撑点起定位作用时，不应考虑力的影响。

工件在某一方向上的自由度被限制，是指工件在该方向上有了确定的位置，并不是指工件在受到使工件脱离支撑点的外力时不能运动，使工件在外力作用下不运动是夹紧的任务，要特别注意定位和夹紧是两个不同的概念。

工件定位是指保证同一批工件先后放在夹具中都占有一致的正确加工位置。

夹紧是指工件定位后，使工件在切削力、自身重力、惯性力、离心力等作用下，不破坏工件已确定的位置，这个过程就是夹紧。先定位，后夹紧。

通过上面的分析，可以把定位基本原则归纳为以下几点：

(1)工件在夹具中的定位，可以转化成为空间直角坐标系中，用定位支撑点限制工件自由度的方式来分析。

(2)工件在定位时应该被限制的自由度数目，完全由工件在该工序的加工技术要求所确定(原始尺寸的数量及方向分布)。

(3)1 个定位支撑点只能限制工件 1 个自由度，因此，工件在夹具中定位时，所用定位支撑点的数目，充其量也不多于 6 个。

(4)每个定位支撑点所限制的自由度，原则上不允许重复或互相矛盾。

2. 应用定位基本原则时应注意的问题

(1)完全定位与不完全定位。工件的 6 个自由度全部被限制而在空间占有完全确定的唯一位置——完全定位。将工件应限制的自由度(并不是 6 个)加以限制而使工件在空间占有确定的位置——不完全定位。需要指出的是，采用完全定位或不完全定位，主要是由工序的技术要求所决定的，不能理解为不完全定位要比完全定位差。下述通过实例来理解这两个概念。

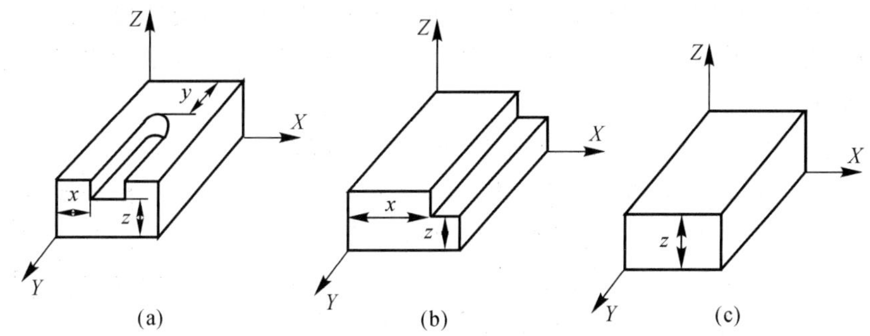

图 4.3　几个工序需要限制的自由度

(a)铣不通的槽；(b)铣通槽；(c)铣平面

图 4.3(a)是在一个长方体的工序上，铣一个不通的槽，从图上可以看出在 X，Y，Z 3 个轴上均有尺寸要求，现在来分析限制的自由度。

为了保证尺寸 z，应限制 $\overset{\frown}{X}$，$\overset{\frown}{Y}$，$\overrightarrow{Z}$ 3 个自由度；

为了保证尺寸 x，应限制 $\overrightarrow{X}$，$\overset{\frown}{Z}$ 2 个自由度；

为了保证尺寸 y，应限制 $\overrightarrow{Y}$ 一个自由度。

那么在加工这个工件时，应限制 6 个自由度(完全定位)。

图 4.3(b)在 Y 轴上无尺寸要求，可以不限制 $\overrightarrow{Y}$，由图 4.3(a)分析中可以看出，只需限制 $\overrightarrow{X}$，$\overrightarrow{Z}$，$\overset{\frown}{X}$，$\overset{\frown}{Y}$，$\overset{\frown}{Z}$ 5 个自由度，就可保证加工要求(不完全定位)。

图 4.3(c)是在 Z 轴上有尺寸要求，只须限制 3 个自由度，即可保证加工要求，即 $\overrightarrow{Z}$，$\overset{\frown}{X}$，$\overset{\frown}{Y}$ 3 个自由度(不完全定位)。

由此可以看到，对工件自由度的限制，最多是 6 个，除磨滚珠等特殊工序外，一般不少于3 个。

实际上,夹具是用各种形式的定位件来限制工件自由度的。如定位板、定位衬套、圆柱销、V形块及其他定位装置等,它们各起几个定位支撑点的作用,并不像上例那么直观明显,必须从它所能限制自由度的作用去分析。现以图 4.1 所示的夹具为例来分析:夹具定位件 1 的端面和工件的基准端面(精基准)接触后,就相当于该定位件用了 3 个支撑点,限制了工件的 3 个自由度。工件的圆凸台(基准外圆)放在定位件 1 的孔内,该定位孔就相当于用 2 个支撑点限制了工件 2 个自由度。夹具又用菱形销 2 插入工件凸缘上的小孔中,这又限制了工件绕其轴线转动的 1 个自由度。这样就完全把工件的 6 个自由度限制了,达到正确限定工件位置的目的,也符合"六点定则"。

通过上面的实例可以看出,在确定必须限制的自由度数目时,应先研究工序的要求及定位基准的分布情况,要明确原始尺寸的数目和方向。

(2)欠定位与过定位。这两种定位都是违反定位原则而造成的非正常定位情况。

1)欠定位。定位点少于应消除的自由度数目,按工序的加工要求,实际上某些应该消除的自由度没有消除,工件定位不足,称为欠定位。

如图 4.3(a)所示,本应该限制 6 个自由度,如果端面的支撑点不存在,那么就无法保证尺寸 y。

由此可知,在确定工件在夹具中的定位方案时,决不允许发生欠定位错误。

2)过定位(重复定位)。在具体选择定位方案时,往往会出现这样的情况,即某一个定位件有限制工件某个自由度的作用,而另一个定位件也有限制同一个自由度的能力。如果某个自由度被限制了两次或两次以上,则称为过定位(重复定位)。过定位会造成工件定位的不确定性,甚至会使工件或定位件产生严重变形。在一般情况下,过定位是应该避免的。下面举例来说明过定位问题。

图 4.4 为连杆在加工时的定位情况。连杆以内孔和端面作定位基准,若用长圆柱销和平板作定位件来实现定位,如图 4.4(a)所示,则该连杆绕 X 和 Y 轴转动的自由度都被重复限制着。在此情况下,如果连杆的孔和端面不垂直,在夹紧力 P 的作用下,连杆就会产生变形,或者使夹具上的定位销歪斜。这就是过定位的弊端。如果夹具改用短圆柱销,如图 4.4(b)所示,则由于短圆销与工件基准孔接触面缩短,$\widehat{X}$ 和 $\widehat{Y}$ 这两个自由度仅由定位平板来限制,过定位就避免了。

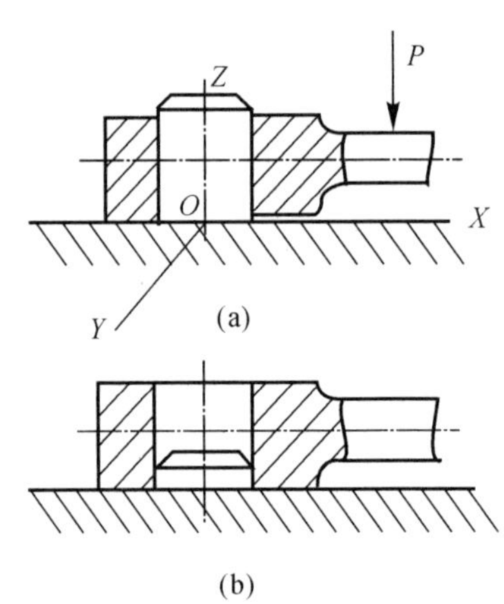

图 4.4 过定位示例一

(a)长销钉过定位;(b)短销钉不过定位

图 4.5 的工件是个衬套,要求加工右端面,保证尺寸 C。如果夹具定位件同时采用两个端面和工件两个基准面 A,B 相接触来定位,如图 4.5(a)所示,那么沿尺寸 C 方向上移动的自由度则被重复限制了两次,这也是过定位。由于在一批工件中,各工件的端面 A 与 B 之间的距离尺寸不可能完全一样,必然有某些工件会产生图 4.5(b)的情况,这就直接影响了尺寸 C 的精度。若按图4.5(c)所示的方法定位,只让定位件的一个端面和工件的 B 面相接触,这就可以避免过定位的产生。

从上述两个例子可以看出,过定位会产生下列不良后果:①可能使定位变得不稳定而使定位精度下降。②可能使工件或定位元件受力后产生变形。③导致部分工件不能顺利地与定位件配合,即可能阻碍工件装入夹具中。

过定位造成的不良后果取决于定位基准与定位表面的误差大小,误差越大,造成的不良后果越严重。

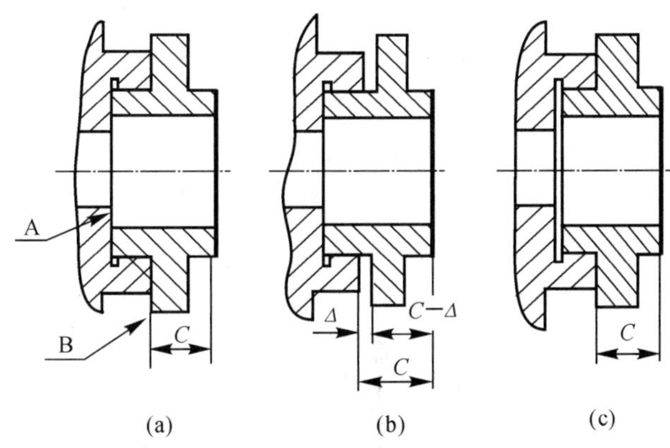

图 4.5　过定位示例二

(a)两端面过定位；(b)过定位影响尺寸精度；(c)一端面定位

在某些情况下，过定位不仅是允许的，而且还会带来一定的好处，特别在精加工和装配中，过定位有时是必要的。例如在加工长轴时，为了增强刚性、减少加工变形，也常常采用过定位的定位法，即将长轴的一端用三爪卡盘定心夹紧，而另一端又用尾顶尖顶住，这样就在限制长轴两个转动自由度(工件绕横、竖两个坐标轴的转动)上产生过定位。只要事先适当提高该长轴基准外圆与顶尖孔的同轴度，调整车床尾座和修整好三爪卡盘(减小其同轴度误差)，就可以大大减轻过定位带来的不利因素，从而获得增加支撑刚性、提高加工精度的效果。

"过定位的定位法"还有用作提高定位精度(如多孔定位、叶片型面的精密定位和全型面定位等)、减小切削变形、阻尼振动、均衡误差和其他目的方面的。图 4.6 所示为某机匣在车床夹具中安装以加工内腔的实例。

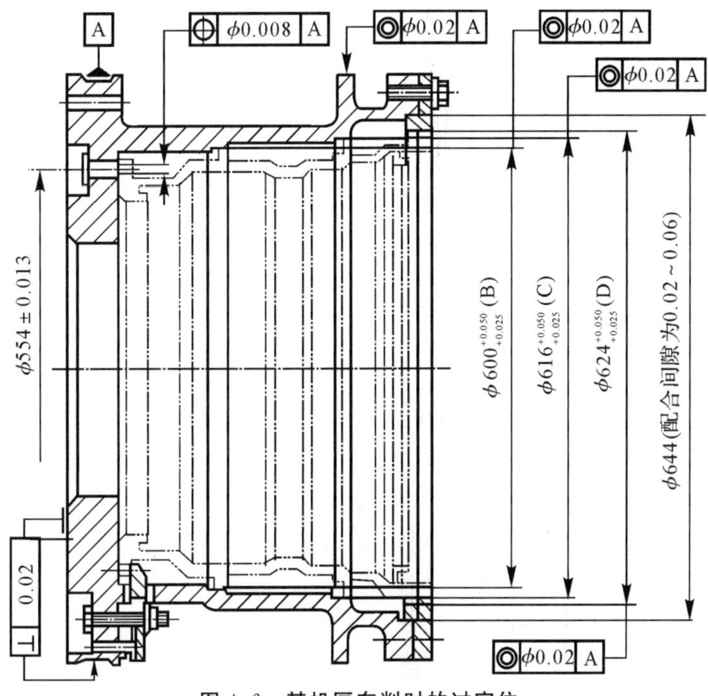

图 4.6　某机匣车削时的过定位

工件先以左端面和其上的 8 个 $\phi 8^{+0.03}_{0}$ mm 孔作定位基准(该孔共 16 个,在组装时作为装配基准),放置在夹具端平面和相应的 8 个 $\phi 8^{-0.01}_{-0.016}$ mm 圆销上实现定位,限制着工件的 5 个自由度(因 8 个基准孔和定位销都是沿圆周均布的,所以工件绕自身轴线回转的自由度未被限制)。这种定位法无疑是过定位,但由于定位销的位置度允差很小(不大于 0.007 mm),8 个基准孔的位置度也较高,它们之间的配合又适当,所以不但免除了过定位的原有弊病,而且获得了定位精度高、接合刚度好、制造也容易、装卸亦方便的良好效果。这是采用大圆台或两个小销等别的定位法所不能相比的。该工件在用上述方法定位之后(随之可用压板进行夹紧),为了增强刚度,再从右端以外圆 D 为基准套上支撑定位环,该环与上述的 8 个定位销又出现了过定位问题,也由于它们之间的同轴度较好,加上工件的刚性较强,所以也不会产生过定位的弊病。由于对工件支撑刚性的加强,有利于获得好的加工质量。该工件还有两处外圆 B,C 与夹具也有配合要求,但其间的间隙较大,它除了有助于安装工件外,还有限制工件受力变形甚至阻尼振动的作用。这几种“过定位法”,在许多大型薄壁精密件的加工中应用得很有成效。尤其是多孔定位,不但在夹具上,而且在产品装配、零件设计时也都作为成组的基准来使用。

二、定位方法、定位元件和定位误差

工件的形状虽然千变万化,但其定位基准面一般不外乎下面几种:平面、外圆柱面、圆柱孔、圆锥孔、外圆锥面、型面等。对于各种形状的表面可以用不同的方法来实现定位。这部分主要是利用前面介绍过的定位原理来正确地选择定位方法、定位元件和分析、计算定位误差,这些都是夹具设计的主要内容。

由于工件不是直接安放在夹具体上,而是安装在定位元件上,工件与定位元件要直接接触,因此,定位元件应满足以下基本要求:

(1)定位元件应有较高的精度,以保证定位精度。定位元件的制造公差,一般为工件相应公差的 1/2～1/5。

(2)定位元件的工作表面必须具有较高的硬度和耐磨性。定位元件经常与工件接触或配合,容易磨损,从而降低定位精度。定位元件一般用 20 号钢、20Cr,经渗碳淬火处理,渗碳层深度为 0.8～1.2 mm,淬火后硬度为 HRC50～60。或用 45 号钢,淬硬至 HRC45～50。

(3)定位元件应有足够的刚度和强度。在工件重力、夹紧力、切削力的作用下,定位元件可能发生较大的变形,从而影响加工精度,或因强度不够而损坏定位元件。

(4)定位元件要有良好的工艺性。定位元件要易于制造、装配方便、易修理等。

1. 工件以平面定位

(1)平面定位的定位方法。工件以平面为基准定位时,常用支撑销钉或定位平板作定位件来实现定位,但具体使用时究竟选择哪种定位件,要视基准表面的质量而定。通常把平面定位基准分成未经机械加工的和已经机械加工的两类。对于已经机械加工的平面,虽然其表面的粗糙度有差异,但数值上相差很小,对于定位方法的选择和定位件设计不会引起原则性的区别。现就两类不同平面的定位问题分析如下:

1)工件以未经机械加工的平面定位。未经机械加工的平面,一般是指锻、铸后作了喷砂、酸洗或转筒清理之后的毛坯上的平面,其表面不平度较大。在较复杂零件的第一道加工工序中,往往就用未经机械加工的平面定位,此时如果定位表面(定位件的工作表面)也是平面,则其接触部分可能只有 3 个点，而且这 3 个点的位置对每一个工件来说都不一样，可能 3 个点集中在基准面的一边，也可能 3 个点分散在基准面的各边。因此这 3 个点所构成的支撑三角形大小不一，位置不一，这样就使得定位不稳定。如果夹紧力和切削力落在支撑三角形以外，就会造成接触点改变，使工件在夹紧或加工过程中发生错动。为了使 3 个接触点合理地分布，构成的支撑三角形足够大且稳定，应采用 3 个支撑点来定位。图 4.7 就是用 3 个支撑钉作定位件的情况。

用 3 个点支撑方法定位，在两种情况下是不合适的：①基准表面很窄，此时很难安排出合适的支撑三角形，如图 4.8(a)所示；②工件刚性不足，夹紧力和切削力又不可能恰好作用在支撑点上，采用 3 个点支撑会造成很大的工件变形，图 4.8(b)所示是在一个薄板上钻孔的情况，此时若采用 3 个点支撑将是错误的。

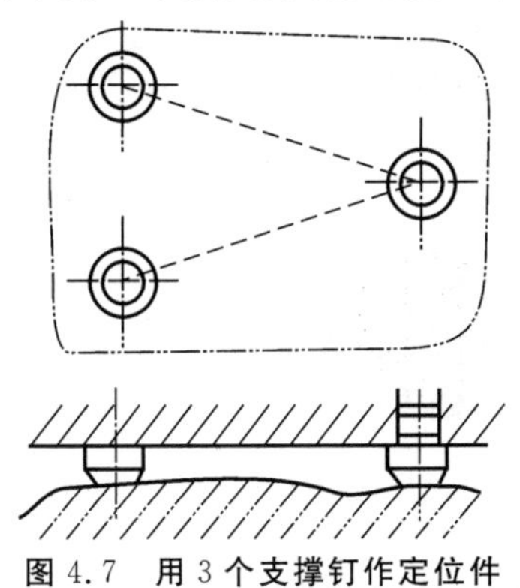

图 4.7　用 3 个支撑钉作定位件

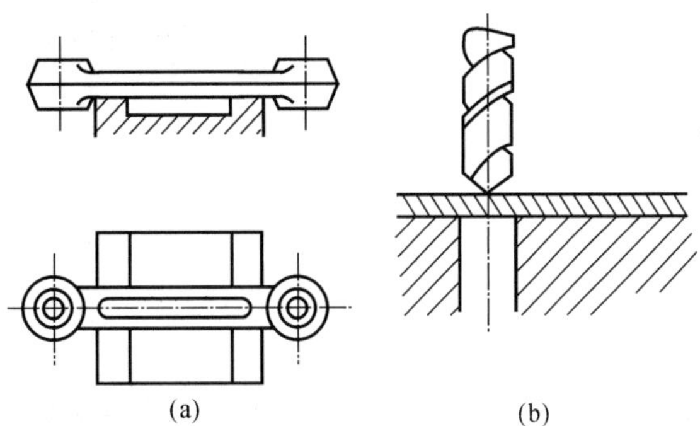

图 4.8　不宜用 3 个点支撑方法定位的情况

(a)窄平面；(b)低刚性

2)工件以已经机械加工的平面定位。工件的基准平面经过机械加工后误差较小，可以直接放在平面上定位。但为了提高定位的稳定性，对于刚度较大、定位基准的表面粗糙度较低、轮廓尺寸又大于 50 mm 的工件，应将定位平面的中间部分挖低一些，如图 4.9(b)所示。这是因为加工平面时最容易发生中间部分凸出的情况，而这对平面定位的稳定性和定位精度都是不利的。对于刚性较差或定位基准的表面粗糙度、平面度都较好的工件，定位基准与定位平面的接触面积可以大些，但为了便于排屑，定位平面上也往往开有若干窄的小槽。图 4.9(a)所示定位平面的轮廓尺寸应该小于基准面的轮廓尺寸，否则经过长期磨损之后，定位平面上将出现不平的痕迹，以后别的工件定位时，可能因此造成倾斜，影响定位精度，如图 4.9(c)所示。

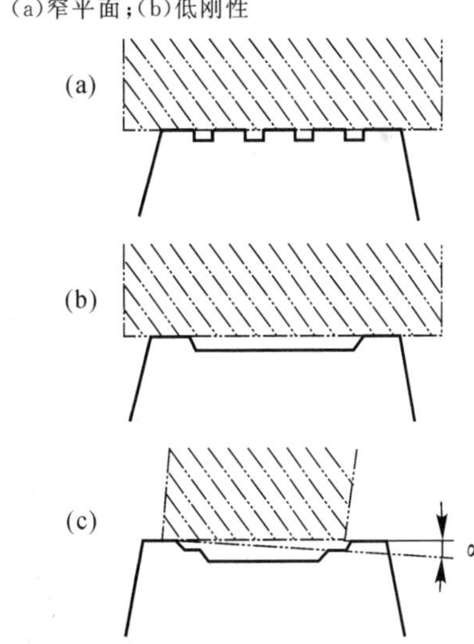

图 4.9　工件以已经机械加工的平面定位

(a)小的定位平面；(b)中凹定位平面；(c)大的定位平面

(2)平面定位的定位件。工件以平面为基准定位时，常用的定位件是支撑钉和支撑板。下述分析介绍平面定位件的构造特点。

1)固定支撑。图 4.10(a)是平头支撑钉，它与定位基准之间的接触面大，压强小，可避免压坏定位基面，这种支撑钉用于已加工过的平面。另外在夹具装配时，应将几个支撑钉的顶面在平面磨床上一次同时磨出，使支撑面保持在同一平面内。

图 4.10(b)是圆头支撑钉，用于未加工的粗糙平面定位，它与定位基准面为点接触，可保证接触点位置的相对稳定，但接触面积小，易磨损。

图 4.10(c)是花纹顶面支撑钉，它能增大与定位基面间的摩擦，防止工件移动，但槽中易积切屑，不宜用作光洁平面或水平方向的定位支撑，常用于工件以未加工的侧面定位。

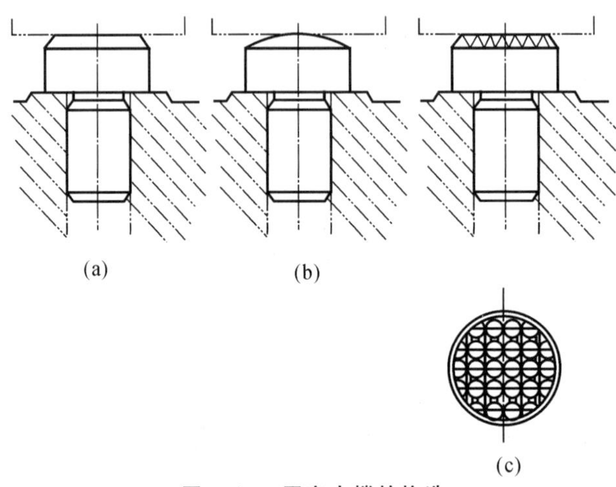

图 4.10 固定支撑的构造

(a)平头支撑钉；(b)圆头支撑钉；(c)花纹面支撑钉

以上 3 种支撑钉都已经标准化了，选用时可查阅有关手册。固定支撑钉可以直接装在夹具体的孔中，与孔的配合为过渡配合(H7/n6)或过盈配合(H7/r6)。夹具体上装配支撑钉的表面应稍高起 2～5 mm，以减少加工面，并把各个凸出面一次加工成一个平面。为了使固定支撑在磨损后容易取出，通常把装固定支撑的孔做成通孔。

2)支撑板。图 4.11 所示是支撑板，它的结构简单，易于制造，支撑板可用两个或 3 个螺钉固定在本体上。为了提高定位板的稳定性，可加圆柱销定位，使支撑板不致因受力而滑动。

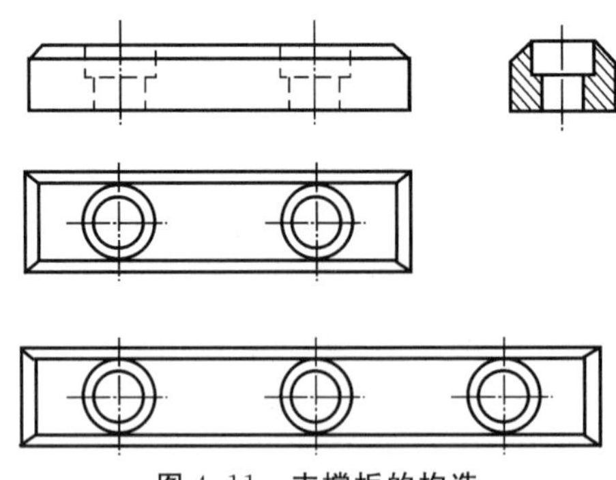

图 4.11 支撑板的构造

支撑板最好是紧固在夹具体的凸出表面上，以减少凸出表面的加工面积。为了使所有定位表面能保持在同一平面上，支撑板上要留有 0.2～0.3 mm 的磨削余量，装配后可将支撑板磨到要求的尺寸，保证各支撑板在同一水平面上。

通过上述分析可以看出，支撑钉一般用于较小的定位基准面，支撑板用于较大的已加工的定位基准面。

3)可调支撑。当要求支撑的高度尺寸可以调整时，就可采用图 4.12 所示的可调支撑，可调支撑主要用于毛坯质量不高，而又以粗基准定位时。

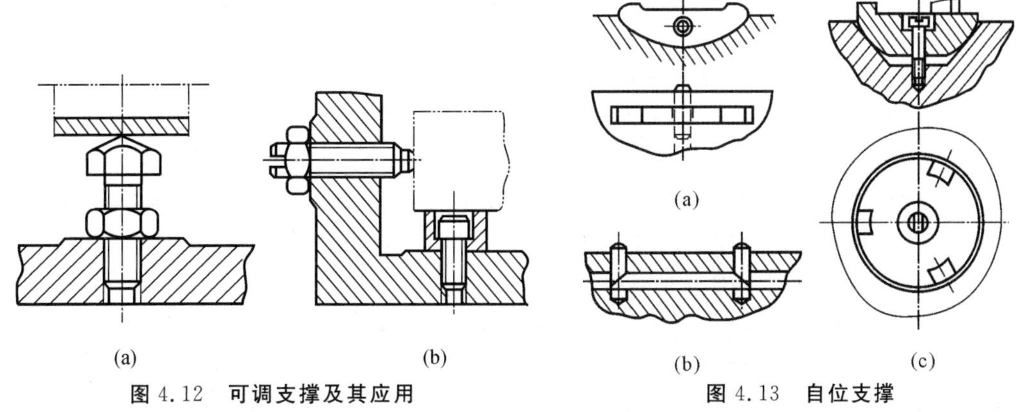

图 4.12　可调支撑及其应用

(a)上下可调；(b)左右可调

图 4.13　自位支撑

(a)铰链两点式；(b)杠杆两点式；(c)三点式

图 4.12(a)用扳手拧动的可调结构，适用于较重工件的定位。图 4.12(b)用于侧面调节。

应该注意的是，可调支撑在一批工件加工前调整一次，在同一批工件加工中，其作用相当于固定支撑。所以可调支撑在调整后，都需要用锁紧螺母锁紧，防止其位置变化。

4)自位支撑。对于尺寸大而刚性差的工件，若采用三点支撑，其单位压力很大，工件的变形严重。如果再增多支撑点，势必造成过定位，因此要采用自位支撑。具有若干个活动工作点的支撑叫自位支撑。

图 4.13 所示即为两点式和三点式自位支撑。这些工作点间的联系是这样的：加于任一点的力，除使此点下降外，还同时迫使其他点上升，直到这些点都与基准面接触为止。自位支撑，相当于一个支撑，限制一个自由度。自位支撑适用于尺寸大而刚性差的工件。

(3)工件以台阶面定位及辅助支撑件的使用。工件以台阶面定位是指工件的定位基准为两平行的平面。

当两平行平面的距离 H 与工件宽度 L 相比很大时，定位时会产生很大的倾斜，定位不稳定，不宜用这种方法，如图 4.14(a)所示。只有当 H 与 L 相差很小时，才可用这种方法，如图 4.14(b)所示。

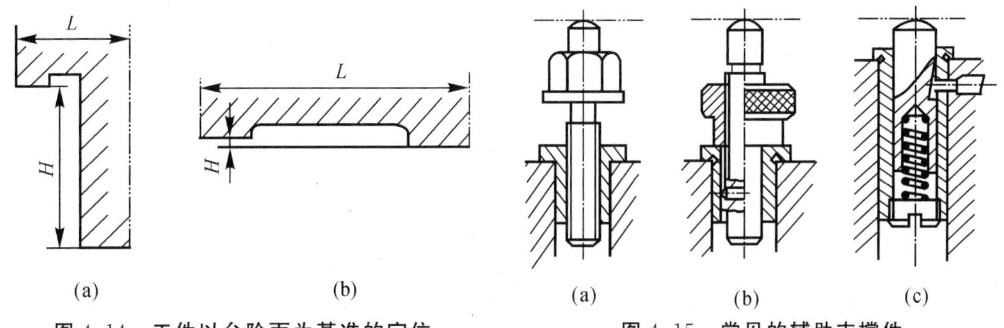

图 4.14　工件以台阶面为基准的定位

(a)不宜用台阶面；(b)宜用台阶面

图 4.15　常见的辅助支撑件

(a)旋转式；(b)平移式；(c)弹簧式

对于不宜采用台阶面定位的工件，应将两平面中较大的一个平面或靠近加工表面的一个平面作为定位基准，另一个平面则使用一种活动的支撑元件——辅助支撑件支撑。

辅助支撑件是工件定位好后才参与支撑的，它可以提高工件的支撑刚度，利于定位的稳定。但该辅助支撑件并不起定位作用，它的作用只是增加工件的稳定性，防止工件在切削力的作用下发生变形或振动。

图 4.15 是几种常见的辅助支撑件，都已经标准化了，设计夹具时可按标准选用。

使用辅助支撑时，必须对每个工件的加工都进行调节，每当一个工件加工完毕后，一定要把辅助支撑退回到适当位置，以保证不干涉下一个工件的定位。

(4)平面定位的定位误差。当工件在夹具上定位时，总希望能准确地把它放在规定的加工位置上。但是由于定位基准和定位元件的不准确，以及它们之间的配合间隙等，要做到绝对准确是不可能的，总会产生一些位移。把工件定位基准对其规定位置的最大可能位移量称作定位误差。该定位误差只是在原始尺寸方向上对工件的原始尺寸产生影响，所以在计算时，应取定位误差在原始尺寸方向上的投影值。

工件以平面作定位基准时，定位误差的大小主要取决于工件上定位基准平面的质量，以及对规定位置的尺寸公差位置精度。在一般情况下，当工件用精基准平面作定位基准时，该基准与定位平面接触良好，其定位误差甚小，可以忽略不计。当工件用粗基准(毛坯面)来定位时，其定位误差虽然不小，但由于工序尺寸公差很大，后续工序的余量也很多，计算定位误差的意义不大，所以都不作计算，也就是采用平面定位时的定位误差等于零。

2. 工件以外圆柱面定位

工件以外圆柱面为基准在夹具中定位时，应力求使其轴线处于规定的位置上。常见的定位方法有圆柱孔定位、半孔定位、V 形块定位和自动定心装置定位等。

(1)用圆柱孔定位。

1)定位方法和定位件构造。用圆柱孔定位是一种常用的定位方法，定位时把工件的定位基准——外圆柱面(轴)直接放入定位孔中，即可现实定位。

用孔定位时，往往与其端面配合使用。当工件的端面较大时，定位孔应做得短一些，以免造成过定位。定位孔较短，与工件基准面的配合长度较短，可以限制工件的两个自由度(沿工件半径方向的两个移动)，相当于两个定位支撑点，定位件的大端面限制了工件的三个自由度($\vec{X}$,$\overset{\frown}{Z}$,$\overset{\frown}{Y}$)。如果定位孔较长时，与工件基准面的配合长度较长，可以限制工件的$\vec{Y}$,$\vec{Z}$ 和 $\overset{\frown}{Y}$,$\overset{\frown}{Z}$ 4 个自由度，相当于 4 个定位支撑点。

定位件常做成套筒形式，如图 4.16 所示。定位衬套的材料常用 20 号钢，经过渗碳淬火，硬度可达 HRC55～60。小衬套用过盈配合 H7/s6，H7/r6，压入本体；大衬套则用过渡配合 H7/k6，H7/js6 装入本体后再用螺钉固定。

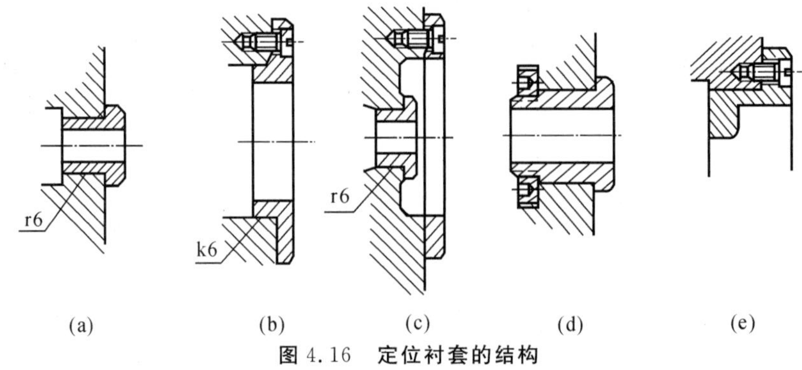

(a) (b) (c) (d) (e)

图 4.16 定位衬套的结构

(a)小衬套压入；(b)大衬套螺钉压紧；(c)小衬套＋大平面；(d)小衬套拉紧；(e)大衬套＋端面压紧

2)定位误差分析。用圆柱孔定位时，为了使工件装卸容易，保证一批工件能顺利放入定位衬套中,工件的基准面(轴)与定位孔之间,必须满足最小的孔必须大于最大的轴的要求。

而定位误差就是工件基准轴线对其规定位置的最大位移量。很显然,工件以外圆柱面作为定位基准,用孔作为定位件时,其定位误差就等于轴(工件)与孔(定位件)之间最大配合间隙。

假设以 a 表示基准轴的公差,$a_{定}$ 表示定位孔的公差,Δ 表示两者配合的最小间隙(也就是定位孔的下偏差),那么定位误差就是

$$\delta_{定位}=a+\Delta+a_{定} \tag{4.1}$$

例如工件的基准轴是 $\phi60_{-0.02}^{\ 0}$ mm,在 $\phi60_{+0.010}^{+0.040}$ mm 的定位孔中定位时有

$$\delta_{定位}=a+\Delta+a_{定}=0.02+0.01+(0.04-0.01)=0.06\ \text{mm}$$

3)定位孔极限尺寸的确定。由前面讲的情况可以知道,用圆柱孔定位的情况与一般机械中轴与孔的配合定位相似,所以在确定定位孔的极限尺寸时,可根据工件定位基准的基本尺寸,按公差标准中基轴制的规定,选择间隙配合 G7 或 F8。也就是说,定位孔的基本尺寸应等于工件基准外圆的最大尺寸,公差 G7,F8 选择。

例 4.1　工件定位基准尺寸是 $\phi60_{-0.0019}^{\ 0}$ mm,要确定的定位孔尺寸是多少?

定位孔的基本尺寸是 $\phi60$ mm,按 G7 选,则定位孔尺寸是 $\phi60_{+0.010}^{+0.040}$ mm,其定位误差

$$\delta_{定位}=a+\Delta+a_{定}=0.019+0.010+(0.040-0.010)=0.059\ \text{mm}$$

例 4.2　工件定位基准尺寸是 $\phi60_{+0.041}^{+0.060}$ mm,要确定的定位孔尺寸是多少?

定位孔的基本尺寸是 60+0.060=60.060 mm,按 G7 选,则定位孔为 $\phi60.06_{+0.010}^{+0.040}$ mm,其定位误差

$$\delta_{定位}=a+\Delta+a_{定}=(0.060-0.041)+0.01+(0.04-0.01)=0.059\ \text{mm}$$

4)圆孔定位时防止工件倾斜的措施。由于轴和孔之间有一定的间隙,所以基准轴线不但可以对规定轴线平行移动,而且也可能发生倾斜,通常解决的方法是采用与基准相连接的端面作支靠,如图 4.17 所示。一般端面与基准圆柱面在同一次安装中加工,它们之间的垂直度很高,当工件定位夹紧后,基准轴线对定位孔的平行度将必然得到保证。在利用端面作支靠时,应注意两端面贴靠部分的面积和定位孔长度之间的关系,当定位孔较长时,贴靠面积应小些,避免产生过定位。

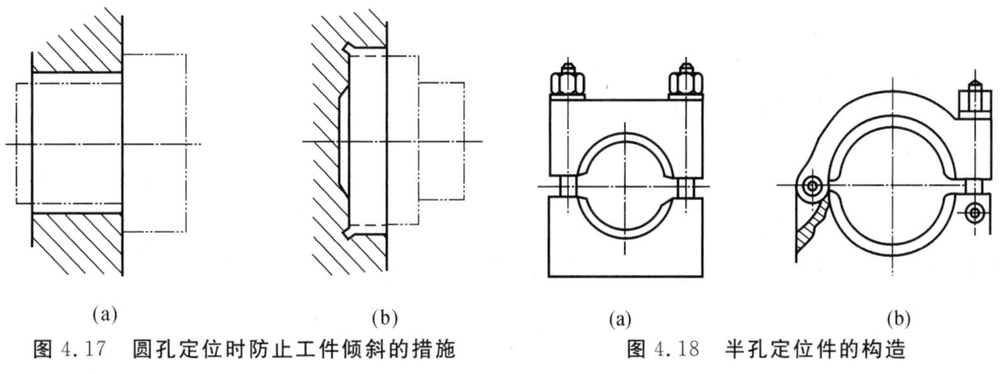

图 4.17　圆孔定位时防止工件倾斜的措施

(a)长孔+小平面;(b)短孔+大平面

图 4.18　半孔定位件的构造

(a)可卸式;(b)铰链式

(2)半孔定位。

1)定位方法及定位件构造。把一个圆孔分为两半,即定位元件是半圆形,下半圆固定在夹具体上,起定位作用;上半圆做成可卸式或铰链式的盖,起夹紧作用。这种下半圆定位、上半圆夹紧的方法称作半孔定位,如图 4.18 所示。

两半孔通常不直接做在夹具本体上,而是做成衬套镶在本体上,这样衬套可选用耐磨性较

好的材料，而且便于衬套磨损至一定程度后重新更换。另外，当夹具定位孔的尺寸不合格时，不至于把整个夹具报废，只须更换衬套即可使用。衬套结构如图 4.19 所示。

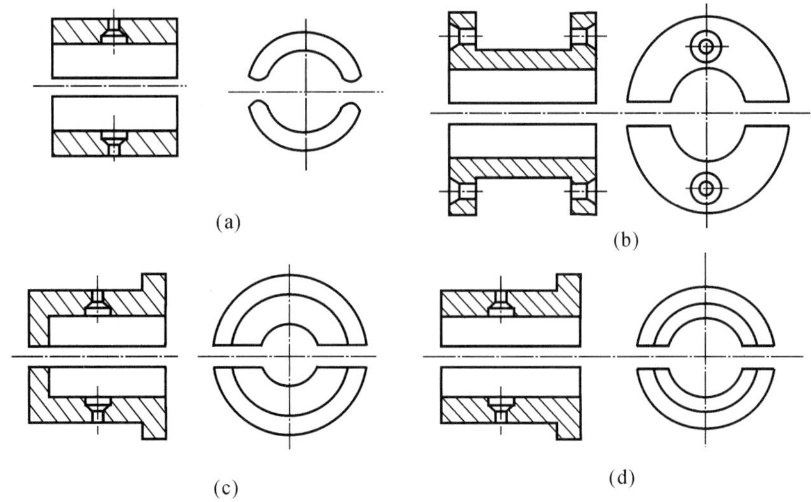

图 4.19　半孔衬套的构造形式

(a)无法兰径向固定；(b)双法兰端面固定；(c)单法兰不通式径向固定；(d)单法兰通式径向固定

2)定位误差分析。采用半孔定位时，由于工件可以从上面放下，所以轴与孔之间并不需要保证间隙。但是在定位时，定位基准表面的误差与定位半孔直径的误差将会引起定位误差，而且定位基准(工件)只能向下半孔移动，如图 4.20 所示，因而定位误差为

$$\delta_{定位}=(a+a_{定})/2 \tag{4.2}$$

这里要注意，为了保证夹紧可靠，在上、下半孔之间必须留有间隙 t。

半孔定位主要用于不适宜用孔定位的大型轴类零件，如曲轴、涡轮轴。

半孔定位的优点是定位较整圆孔方便，夹紧力均匀地分布在基准表面上，所以夹紧变形可以大幅度减小。

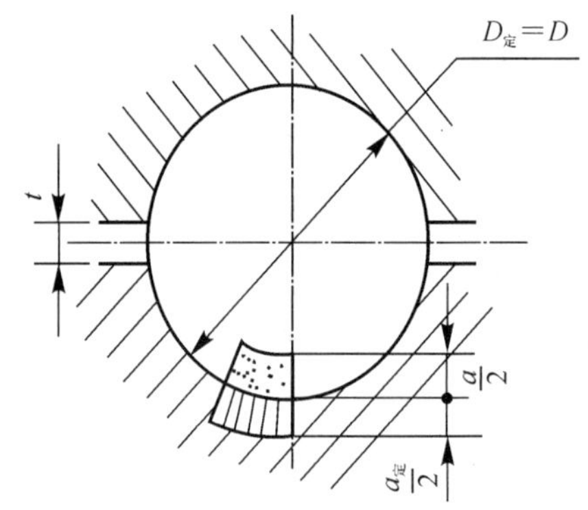

图 4.20　半孔定位误差分析

(3)V 形块定位。

1)定位方法。不论工件外圆柱表面是否经过加工或是否是完整的圆，都可以用 V 形块来定位，V 形块是由两个互为 γ 角(60°，90°，120°)的平面组成的定位件。用 V 形块定位，装卸工件方便，并且在垂直于 V 形块对称面的方向上误差等于零，即对中性好，因此 V 形块特别适用于下列情况。

ⅰ)当垂直于 V 形块底面的方向上原始尺寸的公差较大，而水平方向的位置尺寸要求较高时，也就是当键槽或孔的对称性要求高时，如图 4.21 所示，用 V 形块定位最为合适，不会因为工件外圆直径有误差，键槽与孔的位置偏离其轴线。

ⅱ)用于任何有(180°－γ)的一段圆弧面作定位基准的时候，这是别的方法所不及的，这时多用 V 形块作为角向定位件。

ⅲ)以外圆柱表面作定位基准而不适合用孔定位时，如长轴定位或两端大而中间小的台阶轴必须以中间小的部分作为定位基准，这时可选 V 形块作为定位件。

用 V 形块定位也和用孔定位一样，如果 V 形块比较长，可以认为限制四个自由度，如果 V 形块比较短，可以认为限制两个自由度。

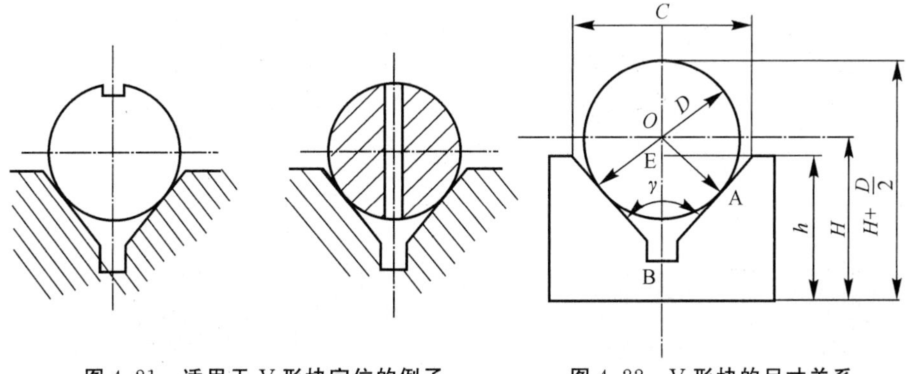

图 4.21　适用于 V 形块定位的例子　　图 4.22　V 形块的尺寸关系

2）V 形块的构造。V 形块的尺寸关系如图 4.22 所示，V 形块夹角 γ 有 60°，90°，120° 三种，而以 90°用得最多。尺寸 C 和 h 是加工 V 形块时所必需的，而最后检验和调整其位置时，则是利用一个等于基准的基本直径 D 的量规，放在 V 形块上，测量其高度 H。由图 4.22 可知：

$$H-h=OB-EB$$

则有

$$OB=\frac{OA}{\sin\frac{\gamma}{2}}=\frac{D}{2\sin\frac{\gamma}{2}}$$

$$EB=\frac{C}{2\tan\frac{\gamma}{2}}$$

可得

$$H=h+\frac{1}{2}\left(\frac{D}{\sin\frac{\gamma}{2}}-\frac{C}{\tan\frac{\gamma}{2}}\right)$$

当 $\gamma=90°$ 时，有

$$H=h+0.707D-0.5C \tag{4.3}$$

3）V 形块定位时的定位误差。当图 4.23 工件以圆柱面 $D-a$ 作定位基准放在 V 形块上后，因该基准尺寸有误差，基准轴线的位置会由 O 点到 O' 点的变化。基准的这种最大位移量 OO' 就是定位误差。由图示的几何关系可得

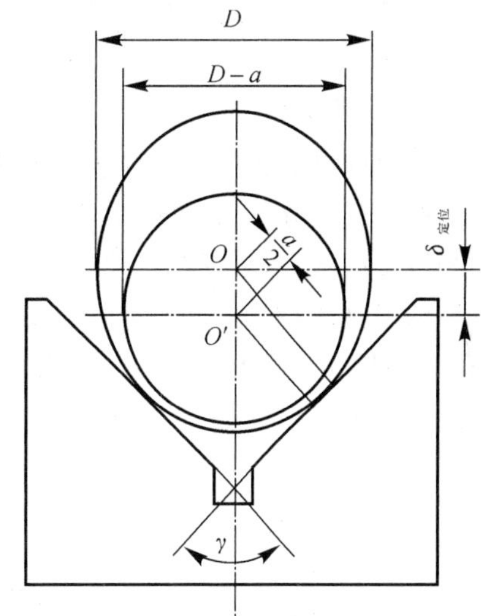

图 4.23　V 形块定位时的定位误差

$$\delta_{定位}=OO'=\frac{a}{2\sin\frac{\gamma}{2}} \tag{4.4}$$

$\delta_{定位}$ 是工件沿着 V 形块对称线方向上的定位误差，它对垂直于对称轴线方向上的位移并无影响（即在此方向上的 $\delta_{定位}=0$）。所以用 V 形块定位能很好地保证工件的对称性要求。

中小型 V 形块常用 20 号钢制成，或用 45 号钢直接淬火到 HRC40～45。

4）用作辅助定位件的 V 形块。作为角向定位的 V 形块，做成能够移动的结构要比做成固定的结构好得多。移动的 V 形块由于能够消除工件基准尺寸误差的影响，所以它的角向定位精度要比固定的高得多。这两种 V 形块的构造如图 4.24 所示。V 形块的结构，在设计时可

以按标准选用。

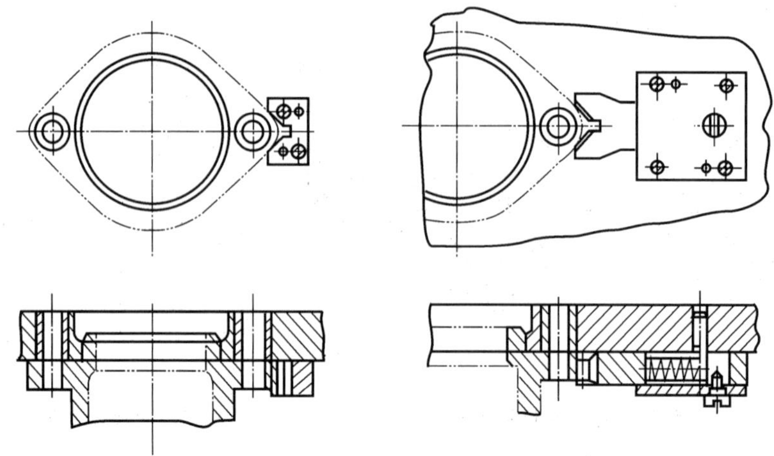

图 4.24　角向定位的 V 形块

3. 工件以孔定位

工件以圆孔作定位基准，其定位方法有外圆柱面（定位销或心轴）定位、外圆锥面定位和自动定心装置定位等。

（1）用外圆柱表面定位。

1）定位方法和定位件构造。工件以圆孔为基准装入定位销（轴）后即实现了定位。其定位面也有长短之分，长者可限制四个自由度，而短者只限制两个径向移动的自由度。定位件有心轴和定位销两类，对定位心轴将在车床类夹具设计中详述，定位销的构造如图 4.25 所示。不更换的定位销，如图 4.25(a)(c)所示，可按过盈配合 H7/r6，直接压入夹具体。要更换的定位销应按 H7/js6 或 H7/h6 装入衬套中，再用螺母或螺钉固紧在夹具体上，如图 4.25(b)(d)所示。定位销材料常用 20 号钢，经渗碳淬火达到 HRC55～60，以提高其耐磨性。

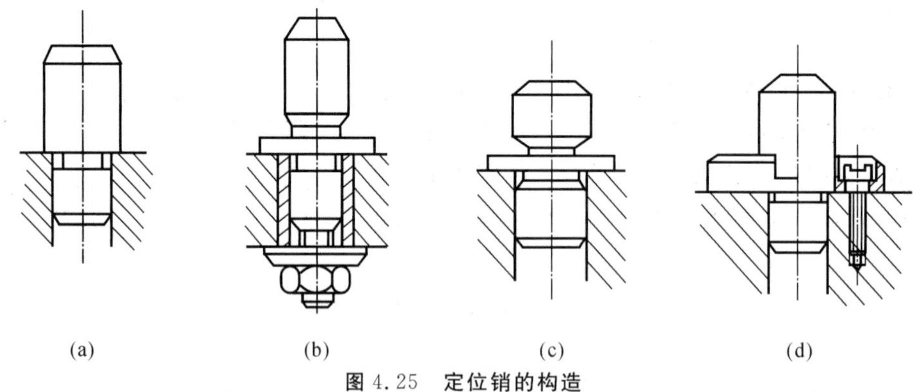

图 4.25　定位销的构造

(a)无凸台不更换定位销；(b)螺母连接可更换定位销；(c)有凸台不更换定位销；(f)螺钉紧固可更换定位销

2）定位销尺寸的确定和定位误差计算。定位销设计和定位误差计算，与工件以外圆柱面为基准在圆孔中定位相类似，定位销尺寸公差应按 g6 或 f7 确定。其定位误差亦为

$$\delta_{定位}=a+\Delta+a_{定} \tag{4.5}$$

（2）工件用外圆锥面定位。工件以圆孔为基准，在圆锥形定位件上实现定位时，可消除其

配合间隙,获得很高的径向定位精度。常用的方法有两种:一是利用小锥度定位;一是利用大锥度和相应的端面来组合定位。

1)小锥度心轴定位。采用 1/1 000～1/5 000 锥度的心轴,能楔在工件基准孔中。由于基准孔的微小弹性变形而形成一段接触长度 l_k,如图 4.26 所示。由此产生的摩擦力,足以抵抗切削力而保持其位置不变,所以用小锥度定位时工件可以不再夹紧。由于锥度小,所以工件基准孔的精度应较高,一般为 IT6～IT7 级精度,否则其轴向位移太大。当工件外廓尺寸很长或定位基准与心轴的接触长度 l_k 较短时,如图 4.27 所示,则不宜用小锥度定位,因加工时的切削力容易使工件发生倾斜。

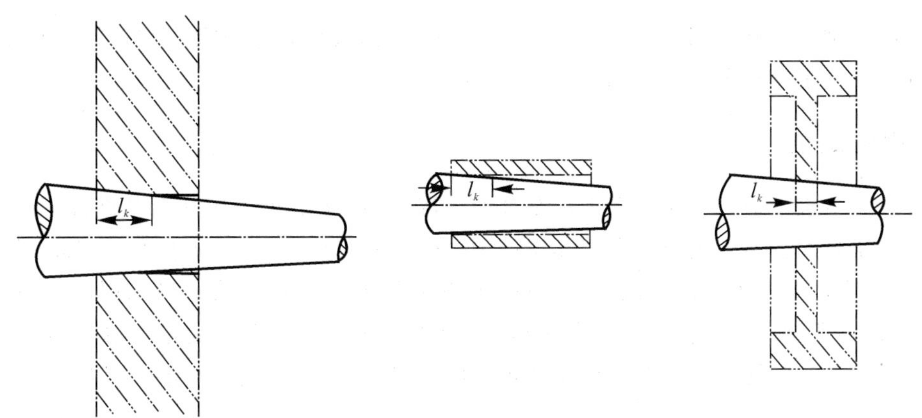

图 4.26　小锥度心轴定位法　　**图 4.27　不宜用小锥度定位的情况**

2)大锥度定位。此法的特点是除了利用工件的基准孔外,还须使用工件上另一基准面来防止工件倾斜。这个基准面可以是与基准孔同轴的顶尖孔,如图 4.28(a)所示,也可以是工件上与基准孔轴线垂直的端面,如图 4.28(b)所示。此时的锥度部分必须能够轴向移动,以保证工件能与该锥体及定位端面很好接触,这种定位法要求工件的基准孔与其端面有高的垂直度,否则径向定位精度将受其影响。

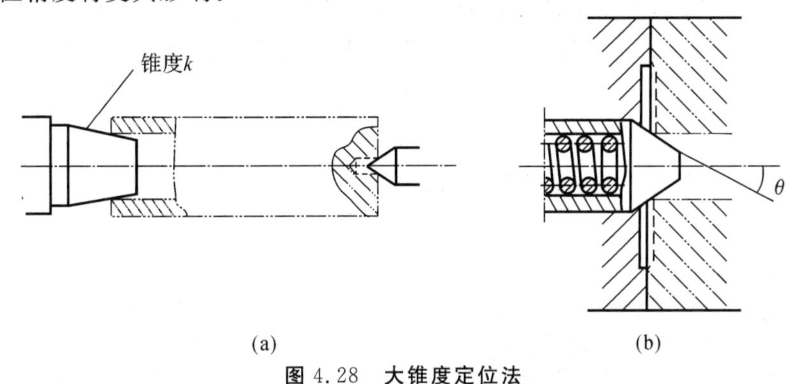

图 4.28　大锥度定位法

(a)大锥度＋同轴孔;(b)大锥度＋端面

4. 工件以特型表面为基准的定位

用作定位的基准面取决于工件的形状、表面精度和技术要求。除前述常用的表面外,有时还用螺纹面、齿轮的齿面、型面、锥面、花键及外形等表面作定位基准。

当工件以螺纹表面为定位基准时,因螺纹配合间隙较大(如 M24～M40 螺距为 1.5 mm

的螺纹，其中径公差达 0.1 mm，相当于 IT10 级精度的圆柱面)，所以定位误差相当大，况且装卸工件也费时间，因而用得不多。

齿轮件在精磨内孔或某些检验中，也有用轮齿齿面作定位基准的，其定位件可用 3 个精密的滚珠或滚棒。

工件以型面为定位基准的可见于某些叶片的加工中。其定位可用型面定位件，也可用几个定位销构成组合定位的形式。

工件以锥面作基准在相应的锥面定位件上定位，多见于喷嘴、喷管等类工件的加工，其定位简单易行。

工件以花键面作基准用得很少，工件以外形作基准，仅用在精度要求很低的定位上(常用由眼睛观察来确定其位置)，其应用很少，本书从略。

三、组合定位

工件在夹具上定位只使用一个定位基准的情况甚少，多数都是用几个基准面组合起来在相应的几个定位面上实现定位。在实际生产中，常见的组合方式有一个孔和其端面、一个轴和其端面、一个平面和其上的两个圆孔等，也有用一双垂直相交的孔(或轴)为基准的。组合方式很多，其中最为典型的是工件以一个平面和其上的两个孔为基准的组合定位情况，简称为两孔定位。它所涉及的问题也可作为其他组合定位的借鉴，下述来讨论两孔定位问题。

1. 工件以两孔作定位基准，定位件为两个圆柱销

工件以两孔作定位基准时，最简单的定位方法是用两个圆柱销来定位。此时，设两圆柱销的直径及公差为 $D_{定1}{}_{-a_{定1}}^{\ 0}$ 及 $D_{定2}{}_{-a_{定2}}^{\ 0}$；两圆柱销间的距离为 $L\pm l_{定}$；两基准孔的直径及公差为 $D_1{}_{\ 0}^{+a1}$ 和 $D_2{}_{\ 0}^{+a2}$，两孔间的距离 $L\pm l$。在决定定位件的尺寸与公差时，必须考虑工件的装卸容易和满足定位精度的要求。

(1)为了便于分析，先假定两基准孔间距离及两定位销间距离为基本值(即 $2l$ 及 $2l_{定}$ 为零)，如图 4.29 所示。此时为了保证全批工件自由装卸，定位销的最大直径为

$$D_{定1}=D_1-\Delta_1$$

$$D_{定2}=D_2-\Delta_2$$

式中：Δ_1，Δ_2——便于工件孔 1，2 装入的保证间隙。

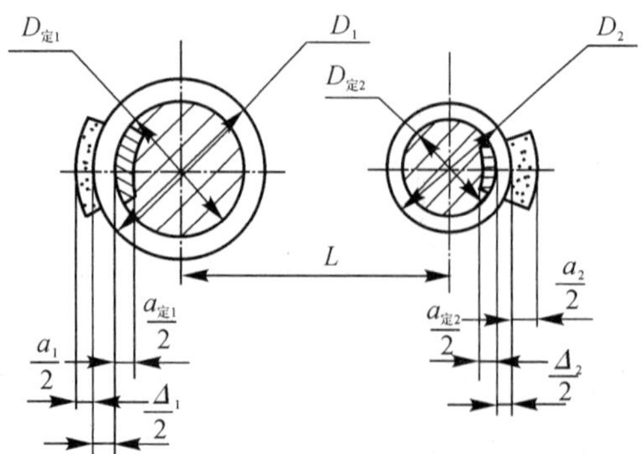

图 4.29　$2l$，$2l_{定}$ 为零情况下的定位方式

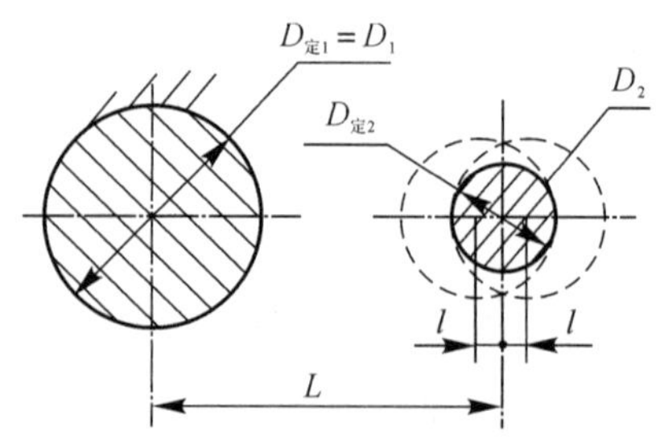

图 4.30　$l_{定}=0$，$D_{定1}=D_1$ 情况下的定位方式

(2)再假定定位销与基准孔间不需要保证间隙 Δ_1，Δ_2，两定位销间距离尺寸为基本值(即 $2l_{定}=0$)。由于两定位基准间有距离尺寸公差 $2l$，只能通过减小第二个定位销直径 $D_{定2}$ 的办法补偿，如图 4.30 所示。为了保证全批工件自由装卸，定位销的最大直径为

$$D_{定1}=D_1$$

$$D_{定2}=D_2-2l$$

如果两定位销间有距离尺寸分差 $2l_{定}$，而基准孔的距离尺寸为基本值(即 $2l=0$)，此时要保证全批工件能自由装卸，也只能缩小 $D_{定2}$ 的尺寸，定位销的最大直径为

$$D_{定1}=D_1$$

$$D_{定2}=D_2-2l_{定}$$

(3)实际情况是两基准孔及两定位销间都有距离尺寸公差 $2l$ 及 $2l_{定}$，装卸时也都需要有最小保证间隙 Δ_1，Δ_2，此时为了保证全批工件自由装卸，两定位销最大直径应分别为

$$D_{定1}=D_1-\Delta_1$$

$$D_{定2}=D_2-\Delta_2-2l-2l_{定}$$

这时定位销的最小直径为 $D_{定1}-a_{定1}$，$D_{定2}-a_{定2}$。

由上述工件以孔定位时的定位误差分析可知，第一基准在中心连线方向上的定位误差等于最大的径向间隙，即

$$\delta_{定位1x}=a_1+\Delta_1+a_{定1} \tag{4.6}$$

第二基准在同一方向上的定位误差则为

$$\delta_{定位2x}=\delta_{定位1x}+2l$$

$\delta_{定位2x}$ 的值之所以取决于 $\delta_{定位1x}$，是由于两个基准在同一个工件上。如果仅就第二个基准的定位情况来看，它的可能位移量为 $a_2+\Delta_2+a_{定2}+2l+2l_{定}$。但是对整个工件来说，第一定位销已限制了整个工件在 X 方向上的移动。

在与两孔连心线垂直方向(Y 方向)上的定位误差时 1,2 两个基准分别为

$$\delta_{定位1y}=a_1+\Delta_1+a_{定1} \tag{4.7}$$

$$\delta_{定位2y}=a_2+\Delta_2+a_{定2}+2l+2l_{定} \tag{4.8}$$

因此，基准孔中心线与定位销中心连线之间的最大倾斜角 α(见图 4.31)为

$$\tan\alpha=\frac{\delta_{定位1y}+\delta_{定位2y}}{2L}=\frac{(a_1+\Delta_1+a_{定1})+(a_2+\Delta_2+a_{定2})+2l+2l_{定}}{2L} \tag{4.9}$$

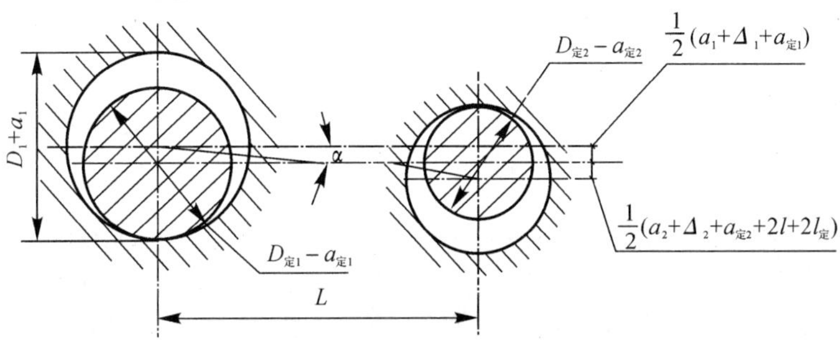

图 4.31　求倾斜角 α 的原理图

必须指出，工件倾斜之后，工件上各点的定位误差是不同的，因此对原始尺寸的影响也各不相同，对于位于两基准之间的各点，其误差值将介于 $\delta_{定位1y}$ 与 $\delta_{定位2y}$ 之间，计算时应根据原始尺寸的情况具体分析。

2. 用一个圆柱销和一个菱形销来定位

用两个圆柱销定位时，左边短销可限制 $\overrightarrow{X}$，$\overrightarrow{Y}$ 两个自由度，右边短销与左边短销组合使用

时，又可限制两个自由度 $\vec{X}$，$\hat{Z}$，这样 $\vec{X}$ 被两个定位销同时限制，在两孔中线连线方向上出现了过定位现象。所以在安装工件时，两个孔可能不能同时装入夹具的两个定位销上。

为了使工件能顺利定位，可以通过扩大一个定位孔的直径或缩小定位销的直径，使销孔间配合间隙加大，这样会造成工件有较大的角向误差。为了减小这一角向误差，通常用菱形销代替减小直径的短销，也就是把第二个定位销在沿两孔中心连线方向上削去一部分，以保证装卸方便和在 X 方向上第二个定位销不起定位作用，如图 4.32 所示。

为了增强削边销的刚性，常把它做成菱形，称作菱形销。这种削了边的定位销与基准孔的配合，在直径上也留有最小的间隙 Δ_2，但它在沿连心线方向上的间隙却要大得多。只要在连心线方向上两边的最小间隙都等于 $l+l_{定}$，就可以完全补偿距离误差的有害影响。其情况如图4.33所示，这样，就可以计算出该销圆柱部分的宽度尺寸 b。由图 4.33 所示的几何关系可知

$$OH^2=OB^2-HB^2=(\frac{D_2-\Delta_2}{2})^2-(\frac{b}{2})^2$$

$$OH^2=OA^2-HA^2=(\frac{D_2}{2})^2-[\frac{b}{2}+(l+l_{定})]^2$$

两式相等，可得

$$b=\frac{\frac{D_2\Delta_2}{2}-\frac{\Delta_2^2}{4}-(l+l_{定})^2}{l+l_{定}}$$

式中：Δ_2^2 和 $(l+l_{定})^2$ 的数值很小，可以忽略不计，则有

$$b=\frac{D_2\Delta_2}{2(l+l_{定})} \tag{4.10}$$

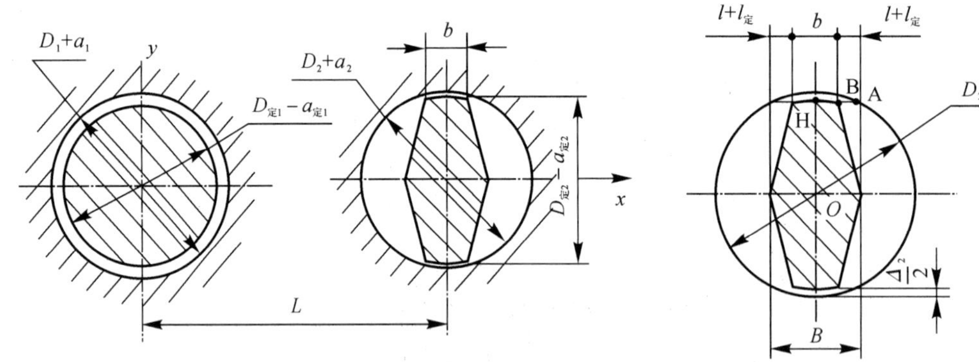

图 4.32 圆柱销与菱形销的定位情况　　图 4.33 菱形销圆柱部分宽度计算

菱形销的直径尺寸仍按 g6 或 f7 的配合选定公差，再按其最小间隙 Δ_2，利用上述公式计算出菱形销圆柱部分的宽度尺寸 b。实用尺寸可比 b 的计算值略大(因为 Δ_1 的作用并未考虑，何况基准孔和定位销都按最坏情况出现的概率极小)。菱形销常用的尺寸 b 和 B 可以参考表 4.1 选取。

表 4.1 菱形销常用尺寸　　**单位**：mm

销直径 d	4～6	6～10	10～18	18～30	30～50	＞50
b	2	3	5	8	12	14
B	$d-1$	$d-2$	$d-4$	$d-6$	$d-10$	

用菱形销后的定位误差为

$$\delta_{定位x}=a_1+\Delta_1+a_{定1} \tag{4.11}$$

$$\delta_{定位1y}=a_1+\Delta_1+a_{定1} \tag{4.12}$$

$$\delta_{定位2y}=a_2+\Delta_2+a_{定2} \tag{4.13}$$

最大倾角为

$$\tan\alpha=\frac{a_1+\Delta_1+a_{定1}+a_2+\Delta_2+a_{定2}}{2L} \tag{4.14}$$

因影响 $\tan\alpha$ 的值中没有 $2(l+l_{定})$，所以角向定位精度就大大提高了。选择圆柱销还是菱形销，应遵循以下原则。

(1)根据被加工表面位置尺寸的要求(基准重合)选择。如图 4.34(a)所示，如果被加工表面(孔 n)的位置尺寸 A_u 注自孔 1，则应在孔 1 中配以圆柱销，而在孔 2 中配以菱形销，这样有利于保证被加工表面的位置精度。

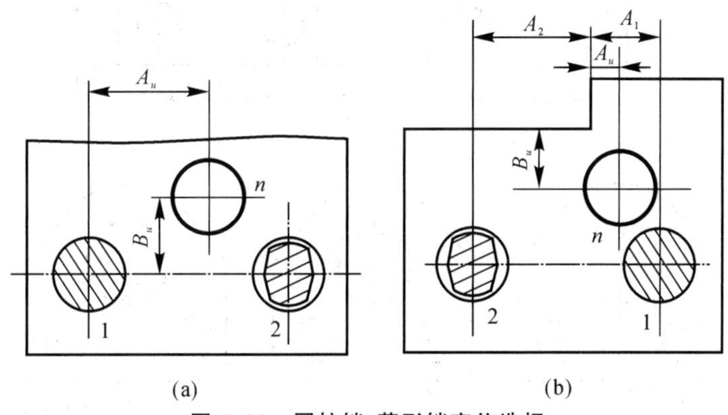

图 4.34　圆柱销-菱形销定位选择

(a)基准重合；(b)基准不重合

(2)基准不重合时，应根据定基误差的大小选择。定基误差是指由于工序基准与定位基准不重合，而引起的工序基准对定位基准的变化，其大小等于两基准之间的距离尺寸的公差。

如图 4.34(b)所示，如果被加工表面(孔 n)对定位基准孔 1 和 2 都没标注直接位置尺寸，即定位基准与工序基准不重合，应考虑定基误差的大小。假设图 4.34(b)中尺寸 A_1 的公差(定基误差)小于尺寸 A_2 的公差，则应在孔 1 中配以圆柱销，而在孔 2 中配以菱形销，有利于保证被加工表面的位置精度。

(3)根据工件装卸的方便程度选择。对于大型或重型工件，更应注意这一点。一般可在靠近重心部位的基准孔中配以圆柱销，而在偏离重心较远的基准孔中配以菱形销，以利于定位的稳定。

这里要特别注意，在夹具中装配菱形销时，菱形销的长轴必须垂直于两销的中心连线，否则菱形销不仅失去定位作用，还可能使工件不能同时装在两个定位销上。为了装卸工件方便，菱形销应比圆柱销低 2～3 mm。

3. 组合定位的组合原则

如果工序中有几个方向的工序尺寸时，则必须用一组定位基准来定位，而这些定位基准，最常用的还是前面讲过的平面、内外圆柱面，只不过是把它们组合在一起而已，下面先通过对一个实例的分析，最终总结出组合定位的原则。

图 4.35 工件要求加工两个小孔，但是孔的位置尺寸有两种标注方法。

图 4.35(a)是以大孔为原始基准来标注尺寸 A_1。图 4.35(b)是以底平面作原始基准来标尺寸 A_1。

按图 4.35(a)的标注，可以用大圆孔作主要定位基准保证原始尺寸 A_1，A_2 和 A_3。实际上所加工的这两个小孔，其中心连线还应与底平面平行，只不过精度要求不高，图上未标注而已，所以除了用大圆孔作定位基准外，还必须选另一个定位基准(底平面)来限制工件绕大孔轴线的转动，图 4.35(c)(e)就是按图 4.35(a)标注方法进行定位的。

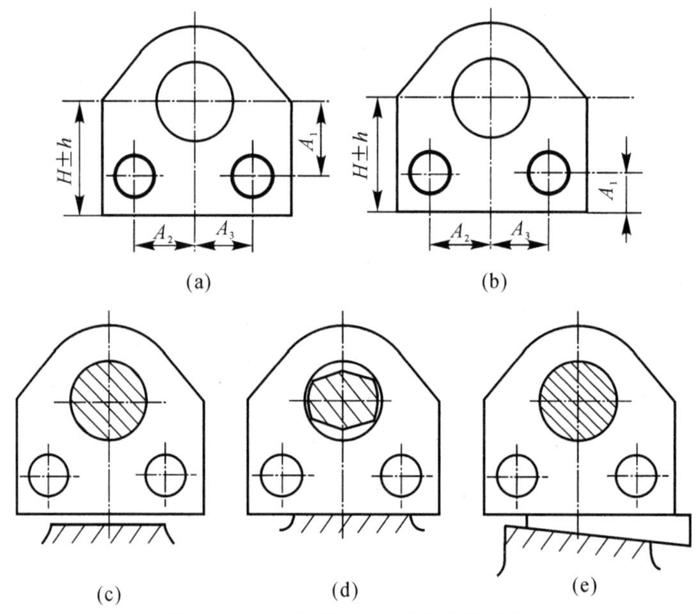

图 4.35 工件以孔-平面定位的分析

(a)大孔为基准标尺寸；(b)平面为基准标尺寸；(c)孔＋平面定位；(d)平面＋菱形销定位；(e)菱形销＋楔块定位

按图 4.35(c)的定位方法，在工件底面用一个定位板来限制工件的转动，这样在垂直于底面方向上(工序尺寸方向上)产生过定位，尺寸误差 $2h$ 将使工件可能装不上。要解决这一问题，就必须缩小圆柱销或加大工件底面与定位板间的间隙，这样会使定位误差增大。

采用图 4.35(e)定位方法，大孔仍用圆柱销，而在工件底面采用楔块，这样可以消除距离公差 $2h$ 带来的影响，从而保证加工要求。

按图 4.35(b) 标注方法，应采用底平面作定位基准来控制工件在工序尺寸方向上的位置，另外在大圆孔中配以菱形销以保证尺寸 A_2 和 A_3，图 4.35(d)就是这样做的。

通过上面的实例分析，工件在采用组合定位时，要遵循下述原则：

(1)采用基准重合的原则。主定位基准尽量与工序基准一致，避免产生基准不重合误差。

(2)要避免过定位。这一原则是组合定位时应特别注意的。

今后在确定定位方案时，就应遵循上述原则。

四、工件在夹具上定位过程中误差的分析

工件因定位而出现的误差，根据其产生的原因，可分为性质不同的两部分：①工序基准与

定位基准不重合引起的基准不重合误差或称定基误差；②定位误差，定位误差在前面已讨论过。

定基误差是由工序基准与定位基准不重合而引起的工序基准对于定位基准的变化，其大小等于两基准之间的距离尺寸的公差。当这两个基准选定后，定基误差就等于该公差在工序尺寸方向上的投影。对于夹具设计人员来说，它是一个既定的数值，无法通过改变夹具的构造予以控制。

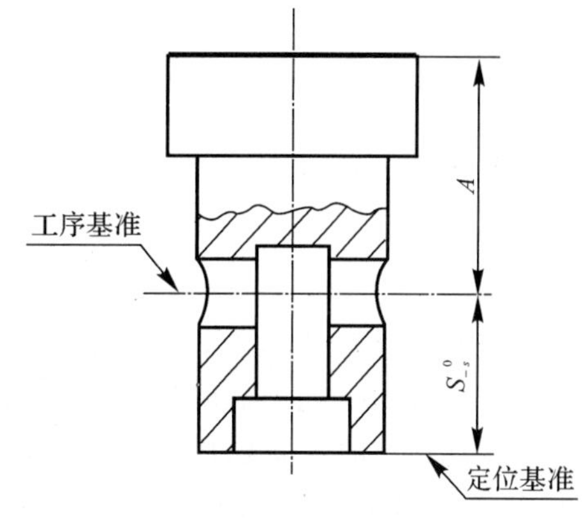

图 4.36　工序基准与定位基准不重合示例

图 4.36，工序尺寸为 A，工序基准与定位基准不重合，它们之间的距离尺寸为 S，公差为 s。由于前面工序的制造误差，工序基准对于定位基准的相对位置将在尺寸 S 和 $(S-s)$ 范围内变动，变动的最大值即为公差 s。由于 s 与工序尺寸 A 方向一致，所以定基误差的值就等于它，即 $\delta_{定基}=s$。

如果两基准距离尺寸的方向与工序尺寸方向不一致，那么基准不重合误差 $\delta_{定基}$ 将不是两基准间距离尺寸的公差 s，而是 s 在工序尺寸方向上的投影，即

$$\delta_{定基}=s\cos\varphi$$

式中：φ——两基准连线（或法线）方向与原始尺寸方向所夹的锐角。

当工序基准与定位基准重合时，$\delta_{定基}=0$，这样工件在夹具上定位过程中出现的误差仅有定位误差一项。

在有些情况下，对于同一加工面，由于工序基准不同，在计算定位过程中出现误差时会出现几种不同的算法。

图 4.37 是 3 种不同工序基准标注方法，工件以外圆柱表面作为定位基准，用 V 形块作为定位件，来加工键槽。

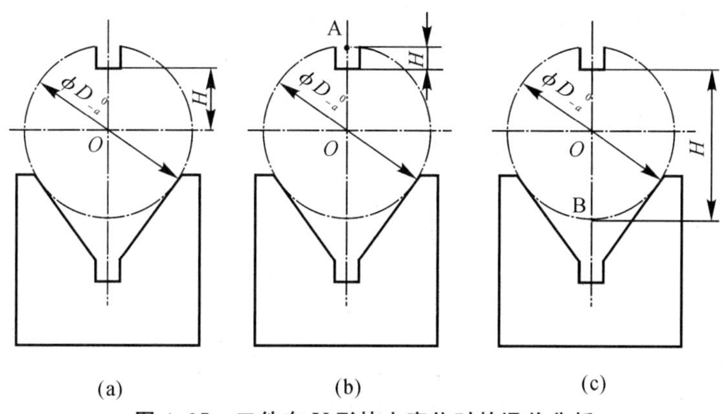

图 4.37　工件在 V 形块上定位时的误差分析

(a)工序基准为 O 点；(b)工序基准为 A 点；(c)工序基准为 B 点

图 4.37(a)的是基准重合情况，其 $\delta_{定基}=0$，而 $\delta_{定位}=\dfrac{a}{2\sin\dfrac{\gamma}{2}}$，图 4.37(b)所示为基准不重合情况，其 $\delta_{定基}=a/2$。由于 $\delta_{定位}$ 和 $\delta_{定基}$ 对工序尺寸 H 的影响相同（都使 H 变小），所以定位过

程出现的误差应为两者之和。即

$$\delta_{定位}+\delta_{定基}=\frac{a}{2\sin\frac{\gamma}{2}}+\frac{a}{2}=\frac{a}{2}\left(\frac{1}{\sin\frac{\gamma}{2}}+1\right) \tag{4.15}$$

图 4.37(c)也是基准不重合情况(工序基准是 B),这时,$\delta_{定位}$和$\delta_{定基}$对工序尺寸 H 的影响恰好相反($\delta_{定位}$会使 H 变大,而$\delta_{定基}$却要使变小),所以总的误差则应取两者之差,即

$$\delta_{定位}+\delta_{定基}=\frac{a}{2\sin\frac{\gamma}{2}}-\frac{a}{2}=\frac{a}{2}\left(\frac{1}{\sin\frac{\gamma}{2}}-1\right) \tag{4.16}$$

由此可以看到,在圆柱表面上加工键槽时,应该按图 4.37(c)的方法标注尺寸,这不仅是因为在 V 形块上定位的误差最小,而且容易测量。

上述介绍的定位方法,定位件及其有关定位的误差分析计算,都应该从被加工工件的实际出发,有的放矢地解决问题。在确定定位方案时,应注意以下事项:

(1)要正确地限制必限的自由度。这要根据加工工序的要求,采用适当的定位件来限制。

(2)要确保定位精度,使定位所产生的误差小于工序相应尺寸公差的 1/3～1/5(因为还有其他误差也会影响原始尺寸)。在提高定位精度时,还应考虑制造条件和经济性。

(3)要使定位稳定可靠,一般情况下应避免过定位。

(4)尽量选用标准化元件。对于非标准的定位件要合理地选取材料和规定硬度、尺寸精度、表面粗糙度的要求,以保证良好的强度、刚度等。

4.3 工件的夹紧及夹紧装置

上述主要介绍了工件在夹具中的定位问题,但是即使把工件的定位问题解决得非常好,也只是完成了工件装夹任务的一半工作。只有定位,在大多数场合下,还是无法进行加工,只有把定位和夹紧问题都解决了,才能够进行加工,这一节主要是研究工件的夹紧问题。要研究夹紧问题,就先要搞清楚夹紧装置由哪些部分组成。根据结构特点和功用,夹紧装置一般由以下三部分组成:

(1)力源部分,也就是产生原始力的部分,机动夹紧装置的力源通常由汽缸、油缸、电力等产生。手动夹紧装置的力源,通常由操作工人来提供。

(2)中间传力机构,是在力源部分和夹紧元件之间的传力机构,用来承受原始力,并且把原始力转变成夹紧力。其作用是:①改变夹紧力方向;②扩力;③夹紧可靠,具有自锁性。

(3)夹紧元件,与工件相接触的部分,是实现夹紧的最终执行元件,如压板、压块等元件。

以上三部分的相互关系,可用图 4.38 所示方框图表示。夹紧装置的设计内容就是这三部分。夹紧装置的具体组成是由工件结构特点、定位方式的确定、工件加工条件等来综合确定的。

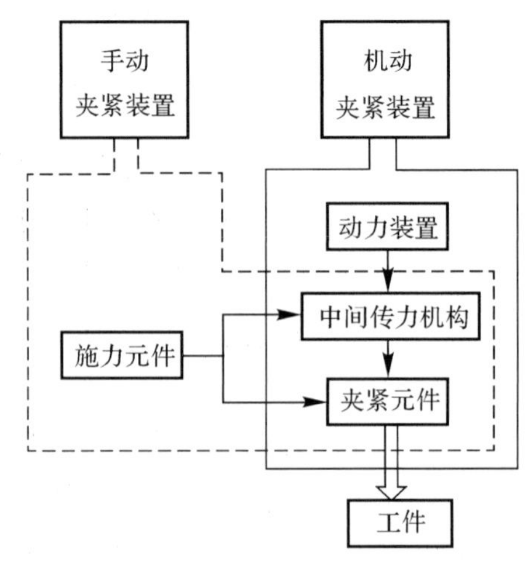

图 4.38 夹紧装置的组成方框

一、夹紧力的确定

定位和夹紧是安装工件时密切相关的两个问题，必须一起考虑。它关系到工件的加工质量、生产率和工人的劳动条件。因为工件在定位后，可能因其本身重力、加工中的切削力、惯性力或离心力的作用而发生位移，使原先的定位破坏。为了确保工件在整个加工过程中始终保持在定位件所确定的准确位置上，必须将工件夹紧。夹紧装置则应在保证此任务前提下，尽量使夹紧迅速、使用方便和易于制造。

夹紧装置的设计，首先要确定夹紧力的三要素——方向、大小和作用点，然后再进一步确定传力方式和具体设计夹紧机机构。在确定夹紧力时，应遵循以下原则：

(1)夹紧力的方向应指向各定位面(避免产生使工件移动的分力)。如图 4.39 所示，在直角支座零件上镗孔，要求保证孔与端面的垂直度，则应以端面 A 作为第一定位基准面，此时夹紧力的作用方向应如图中 F_{j1} 所示，而不能采用 F_{j2}。同时应在工件刚度最大的方向上将工件夹紧，其情况如图 4.40 所示，图 4.40(b)夹紧方式较图 4.40(a)好，工件不易变形。

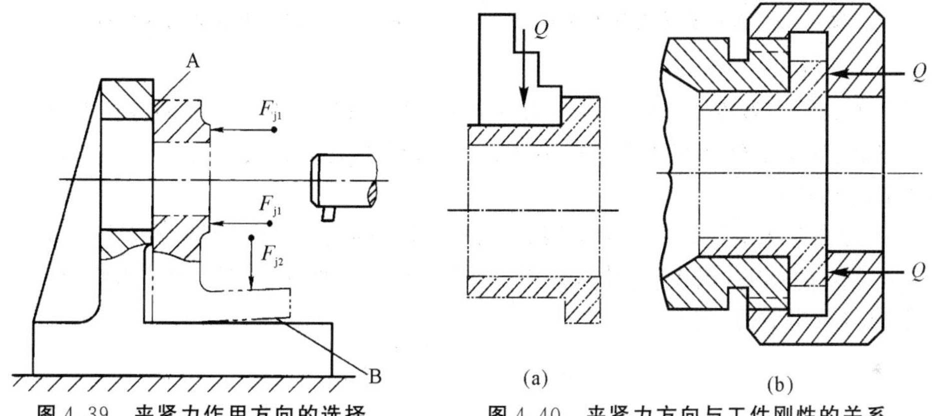

图 4.39　夹紧力作用方向的选择

图 4.40　夹紧力方向与工件刚性的关系

(a)刚性差，易变形；(b)刚性好，不易变形

(2)夹紧力的作用点应在定位支撑面之内(避免产生使工件翻转的力矩)。对刚性差的工件最好能均匀夹紧。图 4.41 表示出了将一个作用点[见图 4.41(a)]变为较多作用点[见图 4.41(b)]的例子，以减少工件的受压变形。

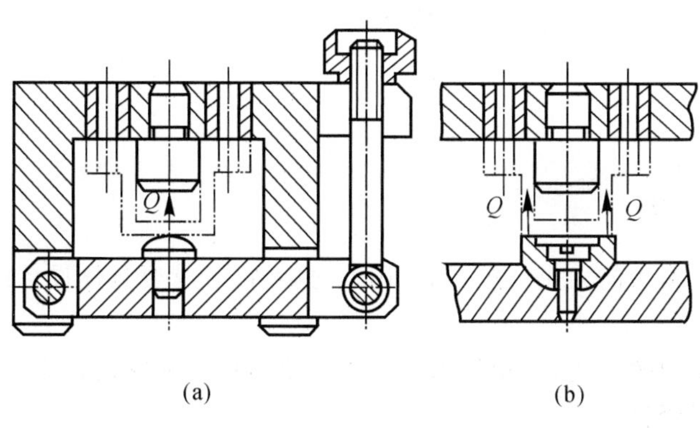

图 4.41　分散夹紧力的作用点

(a)一个作用点；(b)多个作用点

夹紧力的作用点还应尽量靠近加工处，以减小切削力对工件造成的转动力矩，还可减小振动和变形。图 4.42 表示出了对工件刚性差的部位设置辅助支撑并施以夹紧力的例子。此夹紧力靠近加工处，可以大大减小切削振动和变形。

(3)夹紧力的大小要足够防止工件在加工时松动，但要使工件的受压变形最小。在实际设计中，通常按经验估计夹紧力的大小，必要时可通过试验或实测方法来确定。

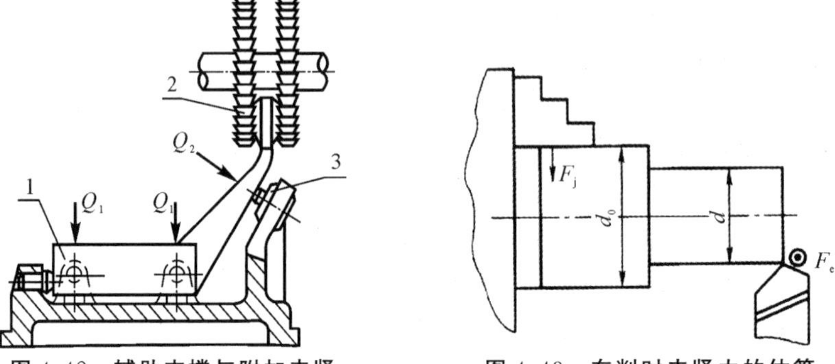

图 4.42　辅助支撑与附加夹紧

1—工件；2—盘铣刀；3—辅助支撑

图 4.43　车削时夹紧力的估算

估算夹紧力的一般方法是将工件视为分离体，并分析作用在工件上的各种力，再根据力系平衡条件，确定保持工件平衡所需的最小夹紧力，最后将最小夹紧力乘以一适当的安全系数，即得到所需的夹紧力。

图 4.43 为在车床上用自定心卡盘装夹工件车外圆的情况。加工部位的直径为 d，装夹部位的直径为 d_0。取工件为分离体，忽略次要因素，只考虑主切削力 F_c 所产生的力矩与卡爪夹紧力 F_j 所产生的力矩相平衡，则有

$$F_c \frac{d}{2} = 3F_{jmin}\mu \frac{d_0}{2}$$

式中：　μ —— 卡爪与工件之间的摩擦因数；

F_{jmin} —— 所需的最小夹紧力。

由上式可得

$$F_{jmin} = \frac{F_c d}{3\mu d_0}$$

将最小夹紧力乘以安全系数 k，得到所需的夹紧力为

$$F_j = k\frac{F_c d}{3\mu d_0} \tag{4.17}$$

二、简单夹紧机构

在确定好所需夹紧力的大小、方向和作用点之后，接着就要具体设计或选用夹紧装置来实现夹紧方案。

不论采用哪种动力源形式，一切外加的作用力要转化成夹紧力都必须通过夹紧机构，下面就介绍几种典型的夹紧机构。

1. 楔块夹紧

楔块夹紧是利用楔形斜面把原始力转变为夹紧力的装置。

图 4.44 所示是利用楔块夹紧的钻具，夹紧时用榔头以 P 力大小敲打楔块的大端，这样 P 力按力的分解原理在楔块的两侧面上产生两个扩大了的分力 Q 和 R，也就是对工件的夹紧力 Q 和对夹具体的压力 R，最终把工件楔紧。

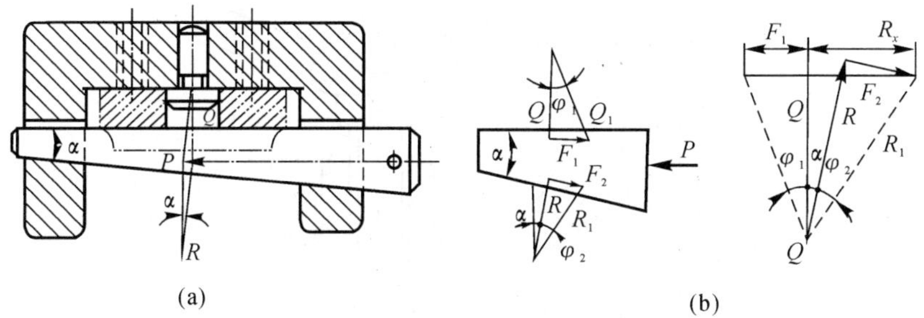

图 4.44　楔块夹紧

(a)楔块夹紧钻具；(b)力的平衡关系

楔块所产生的夹紧力 Q 的大小，根据图 4.44(a)所示，按力的平衡关系，可计算出

$$Q=\frac{P}{\tan(\alpha+\varphi_2)+\tan\varphi_1}$$

式中：P——施加在楔块上的原始力；

α——楔块的升角，考虑自锁时常取 6°～10°；

φ_1——楔块底面与工件表面间的摩擦角；

φ_2——楔块斜面与夹具体间的摩擦角。

如果 $\varphi_1=\varphi_2=\varphi$，一般钢铁件间的摩擦因数($\tan\varphi$)为 0.1～0.15，也就是 $\varphi=5°43'\sim8°28'$，于是可算得夹紧力 Q 为作用力 P 的 2 倍多。由此可见，楔块夹紧力是不大的。

楔块的自锁性。楔块夹紧后能够自锁(原始力解除后，仍能夹紧工件)，但是自锁是有条件的，由力学中知道，楔块自锁的条件是当楔块的升角 α 小于其摩擦角($\varphi_1+\varphi_2$)时，可保证自锁，即

$$\alpha\leqslant\varphi_1+\varphi_2$$

由于楔块夹紧操作不方便，夹紧力不大，很少在夹具中单独使用，通常与其他夹紧方式组合使用，或者用于夹紧力不大的工序中。

2. 螺旋夹紧

螺旋夹紧机构是利用螺旋直接夹紧工件或与其他元件组合实现夹紧工件的机构，由于这类夹紧机构结构简单，夹紧可靠，通用性大，所以在机床夹具中得到广泛应用，主要缺点是工作效率低。

螺旋夹紧所用的构件主要是螺钉和螺母。

常用的夹紧机构有以下两种：

(1)螺钉夹紧机构。组成螺钉夹紧机构的主要元件有螺杆、压块、手柄等，如图 4.45 所示。

图 4.45(a)只有螺杆,用扳手旋紧螺杆就可以把工件夹紧。其缺点是夹紧力集中,易压伤工件和引起工件变形。而图 4.45(b)所示结构则克服了夹紧力集中的缺点,它是在螺钉的底部装有浮动压块,由于压块底面积大,可避免压伤工件,也减小了工件变形,又由于压块底面上的摩擦反力矩比螺钉底部与压块间的摩擦力矩大,所以螺钉在转动时,压块不会跟着一起转动,当然也就不会破坏工件的定位。

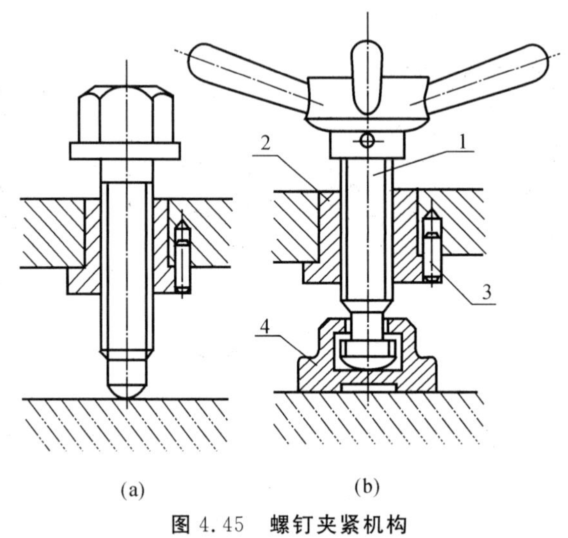

图 4.45　螺钉夹紧机构

(a)无压块;(b)有压块

1—螺杆;2—螺母;3—定位销;4—压块

螺钉夹紧机构的主要元件已经标准化,其规格形式、使用材料、结构尺寸、性能特点等在夹具设计手册中均可查阅。图 4.46 所示为标准化压块。

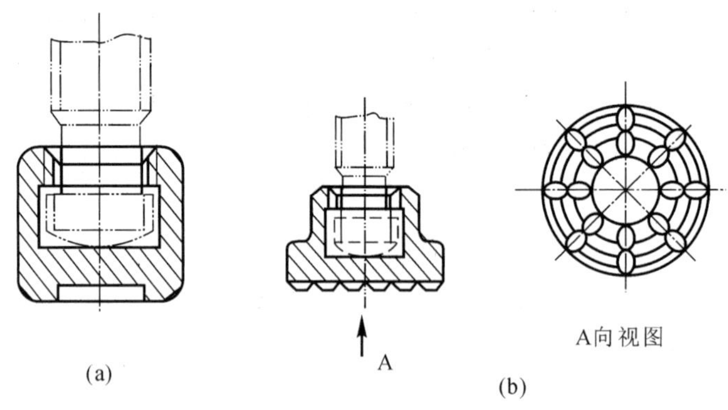

图 4.46　标准化压块

(a)光面型;(b)花纹面型

(2)螺母夹紧机构。螺母夹紧机构的主要元件有螺母、螺栓、垫圈、压板等。这些元件也已经标准化,选用或设计各种机构可查阅手册。螺母夹紧机构也存在操作费用的问题,为提高效率,采用了快卸螺母、快卸垫圈和快卸螺杆的各种结构形式。

图 4.47 为快卸垫圈的螺母夹紧机构。在图 4.47(a)～(c)所示的 3 种形式中,只要螺母松开,不必旋出,垫圈即可快卸或移开。螺母的最大径向尺寸比垫圈或工件的穿通孔要小,以便

螺母能通过，这样松开螺母便可取下工件。

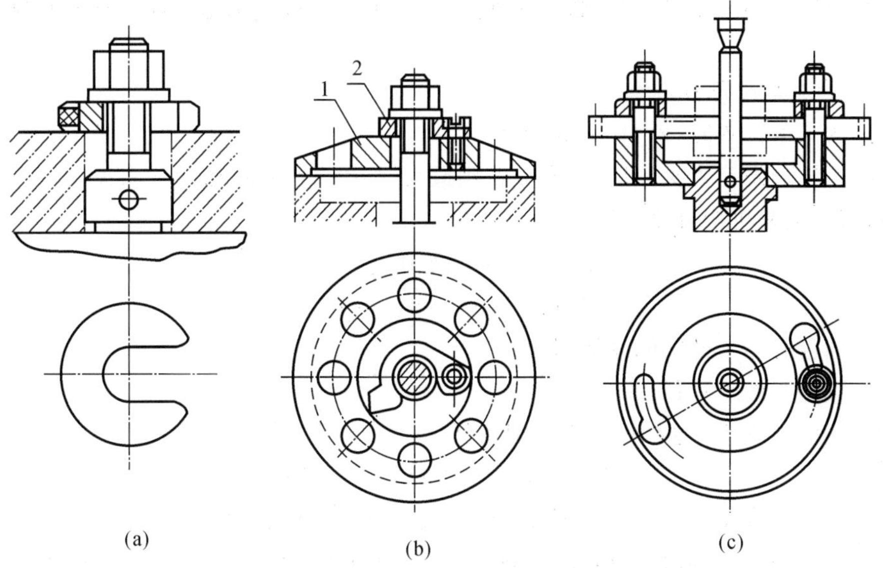

图 4.47　带有快卸垫圈的螺母夹紧机构

(a)开口快卸垫圈；(b)铰链式快卸垫圈；(c)盘式快卸垫圈

1—压板；2—垫圈

螺钉与螺母均用标准件，其螺纹升角甚小。如以 M8～M48 的螺钉为例，$\alpha=3°10'\sim1°15'$，远比摩擦角 φ 为小，故牢固保证自锁。

3. 偏心夹紧

常用的偏心夹紧件是偏心轮(轴)，其构造如图 4.48 所示，都已标准化了。它的优点是操作迅速，构造简单。它的缺点是工作行程小(取决于偏心距)，自锁性较差，只宜使用在切削力较小和振动不大的工序中。

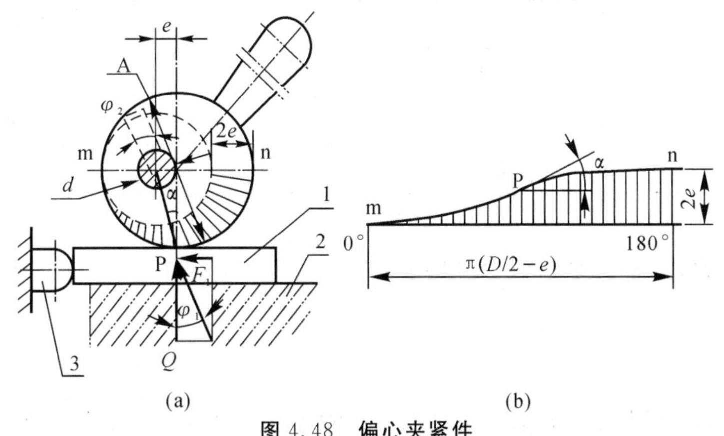

图 4.48　偏心夹紧件

(a)偏心轮机构；(b)偏心轮展开图

偏心夹紧好似一个弧形楔作用在转轴和工件之间。夹紧的最大行程虽是 $2e$(e 为偏心距)，但通常是在 60°～90°范围内使用，所以其实际行程 $2/3e\sim e$。根据圆偏心的升角在 P 点附近变化的特点，所以偏心的夹紧工作段就选取在 P 点前后各 30°～45°的范围内。

下述分析偏心夹紧的自锁条件。

如果知道圆偏心工作时，其夹紧点的确定位置，那就可以使圆偏心在该点的升角小于摩擦角 φ 来保证其自锁。

当 m 点为夹紧位置时，$\gamma=0°$，$\alpha=0°$。

当 n 点为夹紧位置时，$\gamma=180°$，$\alpha=0°$。

当偏心轮转动到 P 点夹紧时，升角 α 达到最大，如果 $\alpha_{max}\leqslant\varphi$，那么其他各点的升角也都小于摩擦角，偏心夹紧机构自锁。即

$$\tan\alpha_{max}\leqslant\tan\varphi$$

而

$$\tan\varphi=\mu,\quad \tan\alpha_{max}=e/R$$

式中：μ——圆偏心与工件间的摩擦因数；

R——圆偏心的半径；

一般 $\mu=0.1\sim0.15$，这样可得出自锁条件

$$D/e\geqslant14\sim20,\quad D\geqslant(14\sim20)e$$

式中：D——圆偏心的直径。一般都按 $D\geqslant14e$ 或 $D\geqslant20e$ 来设计偏心轮。

偏心夹紧工件时，若取其手柄长 $L=(2\sim2.5)D$，其夹紧力约为作用力的 12 倍。在使用标准偏心件时，其夹紧力一般约为 1 600～2 450 N。所以偏心夹紧宜使用在切削负荷不大且振动较小的工序中。

上面 3 种基本夹紧机构，都是利用斜面原理来增大夹紧力，但是扩力倍数各不相同，扩力倍数最大的是螺旋夹紧，其次是偏心夹紧，最后是楔块夹紧；在使用性能方面，螺旋夹紧的工作行程不受限制，夹紧可靠，但夹紧费时，而偏心夹紧动作迅速，但工作行程小，自锁性能较差。自锁性最好的是螺旋夹紧机构，楔块夹紧机构因夹紧力不大，通常与其他夹紧元件组合成机构来作用。3 种夹紧机构对比见表 4.2。可以看出，螺旋夹紧在各方面都较好，所以在生产中使用的也最为广泛。

表 4.2　3 种夹紧机构的对比

夹紧机构	自锁性	夹紧行程	夹紧力
楔块夹紧	一般	一般	夹紧力小
偏心夹紧	最差	受限制	一般
螺旋夹紧	最好	不受限制	夹紧力最大

三、组合夹紧机构与多位夹紧机构

1. 组合夹紧

前面介绍了夹具设计中应用较广泛而又较为典型的几种最基本的夹紧机构，这些夹紧机构可以单独使用，但是在多数情况下，它们之间都是相互组合在一起来使用的。下述介绍几种常用的组合夹紧机构。

(1)螺钉-压板夹紧机构。图 4.49 所示是常见的螺钉-压板夹紧机构。图 4.49(a)(b)两种机构只是操作施力的螺钉位置不一样，两者压板中间都有长孔，以便压板松开时能往后移

动，使工件装卸方便。两者压板的高低位置也可调整，即把支撑螺钉和施力螺钉高低位置调节适中即可。图 4.49(c)为铰链压板，螺母略转几圈不必取下即可夹紧或松开。按照杠杆原理可知，这 3 种螺钉-压板的结构形式所产生的夹紧力是不一样的，其受力分析如图 4.49 各分图的下面部分所示。

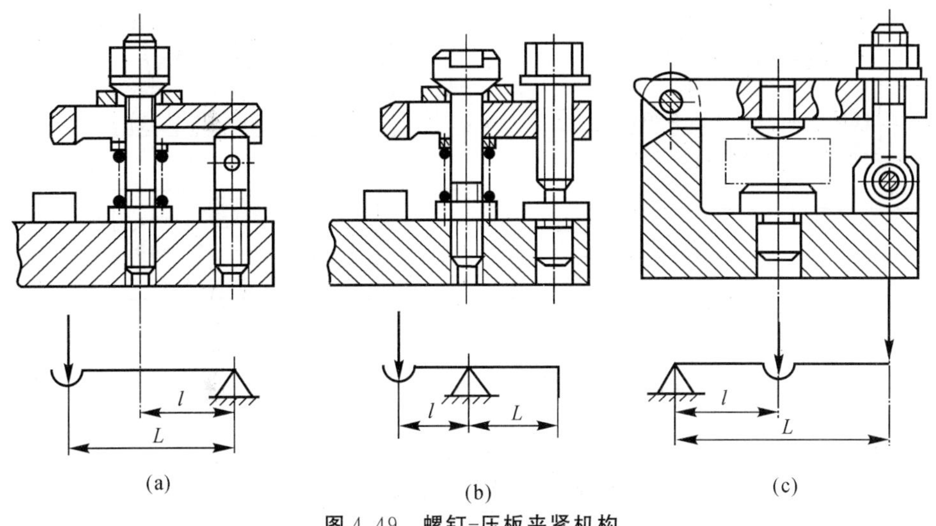

图 4.49　螺钉-压板夹紧机构

(a)中间施力；(b)右端施力；(c)铰链式

(2)偏心轮-压板夹紧机构。图 4.50(a)是手动夹紧，偏心轮与压板通过销子连成一体，借助于手柄顺时针转动偏心轮，压板左移，并将工件夹紧，反之则松开工件。图 4.50(b)则是夹紧、松开、移动压板的联动机构，它是分步进行的。

第一步：工件定位后，逆时针转动偏心轮，拨销 1 推动挡销 2 使压板进到夹紧位置。

第二步：继续逆时针转动偏心轮，拨销 1 与挡销 2 脱开，同时偏心轮恰好顶紧压板而夹紧工件。

第三步：松开工件，顺时针转动偏心轮，偏心轮逐渐失去作用，松开压板，偏心轮再继续转动时，拨销 1 推动挡销 3 使得压板右移，这样就可以取下工件。

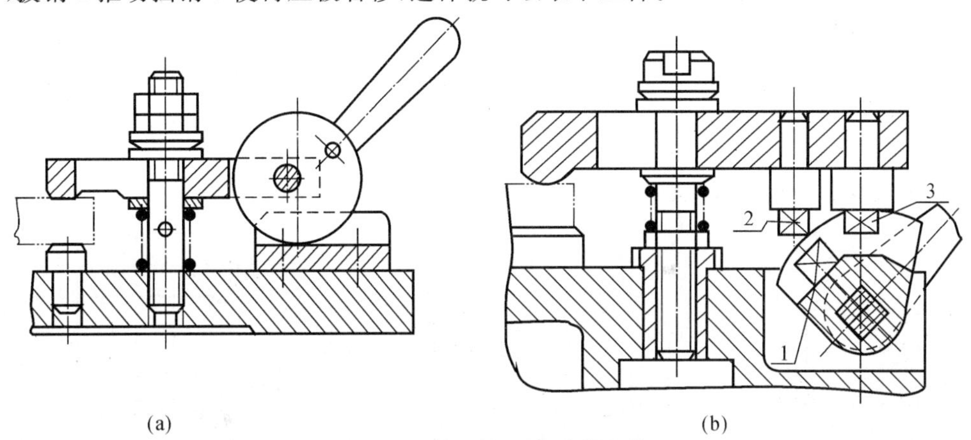

图 4.50　偏心轮-压板夹紧机构

(a)平动移动；(b)联动

(3)其他形式组合夹紧机构。图 4.51 为 3 种组合夹紧方式。图 4.51(a)是端面凸轮与摆动压板组合的机构，图的下方为端面凸轮工作面的展开图。图 4.51(b)为偏心轮与楔块组合机构，楔块之斜面可为大升角以利快速夹紧，由偏心轮保证自锁，弹簧使楔块快速退回。图4.51(c)为螺钉、楔块、杠杆组合机构，转动螺钉使楔块前后移动，楔块斜面为大升角不需自锁，以利快速夹紧，夹紧时的自锁性能是由螺钉保证的。

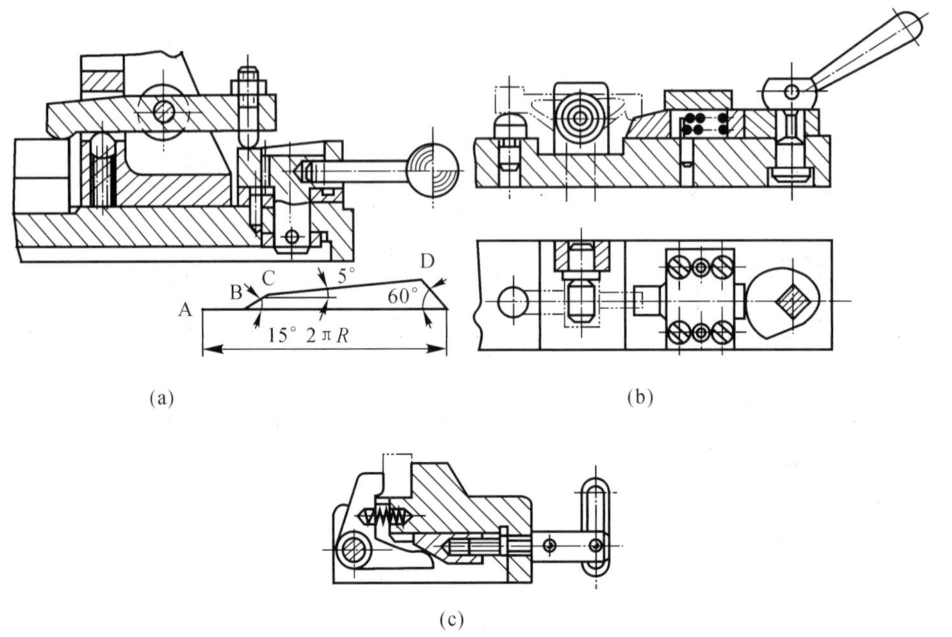

图 4.51　其他形式组合夹紧机构

(a)端面凸轮与压板；(b)偏心轮与楔块；(c)螺钉、楔块和杠杆

2. 多位夹紧机构

在机械加工中，根据工件的结构特点和生产规模的要求，常常需要对一个工件施加几个夹紧力，或者在一个夹具中同时安装几个工件。如果分别依次从各个方向上对工件夹紧，或者逐个对工件夹紧，不仅夹紧费时，而且还易造成夹紧力不均匀，引起工件产生夹紧变形，或者造成工件发生位移而破坏定位。所以在生产中常用联动夹紧机构，它只需要操纵一个手柄，就能同时从各个方向均匀地夹紧一个工件，或者同时夹紧数个工件。下述介绍几种联动机构。

(1)单件多位夹紧机构。用一个原始力，通过一定的机构分散到几个点上，对一个工件进行夹紧，叫作单件多位夹紧机构。

单件多位夹紧机构，可以从同一方向夹紧工件，如图 4.52 所示。

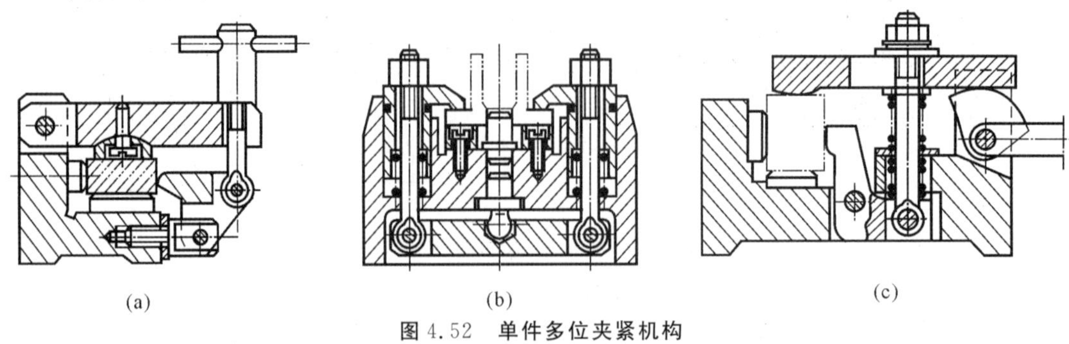

图 4.52　单件多位夹紧机构

(a)螺钉铰链式；(b)螺钉杠杆式；(c)偏心轮压板式

图 4.52(a)是转动手柄，通过回转板传力给压块，把工件压向下定位面。与此同时，通过杠杆与压块，把工件压向侧定位面，最终从两个方向上夹紧工件。

图 4.52(b)是旋转右边螺母，通过浮动件——杠杆，使两个钩形压板同时夹紧工件。(两个夹紧方向相同，都是向下压紧工件)。

图 4.52(c)是利用偏心轮，杠杆和压板从两个方向上同时夹紧工件。

(2)多件多位夹紧机构。用一个原始力，通过一定的机构实现对数个相同的工件的夹紧——多件夹紧。

多件多位夹紧的两种基本形式是多件平行夹紧和多件依次连续夹紧。图 4.53 所示是多件多位夹紧机构。图 4.53(a)(b)所示是多件平行夹紧机构，图 4.53(c)是多件依次连续夹紧机构。

多件平行夹紧是施加一个原始作用力，通过传力件把作用力平行地传给各工件，同时把全部工件夹紧。其优点是不产生积累误差，缺点是作用力被工件均分，对整个夹紧机构需要较大的原始力。

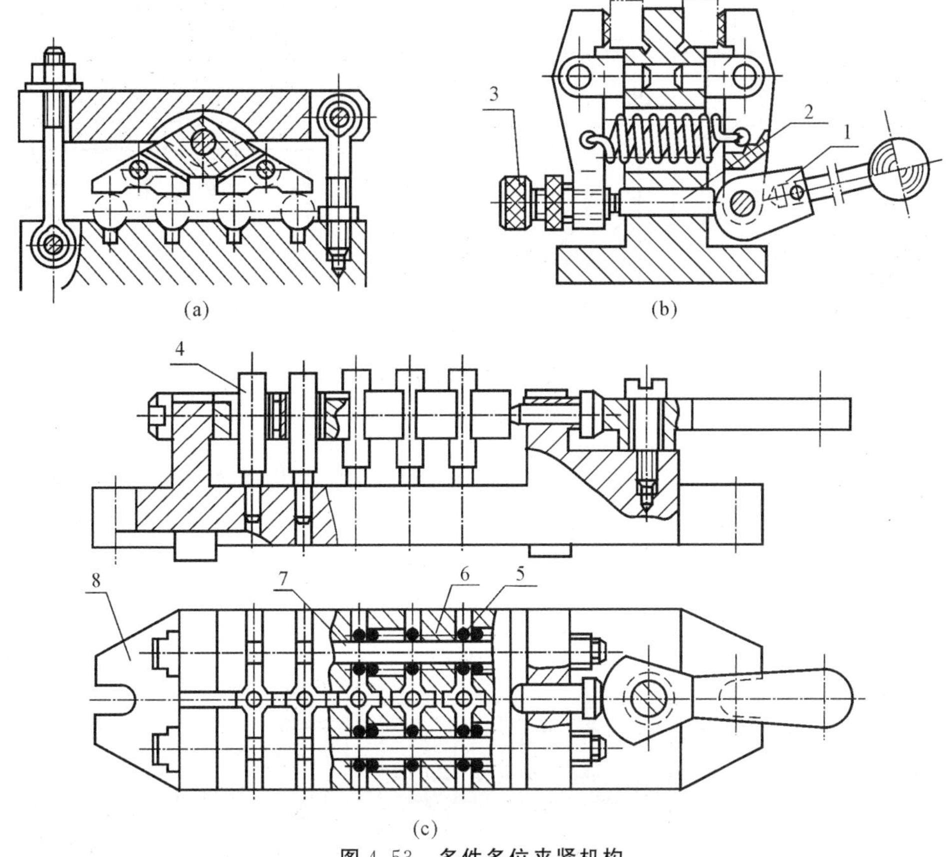

图 4.53　多件多位夹紧机构

(a)浮动压板式；(b)偏心轮式；(c)多件串行夹紧

1—偏心轮；2—顶杆；3—调节螺钉；4—工件；5—弹簧；6—V 形块；7—导柱；8—夹具体

多件依次连续夹紧是施加一个原始力，然后由各工件依次传递夹紧力直到把全部工件夹紧为止。其优点是各工件所受夹紧力相同，其缺点是在夹紧过程中会产生误差，而且愈到最后误差积累愈大[见图 4.53(c)]。

3. 设计多位夹紧机构应注意的问题

(1)多位夹紧机构必须能同时而均匀地夹紧工件。要做到这点,就要求夹紧元件必须采用能够浮动的结构形式,如图 4.54(a)所示。由于工件有尺寸公差,就有两个工件夹不住,改为图 4.54(b)的浮动压板,4 个工件就能同时被夹紧。如果采用液性塑料自行调节夹紧力则更好,其结构如图 4.55 所示。

(2)夹紧力方向必须和定位方式及加工方法相适应。如图 4.53(c)所示,这种夹紧方法只适用于被加工面与夹紧方向平行的情况,也就是说,它只适用于一把铣刀沿夹紧方向依次一个一个地加工工件。如果要在各工件中央铣开口槽,那么开槽的方向必须与夹紧方向平行一致,这样在夹紧时所产生的积累误差对工件的原始尺寸(垂直于夹紧方向)就不会有影响。

(3)保证每个工件都有足够的夹紧力。在平行多位多件夹紧时,总夹紧力 Q 是各作用点夹紧力的矢量和。如果各作用点夹紧力方向相同,总夹紧力就是各点夹紧力的代数和。

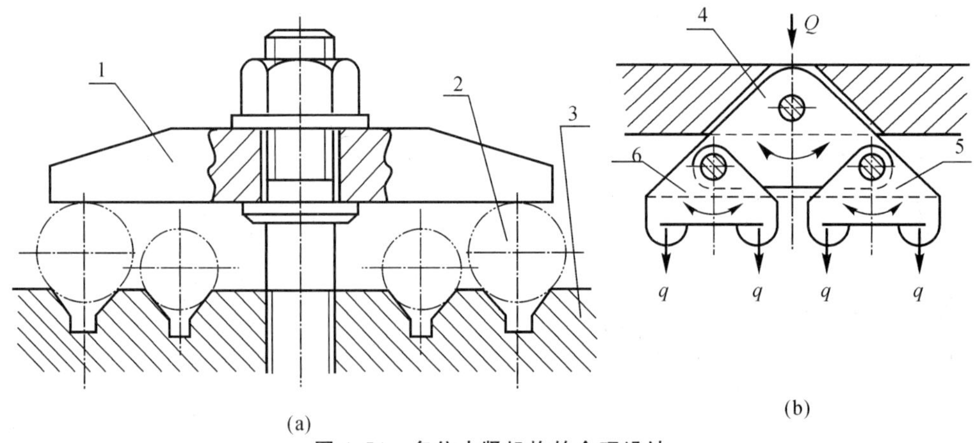

图 4.54 多位夹紧机构的合理设计

(a)刚性压板;(b)浮动压板

1—压板;2—工件;4—铰链板;5、6—浮动压头

对于多件依次先后夹紧时,如图 4.53(c)所示,由于夹紧机构中各元件之间存在摩擦,这样总夹紧力也不等于单个工件上的夹紧力,而且离原始力愈远的工件所受的夹紧力也愈小。基于这种原因,对这类夹紧机构必须限制被夹紧工件的数目。

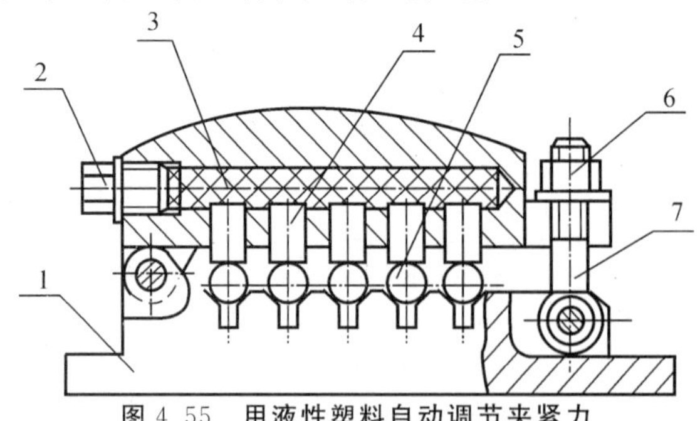

图 4.55 用液性塑料自动调节夹紧力

1—夹具体;2—堵头螺钉;3—液性塑料;4—柱塞;5—工件;6—夹紧螺帽

(4)在多件夹紧装置中,夹紧件和传力件要具有足够的刚性。由于多件夹紧装置中所需的夹紧力较大,机构中传力的元件较多,存在着许多可动的环节,使得整个机构刚度变差,夹紧后易发生弹性变形,影响夹紧的可靠性,所以在设计时,应使夹紧件和传力件具有足够的强度和刚度。

四、机动夹紧装置

手动夹紧，不需要专门的动力装置，夹具结构比较简单，然而，人的力量是有限的，既哪怕通过增力机构，夹紧力通常也满足不了使用要求，另外在大批量生产中，夹紧动作频繁，操作工人也很劳累。为了解决手动夹紧的不足之处，适应大批量生产，通常采用机动夹紧来代替手动夹紧。

机动夹紧装置由三部分组成，如图 4.56 所示。

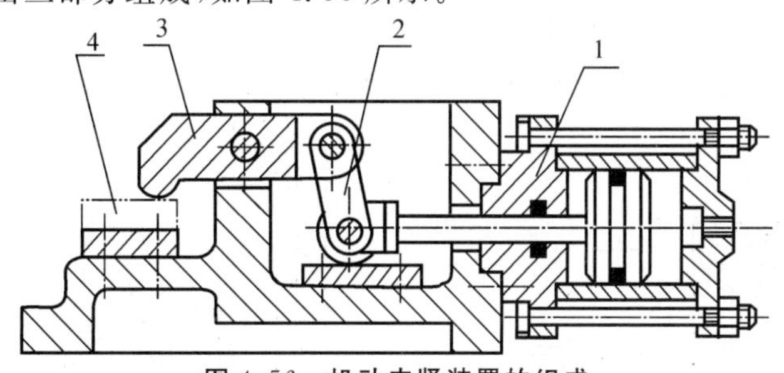

图 4.56　机动夹紧装置的组成

1—动力装置；2—中间传动机构；3—夹紧元件；4—工件

(1)动力装置，用来产生原始力，并把原始力传给中间传动机构(由汽缸、油缸产生原始力)。

(2)中间传动机构，传递原始力给夹紧元件变为夹紧力，它可改变夹紧力的大小和方向。

(3)夹紧件，与工件直接接触，承受中间传动机构传过来的力，完成夹紧任务。

常用的机动装置有气动、液压、电动等机动夹紧装置，这些装置不管结构多么复杂，都可以简化成上述三部分。

气动夹紧装置用得较多，其气源是车间里的压缩空气(0.4～0.6 MPa)，经除水、调压后通过分配阀而进入夹具的汽缸。图 4.57 仅为车床上使用的一种，夹具体 1 通过过渡盘 2 固定在主轴 3 的前端，汽缸体 6 通过过渡盘 5 固定在主轴的尾部。当压缩空气由配气接头 8 进入汽缸的右腔时，活塞左移，并通过拉杆 4 用的 3 个压爪将工件夹紧。反之，当压缩空气进入左腔时(右腔则排气)，活塞右移而松开工件。气压元件和汽缸等都已标准化或规格化，设计时可参阅。

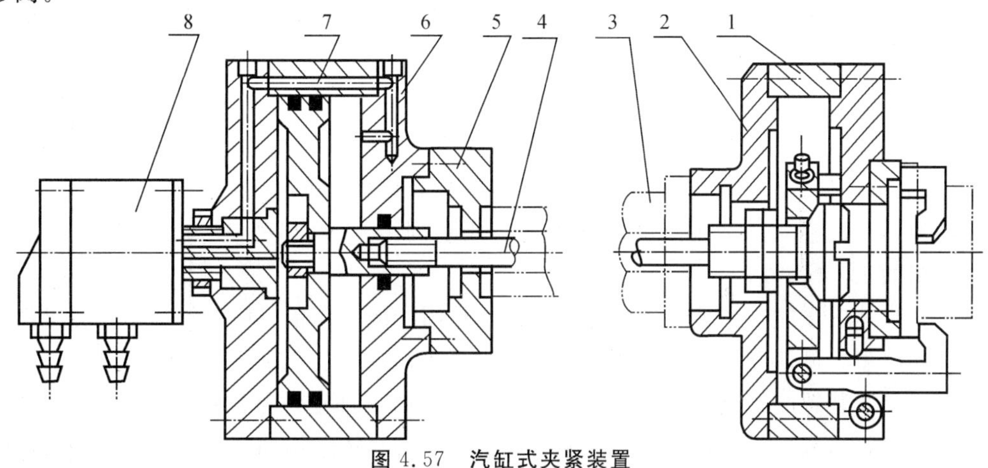

图 4.57　汽缸式夹紧装置

1—夹具体；2,5—过渡盘；3—主轴；4—拉杆；6—汽缸体；7—气道；8—配气接头

薄膜气盒式夹紧装置，是气动夹紧装置的一种。气盒分为单向作用式和双向作用式两种，最常用的为单向作用式。单向作用的薄膜气盒的结构如图 4.58 所示。气盒由壳体 1,2 组成，

中间橡皮薄膜6代替了活塞，将气室分为左右两腔。当压缩空气通过管接头5进入左室时，便推动橡皮薄膜6和推杆3向右移动而实现夹紧。当左室由管接头5经分配阀放气时，由弹簧的作用力使推杆左移而复位。气盒已标准化，选用时仍可查手册，并可直接外购。

气盒传动装置有以下优点：

1)结构紧凑，重量轻，成本低。

2)密封良好，压缩空气损耗少。

3)摩擦部位少，使用寿命长，可工作到6万个行程才需修理。

其缺点是推杆的行程受薄膜变形的限制，一般行程仅在30～40 mm之内。

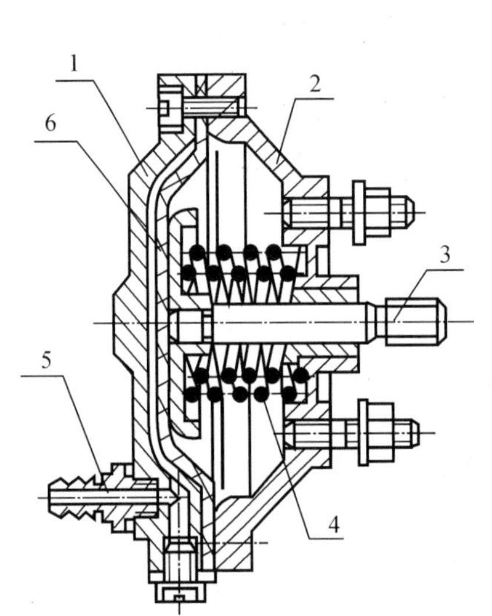

图4.58　薄膜式气盒

1—左盖；2—右盖；3—推杆；4—弹簧；5—管接头；6—橡皮薄膜

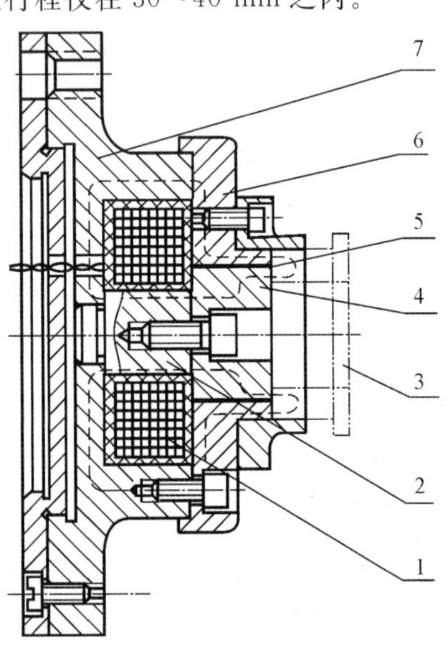

图4.59　车床上用的电磁卡盘

1—线圈；2—心轴；3—工件；4—铁芯；5—隔磁体；6—导磁件；7—夹具体

电力夹紧装置包括电动机传动和电磁夹紧两种方式。电磁夹紧又分为永磁式和感应式两种。感应式电磁夹紧装置由直流电流通过一组线圈产生磁场吸力而将工件夹紧。图4.59为车床用感应式电磁卡盘。当线圈1通上直流电后，在铁芯4上产生磁力线，避开隔磁体5使磁力线通过工件和导磁件6形成闭合回路(如图中虚线所示)，工件被磁力吸在盘面上。断电后，磁力消失，取下工件。若工件不导磁则不能用电磁夹紧装置。电磁夹紧的特点是夹紧力不大，但分布均匀，要求工件必须导磁。电磁夹紧适合于切削力不大，小型、较薄的导磁工件和要求变形小的精加工工序。

真空夹紧装置在航空产品生产中有着独特的作用。因为用铝、铜、塑料等非磁性材料制造的薄壁件和许多大型薄壁零件(如方向舵壁板、机翼等)，在加工时要求能均匀施压夹紧，这正可发挥真空夹紧装置的优点。这种装置是用真空泵抽出工件定位基准部件空腔中的空气(四周有橡皮圈密封)，靠外界均匀的大气压来夹紧工件。其具体结构如图4.60所示，夹具体1上的定位表面按样板制造，其上开着许多纵横相交的窄槽(便于从各处抽气)，周围用“O”形密封条密封。抽气孔通过导管4、管嘴3与真空泵相连。工件(飞机方向舵壁板)放在夹具定位面上，抽真空后工件就被均匀地吸紧，夹具空腔与大气相通时就松开工件。

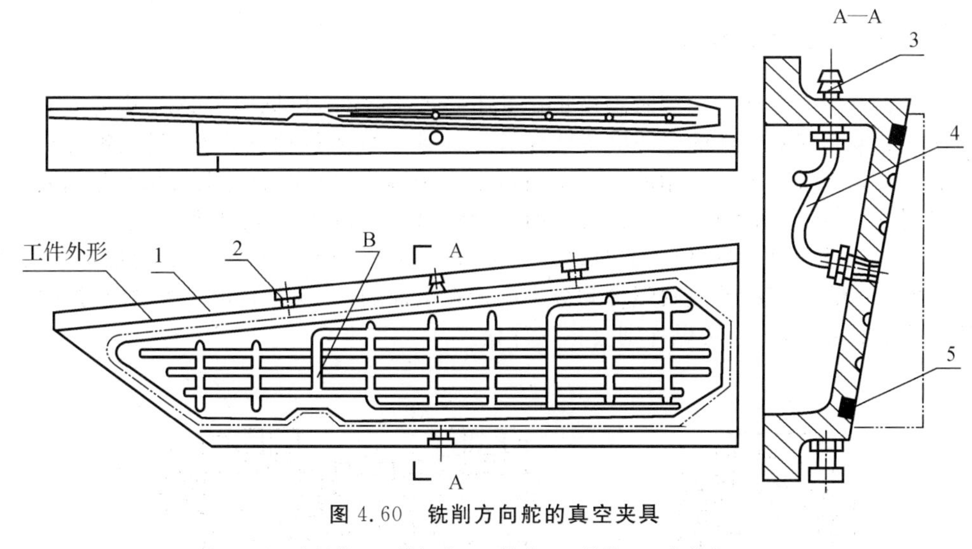

图 4.60　铣削方向舵的真空夹具

1—夹具体；2—排气孔；3—管嘴；4—导管；5—密封条

4.4　机床夹具的典型装置

在机床夹具结构中，除了定位和夹紧两种主要的装置和元件外，根据工件被加工表面的特点和不同的技术要求，有时还要采用一些其他相应的装置，如用于确定对称中心的自动定心装置、用来改变工位的分度装置和适应加工型面的靠模装置等。

一、自动定心装置

上述两节介绍了夹具上的两种主要元件和装置——定位件和夹紧装置。定位件是用来确定工件在夹具上所占有的一定位置，而夹紧装置则是把工件在定位后位置上固定下来，并保证在加工过程中不改变这一位置，定位和夹紧是分别进行的，但是有一种装置可以使定位和夹紧同时起作用，这就是自动定心装置。

自动定心装置是夹具上的一种定位夹紧机构，这种装置的定位件之间存在有一定的联系，通过机构上的这种联系，它的定位元件上的定位表面可以同时而等速地互相接近或分离，从而把工件定心并夹紧。

例如常见的车床上的三爪卡盘，就是一种自动定心装置，在夹紧工件过程中，卡盘上的 3 个卡爪可以同时径向接近或离开工件定位表面，它不但起了夹紧工件的作用，而且也起了定心作用。

自动定心装置能起定心作用的条件是：①工件上定位基准需具有对称的外形；②定位件必须能同时等速地相对移动。

从理论上分析似乎定位误差为零，但是实际上该装置在制造上存在误差，另外在使用过程中不均匀地磨损和变形，这些总是会造成一定的定位误差。根据定位精度的高低，可选用不同的定心装置，以满足加工要求。根据传动机构上的特点，常用的自动定心装置有螺旋式、楔式、偏心式、弹簧片式和液性塑料式，现分述如下：

1. 螺旋式自动定心装置

这种定心装置的原理是利用螺旋来带动几个定心夹紧件，以同时等速地移近或离开工件的定位基准面来实现对工件的定心夹紧或松开。这种装置的传动方式有螺杆、螺母传动和盘形螺旋槽与齿条啮合两种。常用的三爪卡盘就是利用端面螺旋槽的传动机构来进行定心夹紧的典型实例，此外还有利用具有左右螺纹的螺杆螺母传动机构的定心夹紧装置。

图 4.61 是采用螺杆螺母传动的自动定心装置，当转动靠在叉形件 4 上的螺杆 3 时，螺杆上的左右螺纹（螺距相等）就使两螺母和分别固定在上面的 V 形块 1 和 2 作同时等速的移动，从而将工件定心并夹紧，反转螺杆则会将工件松开。

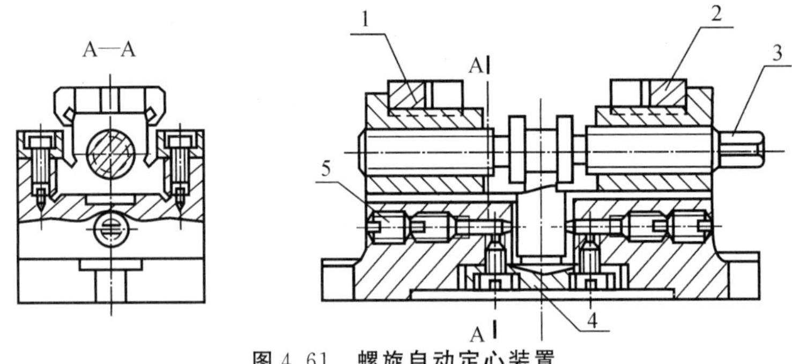

图 4.61　螺旋自动定心装置

1、2—V 形块；3—螺杆；4—叉形件；5—调节螺钉

螺旋自动定心装置的特点是结构较简单、工作行程大、通用性好，但定心精度不高，一般为 $\phi0.05 \sim \phi0.1$ mm。这主要是由螺旋机构的制造误差、配合间隙、调整误差和不均匀磨损等所致，所以，它常用于定心精度要求不太高的工件。

2. 楔式自动定心装置

这种定心装置的原理是利用楔块和卡爪间的相对滑动，使卡爪同时移近或离开工件，从而实现对工件的定心夹紧或松开。根据结构上的不同特点，楔式自动定心装置分为爪式和弹簧夹筒式两种。

图 4.62 是机动楔式卡爪自动定心装置。工件以内孔和左端面为基准安放在装置上之后，汽缸（或其他机动力）通过拉杆使六个卡爪 1 左移，由于本体 2 上斜面的作用，卡爪 1 在左移的同时又向外胀开，从而将工件定心夹紧。反之，卡爪向右移动时，由于弹簧卡圈 3 而收拢，则将工件松开。

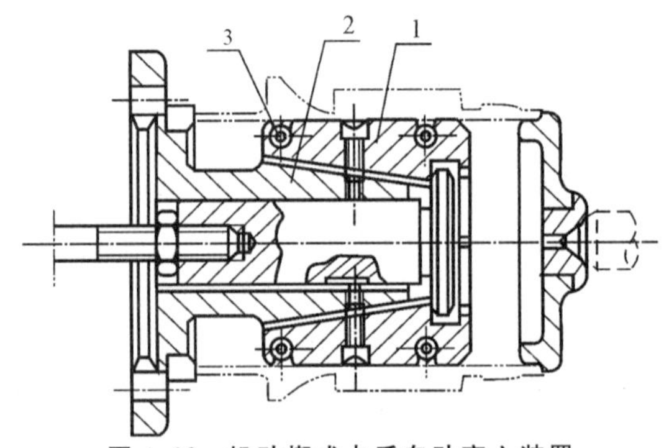

图 4.62　机动楔式卡爪自动定心装置

1—卡爪；2—本体；3—弹簧卡圈

图 4.63 所示是几种弹簧夹筒式自动定心装置的实例。图 4.63(a)用于工件以外圆和端面作定位基准的情况。图 4.63(b)是工件以内孔和端面作定位基准的外胀式结构。图 4.63(c)是机动操作的例子，由于工件的定位基准孔较长，结构上采用了双边锥面的弹性夹筒形式。在以上结构中，对工件轴向的定位是另设置了定位件，图 4.63(d)中的弹性夹筒能限制工件的 5 个自由度，适用于对环、盘类等短工件的定心夹紧。

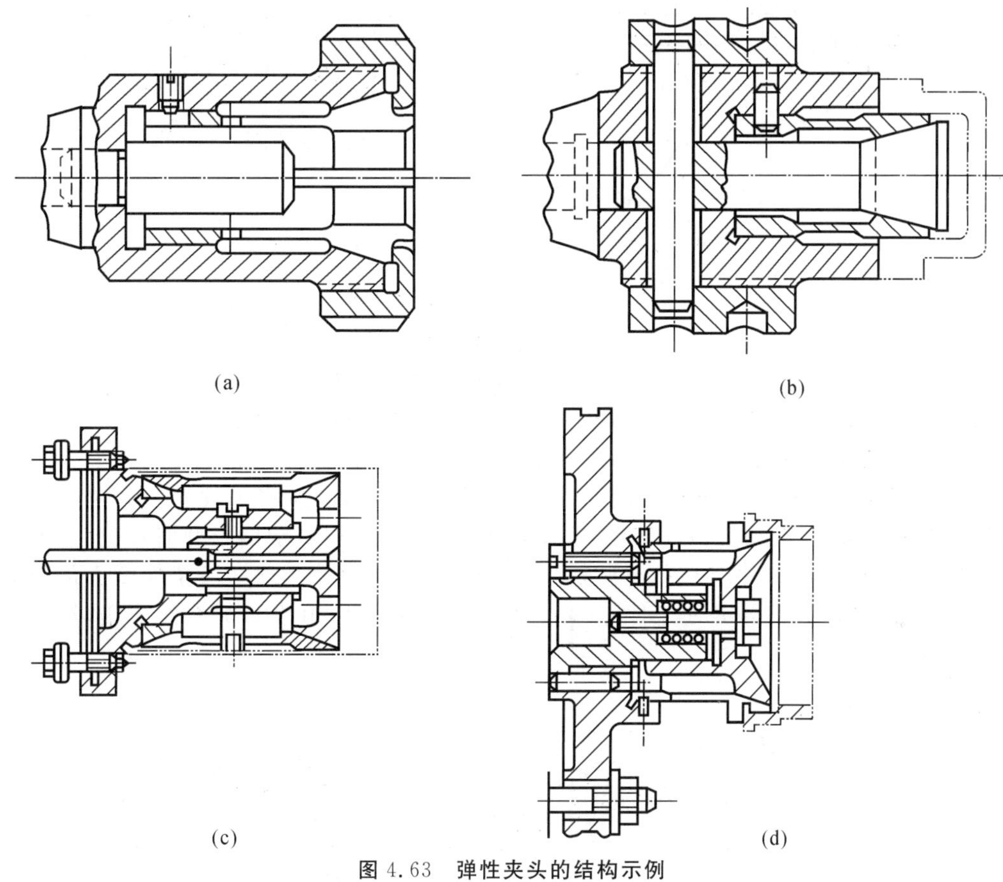

图 4.63　弹性夹头的结构示例

(a)外圆夹紧；(b)内孔夹紧；(c)机动夹紧；(d)弹性夹筒

以上这些弹簧夹筒的结构简单紧凑，操作方便，所以用得比较广泛。但由于夹筒锥面处接触不良常易磨损，加之弹性部分变形不均匀，所以定心精度一般只达 $\phi 0.02$ mm。另外，由于弹簧夹筒的变形不能过大，所以对工件定位基准的要求较高，一般应达 IT7～IT10。

3. 偏心式自动定心装置

这种装置的原理是利用机构中带有偏心型面的零件，在旋转时将定位件移近或分开，从而实现对工件的自动定心夹紧。该装置的原理如图 4.64 所示，图 4.64(a)是利用转盘 1 上的 2 条偏心槽通过圆销来推动两个滑动卡爪 2 作相向移动时，将工件定心并夹紧的。反转转盘 1 则将工件松开。图 4.64(b)是利用切削力使工件得以自动定心及夹紧的原理，当工件套上后，先将其顺时针拨转(或转动隔离圈 3)，使三个滚柱 5 在心轴 4 的偏心型面上滚动时，向外胀开而楔紧工件(定心)，加工时的切削力会进一步将工件楔紧。这种装置操作迅速，定心夹紧可靠。

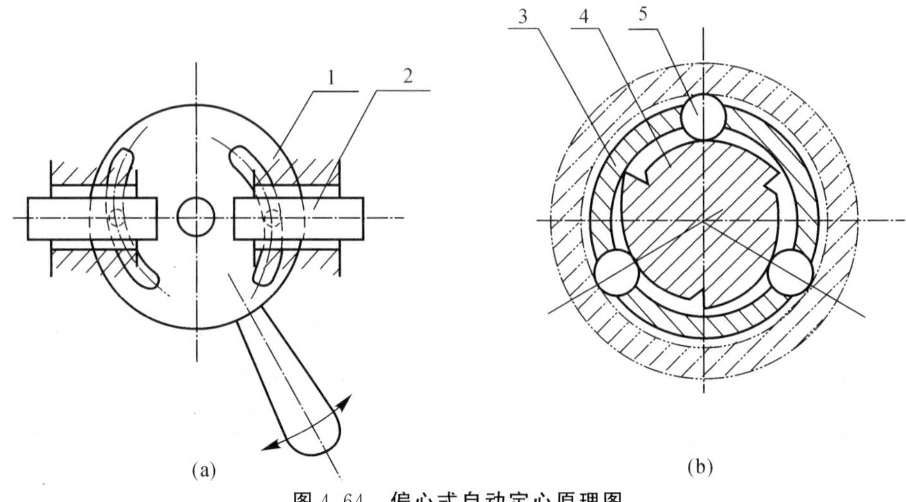

图 4.64　偏心式自动定心原理图

(a)手动施力夹紧；(b)切削力夹紧

1—转盘；2—卡爪；3—隔离圈；4—心轴；5—滚柱

图 4.65 是偏心式三滚棒自动定心心轴。工件以内孔和端面为基准装在心轴上，用于加工外圆及右端面。在具有 3 个均布平面的心轴体 1 上滑套着套筒 6，套筒 6 上 3 个均布槽内各有 1 滚棒。当转动套筒 6 使这 3 个滚棒处于缩回位置时，将工件套入。镶在心轴体圆周槽中的弹簧 5，会推动套筒 6 转动，心轴体上 3 个平面（相当于偏心型面）就会迫使 3 个滚棒向外推出，从而将工件定心和预夹紧。再旋转螺帽 4，迫使小球 3 沿垫块 2 上的斜面移动，小球即与工件内孔接触并使工件左端靠紧。开始加工时，由于切削力的作用，滚棒进一步将工件撑紧。

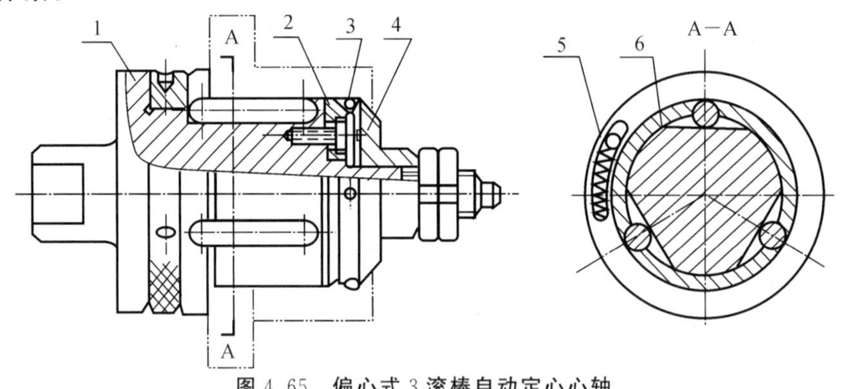

图 4.65　偏心式 3 滚棒自动定心心轴

1—心轴；2—垫块；3—小球；4—螺帽；5—弹簧；6—套筒

这种定心装置的工作行程短，但操作时动作快。由于几段偏心型面（或槽）很难制造得对称（均匀），影响行程的一致性，加之运动环节的间隙和磨损等，会影响定心精度，偏心式自动定心精度一般约达 $\phi 0.05 \sim \phi 0.01$ mm，所以它只适用于对定心精度要求不高的工序中。

4. 弹簧片式自动定心装置

这种装置的原理是利用薄板（片）受力后产生弹性变形，来将工件定心并夹紧的装置。根据弹性薄壁件结构的不同，可分为碟形弹簧片式、碗形弹簧片式和膜片卡盘式。

(1)碟形弹簧片自动定心装置。这种装置是采用成组的弹簧片，当其受轴向压缩时，外径胀大，内径缩小，从而使工件定心夹紧。图 4.66 就是这种装置的构造。在图 4.66(a)中，旋转螺钉使左右两组碟形弹簧片同时受压，外径胀大，从而将工件定心夹紧。图 4.66(b)所示的结构是在弹簧片外圆上再套一个薄壁套筒，拉杆向左拉动时，它的锥面使滚珠径向外移，两个滑动套就同时压缩左右两组弹簧片，使之变平，进而迫使薄壁套筒径向胀大，将工件定心夹紧。这种结构有利于提高定心精度并防止划伤工件的定位基准面。

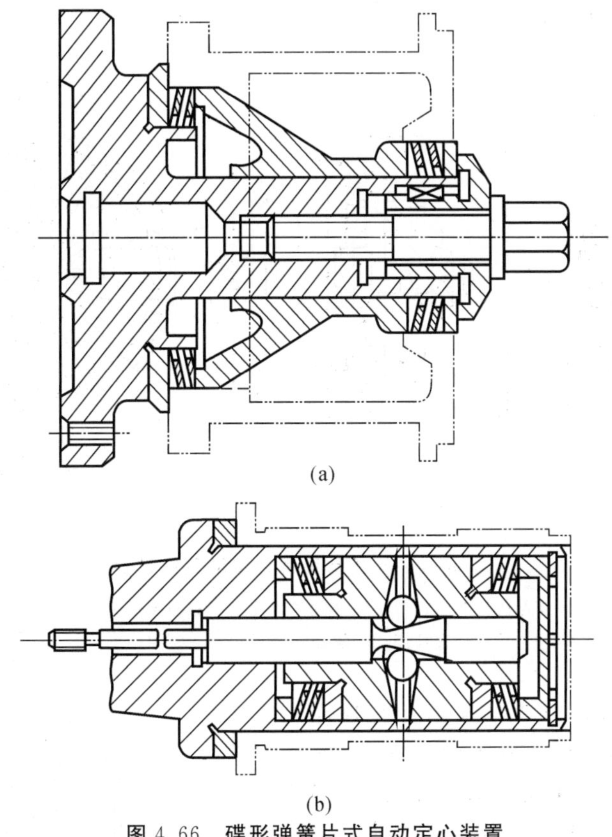

(a)

(b)

图 4.66　碟形弹簧片式自动定心装置

(a)手动式；(b)机动式

碟形弹簧片的结构尺寸已经规格化了，设计时可根据工件定位基准尺寸的大小，选择近似的规格，然后加工到所要求的尺寸。

这里需要注意的是，应根据工件定位基准长度 L 与直径 D 之比来确定弹簧片的组数和片数。即：当 $\frac{L}{D}<1$ 时，用一组，共约 4～5 片；当 $\frac{L}{D}>1$ 时，用 2～5 组，每组 3～4 片。

还要对压板的轴向移动量加以限制，以防止弹簧片受压变形过大而发生卡死或压伤工件的现象。例如在图 4.66 的两种结构中，都是用夹具体中导引孔的端面来限制滑动压板[见图 4.66(a)]或拉杆[见图 4.66(b)]的轴向移动量。

(2)碗形弹簧片自动定心装置。这种装置是利用形似碗状的弹性件，在轴向力作用下，会发生外径胀大或内径缩小的变形，来实现对工件的定心夹紧。图 4.67 就是碗形弹簧片及用它组成的自动定心装置。

图 4.67(a)中的工件是以内孔与端面为基准的情况，当旋转螺钉 4 时，由于螺钉左端的螺母同螺钉锁成一体又有垫圈阻挡，所以螺钉 4 只能转动不能移动。而套在中部的螺套 2 由于具有两个凸起键置于本体 1 的槽中，因而不能转动却可移动。正转螺钉 4 则螺套 2 右移，推动

碗形膜片 3 中部向右变形，而膜片 3 的薄壁外圈被压板紧压着而形似支点，此时膜片的右边外缘则随之向外扩张，使工件得以定心夹紧。

图 4.67(b)所示是以外圆和端面为基准的实例，当旋转螺钉时，膜片中部向左变形，定位孔收缩，将工件外圆定心夹紧。

这种装置的优点是定心精度高(可达 ϕ0.01 mm)，膜片制造容易，夹紧力大。但其只宜用于定位基准直径大而短的工件。

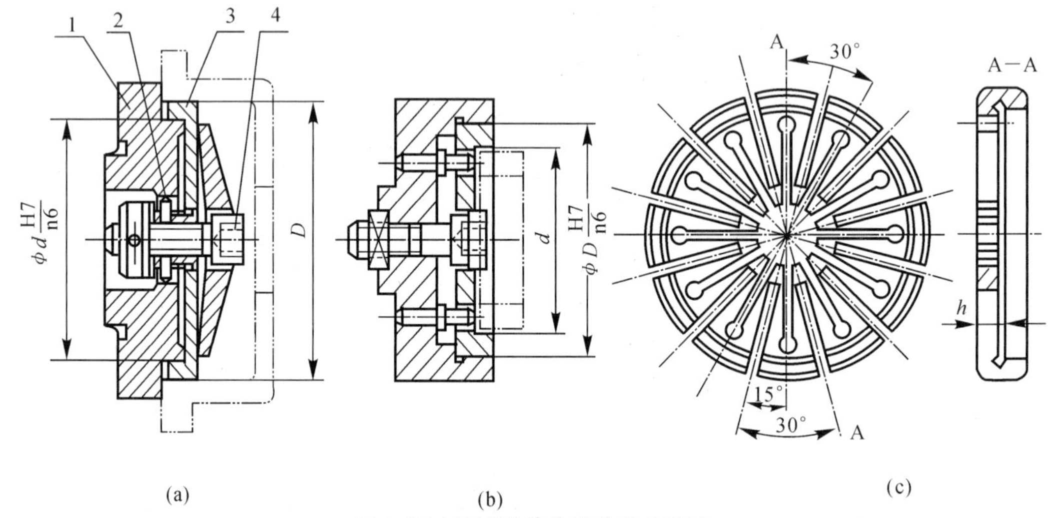

图 4.67　碗形弹簧片自动定心装置

(a)内孔与端面定位；(b)外圆与端面定位；(c)碗形弹簧片

1—夹具体；2—螺套；3—膜片；4—螺钉

(3)膜片卡盘。这种装置是利用具有弹性的薄片圆板，在轴向力作用下，膜片发生弹性变形，使其卡爪式定位表面胀大或缩小，来实现对工件的定心夹紧。

图 4.68 所示是一种膜片卡盘。工件以内孔和端面为基准放置在 6 个或更多的卡爪 5 上并紧靠定位件 1。当正转顶在件 3 上的螺钉 4 时，就迫使膜片弹性变形，此时膜片上的卡爪则同时向外扩胀(实则绕紧固点转动)，从而将工件定心夹紧。该夹紧力的大小可由螺钉 4 旋转的多少控制。

生产实践证明，使用膜片卡盘有以下优点：

1)定心精度高，若调整适当，工件的定心精度可达 ϕ0.005～ϕ0.01 mm。

2)生产率高，使用方便，装卸工件容易。

3)定位件一般是可调的或在装配后再精磨，因而夹具设计、制造和装配大为简便。

由于膜片卡盘能承受的切削扭矩不大，所以，一般常用于磨削或对有色金属件的车削加工工序。

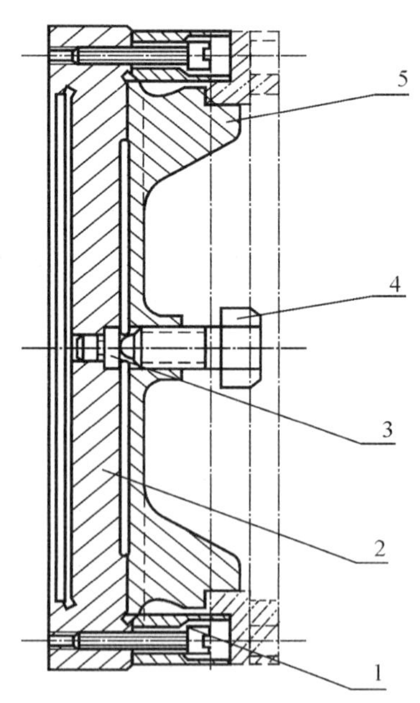

图 4.68　用于撑紧工件内孔的膜片卡盘

1—定位件；2—夹具体；3—销钉；4—螺钉；5—卡爪

5.液性塑料自动定心装置

这种装置的原理是利用填充在密闭容腔中的液性塑料作为传递压力的介质,液性塑料受压后,使薄壁套筒产生均匀的胀大或缩小的弹性变形,消除工件与薄壁套筒间的间隙,来实现对工件的定心夹紧。

图 4.69 为这类装置的两种结构,其中图 4.69(a)是用以对工件内孔实现定心夹紧;图 4.69(b)是对工件以外圆为基准的定心与夹紧。两者的基本结构和工件原理是相同的,直接起着定心夹紧作用的弹性元件是薄壁套筒 2,它的两端以过盈配合装于夹具体 1 上,在所构成的容腔中注满了液性塑料 3。当把工件装到薄壁套筒 2 上之后,旋紧螺钉 5,通过柱塞 4 使液性塑料受压,处于密闭容腔中的液性塑料就将其压力传递到各个方向。因此,薄壁套筒 2 的薄壁部分便产生径向弹性变形,从而使工件定心并夹紧。当拧松螺钉 5 后,薄壁套筒则会弹性恢复而将工件松开。图 4.69(a)中的限位螺钉 6,是用以限制加压螺钉 5 的最大行程,以防薄壁套筒超负荷而产生永久变形。

液性塑料自动定心装置有以下特点:

(1)定心精度高。由于它的定位表面和工件定位基准是圆柱面接触,接触面可以达到整个套筒薄壁长度的 80%,而且夹紧均匀,工件定位基准面不致因夹紧而损坏,能保证高的定心精度,一般为 $\phi 0.005$～$\phi 0.01$ mm。

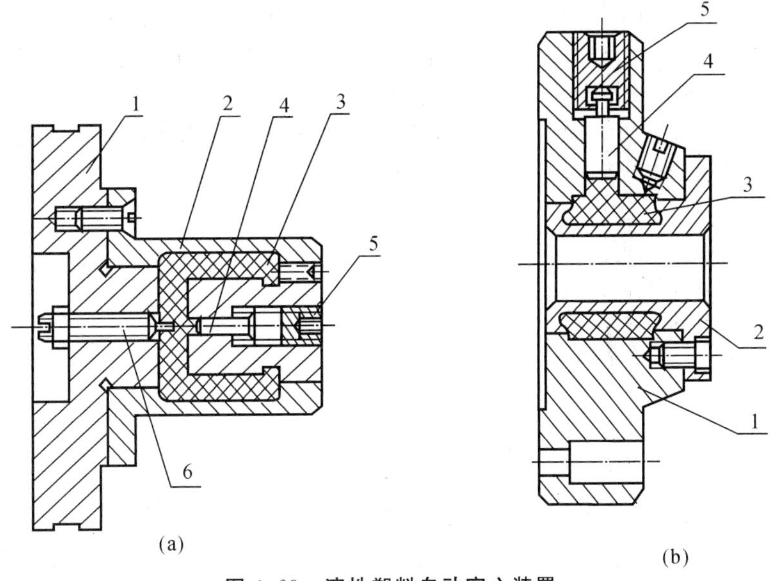

图 4.69　液性塑料自动定心装置

(a)工件内孔定心;(b)工件外圆定心

1—夹具体;2—套筒;3—液性塑料;4—柱塞;5—螺钉;6—限位螺钉

(2)结构简单紧凑,操作方便。

(3)对工件的定位基准精度有较高要求。由于薄壁套筒的变形量受材料屈服极限的限制不能过大,否则,会产生永久变形或开裂,因而要求工件与套筒间的间隙不能过大,也就是要求工件定位基准有较高的精度。$D<40$ mm,孔 IT7,轴 IT6;$D>40$ mm,孔 IT8,轴 IT7。

(4)对液性塑料所加压力不能过大(一般不超过 300 kgf/cm^2,1 $kgf/cm^2=9.8\times10^4$ Pa),否则会使液性塑料渗漏或薄壁套筒胀裂。

薄壁套筒的材料常用 40Cr,65Mn,30CrMnSiA 等合金钢,也可用 T7A,45 钢等,热处理到

HRC38～42。

二、分度装置

1. 分度装置的功用与组成

在编制工艺规程时，常常遇到某些工件需要在它上面加工出形状、尺寸相同而位置等分或不等分的表面，如六角螺母的6个面、花键轴上的花键等。在这种情况下，为了能在工件一次装夹定位中完成这类等分表面的加工，保证必要的精度和生产率，需要在加工过程中对工件进行分度，即按照工件被加工表面的位置转动一定的角度，变换加工位置进行加工。

工件在一次装夹定位中，不必使工件松开而能连同定位元件相对于刀具（或机床）转过一定角度或移过一段距离，从而占有一个新的加工位置，这就称为分度，具有这种功能的装置称为分度装置。分度装置按照其原理和结构的不同，可分机械、光学和电感等类型。但在机械加工中，最常用的还是机械式分度装置。

机械式分度装置的结构，有蜗杆蜗轮式、差动齿轮式、分度盘式和端齿盘式等数种，前两者多用在通用的分度头中，后两者常在专用夹具及组合夹具上采用，这里将详细地介绍分度盘式的分度装置。

图4.70为扇形工件上钻5个ϕ10 mm径向孔的轴向插销式分度装置。该扇形工件以圆柱凸台和端面为基准，在转轴4的端部圆孔和分度盘3的端平面上定位，还以一个小孔为基准装在菱形销1上作角向定位。用两个钩形压板9将工件压紧在分度盘上。当钻好一个孔后要变换工位时，可用手柄6松开分度盘，再转动手柄7拔出分度销8，然后转动分度盘到下一工位，再插入分度销8，用手柄6把分度盘轴向锁紧。这样就可将工件在一次安装中，用分度方法来变更工位，依次钻出5个ϕ10 mm的径向孔。

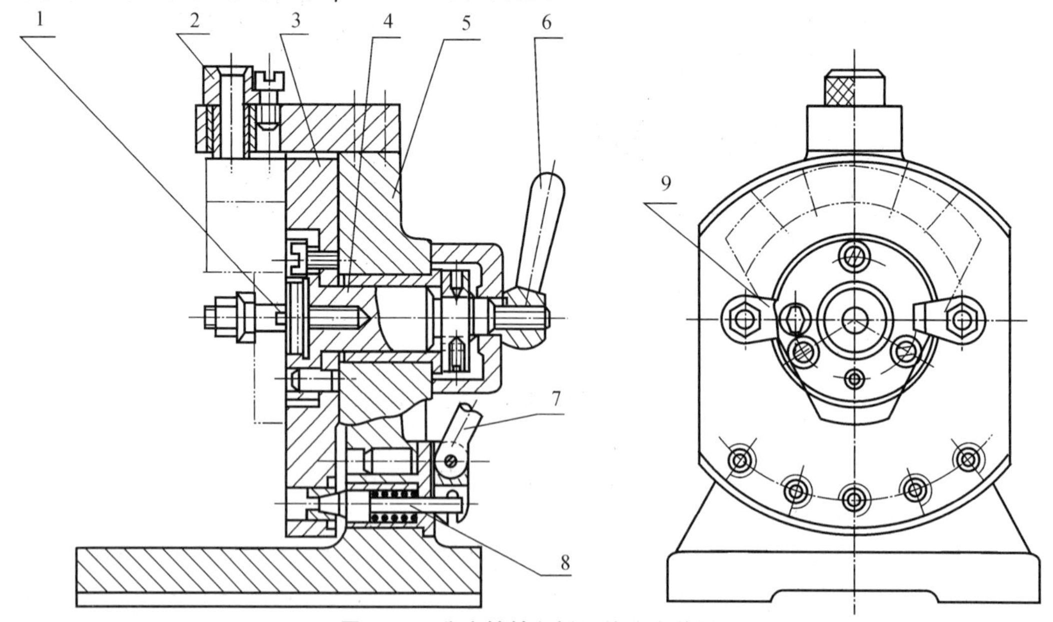

图4.70 分度销轴向插入的分度装置

1—菱形销；2—钻套；3—分度盘；4—转轴；5—夹具体；6、7—手柄；8—分度销；9—钩形压板

从上述例子可以看出，机械式分度装置要完成分度必须有两个元件——分度盘和分度销，两者缺一不可。

2. 分度盘与分度销

在分度装置中，一般分度盘和转轴是由不同材料分别做成的，然后固连在一起，工作时，分度盘与转轴一起转动，对于结构简单尺寸小的分度装置，分度装置与转轴可以做成一体。有时分度盘固定不动，分度销装在夹具活动部分上随之转动分度。不论分度盘是转动的还是固定的，在分度盘上都必须开有与分度销相适应的孔或槽，根据分度销插入的方向，分度盘上的分度孔和槽可以分布在圆周上（径向）或端面上（轴向）。分度盘的结构如图 4.71 所示。

图 4.71(a)是分度孔沿轴向分布在分度盘的端面上，由于分度孔直径较小，在硬度不高的情况下，应在坐标镗床上加工这些分度孔，以保证分度孔的精度和位置精度。为了减少分度孔在使用过程中的磨损，提高其耐磨性，常在分度孔中压入淬过火的衬套（用 T7A，T8A，淬火后 HRC55～60）。

图 4.71(b)(c)的分度槽是沿分度盘径向分布的。图 4.71(b)是单斜面槽，径向的直侧面起着分度的定位作用，以确定分度盘的角向位置，直侧面通过分度盘中心，斜侧面仅起消除分度销与分度盘配合间隙的作用，只要求与分度销斜面的角度（一般为 30°）一致，保证接触良好即可。图 4.71(c)是双斜面槽，两侧面共同确定分度盘的位置，并要求两槽面对称中心线通过分度盘中心，制造时难以保证精度，使用不多。图 4.71(b)易于制造。图 4.71(d)是多边形分度盘，边数与所需的分度数相等，结构简单。用楔块 1 作为分度销，可消除配合间隙，减小分度误差，受其边数限制，分度数不宜过多。图 4.71(e)是滚柱式分度盘，它由内环、外环和一系列滚柱组成，在圆周上镶有一圈精密滚柱，它是利用两相隔滚柱间的间隙来进行分度的。

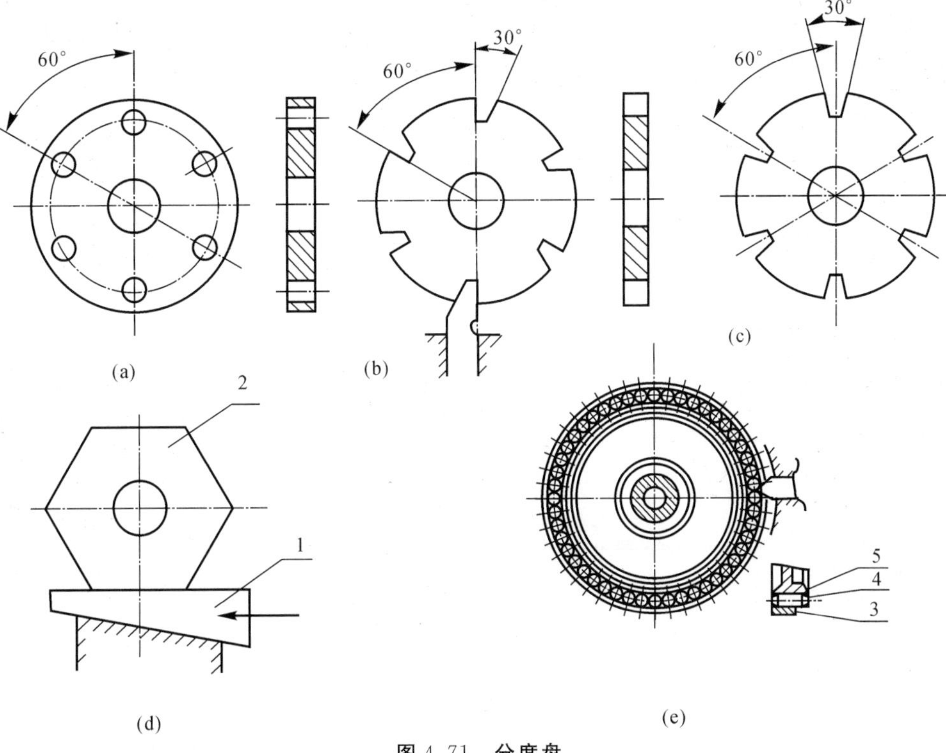

图 4.71　分度盘

(a)轴向分度孔；(b)径向单斜面槽；(c)径向双斜面槽；(d)多边形；(e)滚柱式

1—楔块；2—分度盘；3—外环；4—滚柱；5—内环

对于分度盘的材料，如直径不很大时，可用 T7A，T8A 或低碳钢制造，配合部分局部渗碳淬火提高硬度，如直径较大时，可采用组合式结构。

分度装置按其操作方式分直拉式分度装置和侧面操纵式分度装置等。图 4.72 为几种直拉式分度销。图 4.73 为侧面操纵式分度销。

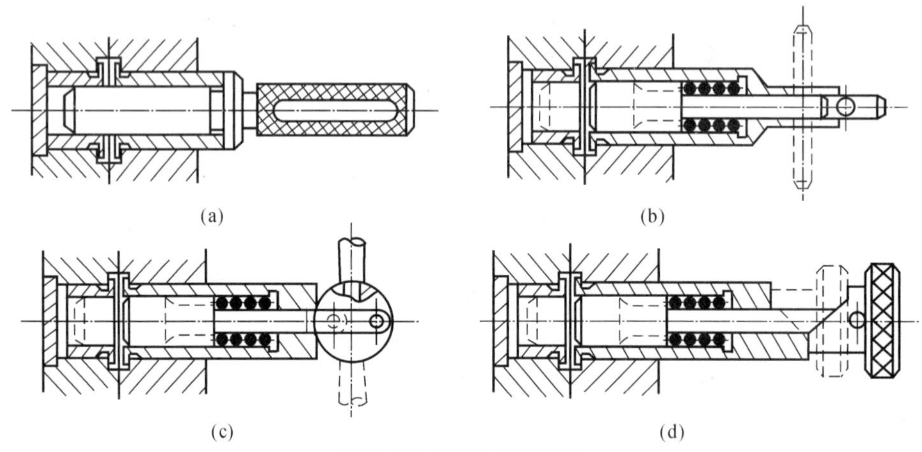

图 4.72　直拉式分度销

(a)非弹顶；(b)铰链手柄弹顶；(c)偏心轮弹顶；(d)旋转手柄弹顶

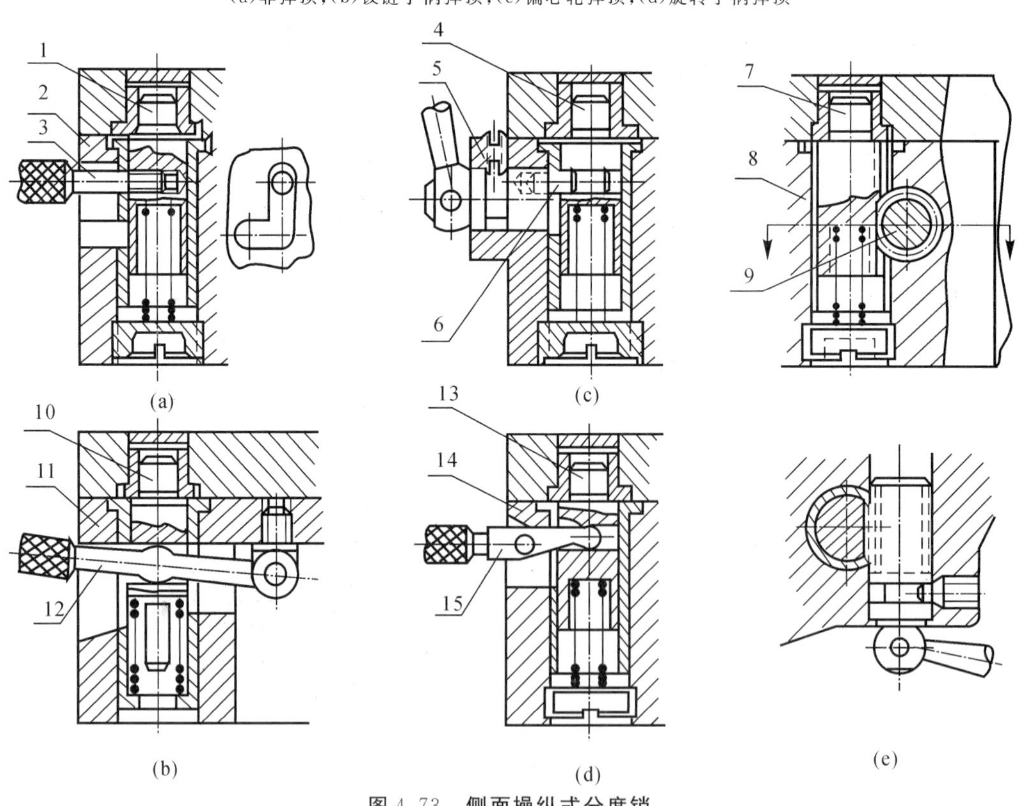

图 4.73　侧面操纵式分度销

(a)滑动式；(b)杠杆式；(c)偏心轮式；(d)齿条式

1,4,7,10,13—分度销；2,5,8,11,14—夹具本；3,12,15—手柄；6、9—偏心拨销

以上介绍的是轴向插入式分度销的构造，对于径向插入的分度销也可采用类似的方法。

设计分度销应注意以下几点：

(1)分度销撑力不应过大，否则分度销会发生变形，影响分度。

(2)分度销形状应与分度盘上孔(或槽)的形状一致。

(3)应防止切屑或脏物落入，以免影响分度精度，尤其对圆锥销、楔形销更应注意。

(4)当采用菱形分度销时，应注意其装入的方向，应使其削边部分对着分度盘的轴心，以补偿分度孔与分度盘轴心的距离误差。

3. 分度盘的锁紧部分

通常分度盘与转轴是分开的，分度盘绕转轴旋转。当分度装置所承受的负荷小时(用于检验、钻小孔等)，分度盘可不必锁紧。但当负荷较大时，为防止加工过程中的振动和避免分度销受力，应把分度装置的活动部分锁紧。锁紧方法通常有轴向锁紧，径向、切向锁紧和端面锁紧 3 种。

轴向锁紧是通过主轴使活动部分沿轴向紧压在分度装置的固定部分上，图 4.70 的钻孔分度装置中，就是用手柄 6 上的螺母作轴向锁紧。

径向、切向锁紧是在转动部分(分度盘或转轴)的圆周部位，沿径向或切向锁紧分度装置。图 4.74 是切向锁紧机构。转动手柄 1，使螺杆 3 与套筒 2 相对移动，即可锁紧主轴 4。

图 4.75 是直接用螺旋压板沿分度盘外圆台肩进行锁紧的机构(端面锁紧)。转动手柄时，为防止压板 1 转动，旁边设有两个挡销 2。为使分度盘压紧均匀，应沿分度盘外圆设置 2 个或 3 个这种锁紧机构。

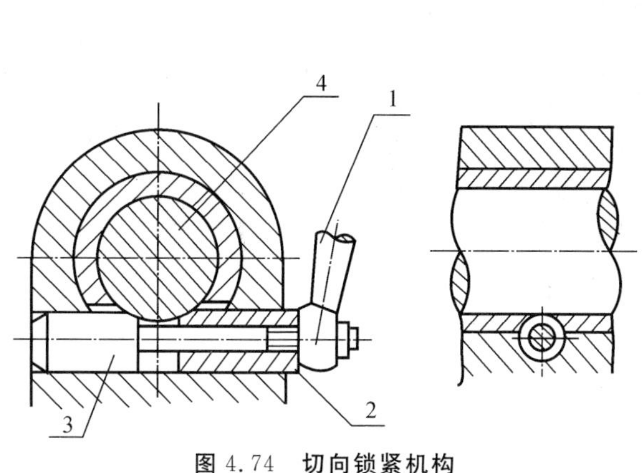

图 4.74　切向锁紧机构

1—手柄；2—套筒；3—螺杆；4—主轴

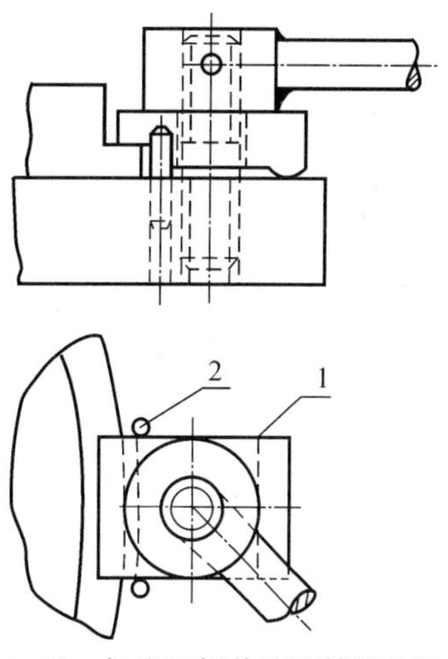

图 4.75　螺旋压板从端面锁紧的机构

1—压板；2—挡销

图 4.76 为生产中常用的一种将分度销操纵和分度盘转轴锁紧联系起来，只用一个手柄操纵的机构，其锁紧是利用包在转轴下端的锥体和卡箍收缩而起作用。操纵过程是当逆时针转动手柄 1 时，固定在螺杆 2 上的销子 3 将在齿轮 4(活套在螺杆上)的扇形槽内走一段空程(见 C—C 剖面)，这时只是螺杆后退而松开卡箍 5(分度盘也被松开)。当销子 3 碰到扇形槽后，就会带动齿轮 4 转动而将切有齿条的分度销 7 从分度孔中拔出，这时就可以转动分度盘 8 了。当顺时针转动手柄时，弹簧将分度销向上推入分度孔，同时齿条也迫使齿轮顺转。当分度销已进入分度孔不能再向上时，齿轮也不再转动了，而螺杆的继续转动(销子在扇形槽中走空程)就

会通过卡箍将分度盘的转轴 9 夹紧。

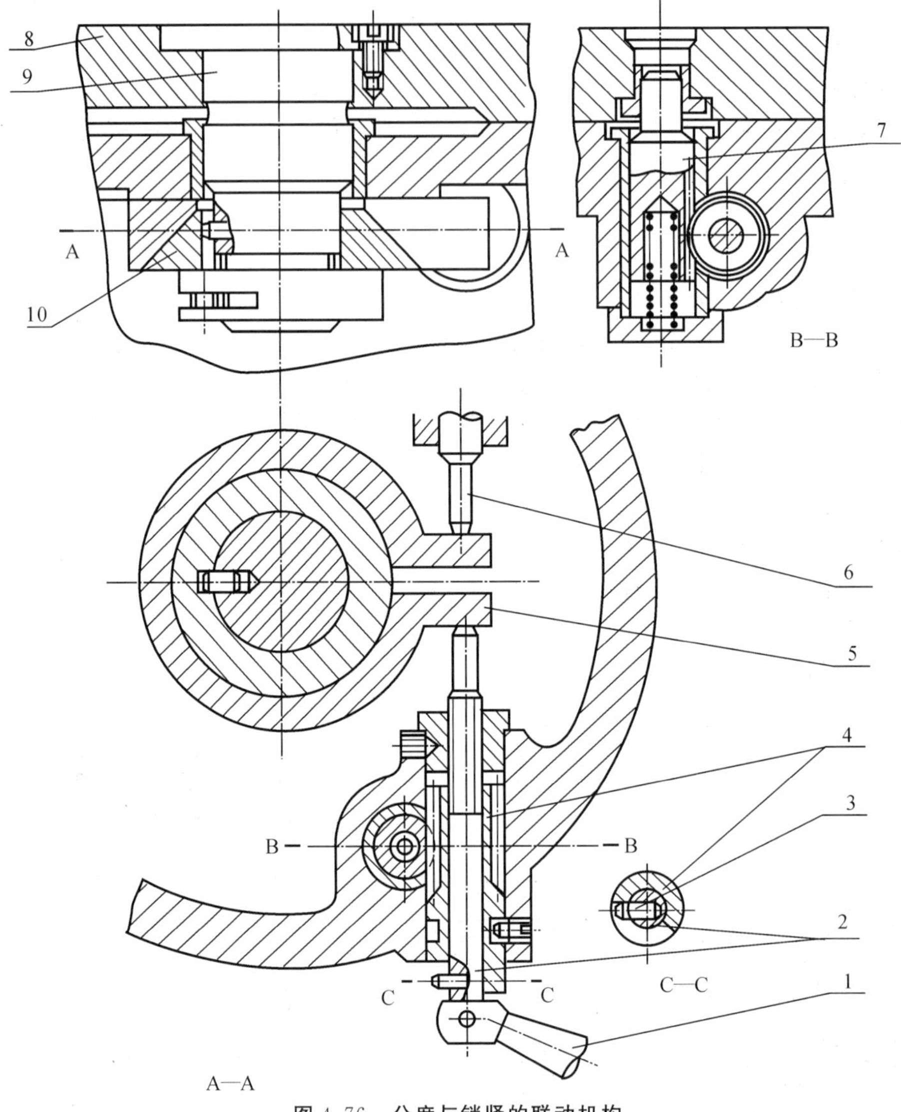

图 4.76　分度与锁紧的联动机构

1—手柄；2—螺杆；3—销子；4—齿轮；5—卡箍；6—销钉；7—分度销；8—分度盘；9—转轴；10—锥套

4. 影响分度精度的因素及提高分度精度的措施

(1)影响分度精度的因素。分度装置的精度是指分度装置所能保证的各工位之间相互位置的精度。现以图 4.77 所示的常用结构为例来分析影响分度精度的因素。

1)分度装置各主要元件间的配合间隙，如分度销与分度孔之间的配合间隙 Δ_1、分度销与导套之间的间隙 Δ_2、转轴与轴承的配合间隙 Δ_3。

2)有关元件工作表面的相互位置误差，如分度盘上各孔座之间的角度误差 $\pm\Delta\alpha$ 或距离尺寸误差 $\pm\Delta s$(或按位置度允差表示)、分度盘上分度孔衬套内外表面的同轴度误差 ε 等。

以上诸因素并非都是按最大值出现，估计其分度误差 δ 时可依具体情况而异，通常可按均

方根值计算,即

$$\delta = \pm\sqrt{\Delta s^2 + \Delta_1^2 + \Delta_2^2 + \varepsilon^2} \tag{4.18}$$

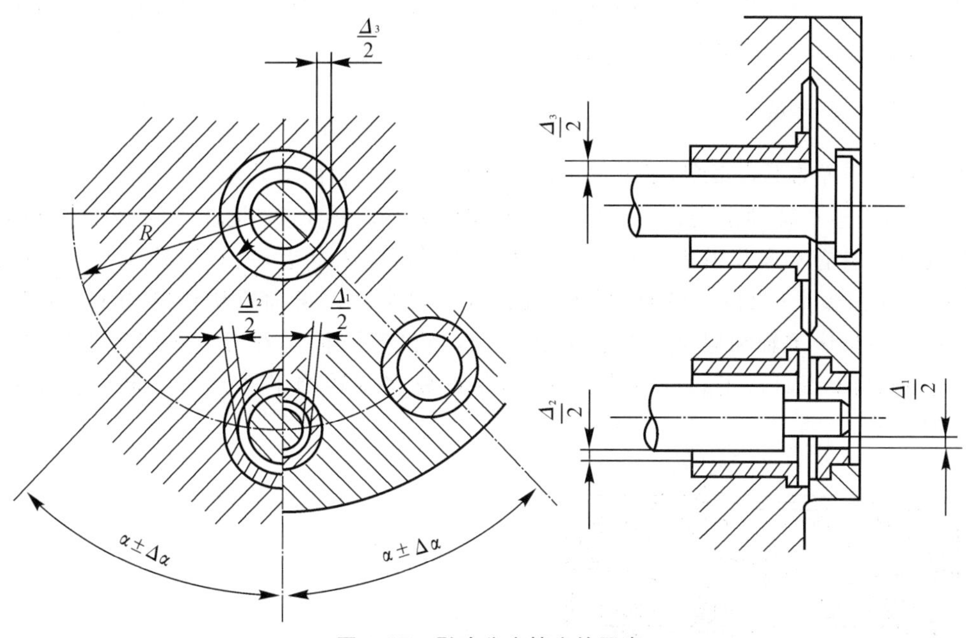

图 4.77　影响分度精度的因素

(2)提高分度精度的措施。

1)提高夹具有关零件的精度。这里按工艺水平而定,例如在坐标镗床上加工时,其距离精度可达 0.01～0.005 mm(精密的也可达 0.002 mm)。衬套内外圆的同轴度一般可控制在 ϕ0.01～0.05 mm 之间。

2)增大分度孔座距分度盘中心的半径 R。因为当分度销处的配合间隙一定时,R 愈大,则角度误差愈小。

3)正确安排分度销的位置。如果考虑转轴与轴承之间的间隙 Δ_3,那么分度销就应置于距工件被加工表面最近的部位。这样,Δ_3 所造成的影响将会很小。

4)采取减小消除配合间隙的措施。如采用菱形分度销、锥形分度销、楔形分度销等。

三、靠模装置

绝大部分零件是由圆柱面、圆锥面或平面等规则表面组成,但也有一些零件,由于使用性能的要求,需要由不规则的型面组成,如飞机发动机上的叶片、凸轮轴的凸轮轮廓形状等。这些表面称为型面,加工型面的方法(成型刀具、仿形机床等)很多,受工厂条件限制,在普通机床上加工工件上的型面时,常采用靠模装置。靠模装置的种类较多,有液压的、电气的和机械的,等等,而机械靠模装置目前在生产中应用得最为广泛。近几年来,采用数控机床直接加工型面虽然在日益增多,但对于成批大量生产来说,机械靠模装置的应用却有着较好的经济效益,并且质量稳定，使用方便。

机械靠模装置是附加在机床上的，在充分利用机床运动系统的条件下，靠模的控制作用使刀具相对于工件再产生一种辅助送进运动，从而加工出工件的型面。加工型面所必需的送进运动可分为送进量恒定的基本送进及送进量的大小和方向由靠模控制的辅助送进。这些运动都是根据工件型面的形成规律所要求设计的。

1. 靠模装置的结构

机械靠模装置的形式很多，根据送进运动的特点，可分为以下几种。

(1)基本送进和辅助送进都是直线运动的靠模装置。图 4.78 是在车床上加工旋转型面的靠模装置。具有双向靠模板 3 和 4 的基座 6 被固定在床身上，装有滚轮 1 和刀具的滑板 2 固定在车床溜板上(取掉了横向丝杠)，滚轮置于两个靠模型面所构成的槽中。其作用过程是工件装在机床主轴和尾架上只作旋转运动，当机床溜板托着滑板 2 纵向送进时，靠模型面就迫使滚轮-刀具作出相应的横向送进，从而就在旋转的工件上加工出与靠模曲线相对应的型面来。

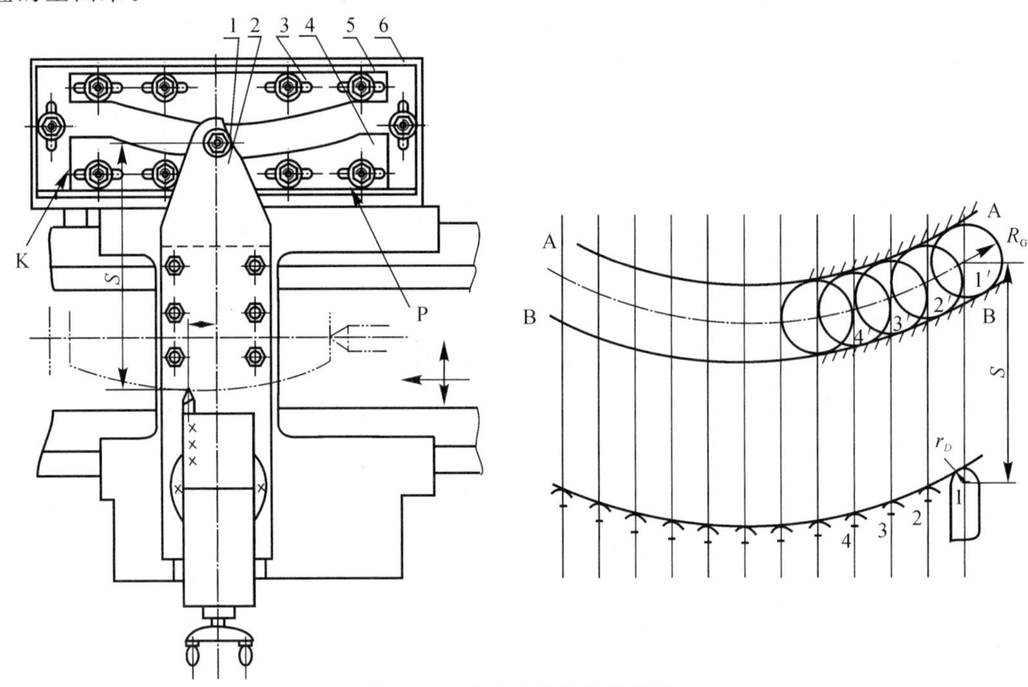

图 4.78 车床上用的靠模装置

1—滚轮；2—滑板；3、4—靠模板；5—靠模体；6—基座

(2)基本送进是圆周运动而辅助送进是直线运动的靠模装置。图 4.79 是在立铣床上使用的回转式靠模装置。工件 1 和靠模 2 同轴安装在转盘 3 上，转盘 3 下部固定着涡轮，可以由蜗杆 5 带动着在滑台 4 上绕轴转动，滑台 4 安装在底座 6 上的燕尾形导轨上。滚轮安装在不动的支板 7 上，支板 7 与支架 8 一起被固定在底座 6 上。由于弹簧 9 的作用，靠模型面始终都紧贴着滚轮。在加工时，通过手轮 10 或由机床送进机构带动蜗杆 5 旋转，涡轮便随同转盘、靠模和工件一起转动，构成圆周运动的基本送进。同时，由于靠模型面的起伏，位置固定的滚轮就推动滑台左右移动，形成工件相对于刀具的辅助送进运动。

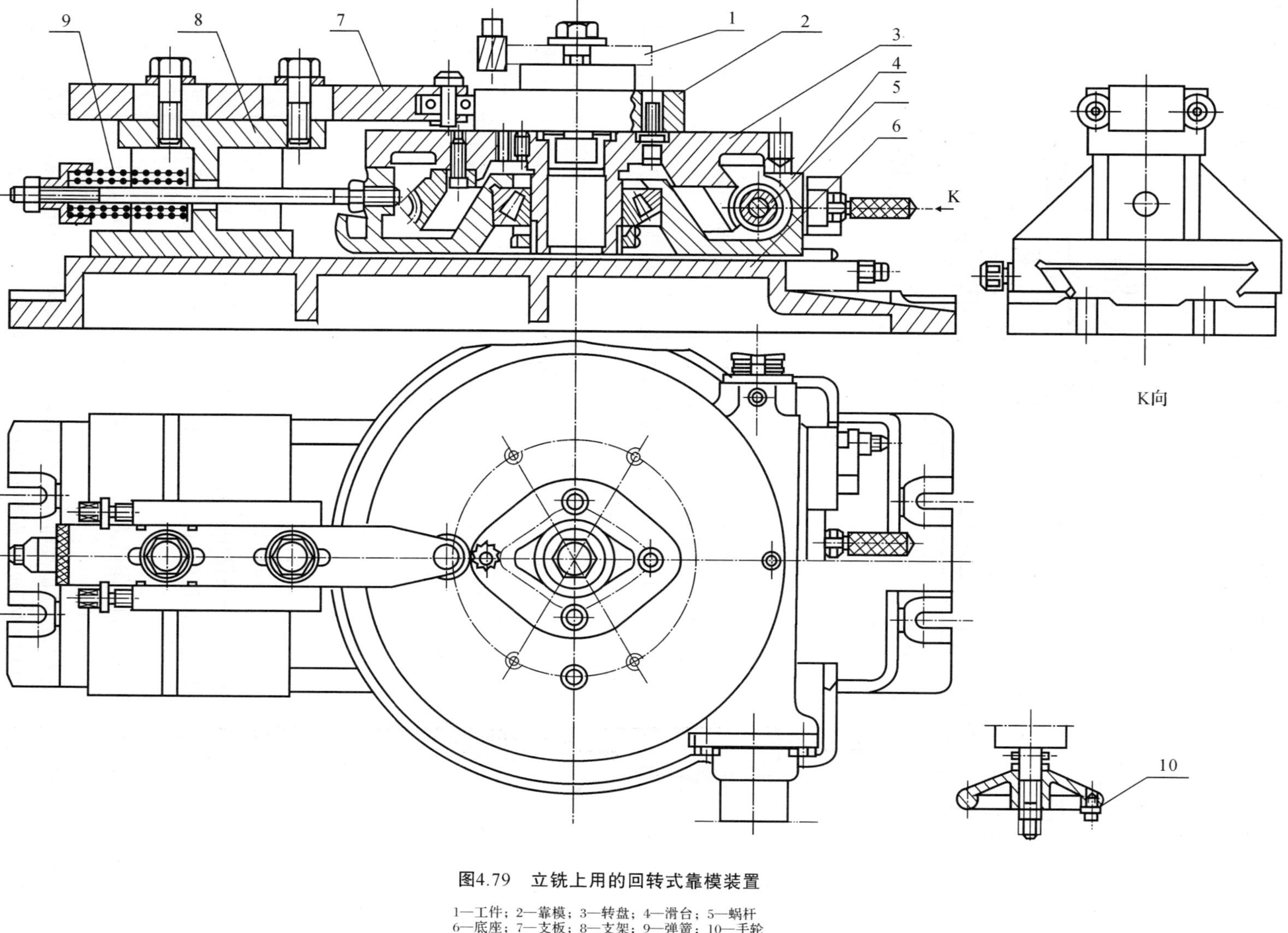

图4.79　立铣上用的回转式靠模装置

1—工件；2—靠模；3—转盘；4—滑台；5—蜗杆
6—底座；7—支板；8—支架；9—弹簧；10—手轮

(3)基本送进为直线运动,辅助送进为摆动的靠模装置。图 4.80 是铣削叶片叶背型面的靠模装置。安装工件的定位件和靠模板都固定在可摆动的平板上,弹簧使靠板与固定在铣床床身上的滚轮保持接触。在加工时,靠模支架随同工作台纵向送进,滚轮就通过靠模的工作型面迫使平板作上下摆动。这两种送进运动的合成,就会使刀具铣出叶片的型面来。

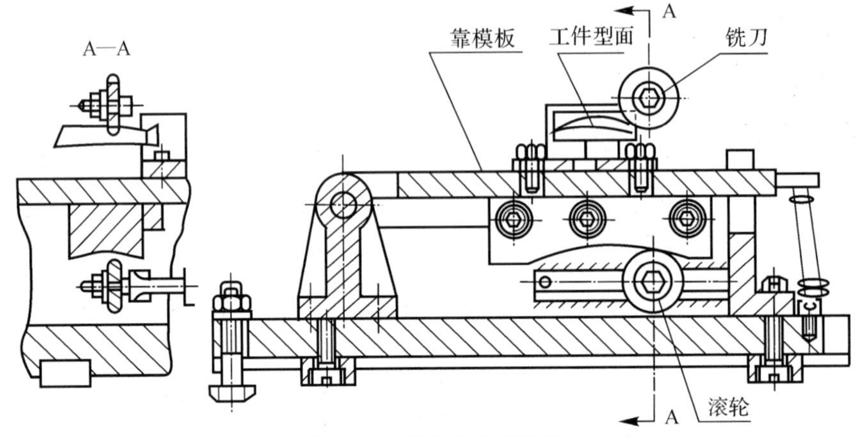

图 4.80　摆动式靠模装置

2.靠模装置的设计方法

(1)确定靠模装置的工件原理。按照工件型面的特征(形成规律)和机床的运动特性,在确定其送进运动方向和靠模机构的总体方案时应注意以下两点。

1)应充分利用机床原有的运动系统。基本送进运动最好采用机床本身现成的机构,同时应使辅助送进运动的变化幅度最小机构最简单。

2)所选的辅助送进方向,应使工件型面上各处的压力角(型面某处的法线与辅助送进方向的夹角)变化最小,从而使刀具在切削过程中的主、副偏角变化最小,使合成的送进量变化也最小,这样才有利于保证加工质量。

由上述可以看出,靠模装置在工作过程中,靠模、工件、刀具和滚轮是紧密联系在一起的,并存在着一定的相互位置关系。在设计靠模装置时,除了根据工件型面特点决定送进运动方式外,就是确定它们的相互位置关系。其中靠模工作面的设计是一项主要工作,下面就介绍靠模工作面的设计。

(2)靠模工作型面的设计。靠模工作型面是根据工件型面和送进运动的方式来设计的,可采用图解法或解析法。解析法是把与刀具各个位置相应的滚轮中心的坐标计算出来,然后以滚轮半径作一系列圆弧,这些圆弧所构成的包络线即是靠模工作面(这项工作可以在坐标镗床上进行)。当然,用解析法所得的滚轮中心的坐标,也可再编出数控加工程序,在数控机床上去加工靠模型面。图解法是通过作图的方法求得靠模的工作型面,这是最常见的方法。现就图解法作一介绍。

现以图 4.78 中所用的靠模工作面为代表,介绍其设计方法和步骤。

1)选取刀具和滚轮的尺寸。

2)用合适的放大比例准确地绘出被加工型面的曲线。点选得越密,型面的精度越高。型面变化大时,点要选得更密。增大比例可以提高型面精度,通常比例为 2∶1,5∶1,10∶1,15∶1,20∶1。

3)按加工状态,画出刀具的瞬时位置(也就是标出刀尖圆弧中心在各瞬时的位置,如图

4.78中 1,2,3…)。

4)通过刀具各圆角半径中心,沿着辅助送进运动方向画直线,并截取等长 S 线段(这个线段等于刀具中心距滚轮中心的距离),从而得到滚轮中心在各瞬时的位置,即图 4.78 中的 1′,2′,3′…。

5)以 1′,2′,3′…为中心,以滚轮半径为半径,绘出滚轮外圆在各瞬时的位置。

6)绘制出滚轮各瞬时位置的包络线,就可以得到靠模工作面。

应注意的是对于非封闭的型面曲线的两端,应按其行进方向,分别再延长一段长度,以便于引入和退出刀具。

3. 靠模设计中的几个问题

(1)刀具与滚轮半径的选择。刀具半径 $R_{刀}$ 应根据工件凹面最小曲率半径 ρ_{Imm} 来选择,为保证切削良好性和加工面不失真,应使 $R_{刀}<\rho_{\mathrm{Imm}}$。滚轮半径大小也必须选择得当,否则使靠模型面不正常,甚至得不出型面。当靠模上有凸面时,必须使滚轮半径 R_G 小于滚轮中心运动轨迹的最小曲率半径 ρ_{Gmm},即 $R_G<\rho_{\mathrm{Gmm}}$。

(2)靠模型面压力角控制。靠模型面上某处的压力角,是指该点处的法线与辅助送进运动方向之间的夹角,压力角较小,则机构运动灵活。压力角愈大,机构运动愈显困难。当压力角过大时,运动机构就会因不能滑移而被压坏。为了保证靠模机构的运动状况良好,应将其压力角控制在 45°以下,压力角的变化也应尽可能小些。一般来说,压力角的大小和变化主要取决于工件型面。但合理安排传动方案等也可对其加以控制。例如采用改变送进运动方向、改变圆周送进的靠模回转中心、改变滚轮与刀具的相对位置等方法,都可有效地改善靠模型面各处的压力角。

(3)滚轮与靠模的接触方式。靠模装置在工作过程中,必须保持使滚轮与靠模始终有良好可靠的接触。保证良好接触的方法有两类。一类方法是采用双面靠模板结构(运动接触),不需要另外增加外力,而是在运动中保证接触,如图 4.78 和图 4.81(c)所示。滚轮置于两个型面的槽中运动,由于滚轮与靠模存在间隙,滚轮与两靠模中的一板接触是随机的,影响工件加工精度,但是接触稳定可靠,滑行自如,多用于粗加工中。另一类方法是采用单面靠模板结构(强力接触),借助外力,强迫滚轮与靠模板相接触,这一外力可由弹簧产生,也可以配重块来完成。其结构如图 4.81(a)(b)所示。这种方法接触可靠,没有配合间隙,但靠模面受力较大,设计时需考虑靠模的刚度和工作面的耐磨性。

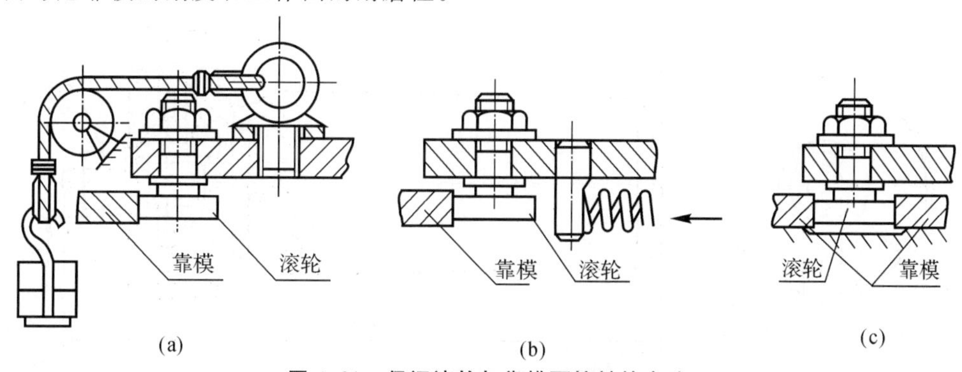

图 4.81　保证滚轮与靠模面接触的方法

(a)配重重力;(b)弹簧力;(c)双面靠模板

4.5 各类机床夹具及其设计特点

任何一种机床夹具，通常都是由定位元件、夹紧装置、夹具体或其他装置所组成的。但是各类机床的加工工艺特点不同，夹具与机床的连接方式也不相同，所以对各类机床夹具的设计也就提出了不同的要求，现分别来介绍各类机床夹具的设计方法和设计要求。

一、车床类夹具

1. 车床类夹具的类型

车床类夹具包括用于各种车床、内外圆磨床等机床上用的夹具。这类夹具都是安装在机床主轴上的，要求定位件与机床主轴的旋转轴线有高的位置精度。车床类夹具大致可分为心轴、圆盘式、花盘式和角铁式等几种。

(1)心轴。工件以孔作定位基准时，常用心轴来安装。心轴的结构简单，所以应用得较多。按照同机床主轴的连接方式，心轴可分为顶尖式心轴(见图 4.82)、锥柄式心轴(见图 4.83)。前者可加工长筒形工件或同时加工多个工件，而后者仅能加工短套或盘状工件。

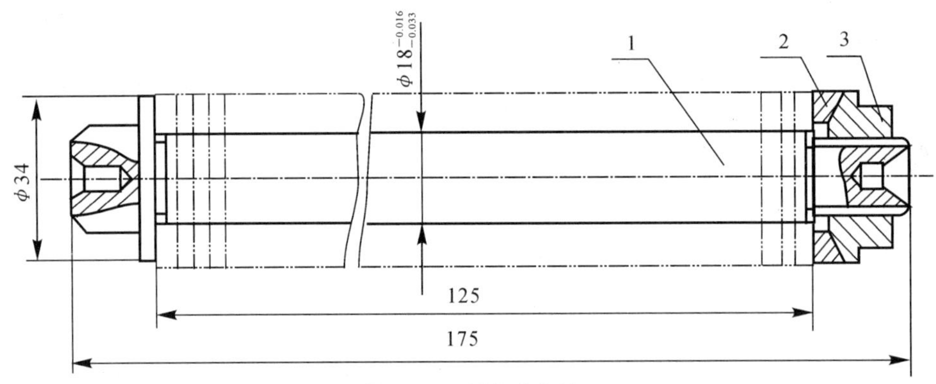

图 4.82 顶尖式心轴

1—心轴；2—垫块；3—螺帽

锥柄式心轴的锥柄应和机床主轴锥孔的锥度相一致。锥柄尾部的螺纹孔是用拉杆拉紧心轴用的，以便于承受较大的负荷。

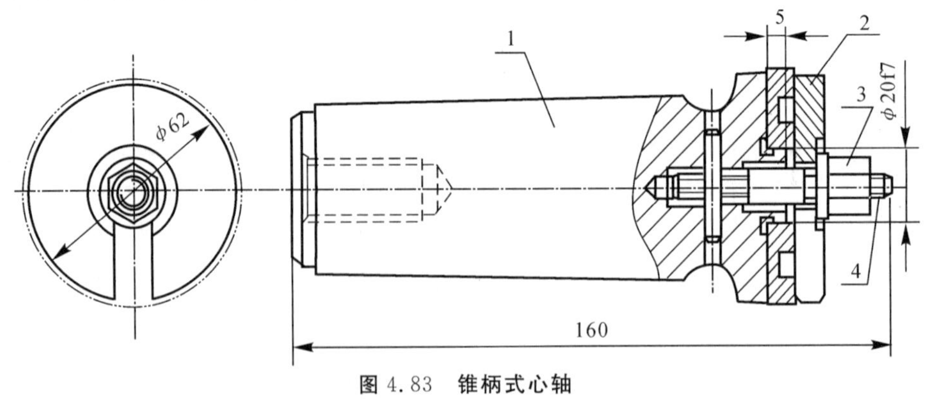

图 4.83 锥柄式心轴

1—锥柄；2—垫片；3—螺帽；4—螺栓

为了保证工件被加工表面的位置精度，心轴上的定位面应对顶尖孔或锥柄提出较高的要求。设计可参考见表 4.3 数据。

表 4.3　车、磨床夹具的跳动量允差

工件的允许跳动量/mm	夹具定位面对旋转轴线的允许跳动量/mm	
	心轴类夹具	一般车床夹具
0.05～0.1	0.005～0.01	0.01～0.02
0.1～0.2	0.01～0.02	0.02～0.04
0.2 以上	0.02～0.03	0.04～0.06

(2)圆盘式车床夹具。这类夹具适用于各种轴类、盘类和齿轮类等外形对称的旋转体工件，所以不必考虑平衡问题。图 4.84 就是一种典型结构。它是加工套筒内孔用的车床夹具。套筒工件以大端外圆和端面为基准在定位块 2 中定位，3 个压板 3 将工件夹紧。夹具上的校正环是用来保证夹具回转中心与机床主轴回转中心同轴的，以减小安装误差。

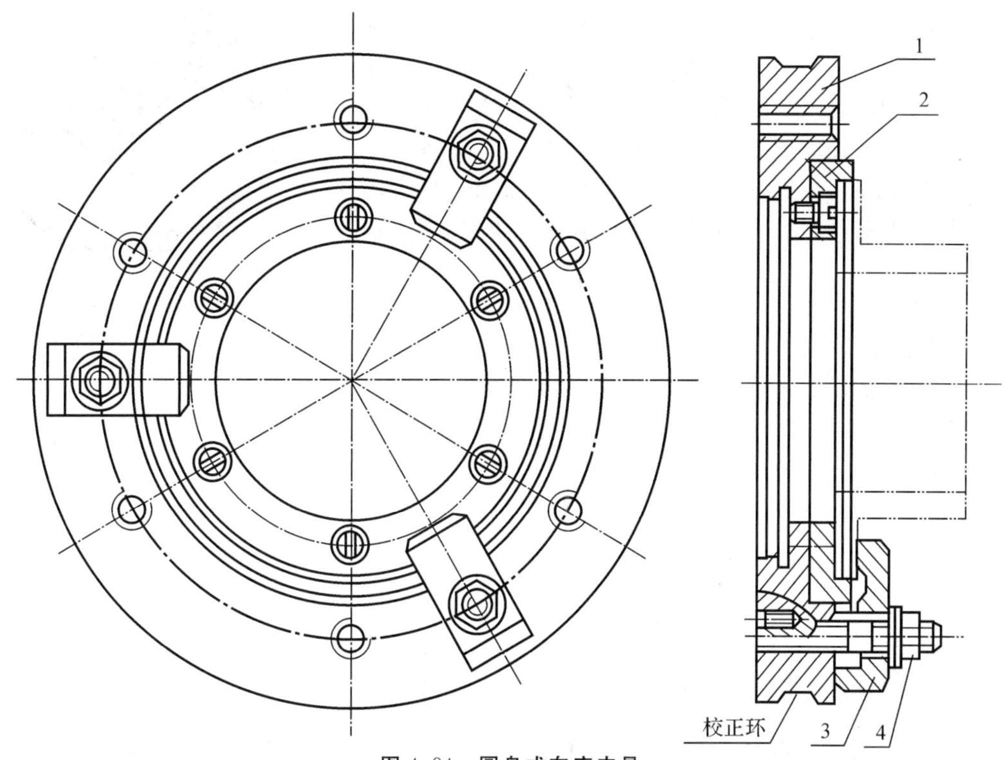

图 4.84　圆盘式车床夹具

1—夹具体；2—定位块；3—压板；4—螺帽

圆盘式夹具不是直接安装在机床主轴上的，它是通过过渡盘安装在机床主轴上，过渡盘的结构如图 4.85 所示。过渡盘的使用，使夹具省去了与特定机床主轴的连接部分，夹具安装部分的结构也简单化了，夹具的通用性增加了，而且便于用百分表在校正环或定位面上找正的办法来减少其安装误差，所以在设计这类夹具时，应在其夹具体外圆上设置一个安装找正用的校正环。对夹具定位面与校正环的同轴度应有严格的要求。定位面对其安装端面的垂直度也应严格控制,以提高加工精度。

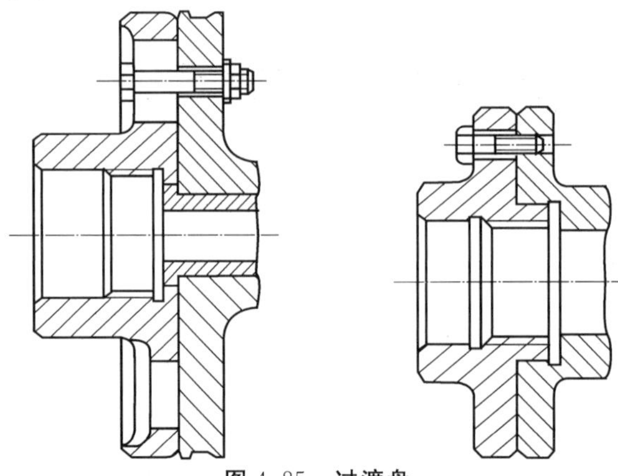

图 4.85 过渡盘

(3)花盘式车床夹具。花盘式车床夹具适用于形状比较复杂的工件。

图 4.86 为一花盘式车床夹具,用于加工连杆零件的小头孔。工件 6 以已加工好的大头孔(4 点)、端面(1 点)和小头外圆(1 点)定位,夹具上相应的定位元件是弹性胀套 3、夹具体 1 上的定位凸台 2 和活动 V 形块 7。工件安装时,首先使连杆大头孔与弹性胀套 3 配合,大头孔端面与夹具体定位凸台 2 接触;然后转动调节螺杆 8,活动 V 形块 7,使其与工件小头孔外圆对中;最后拧紧螺钉 4,使锥套 5 向夹具体方向移动,弹胀套 3 胀开,对工件大头孔定位并同时夹紧,即可加工连接杆的小孔。

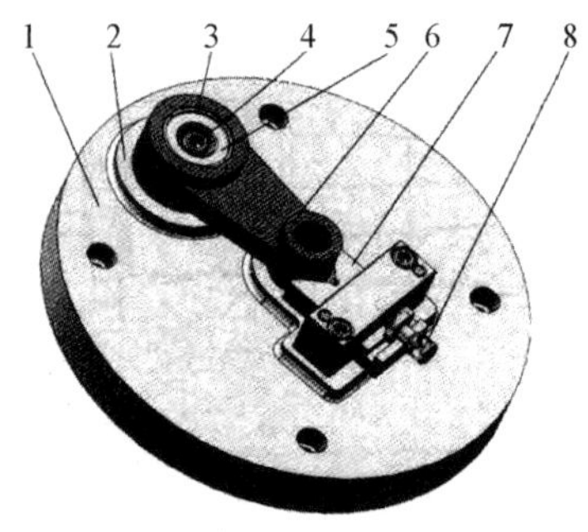

图 4.86 花盘式车床夹具

1—夹具体;2—定位凸台;
3—弹性胀套;4—螺钉;
5—锥套;6—工件;
7—活动 V 形块;8—调节螺杆

(4)角铁式车床夹具。这种夹具主要适用于形状特殊、被加工表面的轴线与定位基准平行或成一定角度的工件,从而使夹具的构形不能对称,形似角铁,故称为角铁式车床夹具。这种夹具不但平衡问题要认真解决,而且旋转时的安全问题也要认真对待(可加防护罩)。

图 4.87 的夹具是用来加工气门杆端面的。由于气门杆的形状不便采用自动定心装置(基准外圆很细而左端却很大),在夹具上就采用了半孔定位的方式,于是夹具必然就成了角铁状。该夹具是采用在质量大的一侧钻几个孔(减轻质量)的办法来解决平衡问题的。

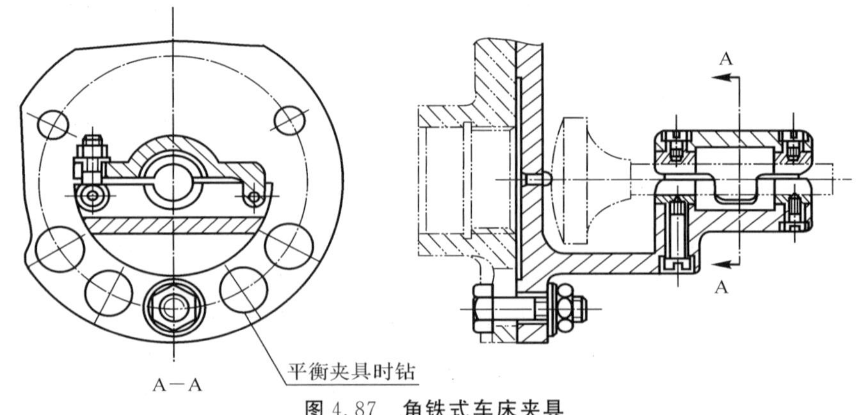

图 4.87 角铁式车床夹具

2. 设计车床夹具应注意的几个问题

(1)定位装置设计特点。由于车床夹具主要用来加工回转体表面,所以它的定位装置的主要特点是使被加工表面的回转轴线与机床主轴的回转轴线重合,夹具上的定位装置必须保证这点。

(2)夹紧装置设计特点。设计夹紧装置必须考虑主轴高速旋转的特点,工件在加工过程中受到切削力作用,夹具受到离心力作用,转速越高,离心力越大。另外,切削力、工件重力和离心力相对于定位装置的位置是变化的,所以夹紧力必须足够,自锁性能要可靠,以防止工件在加工过程中脱离定位元件的工件表面,但是夹紧力不能过大,以防止工件变形或使夹具产生较大的夹紧变形。

(3)车床夹具的连接。根据车床夹具径向尺寸的大小和机床主轴端部结构,夹具和机床主轴的连接有以下两种形式:

1)对于径向尺寸 $D<140$ mm 的小型夹具,一般通过锥柄直接安装在车床主轴锥孔中,并用螺栓拉紧,这种连接形式定心精度较高。

2)对于径向尺寸大的夹具,一般通过过渡盘与机床主轴的轴颈连接,然后,用螺栓紧固,过渡盘与主轴配合表面形状取决于主轴前端的结构。这种连接形式定心精度受到配合精度的限制,为了提高定心精度,安装夹具时,可按找正环找正夹具与车床主轴的同轴度。

(4)夹具的平衡问题。如果夹具及工件在旋转过程中不平衡,就会产生离心力,转速越高,离心力越大。离心力不仅增加主轴与轴承的磨损,而且会产生振动,影响工件加工质量,降低刀具使用寿命。所以设计车床夹具时,特别是设计高速旋转的车床夹具时,必须考虑平衡问题。平衡方法有两种:设置配重块和加减轻孔。

(5)车床夹具设计的其他问题。当定位表面不能作为找正面使用时,应在夹具本体上作出找正环,夹具本体最好做成圆盘形,以适应旋转运动的平衡要求。夹具轴向尺寸尽可能小,减小其悬伸长度。夹具上的所有元件和机构,不应在径向有特别突出的部分,并应防止各元件松脱,必要时要加防护罩。

二、铣床类夹具

铣床类夹具包括用在铣床、刨床、平面磨床上的夹具。工件安装在夹具上,随同机床工作台一起作送进运动。铣削加工是断续切削,切削力大,易产生振动,所以要求工件定位可靠,夹紧力足够大,铣床夹具有足够的刚度与强度,并牢固地坚固在机床工作台上。

铣床夹具在结构上的重要特征是采用了定向键与对刀装置,这两个元件主要用来确定夹具与机床、夹具与刀具之间的位置关系。下面介绍铣床夹具的结构和设计要点。

1. 铣床夹具的构造

图 4.88 为铣工件斜面的单件铣夹具。工件 5 以一面两孔定位,为保证夹紧力作用方向指向主要定位面,压板 2 和 8 的前端做成球面。联动机构既使操作方便,又使两个压板夹紧力均衡。为确定对刀圆柱 4 及圆柱销与菱形销的位置,在夹具上设置了工艺孔“O”。

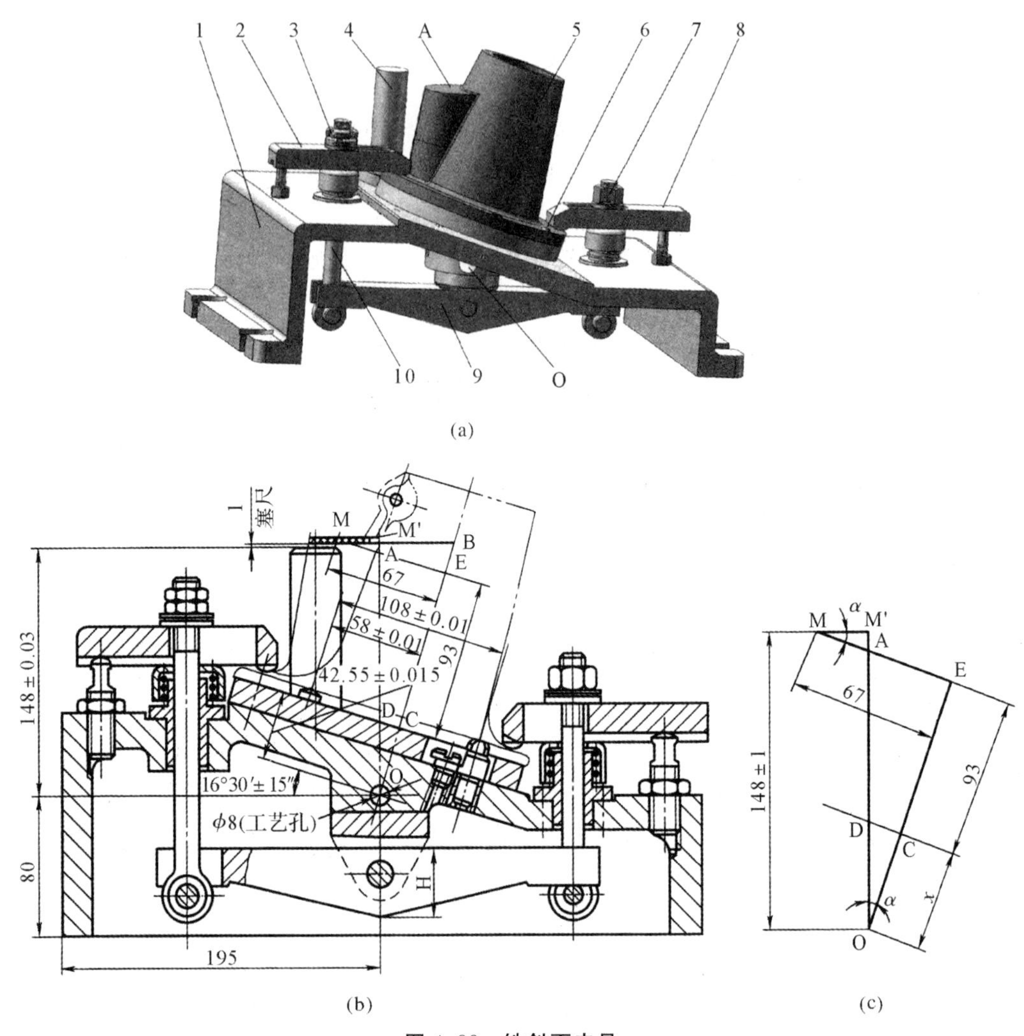

图 4.88　铣斜面夹具

(a)夹具实体图;(b)夹具结构图;(c)工艺尺寸计算简图

1—夹具体;2,8—压板;3—圆螺母;4—对刀圆柱;5—工件;6—菱形销;

7—夹紧螺母;9—杠杆;10—螺柱;A—加工面;O—工艺孔

2.铣床夹具的设计要求

(1)铣床夹具的安装。铣床夹具在机床工作台上的安装,直接影响着工件被加工表面的位置精度,铣床夹具在机床上的安装,包括夹具在机床上的定位与夹紧。铣床夹具在铣床上的定位,一般是通过两个定向键与机床工作台上的"T"形槽配合来实现的。铣床夹具在铣床上的夹紧,是用"T"形螺栓把夹具紧固在机床工作台上。定向键一般为一列,一列有两个定向键,两个定向键之间的距离,在夹具底座的允许范围内应尽可能远些,以提高夹具在机床上的安装精度。定向键的构造已标准化,可根据机床工作台上"T"形槽的尺寸来选择定向键尺寸,定向键与夹具体以及工作台"T"形槽的配合都是按 H9/h8。图 4.89 是定向键的安装情况,定向键通常是与铣床工作台的精度最高的所谓中央"T"形槽相配合的。由于定向键与"T"形槽之间存在着间隙,为了提高夹具的安装精度,在安装夹具时,实际上常把定向键推向一边,使定向键靠向“T”形槽的一侧，以消除配合间隙造成的误差。

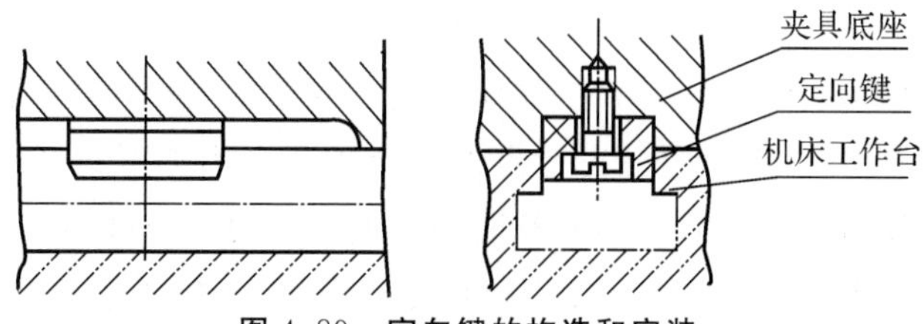

图 4.89　定向键的构造和安装

采用定向键虽然便于安装夹具，但其位置精度不高。对于位置精度要求高的夹具，常在夹具体的一侧设置一个校正面（将夹具体的一个侧面磨平即可），安装夹具时，就以校正面为准用百分表找正。该校正面同时也作为定位件、定向件等在夹具体上装配和检验时的基准。

（2）铣床夹具的对刀装置。铣床夹具在工作台上安装好之后，还要调整铣刀对夹具的相对位置，以便于进行定距加工。这可以采用试削调整，用标准件调整和用对刀装置调整等方法，其中以用对刀装置（对刀块和塞尺）调整最为方便。

图 4.90 是用对刀块调刀的简图。铣刀与对刀块之间的间隙（用以控制对刀精度），常用塞尺检查。因为用刀具直接与对刀块接触时，其接触情况难于察觉，极易发生碰伤，所以用塞尺检查比较方便和安全。

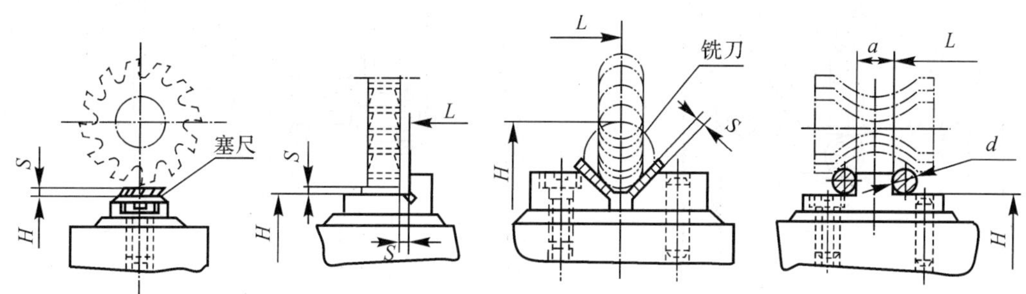

图 4.90　对刀块的形状和安装

对刀块的形状和安装情况如图 4.90 所示。标准对刀块的结构尺寸可参阅有关“夹具零件及部件”手册。当结构上不便采用标准对刀块时，可以设计非标准的特殊对刀块。对于对刀块工作表面的位置尺寸（见图 4.90），一般都是从定位表面注起，其值应等于工件上相应尺寸（定位基准至被加工表面的尺寸）的平均值再减去塞尺的厚度 S。该位置尺寸的公差，常取工件相应尺寸公差的 1/3～1/5。例如工件被加工表面距定位基准面的距离尺寸要求是 $40_{-0.2}^{\ 0}$ mm，该尺寸的平均值就是将公差化成上、下等偏差时的基本尺寸，即(39.9±0.1) mm。假设所用塞尺的厚度为 1 mm，则夹具上对刀块的工作表面距定位面的距离尺寸为 38.9 mm，该尺寸的偏差如按±0.1 mm 的 1/5 选取，即为±0.02 mm。所以该对刀面的位置尺寸和公差标注法是(38.9±0.02) mm。对刀装置在铣床夹具中的位置，应设在刀具开始铣削的一端。

三、钻床类夹具

钻床类夹具是用于各种钻床、镗床和组合机床上加工孔的夹具，简称钻模（用作镗孔的称镗模）。它的主要作用是控制刀具的位置和导引其送进方向，以保证工件被加工孔的位置精度要求。

1.钻床类夹具的构造和种类

(1)固定模板式钻模。图 4.91 是在某壳体上钻孔的固定模板式钻具。工件以凸缘端面和短圆柱为基准在定位件 1 上定位,并用凸缘上的一个小孔套到菱形销 2 上以定角向位置。拧紧螺母 4 通过开口垫圈 3 夹紧工件。装有钻套的钻模板用两个销钉和 4 个螺钉固定在夹具体上。由于工件被加工的是个台阶孔,所以采用了快换钻套(每个钻套都需和刀具相适应)。这种钻模刚性好,模板固定不动,便于提高被加工孔的位置尺寸精度。它常用于从一个方向来加工轴线平行的孔。由于被加工的孔很小,所以就不必将夹具体固定。但当加工较大的孔时,例如在摇臂钻床上或在镗床上使用时,则需要将夹具固定在工作台上。

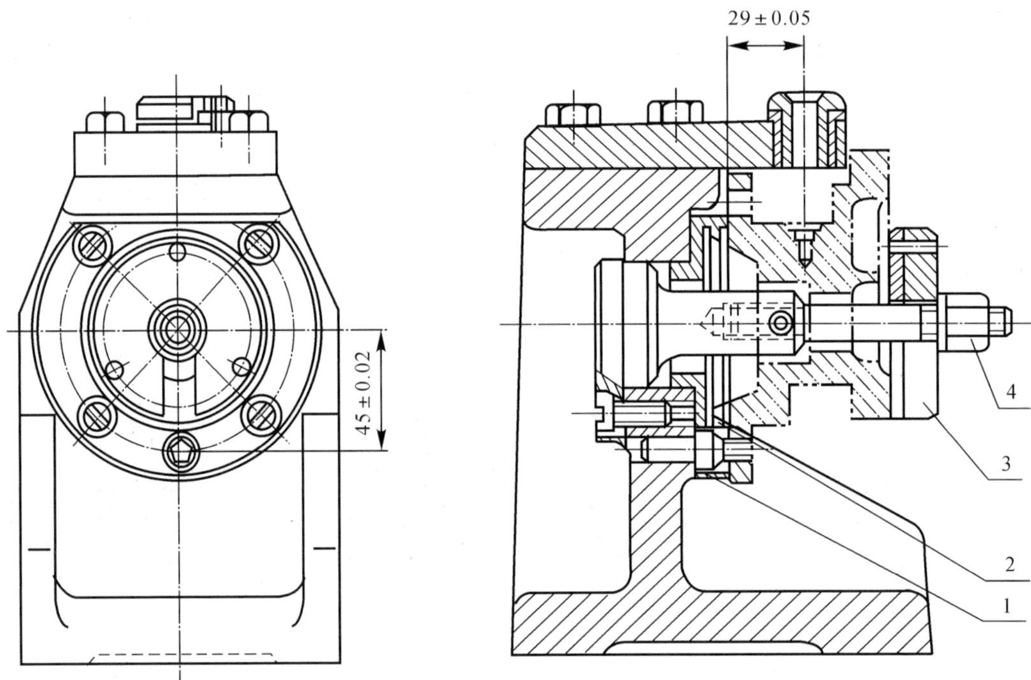

图 4.91 固定模板式钻模

1—定位件;2—菱形销;3—开口垫圈;4—螺母

(2)复盖式钻模(也称复式钻模)。此类钻模的模板是可卸的,钻模板可以"复"在工件上(无需夹具体),也可以和钻具本体用定位销或用铰链连接。

图 4.92 为加工轴流式航空发动机中机匣的前、后整流舱接合端面上精密螺栓孔用的复式钻模。加工时,钻模套在工件的基准外圆及端面上,用钻模圆周上刻线 P 对准工件的接合缝(工件是由左右两半组成的)作角向定位,用钩形压板夹紧在工件上,工件以另一端面放在机床工作台上。在这个钻模的两面各有着一套定位表面,分别加工前、后整流舱的精密螺栓孔。这种用来加工两个相配工件上的接合孔用的钻模也叫镜面钻模。它可以有效地保证两个相配工件上接合孔的位置精度。复式钻模不用夹具体,甚至有的还不用夹紧装置,如图 4.93 所示,所以对大型工件很合适,不但简化了夹具构造,节省材料,而且减轻了工人的劳动强度。

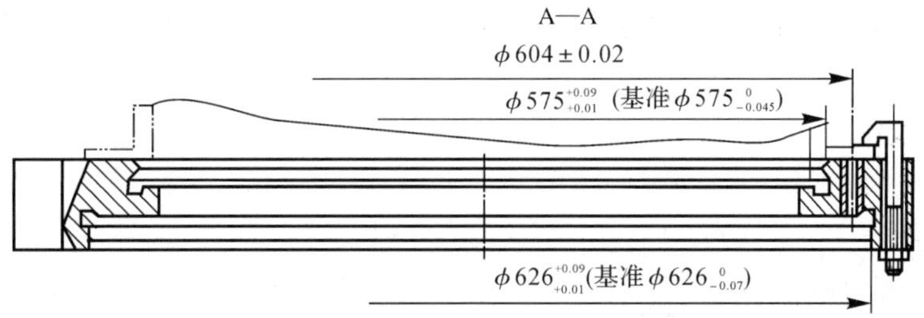

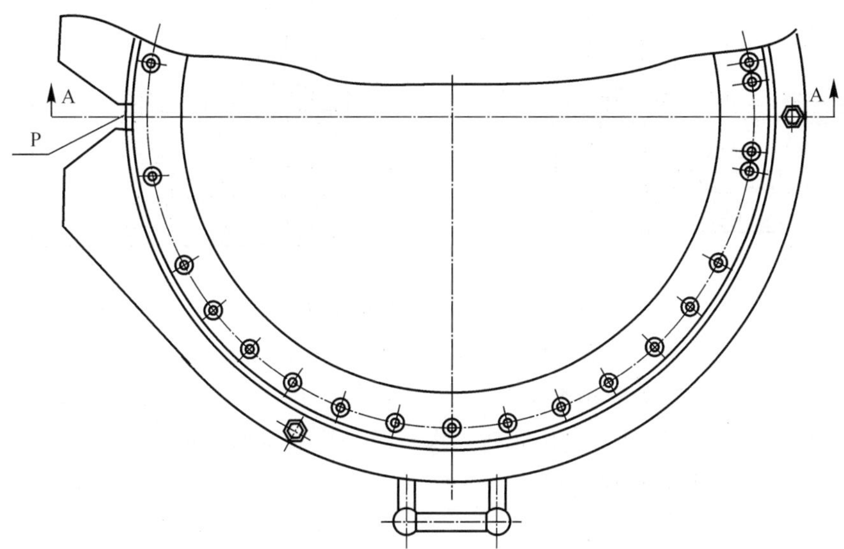

图4.92　加工前、后整流舱端面接合孔用的复式钻模

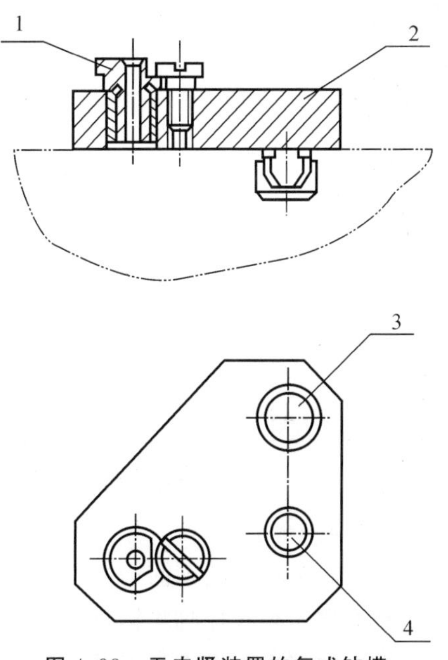

图4.93　无夹紧装置的复式钻模

1—钻套；2—钻模板；3—圆柱销；4—菱形销

图 4.94 所示是一种用铰链连接模板的钻模,工件安装好了以后,盖上钻模板就可进行加工了。

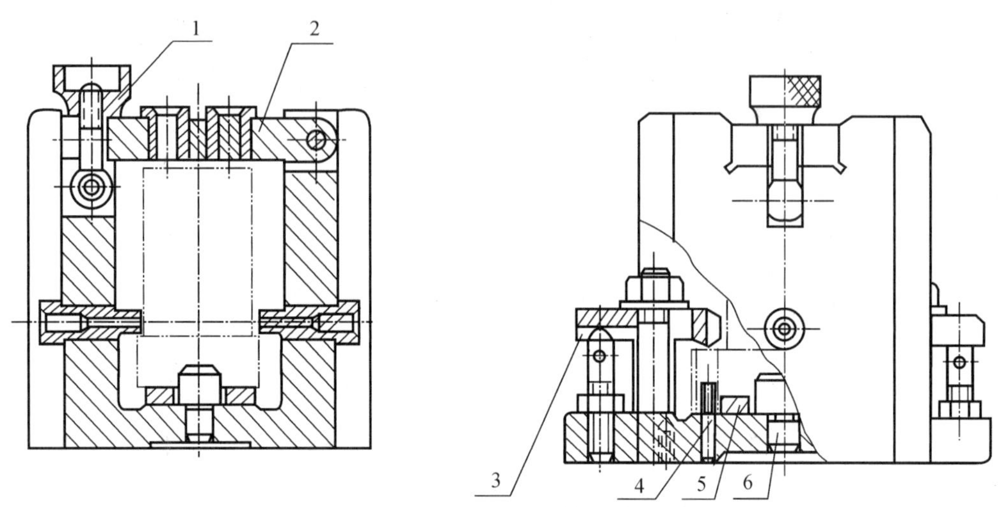

图 4.94　用铰链连接模板的钻模

1—螺母;2—钻模板;3—压板;4—菱形销;5—定位块;6—定位销

(3)翻转式钻模。工件装在钻模中后可以一起翻转,用以加工不同方向上的孔。图 4.95 是在套筒工件上钻不同方向的 8 个孔的翻转式钻模。整个钻模呈正方形,为了便于钻 8 个径向孔,另设计一个 V 形块作底座使用。

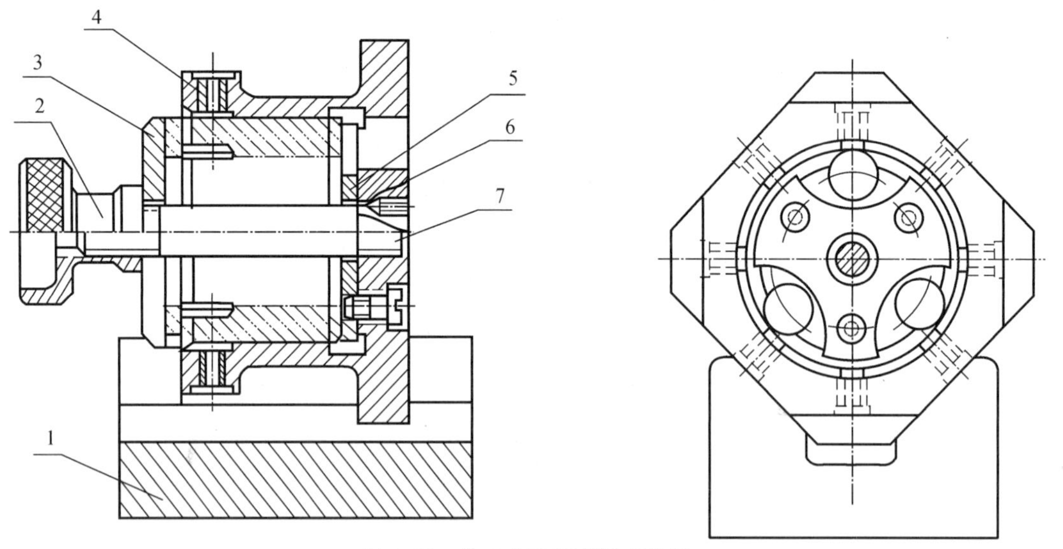

图 4.95　钻 8 个孔的翻转式钻模

1—V 形块;2—螺母;3—开口垫圈;4—钻套;5—定位块;6—夹具体;7—螺杆

图 4.96 为支柱式钻模。工件以 3 个垂直的平面为基准,在定位件 1 和钻模板 2 的底面上定位,用钩形压板 3 夹紧。该钻具上有 4 个支柱脚将钻具撑起,所以称做支柱式钻模。支柱脚采用 4 个而不是 3 个,这是为了便于发现支脚下面是否粘有切屑等污物,以保证钻套能处于正确位置(防止歪斜时折断钻头)。

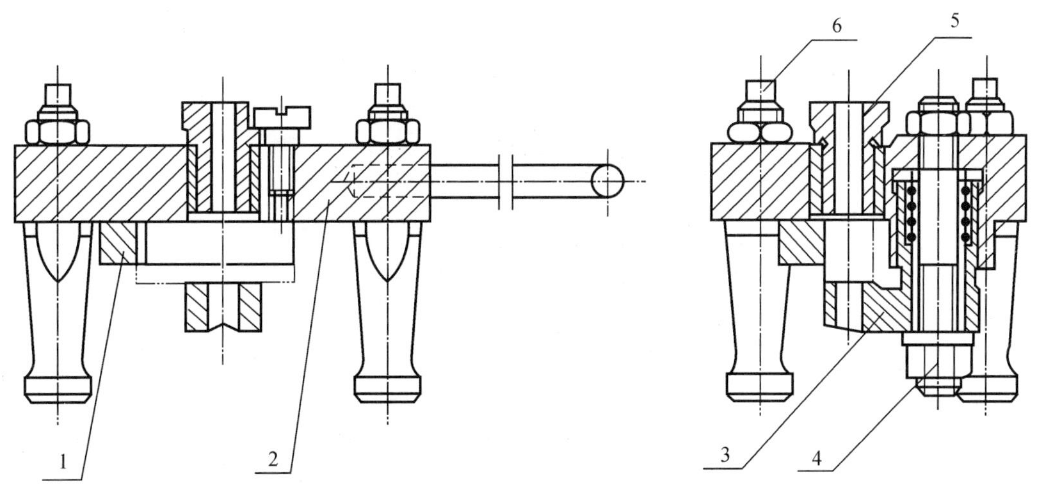

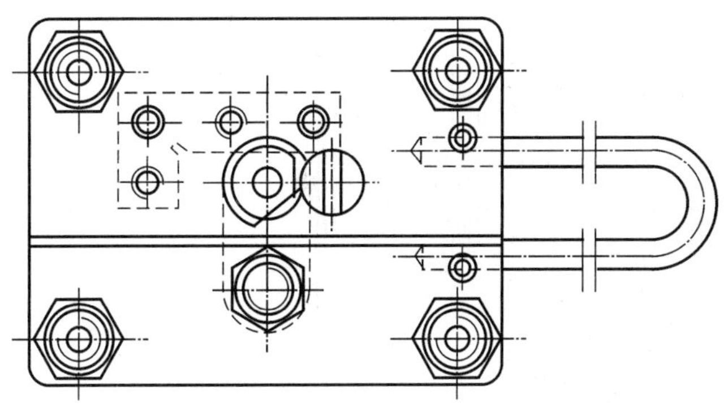

图 4.96　支柱式钻模

1—定位件；2—钻模板；3—压板；4—螺母；5—钻套；6—螺栓支柱

图 4.97 是在小轴套工件上钻两个孔用的箱式钻模，夹紧螺钉装在能拨转的板上以便于装卸工件。钻孔后可用左边的顶出器将工件从夹具腔中推出。

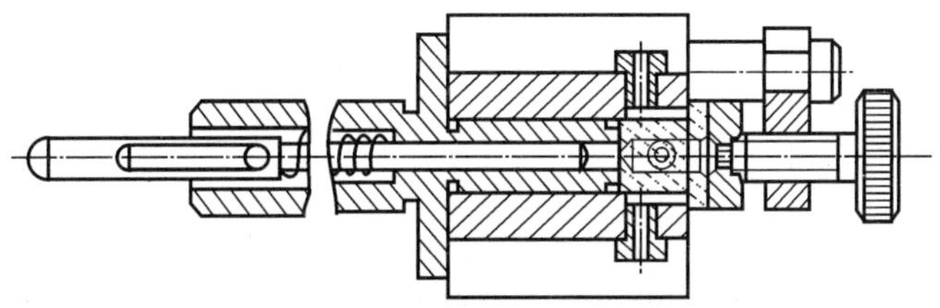

图 4.97　带顶出器的箱式钻模

(4)回转式钻模。该钻模用来加工沿圆周分布的许多孔(或许多径向孔)。加工这些孔时，常用两种办法来变更工位。一种是利用分度装置使工件改变工位(钻套不动)；另一种是每个孔都使用一个钻套，用钻套来决定刀具对工件的位置。

图 4.98 为带分度装置的回转式钻模，用于加工工件上三圈处的径向孔。工件以孔和端面为基准在定位件上定位，用螺母 4 夹紧。钻完一个工位上的孔后，松开锁紧分度盘 2 的螺母 1，拔出分度销 5 后就可进行分度。分度完成后，再用螺母 1 将分度盘锁紧，以加工另一个工位的孔。

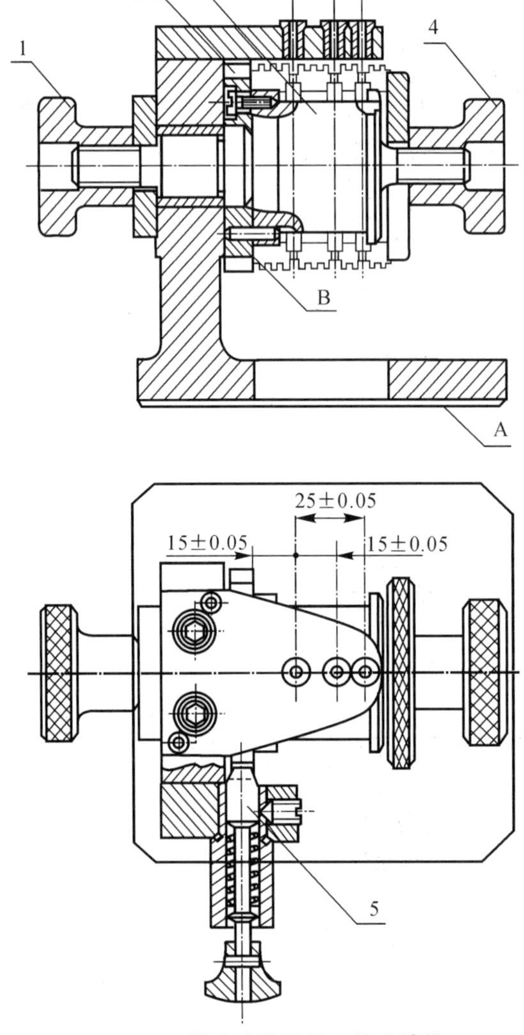

图 4.98 带分度装置的回转式钻模

1—螺母;2—分度盘;3—心轴;4—夹紧螺母;5—分度销

2.钻套的种类及设计

钻套是钻模上特有的一种元件,钻头的引导作用是通过钻套来实现的,钻套的作用是确定刀具的位置和在加工中引导刀具。用于铰刀的又称铰套,用于镗削时称为镗套。引导的刀具虽不相同,但它们的结构相近,设计方法相同。

(1)钻套的种类。

1)固定钻套。固定钻套采用紧配合压入钻模板,其结构如图 4.99(a)(b)所示,常用的配合为 H7/r6 或 H7/n6。图 4.99(a)结构最简单,容易制造。图 4.99(b)钻套上带有凸缘,其端面可用做刀具送进时的定程挡块。这种固定钻套磨损到一定限度时(平均寿命为 10 000～15 000次)必须更换,即将钻套压出,重新修正座孔,再配换新钻套。最适合中小批量生产的使用。

2)可换钻套。在大批、大量生产中,为了方便更换已磨损的钻套以及在成组夹具上使用,常采用易于拆卸的可换钻套。其结构如图 4.99(c)所示,这种钻套是以 H6/g5 或 H7/g6 配合装入耐磨损的衬套内(衬套和钻模板的配合按 H7/r69 或 H7/n6),有时也可按 H7/js6 或 H7/k6 配合直接装在钻模板上。为了防止钻套随刀具转动或被切屑顶出,常用固定螺钉紧固。此种钻套虽可较方便地更换,但还不能适应钻、扩、铰的连接加工使用(因拆卸螺钉费时间)。

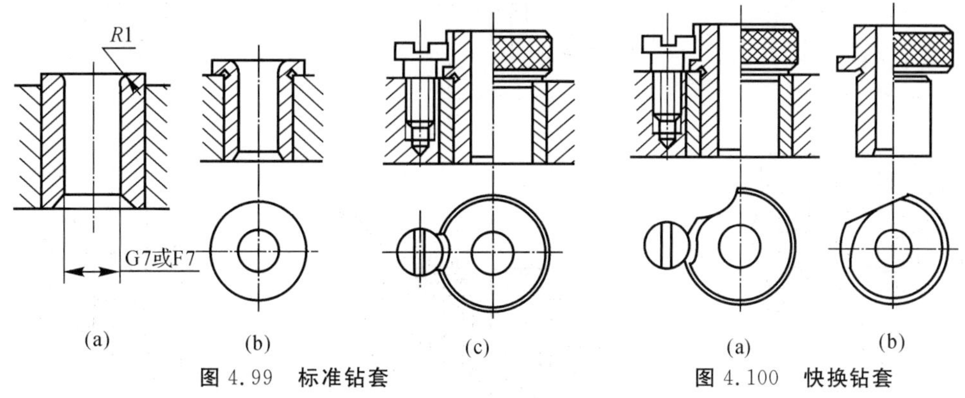

图 4.99　标准钻套

(a)(b)固定钻套;(c)可换钻套

图 4.100　快换钻套

(a)弧形缺口;(b)平面缺口

3)快换钻套。当被加工孔需要依次连续地用几把刀具(如钻、扩、铰)进行加工时,为更换钻套迅速,需采用快换钻套,其标准结构如图 4.100(a)(b)所示。该钻套与衬套的配合也采用 H7/g6 或 H6/g5 的间隙配合。由于钻套上有一缺口,所以更换时,只要将钻套逆时针转动一下,即可迅速地取下。

对于工件上不同位置而直径相差不多的孔,在采用数个快换钻套时,最好使钻套的外径也不相同,以免放错位置,把孔钻错。当工件上有数个直径相同的孔需要在同一钻模上加工时,只需用一个快换钻套即可。另外还需指出的是当钻削较深的孔时,快换钻套通常只在开始钻削时使用,当钻出一定深度后,为了便于排屑,常把钻套取下来,这时就以钻出的孔本身作引导来继续加工。

4)特种钻套。当工件的形状或工序的加工条件不宜采用上述的标准钻套时,就要针对具体情况设计特种钻套。图 4.101 为几种例子。

图 4.101(a)是几个被加工孔相距很近时所用的钻套。上图是把钻套相邻的侧面切去;下图是在一个钻套上制有 8 个导引孔,钻套凸肩上有一槽,用销子嵌入槽中以限定角向位置。图 4.101(b)为在斜面上钻孔用的钻套。图 4.101(c)则是在工件凹腔内钻孔用的钻套,装卸工件时可将钻套提起。为了减小与刀具的接触长度以减轻磨损,常将导引孔上段的孔径加大。图 4.101(d)结构是在加工间断孔时用的,这对于细而深的间断孔加工特别有利(防止刀具引偏)。

以上钻套除特种钻套外,都已标准化了,设计时可参阅国家标准《机床夹具零件及部件》:GB/T 2262—1991(固定钻套)、GB/T 2264—1991(可换钻套)、GB/T 2265—1991(快换钻套)等。

(2)钻套设计。在钻套的结构类型确定之后,就需要确定钻套的结构尺寸及其他问题。钻套的结构尺寸包括钻套的内径和钻套高度。

1)钻套的内径尺寸、公差及配合的选择。钻套内径 d 应按钻头或其他孔加工刀具的引导部分来确定,即钻套内径的基本尺寸应等于所用刀具的最大极限尺寸。

例如:钻头 $\phi10^{-0.007}_{-0.021}$ mm,最大尺寸 $\phi9.993$ mm,则 $d=9.993$ mm。

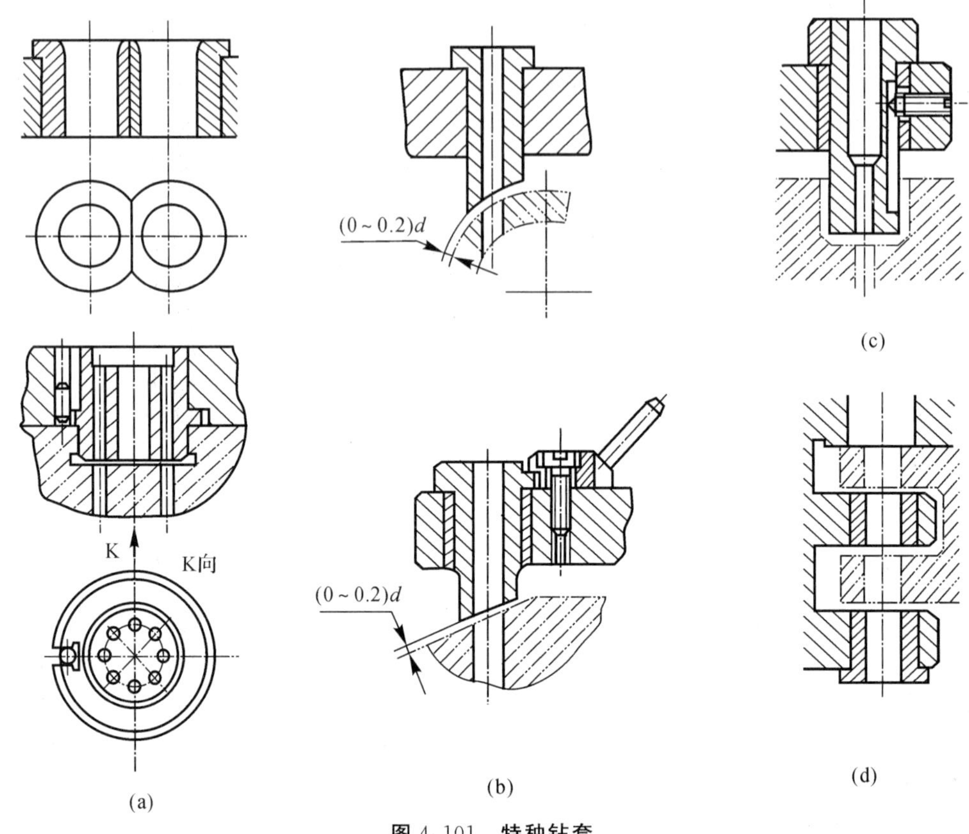

图 4.101　特种钻套

(a)多孔钻套;(b)斜面钻套;(c)凹腔钻套;(d)间断孔钻套

钻套内径与刀具之间,应保证一定的配合间隙,以防止刀具与钻套内径咬死,一般根据所用刀具和工件的加工精度要求来选取钻套内径的公差。具体来说,钻孔、扩孔时选 F7;粗铰时选 G7,精铰时选 G6。

例 4.3　今加工孔 $\phi 20\mathrm{H7}(^{+0.021}_{0})$ mm,拟采用钻、扩、粗铰、精铰 4 个工步,试计算所用钻套的内径尺寸和公差。

第一工步用 $\phi 18^{\ 0}_{-0.027}$ mm 标准麻花钻钻孔,其钻套内径按 F8 配合为 $\phi 18^{+0.043}_{+0.016}$ mm。

第二工步用 $\phi 19.8^{\ 0}_{-0.003}$ mm 扩孔钻进行扩孔,其钻套内径仍按 F8,其值为 $\phi 19.8^{+0.053}_{+0.020}$ mm。

第三工步进行粗铰,所用铰刀为 $\phi 19.9^{+0.063}_{-0.042}$ mm,按基轴制 G7 的配合确定铰套内径为 $\phi 19.963^{+0.028}_{+0.007}$ mm,即 $\phi 19.9^{+0.091}_{+0.070}$ mm。

第四工步用精铰刀 $\phi 20^{+0.080}_{+0.008}$ mm 进行精铰,其铰套内径也是根据铰刀的最大尺寸且按基轴制 G6 配合确定为 $\phi 20^{+0.038}_{+0.025}$ mm。

2)钻套高度 H。钻套的高度对刀具的引导作用和钻套的磨损影响很大,高度 H 较大时,刀具与钻套间可能产生的偏移量很小(导向性好),但是会加快刀具和钻套之间的磨损。高度 H 过小时,钻套的导向性不好,刀具易倾斜,通常钻套高 H 是由被加工孔距精度、工件材料、加工孔的深度、刀具刚度、工件表面形状等因素决定的。一般情况下,H 按$(1\sim3)d$ 选取(d 为钻套内径)。如果在斜面上钻孔或加工切向孔时,H 按$(4\sim8)d$ 选取。另外,在高强度的材料上钻孔或在粗糙表面上钻孔或钻头刚度较低时,宜选用长钻套。

3)钻套与工件距离 S。钻套与工件间应留适当间隙 S,如果 S 过小,则切屑排除困难,这不仅会损坏加工表面,有时还可能把钻头折断。如果 S 过大,会使钻头的引偏值增大,不能发挥钻套引导刀具的作用。间隙 S 的大小应根据钻头直径、工件材料及孔深来确定。选取的原则是引偏量小而且易于排屑。加工铸铁等脆性材料时,$S=(0.3\sim0.7)d$,加工钢等带状切屑材料时,$S=(0.7\sim1.5)d$。工件材料硬度高,其系数应取小值。钻孔直径越小,钻头刚性就越差,系数应取大值,以免切屑堵塞而使钻头折断。但是下列几种情况例外:

ⅰ)当孔的位置精度要求较高或加工有色金属时,允许 $S=0$;

ⅱ)在斜面上钻孔或钻斜孔时,为保证起钻良好,S 应尽量取小些,$S=(0\sim0.2)d$;

ⅲ)钻深孔($L/d>5$)时,要求排屑顺利,这时 $S=1.5d$。

4)钻套的材料。钻套在导引刀具的过程中容易磨损,所以应选用硬度高、耐磨性好的材料。一般常用的材料为 T10A,T12A,CrMn 钢或 20 号钢渗碳淬火,其中 CrMn 钢常用于孔径 $d\leqslant10$ mm的钻套,而大直径的钻套($d\geqslant25$ mm)常用 20 号钢经渗碳淬火制造。钻套经热处理之后,硬度应达 HRC60～64。由于钻套孔径及内外圆同轴度要求都很高,所以在热处理之后,需要进行磨削或研磨。

需要指出,钻套内径进口处应做成圆角,以有利于钻头的引进;内径下端也要做成圆角(倒),有利于排屑;钻套的外径选择时应注意不要使钻套壁太薄。对钻模的设计而言,在保证钻模板有足够刚度的前提下,要尽量减轻其重量。在生产中,钻模板的厚度通常按钻套高来确定,厚度一般取 12～30 mm,或与钻套高度相等,如果钻套较长,可将钻模板局部加厚,另外,钻模板不宜直接作为夹紧件来对工件进行夹紧。

3. 钻模的精度分析

钻模结构设计之后,为了验证其能否保证工件被加工孔的位置尺寸公差,有必要对可能出现的误差进行分析计算,使各项误差之总和不超出工序允许的限度。对于钻模来说,影响被加工孔轴线位移的因素主要有两项,那就是与工件在夹具上安装有关的误差和刀具因对刀、调整和引偏而造成的误差。

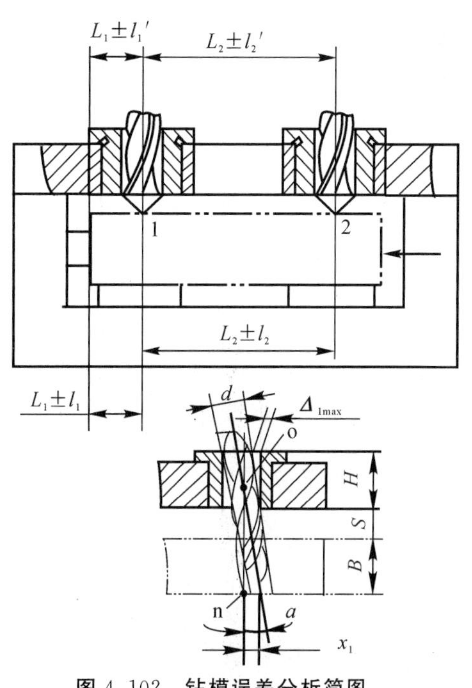

图 4.102　钻模误差分析简图

图 4.102 为钻孔时位置误差的分析简图。被加工孔 1 需要保证的尺寸是 $L_1\pm l_1$。孔 2 需要保证的位置尺寸是 $L_2\pm l_2$。该工件以平面定位,可以认为其定位误差为零。影响 L_1,L_2 两尺寸误差的主要因素是对刀和加工中刀具的引偏。具体对于孔 1 来说,影响 L_1 的因素有下列方面:

(1)衬套内孔轴线至定位表面距离 L_1 的制造公差 $\pm l_1'$;

(2)钻套内外圆的不同轴度 ε_1(即跳动量);

(3)钻套和衬套之间的配合间隙 Δ_{1max}';

(4)刀具的引偏量$\pm x_1$。工件在被加工孔较浅时,宜按偏移考虑,其值为刀具和钻套孔最大的配合间隙Δ_{1max}。当孔较深时,则应按偏斜计算(即$\pm x_1$)。由图4.102可知

$$x_1 = \text{on} \cdot \tan\alpha = (\frac{H}{2} + S + B)\frac{\Delta_{1max}}{H} \tag{4.19}$$

式中:S——钻套底面至工件间的距离;

B——工件被加工孔的深度;

H——钻套导引孔的长度(钻套高度)。

以上这些因素都是按最大值计算的。然而实际上,各项误差不可能都达其最大值。因此,在计算总误差时,若按上述各项误差最大值相加,由于工件位置允差的限制,必然要缩小钻模的有关公差才能符合要求,这就使钻模制造困难,但却有较大的精度储备。在一般情况下,应该按概率法计算,这样算得的总误差$\delta_{总}$与实际比较接近,即

$$\delta_{总} = \sqrt{(2l_1')^2 + \varepsilon_1^2 + \Delta_{max}'^2 + (2x_1)^2} \tag{4.20}$$

同理,影响尺寸L_2的误差因素如下:

(1)两个衬套内孔轴线的距离公差$\pm l_2'$;

(2)两个钻套内外圆的不同轴度ε_1,ε_2;

(3)两钻套和两衬套之间的配合间隙Δ_{1max}',Δ_{2max}';

(4)刀具分别在两处的引偏量$\pm x_1$和$\pm x_2$。

因此有

$$\delta_{总} = \sqrt{(2l_2')^2 + \varepsilon_1^2 + \varepsilon_2^2 + \Delta_{1max}'^2 + \Delta_{2max}'^2 + (2x_1)^2 + (2x_2)^2} \tag{4.21}$$

以上分析,只适用固定模板式钻模。对于其他可卸模板等,还得考虑钻模板本身在钻具体上定位时的误差影响。所以,计算误差时,要视具体结构而定。

4.6 机床夹具设计的全过程

上述各节分别介绍了夹具设计的基本原理和各组成部分的结构(包括元件设计和典型装置),又通过各类机床夹具的典型实例,进一步说明了这些组成部分是如何构成一个整套的夹具的。在此基础上,本节将按照机床夹具设计的方法步骤,阐述夹具设计的全过程,使设计者便于工作,具备夹具结构设计和精度分析的能力。

夹具设计者是根据设计任务书提出的要求进行设计夹具的。设计任务书中规定了工件的定位基准、夹紧表面、工序要求和其他说明。夹具设计完成后,须经使用单位(主管工艺员)会签和一定手续审批后,才能投入制造。制造好的夹具在正式使用前,还要进行试用验收,验收通过后方可正式交付使用,这时夹具设计者的任务才算最终完成。

一、机床夹具设计方法和步骤

一般来说,机床夹具设计的全过程可分为4个阶段:设计前的准备工作、拟定夹具结构方案和绘制方案草图、绘制夹具总装图、绘制夹具零件图。

1.设计前的准备工作

夹具设计人员接到设计任务书之后,必须要分析和收集以下资料:

(1)熟悉工序图。根据使用该夹具的工件工序图(必要时可参阅零件图和毛坯图),了解工件的结构特点、尺寸、形状和材料等,以便针对工件的结构、刚度和材料的加工性能来采取减小变形、便于排屑等有效措施。根据工艺规程和工序单,了解本工序的内容、要求该夹具承担的任务、先行工序所提供的条件(工件已达的状态,尤其是定位基准、夹紧表面等情况),以便于采用合适的定位、夹紧、导引等措施。

(2)了解所用的机床、刀具的情况。对于机床夹具结构的设计,需要知道所用机床的规格、技术参数、运动情况和安装夹具部位的结构尺寸,也要了解所用刀具的有关结构尺寸、制造精度和技术条件等。

(3)了解生产批量和对夹具的需用情况。根据生产批量的大小和使用的特殊要求,来决定夹具结构的复杂程度。若生产批量大,就应使夹具功能强(结构完善)和自动化程度高,尽可能地缩短辅助时间以提高生产率。若批量小或应付急用,则力求结构简单,以便迅速制成交付使用。对于某些特殊要求,应该结合工序特点和生产的具体情况,有的放矢地采取措施。

(4)了解夹具制造车间的生产条件和技术现状,使所设计的夹具便于制造,并充分利用夹具制造车间的工艺技术专长和经验,使夹具的质量得以保证。

(5)准备好设计夹具要使用的各种标准、工厂规定、典型夹具图册和有关夹具设计的指导性及参考性资料等。

下述以成批生产小连杆为例,介绍机床夹具设计的方法和步骤。

图 4.103 为连杆的铣槽工序图。工序要求铣工件两个端面上的 8 个槽,槽宽 $10^{+0.2}_{0}$ mm,深 $3.2^{+0.1}_{0}$ mm,表面粗糙度为 Ra 6.4 μm,槽的中心线与两孔中心连线成 $45°\pm30'$,先行工序已加工好的表面可用作定位基准,即厚度为 $14.3_{-0.1}^{0}$ mm 的两个平行端面、直径分别为 $\phi42.6^{+0.1}_{0}$ 和 $\phi15.3^{+0.1}_{0}$ mm 的两个孔,这两个基准孔的中心距为(57±0.06) mm。加工时是用三面刃盘铣刀在 X62W 卧式铣床上进行。槽宽由刀具保证,槽深和角度位置要求则需用夹具保证。

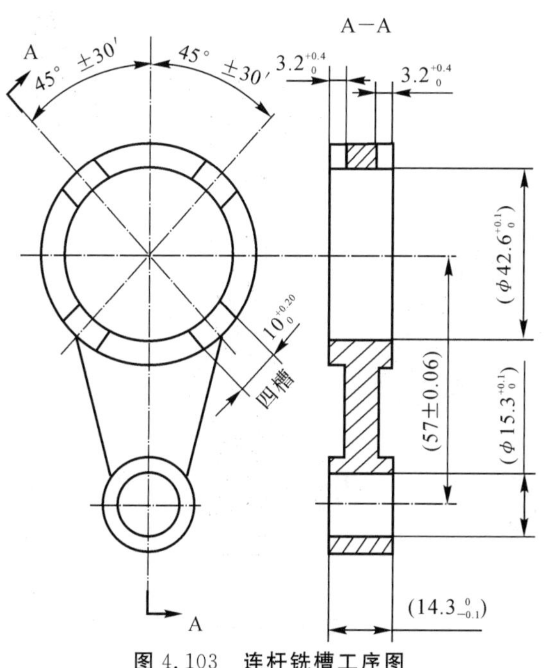

图 4.103　连杆铣槽工序图

根据两面铣槽的工序特点，工件至少需要在夹具上装两次，每次安装有两个工位，也可以分为四次安装，分别在四个工位上铣削好八个槽。每次安装的基准都是用两个孔和一端面，并均在大孔端面上进行夹紧。

2. 拟定夹具的结构方案

确定夹具的结构方案，主要包括以下几种。

(1)对工件的定位方案：确定其定位方法和定位件。

(2)对工件的夹紧方案：确定其夹紧方法和夹紧位置。

(3)刀具的对刀或导引方案：确定对刀装置或刀具导引件的结构形式和布局(导引方向)。

(4)变更工位的方案：决定是否采用分度装置，若采用分度装置，要选定其结构形式。

(5)夹具在机床上的安装方式以及夹具体的结构形式。工件的定位基准和夹紧位置虽然在工序图上已经规定，但在拟定定位、夹紧方案时，仍然应对其进行分析研究，考查定位基准的选择是否能满足工件位置精度的要求、夹具的结构能否实现。在铣连杆槽的例子中，工件在槽深方向的原始基准是与槽相连的端面，若以此端面作平面定位基准，可以满足基准重合的原则，由于要在此面上铣槽，那么夹具的定位面就必须设计成朝下的，还要给铣刀让开位置，这就必然给定位夹紧结构带来麻烦，使整个夹具结构变得复杂。如果选择另一端面作定位基准，则会因为基准不重合而引起定基误差，其大小等于工件两端面间的尺寸公差 0.1 mm。该误差远小于槽深尺寸的公差(0.4 mm)，还可以保证该工序尺寸要求，且可以使结构简单，定位夹紧可靠，操作方便，所以应当选择底面作定位基准。

在保证角向位置 $45^\circ \pm 30'$ 方面，其原始基准是两孔的连心线，若以两孔为定位基准在一个圆销和一个菱形销上定位，可使之基准重合，而且装卸工件也方便。由于被加工槽的角度要求是以大孔中心为基准的(槽的中心线要通过大孔的中心)，因此应将圆柱销放在大孔，菱形销放在小孔，其安置情况如图 4.104(a)所示。

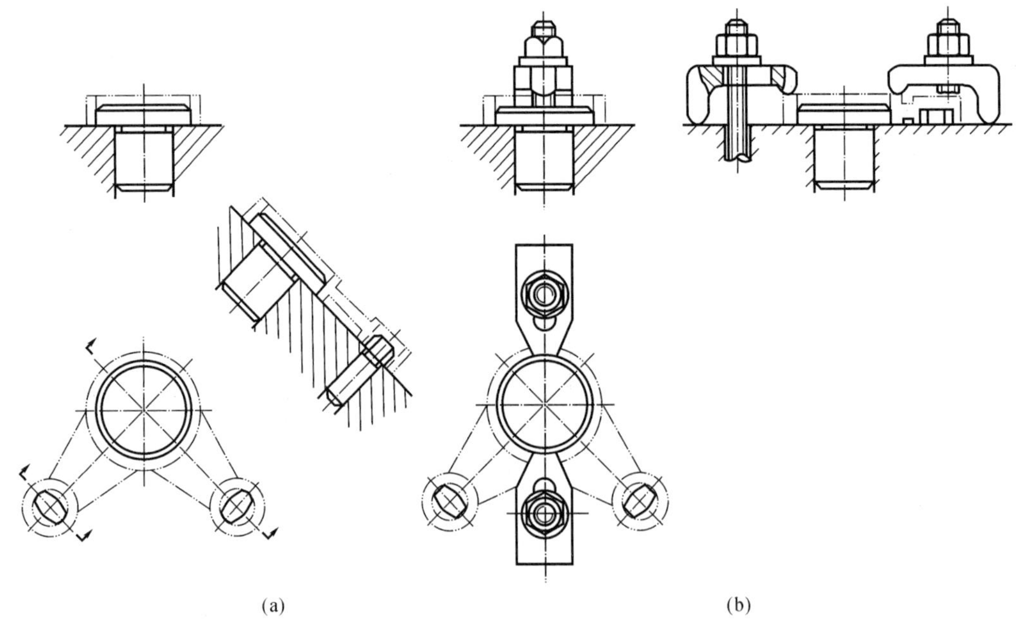

图 4.104　连杆铣槽夹具设计过程图

(a)定位方案；(b)夹紧方案

在拟定夹具结构方案中，遇到的另一个问题就是工件每一面上的两对槽将如何进行加工(如何改变工位)。具体在夹具结构上如何实现，这里可有两种方案：一种是采用分度装置，当加工完一对槽后，将工件和分度盘一起转过 90°来变更工位，再加工另一对槽；另一种方案是在夹具上装置两个相差为 90°的菱形销[见图 4.104(a)]，在铣好一对槽后，卸下工件，将工件转过 90°而套在另一个菱形销上，重新进行夹紧后，再加工另一对槽。很显然，采用分度装置的结构要复杂一些，而且分度盘与夹具体之间也需要锁紧，在操作上所节省的时间并不多。鉴于该产品的批量不大，因而采用后一方案还是可行的。

夹紧点选在工件大孔端面是可取的，因为夹紧点接近于加工部位，可使夹紧可靠。但对夹紧机构的高度要加以限制，以防止和铣刀杆相碰。

对于夹紧机构的选择，鉴于该工件较小，批量又不大，考虑到使夹具结构简单，宜采用手动的螺旋压板夹紧机构，如图 4.104(b)所示。

3. 绘制夹具总图

在夹具的结构方案确定之后，就可以正式绘制夹具总图了。绘图比例最好按 1∶1(直观性好)。主要视图必须按照加工时的工位状态表示，而主视图，尽可能选取与操作者正对着的位置。被加工的工件要用双点画线绘出，这是对工件假想位置的表示，它丝毫不遮挡夹具零件的绘制。

绘制夹具总图的步骤如下：

(1)用双点画线画出工件在加工位置的外形轮廓和主要表面，这里主要表面是指定位基准面、夹紧表面和被加工表面。

(2)按工件形状和位置，依次画出定位件、夹紧件、对刀件、引导件和有关装置(如分度装置、动力装置等)，最后用夹具体把上述的元件和装置连成一体。在夹具总图上，到底需要绘制几个视图，这里没有特别的规定，原则上要求视图能反映清楚整个结构(尤其是连接配合部分)。按照上述步骤，就可以绘制出连杆铣槽的夹具总图，如图 4.105 所示。

4. 绘制夹具零件图

夹具总图设计完毕后，还要绘制夹具中非标准件的零件图，并对其提出相应的技术要求。所设计的零件图要求结构工艺性良好，以便于制造、检验和装配。由于夹具制造属于单件生产性质，加工精度又高，零件图上某些尺寸的标注或技术要求的规定，就要从单件生产性质出发。例如钻模板、对刀块等元件在夹具体上定位所用的销钉孔，就应按相配加工的办法制作，有的宜在装配时加工。所以在这些有关的零件图上就要注明“两销孔与件××同钻铰”，有的却要注成“两孔按件××配作”。后者的用意是因件(如对刀块)已经淬硬，不能再作钻铰加工，只应按该件去加工另一个装配件(如夹具体)。对于那些配合性质要求甚高的装配件，尤其是要求严格控制配合间隙的零件(例如分度销与导套的配合间隙)，应该在相配尺寸上注明“与件××相配，保证总图要求”。当然，总图上则须注明其配合间隙要求。

一套夹具中的非标准件应该尽可能地少，而标准件所占的比例则应尽可能地多，只有这样，才能大大减少夹具的制造费用。

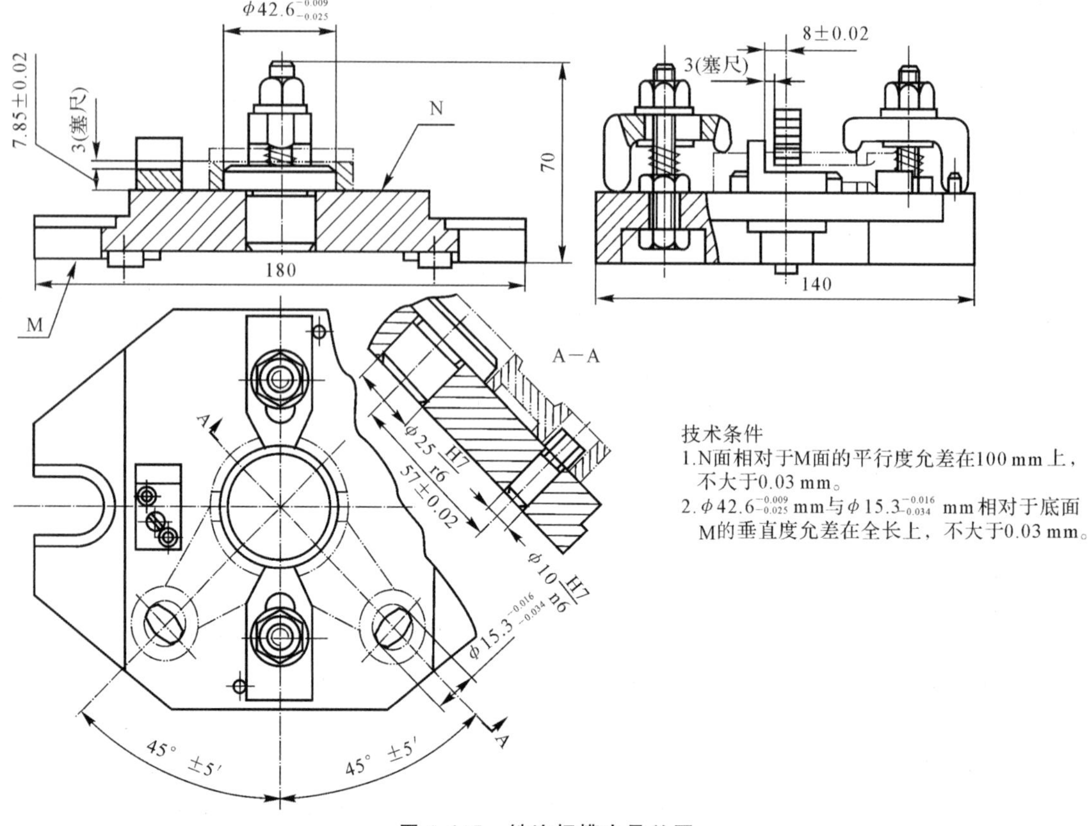

图 4.105 铣连杆槽夹具总图

二、夹具总图上尺寸、公差配合和技术条件标准

1. 夹具总图上的尺寸标注

(1)夹具外形的最大轮廓尺寸(长宽高)。它表示夹具在机床上所占具的空间位置和可能活动的范围。对于升降式夹具,应标出最高与最低尺寸;对于回转式夹具,应标出最大回转半径或直径。标出这些尺寸,可检查夹具是否与机床、刀具等发生干涉。

(2)夹具与定位元件间的联系尺寸。此类尺寸如定位销(轴)的直径尺寸和公差、两定位销的中心距尺寸和公差等。

(3)与刀具的联系尺寸和相互位置要求。这些用来确定刀具对夹具的位置,如对刀元件的工作表面对定位元件的工作表面的位置尺寸和相互位置要求,钻套与定位元件间的位置尺寸、公差,钻套间的位置尺寸、公差,钻套内径尺寸、公差,等等。

(4)夹具的安装尺寸。这是指夹具在机床上安装时有关的尺寸,例如车床类夹具(如心轴等)在主轴上安装用的连接尺寸(如锥柄的锥度和直径)、铣床夹具上的定向键尺寸等。

(5)主要配合尺寸。夹具上凡是有配合要求的部位,都应该标注尺寸和配合精度,如工件与定位销、定位销与夹具体、分度销与分度孔、钻套与衬套的配合尺寸等,以及定向键与机床工作台的配合尺寸。

2. 夹具总图中的尺寸公差与配合

(1)与工件加工尺寸公差有关的公差。夹具上主要元件之间的尺寸应取工件相应尺寸的平均值,其公差应视工件精度要求和该距离尺寸公差的大小而定,一般常按工件相应尺寸公差的 1/3～1/5 取值,来作为夹具上该尺寸的公差。当工件该尺寸的公差甚小时,也可按 1/2～1/3 取值,反之,也可取得严些。通常的公差可达(±0.02～±0.05) mm 范围内。例如图 4.105中,两定位销之间的距离尺寸公差,就是按连杆相应尺寸公差(±0.06 mm)的 1/3 取值为±0.02 mm。再如定位平面 N 到对刀面之间的尺寸,因夹具上该尺寸要按工件相应尺寸的平均值标注,而连杆上相应的这个尺寸是由 $3.2^{+0.4}_{0}$ mm 和 $14.3^{0}_{-0.1}$ mm 间接决定的,经尺寸链计算(封闭环是$3.2^{+0.4}_{0}$) mm 为 $11.1^{-0.1}_{-0.4}$ mm,将此写成双向等偏差的形式,即(10.85±0.15) mm。该平均尺寸 10.85 mm 再减去塞尺厚度 3 mm 后,即为 7.85 mm。夹具上将此尺寸的公差取为±0.02 mm(约为±0.15 mm 的1/8),所以,夹具上所标注的尺寸公差为(7.85±0.02) mm。

夹具上主要角度公差,一般按工件相应角度公差的 1/2～1/5 选取。通常取为±10′,要求严的常取±5′～±1′。在图 4.105 所示的夹具中,45°角的公差取值较严,为±5′,其值为工件相应角度公差(±30′)的 1/6。

由上述可知,夹具上主要元件间的位置尺寸公差和角度公差,一般是按工件相应公差的 1/2～1/5 取值。

当工件上有几何公差要求时,夹具上几何公差可以取工件相应几何公差的 1/2～1/5,最常用的是取 1/2～1/3。当工件未注明要求时,夹具上的那些主要元件间的位置允差,可以按经验取为(100∶0.02)～(100∶0.5) mm,或要求其在全长上不大于 0.03～0.05 mm。

(2)与加工要求无直接关系的夹具公差。例如定位件与夹具体的装配尺寸的公差,衬套与夹具座孔的配合公差,钻套与衬套的配合公差等,这些公差,并不是说它们对工件加工精度无影响,而是说无法直接从工件相应的加工尺寸的公差值中确定取多少作为夹具尺寸的允差值,它们的选定可参考夹具设计手册。

一般情况下,夹具上的公差应对称分布,以利于制造和装配,如工件相应的公差,是单向分布时,应先化为对称分布,然后再确定夹具公差值。

3. 夹具总图上技术条件的制定

夹具总图上各重要工作表面之间的几何公差和有关夹具制造和使用的文字说明(如平衡、密封试验、装配要求等),习惯上称为技术条件,现将各类夹具应标注的几何公差介绍如下。

(1)车床类夹具。

1)定位表面对夹具轴线(或找正圆环面)的跳动。

2)定位表面对顶尖孔或锥柄轴线的跳动。

3)定位表面间的垂直度或平行度。

4)定位表面对安装端面的垂直度和平行度。

5)夹具定位表面的轴线对回转轴心线的同轴度。

6)与安装配重有关的使用说明或附注。

(2)铣床类夹具。

1)定位表面对夹具安装面的平行度或垂直度。

2)定位表面对定向键侧面的平行度或垂直度。

3)对刀面对定位表面的平行度或垂直度。

4)对刀面对夹具安装面的平行度或垂直度。

5)定位表面间的平行度或垂直度。

(3)钻床类夹具。

1)定位表面对本体底面的平行或垂直度。

2)钻套轴线对本体底面的垂直度。

3)钻套轴线对定位表面的垂直度或平行度。

4)两同轴线钻套的同轴度。

5)处于同一圆周位置的钻套所在圆的圆心对定位件轴线的同轴度或位置度。

6)翻转式钻模中各底面之间的相互位置精度。

至于应标注哪几条,需根据工序的加工要求来确定。

4.编写夹具零件的明细表

对总装图上零件明细表的编写,与一般机械装配图上的明细表相同,如图上的编号应按顺时针或逆时针方向顺序标出,相同零件(数目多、位置各异)只编一个号,零件的名称、规格、数量、材料等填在明细表内,等等。

三、夹具精度分析

在夹具结构方案确定及总图设计完之后,还应对夹具精度进行分析和计算,以确保设计的夹具能满足工件的加工要求。

1.影响精度的因素(造成误差的原因)

在加工工序所规定的精度要求中,与夹具密切相关的是被加工表面的位置精度——位置尺寸和相互位置关系的要求。影响该位置精度的因素可分为$\delta_{定基}$,$\delta_{安装}$,$\delta_{加工}$三部分,夹具设计者应充分考虑估算各部分的误差,使其综合影响不致超过工序所允许的限度。

(1)$\delta_{定基}$是指由于定位基准与原始基准(亦称工序基准)不重合而引起的原始尺寸(工序尺寸)的误差,它的大小已由工艺规程所确定,夹具设计者无法对它直接控制,如果要减少或消除$\delta_{定基}$,则可建议修改工艺规程,另选定基准,最好是采用基准重合的原则。

(2)$\delta_{安装}$是指与工件在夹具上以及夹具在机床上安装的有关误差,它包括以下因素。

1)工件在夹具上定位时所产生的定位误差$\delta_{定位}$,夹具设计者可以通过合理选择定位方法和定位件,将其限制在规定的范围内。

2)工件因夹紧而产生的误差$\delta_{夹紧}$,是指在夹紧力作用下,因夹具和工件的变形而引起的原始基准或加工表面在原始尺寸方向上的位移。在成批生产中,如果这一变形量比较稳定,则可通过调整刀具与工件之间的位置等措施,将它基本消除。

3)夹具在机床上的安装误差 $\delta_{夹安}$，是指由于夹具在机床上的位置不正确而引起的原始基准的原始尺寸方向上的最大位移。造成 $\delta_{夹安}$ 的主要因素有二：其一是夹具安装面与定位件之间的位置误差(如心轴的定位面对两顶尖孔的跳动量、铣床类夹具上的校正面对定位面的平行度误差等)，这可在夹具总图上作出规定；其二是夹具安装面与机床配合间隙所引起的误差或安装找正时的误差。$\delta_{夹安}$ 的数值一般都很小。在安装夹具中还可采用仔细校正或精修定位面等办法来减小 $\delta_{夹安}$。

(4)$\delta_{加工}$ 是指在加工中由于工艺系统变形、磨损以及调整不准确等而造成的原始尺寸的误差，它包括下列因素。

1)与机床有关的误差 $\delta_{机床}$，如车床主轴的跳动、主轴轴线对溜板导轨的平行度或垂直度误差等。

2)与刀具有关的误差 $\delta_{刀具}$，如刀具的形状误差、刀柄与切削部分的不同轴线以及刀具的磨损等。

3)与调整有关的误差 $\delta_{调整}$，如定距装刀的误差、钻套轴线对定位件的位置误差等(这项可在夹具总图予以限定)。

4)与变形有关的误差 $\delta_{变形}$，这取决于工件、刀具和机床受力变形和热变形。

以上诸因素都是造成被加工表面位置误差的原因，它们在原始尺寸方向上的总和应小于该尺寸的公差 δ，即

$$\delta \geqslant \delta_{定基} + \delta_{定位} + \delta_{夹紧} + \delta_{夹安} + \delta_{加工}$$

此式称为计算不等式，各符号分别代表各误差在原始尺寸方向上的最大值。当原始尺寸不止一个时，应分别计算。当然，这些误差也不会都按最大值出现，在校核计算中，应该按上述因素分析后，对总误差的合成按概率法计算，使其小于工件的允差 δ。

2. 精度分析举例

例 4.4　图 4.106 的钻模，是加工陀螺马达壳体上 4 个凸耳孔用的。该工件以孔 $\phi 10_{-0.002}^{-0.004}$ mm、端面 A 和凸耳平面 B 作定位基准，装在定位销 5 上并以端面支撑，再用可调支撑钉 2 作角向定位。当拧紧螺栓 8 上的螺帽 7 时，通过铰链式压板 9 上的浮动压块 6 夹紧工件。

工件上 4 个被加工孔 $\phi 3.5$ mm 的位置尺寸如图 4.106(a)所示，分别为(13.4±0.1) mm 和(23.3±0.1) mm。对图 4.106(b)所示的钻模能否确保工件的精度要求，下面将进行有关误差的分析和校核。

(1)影响尺寸(13.4±0.1) mm 的误差分析。

1)由于基准重合，所以定基误差 $\delta_{定基}=0$。

2)由于这里是平面定位，定位误差 $\delta_{定位}$ 很小，可以忽略不计。

3)在夹紧工件时，定位端面的接触变形甚小，工件壁部的弹性变形可能使被加工孔的轴线在卸下工件后变斜，但其值较小，估计不会大于 0.01 mm，可按 $\delta_{夹紧}=0.01$ mm 来估算。

4)钻模在钻床上安装的不准确并不是影响孔的位置尺寸，所以可以不考虑 $\delta_{夹安}$。

5)调整误差 $\delta_{调整}$ 可分作两项：一项是钻套座孔轴线对定位端面的距离尺寸(即工件相应尺寸的平均尺寸，此处是 13.4 mm)公差，其值可取工件相应尺寸公差(±0.1 mm)的 1/3～1/5，

今按 1/5 取值，为±0.02 mm；另一项是钻套内外圆的同轴度允差，一般取 0.01～0.005 mm，今取为 0.01 mm。这两项之和为 0.05 mm。

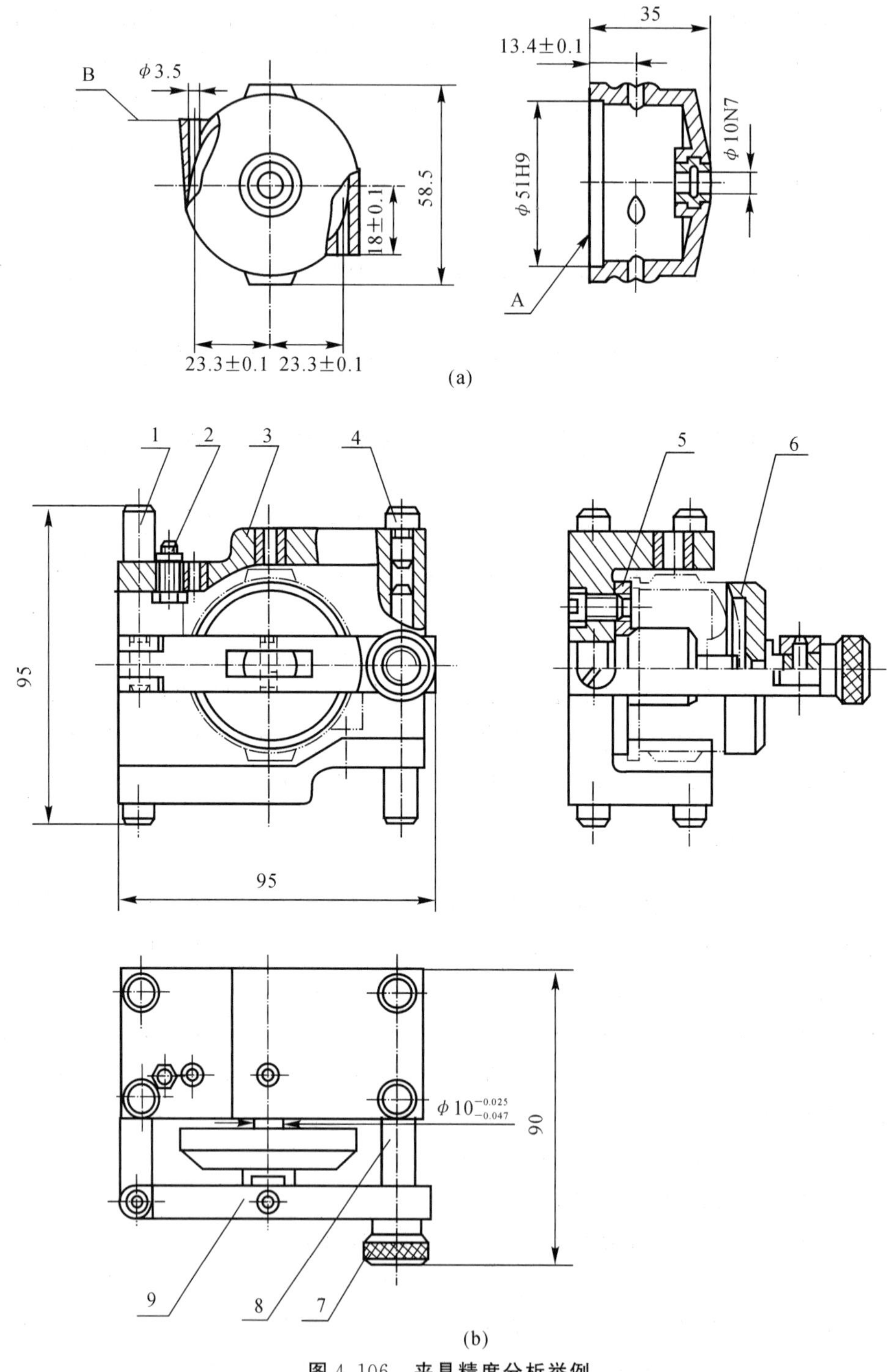

图 4.106　夹具精度分析举例

(a)零件图；(b)夹具图

1,4—支撑柱；2—可调支撑钉；3—钻模板；5—定位销；6—浮动压块；7—螺帽；8—螺栓；9—压板

6)钻头在加工中的偏斜。因垂直于工件轴线的这两个孔很浅,应按偏移考虑,其最大偏移量为钻头和钻套内孔之间的最大间隙。该工序使用的钻头直径是 $\phi3.5_{-0.008}^{0}$ mm。钻套内径如按 F8 选取为 $\phi3.5_{+0.010}^{+0.028}$ mm,假定允许钻头的磨损量为 0.02 mm,则在钻头磨损后的最大偏移量为 0.056 mm(即 0.008+0.028+0.02=0.056 mm)。

以上各项误差的极限值相加,则有

$$0.01+2\times0.02+0.01+0.056=0.116\ \text{mm}<0.2\ \text{mm}$$

这说明诸项误差之总和远小于原始尺寸(13.4±0.1) mm 的允差值 0.2 mm,所以该钻具能够确保工件的精度要求。

(2)影响尺寸(23.3±0.1) mm 的误差分析。

1)由于定位基准和原始基准重合,即同为 $\phi10_{-0.020}^{-0.004}$(N7) mm 孔,故 $\delta_{定基}$ 为零。

2)定位误差 $\delta_{定位}$,即基准孔 $\phi10_{-0.020}^{-0.004}$ mm(或 $\phi9.98_{0}^{+0.016}$ mm)和定位件 $\phi10_{-0.034}^{-0.025}$(即 $\phi9.98_{-0.014}^{-0.005}$ mm)之间的最大间隙,其值为 0.03 mm。

3)因夹紧力所引起的变形方向对该原始尺寸的无影响,则夹紧所致的误差 $\delta_{夹紧}$ 为零。

4)钻模在钻床上的安装误差 $\delta_{夹安}$ 对原始尺寸无影响,即 $\delta_{夹安}$ 为零。

5)调整误差 $\delta_{调整}$,如前所述也是两项。一个是定位轴到钻套座孔轴线的距离公差,其值仍按工件相应尺寸公差(±0.1 mm)的 1/5 选取,为 0.02 mm;另一个是钻套内外圆的同轴度允差,也取 0.01 mm。这两项之和为 0.05 mm。

6)钻头的引偏量 $\pm x$,因加工此切向孔时极易引偏,且属深孔(孔深按 18 mm 计),所以应按倾斜计算误差量。根据钻斜孔和切向孔时对钻套高度 H 的选取经验,即 $H=(4\sim8)d$ 的关系,今再参考其标准数据,选取 $H=18$ mm。钻套底面到被加工孔暂不留间隙(即 $S=0$)。钻头仍用 $\phi3.5_{-0.008}^{0}$ mm,钻套内孔也按 $\phi3.5_{+0.010}^{+0.028}$ mm,钻头磨损量亦定为 0.02 mm,则有

$$x=\left(\frac{H}{2}+S+B\right)\frac{\Delta_{\max}}{H}=\left(\frac{18}{2}+0+18\right)\frac{0.028+0.008+0.02}{18}=0.084\ \text{mm}$$

以上各项误差,若仍按最大值相加时,其总和为 0.248 mm,超过了工件允差 0.2 mm。今考虑到上述误差因素较多,不可能恰好都呈最大值出现,总误差的合成应按概率法计算才符合实际情况。其总误差为

$$\delta_{总}=\sqrt{\Sigma\delta^2}=\sqrt{(0.03)^2+(2\times0.02)^2+(0.01)^2+(2\times0.084)^2}=$$
$$0.167\ \text{mm}<0.2\ \text{mm}$$

由于总误差 0.176 mm 小于原始尺寸公差 0.2 mm,尚有一定的精度储备,所以可认为该钻模能保证工件的加工精度要求。

例 4.5　图 4.105 为连杆上铣槽夹具,现对该夹具的精度进行分析和计算。

(1)槽深 $3.2_{0}^{+0.4}$ mm 的校核。

1)基准不重合误差 $\delta_{定基}$。其为 0.1 mm(即厚 $14.3_{-0.1}^{0}$ mm 的公差 0.1 mm)

2)定位误差 $\delta_{定位}$。因属平面定位,可忽略不计。

3)夹紧误差 $\delta_{夹紧}$。因 $\delta_{夹紧}$ 甚小,亦可忽略不计。

4)夹具的安装误差 $\delta_{安装}$。由于夹具定位面 N 和底面的平行度误差等会引起工件的倾斜，从而造成被加工槽底面的倾斜，使槽深精度发生变化。夹具技术要求第一条中规定的允差为在 100 mm 上不大于 0.3 mm。所以在大孔端面大约 50 mm 范围内的影响值将不大于 0.015 mm。

5)与加工方法有关的误差 $\delta_{加工}$。对刀块的位置尺寸误差、调刀误差、铣刀的跳动、机床工作台面的倾斜和变形等所引起的加工方法误差，可根据生产经验并参照经济加工精度，大约取 0.15 mm。

以上诸项可能造成的最大误差为 0.265 mm，这远小于工序公差 0.4 mm。

(2)角度 45°±30′的校核。

1)由于定位销与基准孔之间的间隙所造成的定位误差，有可能导致工件两基准孔中心连线的倾斜，其最大倾斜量为

$$\tan\alpha=\frac{a_1+a_{定1}+\Delta_1+a_2+a_{定2}+\Delta_2}{2L}=\frac{0.1+0.025+0.1+0.034}{2\times 57}=0.002\ 27\ \text{mm}$$

即最大倾斜角是±7.8′。

2)夹具定位销所构成角度误差(45°±5′)会直接影响工件被加工槽的位置，其值是±5′。

3)机床纵向走刀方向与夹具校正面(或两定向键侧面)的平行度允差约在 100 mm 上不大于 0.03 mm。经换算相当于角度误差为±1′。

综合以上主要的 3 项，最大角度误差为±13.8′，此误差远小于工序所要求的角度公差±30′。

从以上所进行的初步分析来看，这个铣槽夹具能保证工件的精度要求。

4.7 现代机床夹具

随着现代科学技术的高速发展和市场需求的变化，现代机械制造业得到了较快的发展。多样化、多品种、中小批量生产方式将成为今后的主要生产形式，在大批量生产中具有明显优势的专用夹具逐渐暴露出它的不足，因而为适应多品种、中小批量生产的特点逐渐发展了组合夹具、可调夹具、成组夹具和数控机床夹具。

现代机床夹具虽各具特色，但与专用夹具相比，其定位、夹紧等基本原理都是相同的。因此，这里着重介绍这些夹具的类型、特点及发展趋势。

一、现代夹具的类型及特点

1. 自动线夹具

根据自动线的输送方式，自动线夹具可分为固定夹具和随行夹具两大类。

(1)固定夹具。固定夹具用于工件直接输送的生产自动线，通常要求工件具有良好的定位基面和输送基面，例如箱体零件、轴承环等。这类夹具的功能与一般机床夹具相似，但是在结构上应具有自动定位、夹紧及相应的安全联锁信号装置，设计中应保证工件的输送方便、可靠，

同时还要排屑顺利。

(2)随行夹具。随行夹具用于工件间接输送的自动线中，主要适用于工件形状复杂、没有合适的输送基面，或者虽有合适输送基面，但属于易磨损的非铸材料工件，使用随行夹具可避免表面划伤与磨损。工件装在随行夹具上，自动线的输送机构把带着工件的随行夹具依次运到自动线的各加工位置上，各加工位置的机床上都有一个相同的机床夹具来定位，所以，自动线上应有许多随行夹具在机床的工作位置上进行加工，另有一些随行夹具要进入装卸工位，卸下加工好的工件，再装上待加工工件，这些随行夹具随后也等待送入机床工作位置进行加工，如此循环不停。

2. 组合夹具

组合夹具是一种根据工件的加工工艺要求而采用标准化、通用化、系列化的夹具元件及组件组装而成的夹具。利用这些标准元件和组件，组合夹具可组装成各种不同夹具，组合夹具把一般专用夹具的设计、制造、使用、报废的单向过程变为设计、组装、使用、拆散、清洗入库、再组装的循环过程，可用很短的组装周期来代替几个月的设计制造周期。

组合夹具出现在 20 世纪 40 年代，并在一些工业发达国家得到迅速的发展。我国在 20 世纪 50 年代后期开始使用组合夹具，到 60 年代得到了发展。到目前为止已形成了较为完整独立的组合夹具系统。采用组合夹具的优点是无需专门设计和制造夹具，节约设计和制造夹具的工时、材料和制造费用，缩短生产准备周期。因此，其适合多品种、中小批量产品的试制与生产。

3. 可调夹具

专用夹具具有生产周期长、成本高、精度高的特点，而组合夹具具有组装周期短、成本低的特点，将两者的优势结合起来，就构成了可调夹具。使用可调夹具时只需更换或调整个别定位件、夹紧件或导向元件，就可用于多种工件的加工，从而使多种工件的单件小批生产变为一组工件在同一夹具上的成批生产。由于可调夹具具有较强的适应性，因此使用可调夹具可大大减少专用夹具的数量，缩短生产准备周期，降低成本，提高生产效率。

可调夹具分为通用可调夹具和成组夹具两类。通用可调夹具的加工对象较广，但有时加工对象不明确。而成组夹具是在成组工艺中为一组工件的某一道工序而专门设计的夹具，在同一成组生产单元内使用。

4. 数控机床夹具

随着数控技术的发展，数控机床在机械制造业中得到越来越广泛的应用，数控机床夹具也随之迅速发展起来。数控机床的特点是在加工时，机床、刀具、夹具和工件之间具有严格的相对坐标位置，所以在数控机床上使用的夹具相对数控机床的坐标原点也应具有严格的坐标位置，以保证所装夹的工件处于规定的坐标位置上。数控机床夹具应具有按数控程序对工件进行定位和夹紧的功能。工件一般采用两孔一面定位方法，夹具上两个定位销之间的距离根据需要所做的调节、定位销插入和退出定位孔以及其他的定位和夹紧动作均可按程序自动实现。数控机床夹具的夹紧装置要求结构简单紧凑、体积小，夹紧方式采用机动夹紧，以满足数控加工的要求。

二、现代夹具的发展趋势

随着现代科学技术的发展日新月异，现代制造业正向着柔性化、集成化、智能方向发展，机床愈来愈多地采用先进的技术，生产效率不断提高，机械产品的加工精度日益提高，高精度的数控机床大量出现。为了适应生产发展的需要，机床夹具正朝着柔性化、高效化、自动化、精密化、标准化方向发展。

1. 柔性化

机床夹具应能在一定范围内不仅适应不同形状及尺寸的工件，而且又能适用于不同的生产类型和不同的机床加工。可调夹具和组合夹具就是具有这种功能的柔性化夹具。

2. 高效化、自动化

在实现机械加工自动化时，为了适应现代机床的要求，减少辅助时间，提高生产率，同时减轻工人的劳动强度，夹具也必须实现高效化、自动化。目前，已在生产流水线、自动线上配置相应的自动化夹具，在数控机床上也配置了自动夹具，数控加工中心上出现了各种自动装夹工件的夹具和自动更换夹具的装置，柔性制造系统中甚至还出现了夹具库，以方便选用。

夹具的高效化、自动化具体表现在定位、夹紧、分度、转位、翻转、上下料和工件输送等各种动作上。

3. 设计自动化

随着计算机辅助设计(CAD)的广泛应用，机床夹具的 CAD 技术也已逐渐应用于夹具生产中。计算机辅助夹具设计就是在设计者设计思想的指导下，利用计算机系统来辅助完成一部分或大部分夹具设计工作。

应用计算机辅助夹具设计，可以大大提高夹具设计工作的效率，缩短生产准备周期，提高设计质量，使传统靠经验类比和估算的夹具设计方法逐渐向科学、精确的计算和模拟方法转变，改善夹具的设计和管理等工作，为计算机辅助夹具设计提供必要的信息，有利于实现夹具设计与制造的集成。

4. 精密化

为了适应机械产品的高精密度的需要，不仅需要高精度的机床，同样需要高精度的机床夹具与之相配套。目前，高精度自动定心夹具的定心精度可以达到微米级甚至亚微米级，高精度分度装置的分度精度可达 0.1′。

5. 标准化

夹具的标准化是制造业柔性化的基础，为了实现夹具的柔性化，夹具的结构必须向标准化方向发展。夹具的标准化可以实现夹具生产的专业化、系列化，从而提高夹具在设计、制造和使用上的效益，促进夹具设计与制造技术的现代化。

在夹具标准化和组合化的基础上还可发展出模块化夹具，目前国外已在基础件、支撑件、动力合件等方面开发出了模块化夹具的雏形，如采用不同规格的钳口和动力合件构成的模块式虎钳，可加工不同形状和尺寸的工件。

习　题

4.1　试分析：图 4.107 所示工件在加工时（图中粗黑线表示为被加工表面），工序要求限制哪几个自由度？应该选择哪些表面作定位基准？拟采用何种定位件？实际限制了几个自由度？

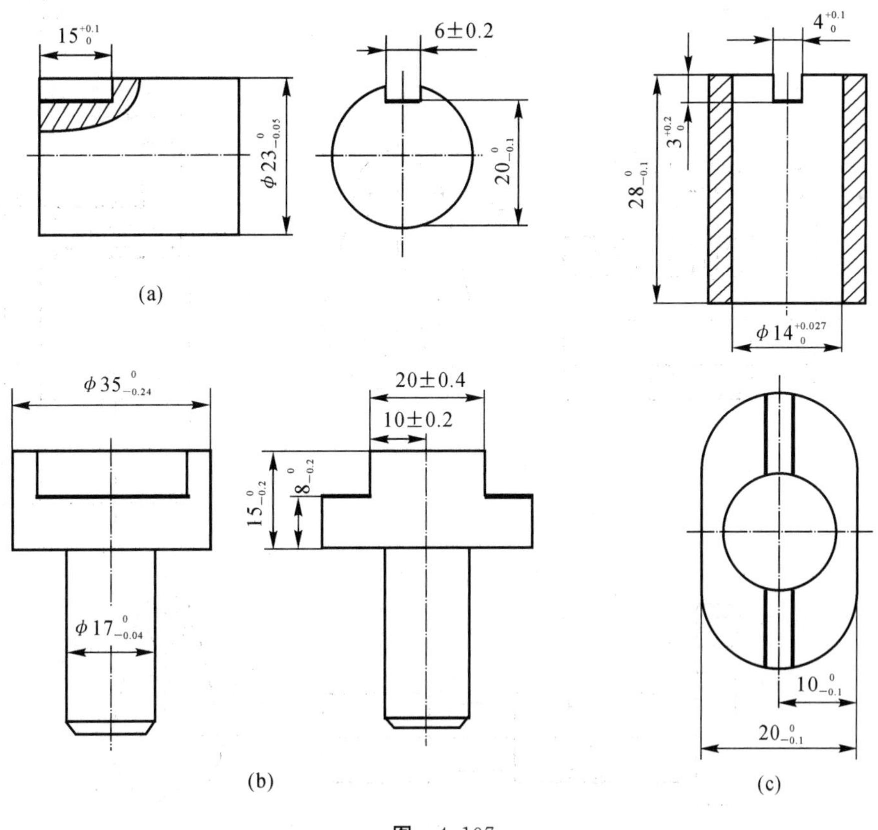

图　4.107

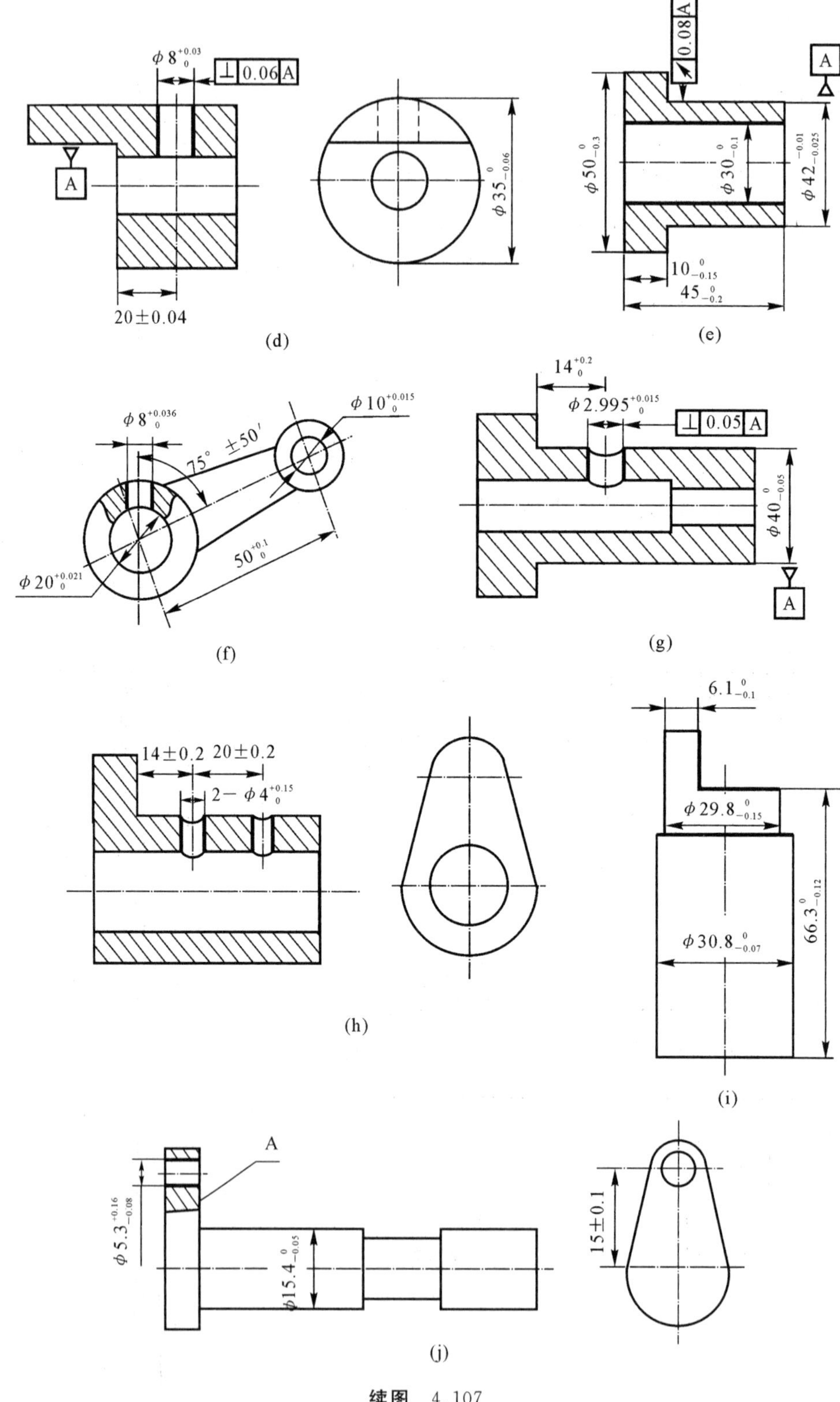

φ 8 +0.03 0
⊥ 0.06 A
A
20±0.04
φ 35 0 −0.06
(d)
0.08 A
A
φ 50 0 −0.3
φ 30 0 −0.1
φ 42 −0.01 −0.025
10 0 −0.15
45 0 −0.2
(e)
φ 8 +0.036 0
75° ±50′
φ 10 +0.015 0
φ 20 +0.021 0
50 +0.1 0
(f)
14 +0.2 0
φ 2.995 +0.015 0
⊥ 0.05 A
φ 40 0 −0.05
A
(g)
14±0.2 20±0.2
2− φ 4 +0.15 0
(h)
6.1 0 −0.1
φ 29.8 0 −0.15
φ 30.8 0 −0.07
66.3 0 −0.12
(i)
A
φ 5.3 +0.16 −0.08
φ15.4 0 −0.05
15±0.1
(j)

续图 4.107

4.2　在图 4.108 所示的定位方法中，各定位件分别限制着哪些自由度？其间有无过定位现象？若有过定位现象，则在限制哪个自由度时产生了过定位？

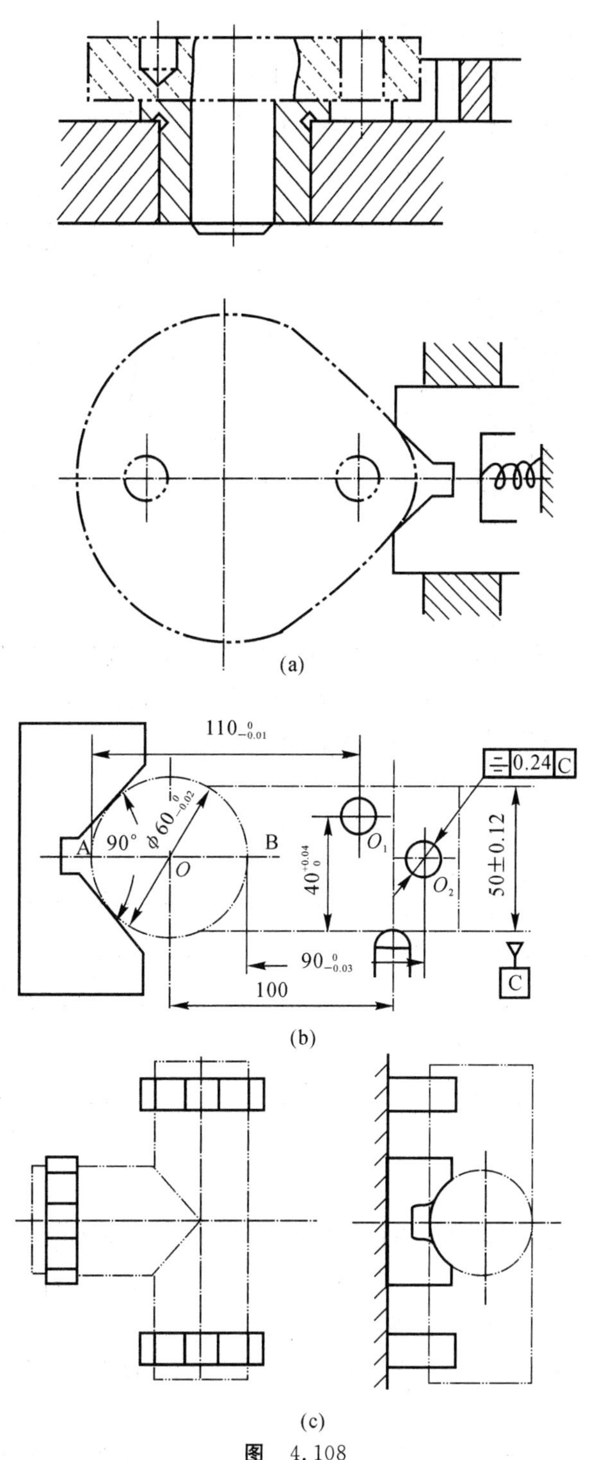

图　4.108

4.3　图4.109所示为在车床上镗孔的工序图，工件定位基准轴的尺寸为 $\phi36^{-0.025}_{-0.041}$ mm，试确定夹具定位孔的尺寸和公差，并计算其定位误差和定基误差。

4.4　图4.107(i)所示工件以 $\phi30.8^{\ 0}_{-0.07}$ mm 作为定位基准在V形块(90°)上定位，要保证工序尺寸为 $6.1^{\ 0}_{-0.1}$ mm，试计算 $\delta_{定位}$ 和 $\delta_{定基}$。

4.5　图4.110为成型车刀前刀面的铣削工序图，若以 $\phi50^{\ 0}_{-0.017}$ mm 作定位基准，试确定其定位方法和定位件，计算 $\delta_{定位}$，分析 $\delta_{定位}$ 对工序尺寸的影响情况。

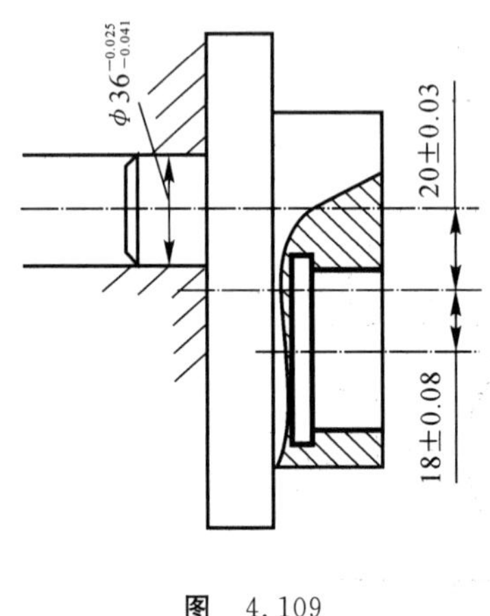

图　4.109

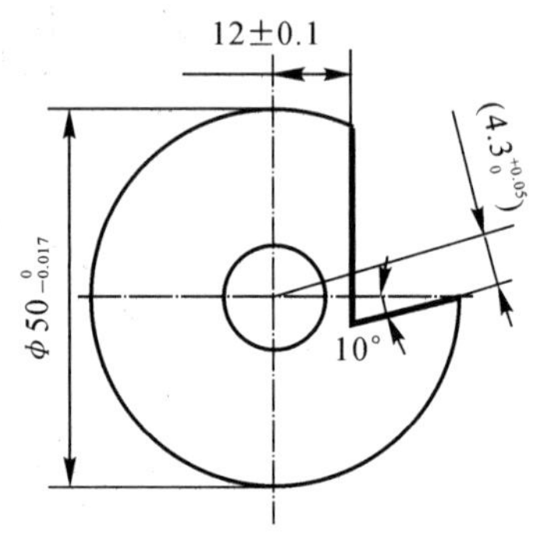

图　4.110

4.6　对于图4.111所示的连杆，若以两孔 $\phi32^{+0.030}_{+0.015}$ mm 为定位基准，夹具的两个定位销应采用什么形式、尺寸和配合？这种定位方案对铣圆弧A时会产生多大的壁厚差？在铣削表面B时可能要产生的平行度误差(对 $X—X$)有多大？

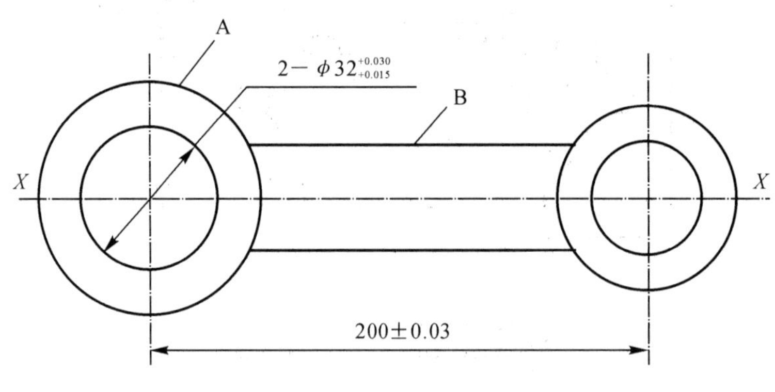

图　4.111

4.7　试针对图4.112所示的工序图，设计定位方案和夹紧方案，并分析计算 $\delta_{定位}$ 对工序技术要求的影响量。

4.8　试设计图4.107(f)所示工件的钻孔夹具。

4.9　试将几种简单夹紧件按其夹紧力大小、增力比、自锁性、夹紧行程和使用特点作分析比较。

4.10　有一衬套工件，已知基准孔为 $\phi42^{+0.025}_{\ 0}$ mm，要求被磨的外圆与基准孔的同轴度允差为0.015 mm，试提出两种可用的定位方案，并确定出定位件的结构尺寸。

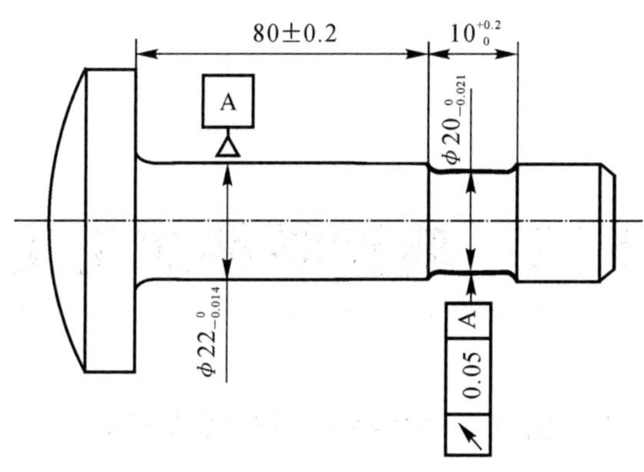

图　4.112

4.11　设计靠模型面时，其压力角度应该如何控制？如果压力角过大会出现什么问题？

4.12　在铣床夹具中，如何调整铣刀的位置（定距加工）？对刀尺寸和公差如何标注？

4.13　影响钻孔位置精度的主要因素有哪些？在什么情况下要按刀具偏移计算？在什么情况下要按倾斜计算？

4.14　针对图 4.107(g)的工件，要保证被加工孔对基准外圆轴线的垂直度允差，试确定钻套的导引孔直径、公差及孔长（设刀具的尺寸 $\phi 2.995^{+0.010}_{+0.004}$ mm）。

4.15　今加工 $\phi 14^{+0.043}_{0}$ mm 的孔，拟采用钻、扩、铰 3 个工步，先用 $\phi 13.2^{0}_{-0.043}$ mm 的标准麻花钻钻孔，再用 $\phi 14^{-0.21}_{-0.25}$ mm 扩孔钻扩孔，最后用 $\phi 14^{+0.028}_{+0.014}$ mm 的标准铰刀铰孔，试求各相应快换钻套的导引孔尺寸和公差。

第5章 典型零件加工工艺

5.1 轴类零件的加工

一、轴类零件工艺分析

1.轴类零件的功用、分类与结构特点

轴类零件是机器中常见的典型零件之一，其主要功用是支撑传动零部件(齿轮、皮带轮、离合器等)、传递扭矩和承受载荷。按其功用可分为主轴、异形轴和其他轴三类。根据其形状结构特点分为光轴、空心轴、半轴、阶梯轴、花键轴、十字轴、偏心轴、曲轴和凸轮轴等，如图5.1所示。

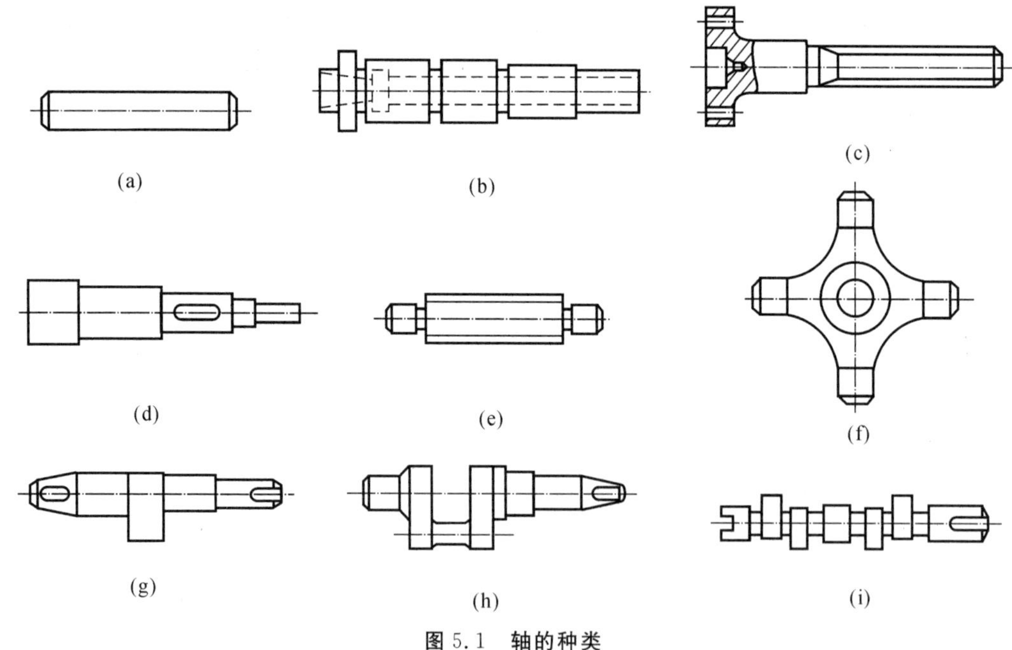

图5.1 轴的种类

(a)光轴；(b)空心轴；(c)半轴；(d)阶梯轴；(e)花键轴；(f)十字轴；(g)偏心轴；(h)曲轴；(i)凸轮轴

从轴类零件的结构特征来看，它们大都是长度 L 大于直径 d 的回转体零件，$L/d\leqslant 12$ 的轴通称为刚性轴，而 $L/d>12$ 的轴则称为挠性轴，其被加工表面常有内外圆柱面、内外圆锥面、螺纹、花键、横向孔、键槽及沟槽等。根据轴类零件的结构特点和精度要求，应选择合理的定位基准和加工方法，对长轴、深孔的加工及热处理要给予充分重视。

2. 轴类零件的主要技术要求

轴类零件的技术要求是设计者根据轴类零件的主要功用以及使用条件确定的，通常有以下几种：

(1)加工精度。轴的加工精度主要包括结构要素的尺寸精度、形状精度和位置精度。

1)尺寸精度。尺寸精度主要指结构要素的直径和长度的精度。直径精度由使用要求和配合性质确定。对于主要支撑轴颈，常为 IT9～IT6；特别重要的轴颈，也可为 IT5。轴的长度精度要求一般不严格，常按未注公差尺寸加工；要求较高时，其允许偏差为 50～200 μm。

2)形状精度。形状精度主要指轴颈的圆度、圆柱度等，因轴的形状误差直接影响与之配合的零件接触质量和回转精度，因此一般限制在直径公差范围内；要求较高时可取直径公差的 1/2～1/4，或另外规定允许偏差。

3)位置精度。位置精度包括装配传动件的配合轴颈对于装配轴承的支撑轴颈的同轴度、圆跳动及端面对轴心线的垂直度等。普通精度的轴，配合轴颈对支撑轴颈的径向圆跳动一般为 10～30 μm，高精度的轴的径向圆跳动为 5～10 μm。

(2)表面粗糙度。轴类零件的主要工作表面粗糙度根据其运转速度和尺寸精度等级确定。支撑轴颈的表面粗糙度 *Ra* 一般为 0.8～0.2 μm；配合轴颈的表面粗糙度 *Ra* 一般为 3.2～0.8 μm。

(3)其他要求。为改善轴类零件的切削加工性能或提高综合力学性能及其使用寿命等，还必须根据轴的材料和使用条件，规定相应的热处理要求。常用的热处理工艺有正火、调质和表面淬火等。

3. 轴类零件的材料及毛坯

轴类零件选用的材料、毛坯生产方式以及采用的热处理方式，都会对轴的加工过程有极大影响，下述对轴的材料、毛坯及热处理作一简介。

(1)轴类零件的材料。45 号钢是轴类零件的常用材料，它价格较低。经过调质(或正火)后，可得到较好的切削性能，而且能获得较高的强度和韧性等综合机械性能，局部淬火后再回火，表面硬度可达 HRC45～52。

40Cr 等合金结构钢适用于加工中等精度而转速较高的轴类零件，这类钢经调质和表面淬火处理后，具有较高的综合机械性能。

轴承钢 GCr15 和弹簧钢 65Mn 经调质和表面高频淬火后再回火，表面硬度可达HRC50～58，具有较高的耐疲劳性能和较好的耐磨性能，可制造较高精度的轴。

20CrMnTi，18CrMnTi，20Mn2B，20Cr 等低碳合金钢含铬、锰、钛和硼等元素，经正火和渗碳淬火处理可获得较高的表面硬度、较软的芯部。因此，这些合金钢耐冲击韧性好，可用来制造在高转速、重载荷等条件下工作的轴类零件，其主要缺点是热处理变形较大。

中碳合金氮化钢 38CrMoAlA，由于氮化温度比一般淬火温度低，经调质和表面氮化后，变形很小，且硬度也很高，具有很高的芯部强度、良好的耐磨性和耐疲劳性能。

(2)轴类零件的毛坯。轴类零件可根据使用要求、生产类型、设备条件及其结构，选用棒料、铸件或锻件等毛坯形式。对于外圆直径相差不大的轴，一般以棒料为主；而对于外圆直径相差大的阶梯轴或重要的轴，常选用锻件，这样既节约材料又减少机械加工的工作量，还可以改善机械性能；对于某些大型的、结构复杂的轴(如曲轴)宜采用铸件。

经过锻造的毛坯，其内部纤维组织分布均匀，抗拉、抗弯曲性能及扭转强度较高，通常主轴均使用这种毛坯。常用毛坯的锻造方式有自由锻和模锻两种，生产规模不同，所选用的锻造方式也不同。单件及中小批量生产多选用自由锻造方式，这是因为自由锻造设备简单、易投产，但所锻毛坯精度较低，加工余量较大，且不易锻造形状复杂的毛坯。大批量生产中最适宜采用模锻，因为模锻的毛坯精度高，加工余量小，生产效率高，而且可以锻造形状复杂的毛坯，但是模锻需要专用锻模设备。

二、轴类零件的定位及装夹

1. 定位基准的合理选择

轴类零件最常用两顶尖孔为定位基准。因为轴类零件外圆表面、锥孔、螺纹表面的同轴度以及端面的垂直度都是以轴心线为设计基准的，用顶尖孔作为定位基准，能够最大限度地在一次安装中加工出多个外圆和端面，这也符合基准统一原则。而且，用顶尖孔定位，重复安装精度较高，所以，应尽量采用顶尖孔作为轴加工的定位基准。

轴类零件粗加工时为了提高零件刚度，一般用外圆表面或外圆表面与顶尖孔共同作为定位基准。加工轴上中央孔时，也以外圆作为定位基准。

当轴类零件已形成通孔，无法直接用顶尖孔作定位基准时，工艺上通常采用以两种方法定位：

(1)当定位精度要求较高时，在轴孔锥度较小情况下，使用锥度定位，如图 5.2(a)所示。在轴孔锥度较大或圆柱孔情况下，可用锥度心轴定位，如图 5.2(b)所示。采用锥度定位时，在加工过程中应尽量减少拆装次数，或不进行拆装。因为锥度心轴的锥角与工件锥孔不可能完全一致，重新安装会引起安装误差。

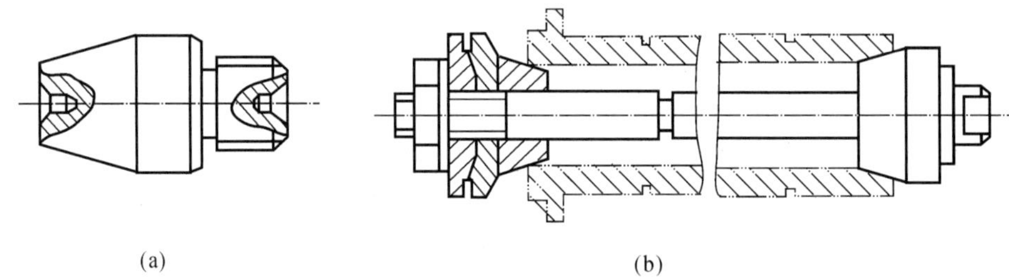

图 5.2 锥度与锥度心轴

(a)锥度；(b)锥度心轴

(2)当定位精度要求不高时，可采用在通孔端口车出 60°内锥面(坡口)的方法定位，如图 5.3 所示。坡口修研后，定位精度会有很大的提高，而且它有比顶尖孔刚度好的优点。

2. 轴类零件的装夹

为保证轴类零件的加工精度，其装夹应尽可能遵守基准重合原则和基准统一原则，并在一次装夹中加工出尽可能多的表面，因此轴类零件常用以下几种装夹方式：以两端中心孔为定位基准装夹、以中央孔为定位基准装夹、以外圆为定位基准装夹等。

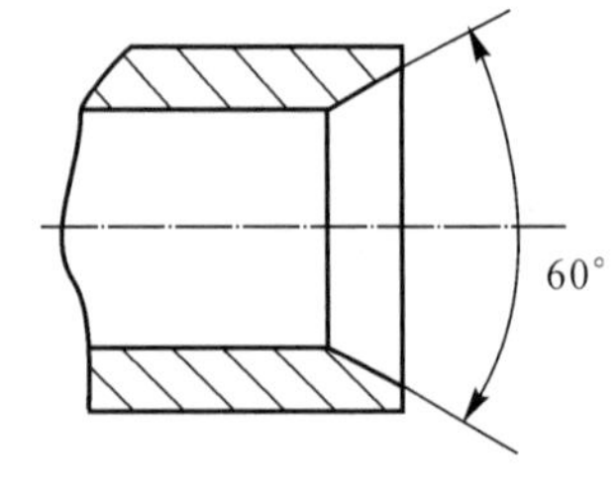

图 5.3 坡口

三、轴类零件加工工艺过程和特点

1. 轴类零件的基本加工工艺过程

轴类零件的加工工艺过程需根据轴类零件的技术要求、生产纲领、毛坯种类等的不同而制定不同的工艺规程。轴类零件的工艺规程具有很大的共性，尤其是在单件小批量生产和维修中，都遵循工序集中原则，工艺过程极其相似。单件小批量生产中的轴类零件加工的基本工艺路线如下：下料、校直→车端面、钻中心孔→粗车各外圆表面→正火或调质→修研中心孔→半精车和精车各外圆表面、车螺纹→铣键槽或花键→热处理(淬火)→修研中心孔→粗、精磨外圆→检验。

2. 轴类零件的加工工艺特点

轴类零件的加工工艺特点如下：

(1)车削和磨削是轴类零件的主要加工方法。一般精度要求的轴，经过粗车和精车即可，精度要求较高、表面粗糙度值较小或需进行表面淬火的轴，粗车、半精车或热处理后，还需进行粗磨和精磨。车削和磨削可以完成轴类零件上的内外圆柱面、螺纹、锥面、端面等表面的加工。

(2)需要安排必要的热处理工序。在轴类零件加工中，安排热处理工序，一是根据轴的技术要求，通过热处理保证其力学性能；二是按照轴的加工要求，通过热处理改善材料的可加工性。若轴类零件毛坯是锻件的，大多需要进行正火处理以消除锻造内应力、改善材料内部金相组织和降低其硬度，使材料的可加工性提高。经粗车后的轴或加工余量不大的棒料毛坯，应安排调质处理以获得均匀细致的回火索氏体组织，提高零件材料的综合力学性能，并为表面淬火时得到均匀细密且硬度由表面向中心逐步降低的硬化层奠定基础，同时，索氏体金相组织经机械加工后，表面粗糙度值较小。此外，对有相对运动的轴颈表面和经常装卸工具的内锥孔等摩擦部位一般应进行表面淬火，以提高其耐磨性。

(3)普遍采用中心孔定位。无论是轴类零件加工时采用的顶两头、一夹一顶的定位方法，还是轮盘类零件加工时采用心轴装夹的定位方法，其定位基准大多为中心孔。因为轴类零件各内外圆表面、锥面、螺纹表面的同轴度以及端面对轴线的垂直度等是位置精度要求的主要项目，而这些表面的设计基准一般都是轴线。若以两中心孔作为定位基准，符合基准重合原则；用中心孔定位能够在一次装夹中加工出多个外圆和端面，符合工序集中原则；同时，用作定位基准的中心孔，在许多工序(例如粗车、半精车、精车、粗磨和精磨等)中可以重复使用，符合基准统一原则。因此，加工轴类零件多用中心孔作为定位基准，有利于保证各加工表面的位置精度。

(4)广泛采用通用设备和通用工艺装备。单件小批量生产轴类零件，大多在卧式车床、外圆磨床等通用设备上进行加工。所需的工艺装备主要是卡盘、顶尖、中心架或跟刀架等通用夹具以及普通车刀、砂轮等通用切削工具。这些加工设备和工艺装备的类型、规格和技术性能应与零件的外形尺寸和精度要求相适应。

四、传动丝杠的加工

1. 细长轴加工的工艺特点

传动丝杠属于细长轴($L/D>10$)，其刚性很差，加工中极易变形。为了获得良好的加工精度和表面质量,生产中常采用下列措施。

(1)改进装夹方法。车削细长轴时,工件常用一夹一顶方式装夹,同时在夹持端缠一圈直径约为 4 mm 的钢丝,使工件与卡爪间保持线接触,避免前夹后顶时在工件上附加弯曲力矩;尾座上采用弹性顶尖,工件受切削热伸长时,伸长量迫使后顶尖自动后退,避免工件弯曲,如图 5.4 所示。

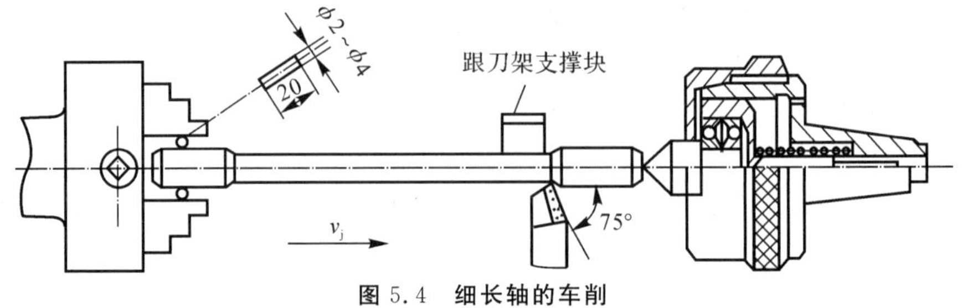

图 5.4 **细长轴的车削**

(2)采用图 5.4 所示跟刀架可以抵消车削或磨削时背向力的影响,从而减少切削振动和工件的变形。使用跟刀架时必须仔细调整各支撑爪对工件的压力均匀、适当,保持跟刀架的中心与机床顶尖中心重合。粗车时,跟刀架支撑在刀尖后面 1~2 mm 处;精车时支撑在刀架前面,这样可避免支撑爪划伤已加工表面。

(3)采用反向进给。车细长轴时,常使车刀向尾座方向作纵向进给运动,如图 5.4 所示。这样,刀具施加于工件上的进给力使工件已加工部分受轴向拉伸,其伸长量由尾座上的弹性顶尖补偿,因而可大大减少工件的弯曲变形。

(4)改进车刀结构。车削细长轴的车刀,一般前角和主偏角较大,使得切削轻快并减少背向力,从而减少振动和弯曲变形。粗车刀在前刀面上开断屑槽,改善断屑条件;精车刀常取正刃倾角,使切屑流向待加工表面,保证已加工表面不被划伤。

(5)采用无进给量磨削。磨削细长轴时,因受背向力的影响,工件的弯曲变形使其加工后呈两头小中间大的腰鼓形。为获得要求的形状精度和尺寸精度,磨削时不宜采用切入法;精磨结束前,应无进给量地多次走刀,直至无火花为止。

(6)合理存放工件。细长轴在存放和运输过程中,应尽可能垂直竖放或吊挂,避免由于自重而引起弯曲变形。

2.传动丝杠加工的工艺特点

传动丝杠加工除了具有细长轴加工的工艺特点外,还具有螺纹面结构复杂、误差环节多、加工时易发生变形、加工难度大的特点。因此,加工丝杠时还应注意下列问题。

(1)校直与热处理。传动丝杠毛坯加工前应先校直,在粗加工和半精加工阶段,还应根据需要安排多次校直和热处理。例如,粗车外圆、粗车螺纹和半精车螺纹后均应分别进行校直和低温时效,以消除丝杠变形和内部残余应力。

传动丝杠的弯曲变形可采用热校直(一般用于毛坯)或冷校直(大多用于半成品)的方法进行校直。其冷校直方法与一般工件不同。初校时,丝杠弯曲变形较大,可用压高点的方法校直;螺纹半精加工以后,丝杠的弯曲变形已较小,可用如图 5.5 所示的砸凹点校直法进行校直,即将工件弯曲的凸点放在硬木或铜垫上,凹点向上,用扁錾卡在丝杠螺纹凹点小径处,施以锤击,使凹点金属向两边延伸而达到校直的目的。

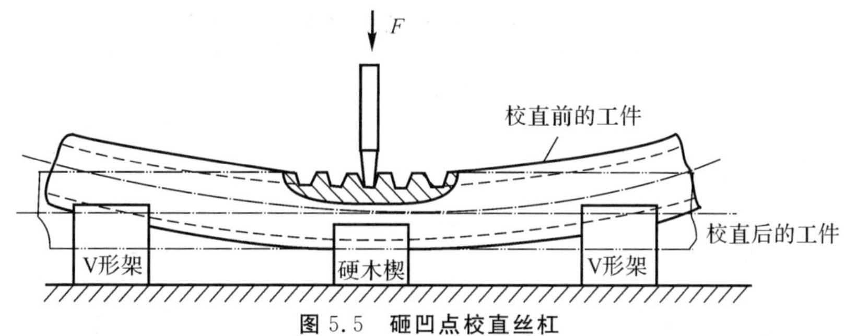

图5.5　砸凹点校直丝杠

为保证传动丝杠精度在长期使用中稳定不变，加工中应进行多次时效处理以消除残余应力，特别是螺纹粗切后，由于切除的加工余量较大，而且切断了材料原来的纤维组织，造成内应力重新平衡，所以引起变形较大；经校直后，塑性变形使内部残余应力加大，更应安排时效处理，使这些内应力充分释放。丝杠的时效，可以采用人工时效以缩短时效周期，也可以采用较简单的自然时效方式，即将丝杠悬吊一周以上，每天多次用软锤敲打，加快消除内应力的进程。

(2)工艺基准的加工。丝杠的加工以车削为主，除粗车时因切削力大可按一夹一顶方式装夹外，其余工序的加工都要用顶两头方式装夹，以实现基准重合和基准统一。因此作为工艺基准的两端中心孔应首先加工。中心孔多选用带有120°保护锥的B型，每次热处理后和精车螺纹之前，都要修研，以保持其精度。

丝杠加工中常用外圆表面作为辅助基准，以便采用跟刀架，增强工艺系统刚度。因此，虽然传动丝杠外圆的精度要求不高，但为满足加工工艺需要，可用磨削代替车削作为外圆的最终加工。

(3)传动螺纹的加工。传动丝杠螺纹精度要求高，粗加工、半精加工和精加工应分工序进行。粗车、半精车和精车螺纹分别在精车、粗磨和精磨外圆之后进行。半精车时应将螺纹小径车至要求的尺寸，这样可防止精车螺纹传动面时，车刀与螺纹小径面接触，从而防止产生过大的径向切削力，进而避免增大丝杠的弯曲变形。

3. 传动丝杠加工的工艺过程

图5.6所示为一卧式车床丝杠简图，其单件小批生产的机械加工工艺过程见表5.1。

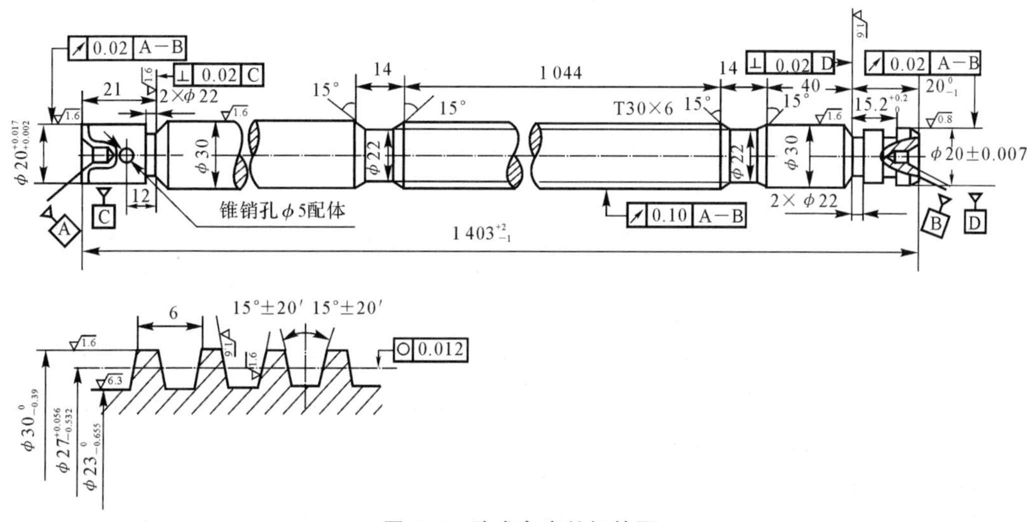

图5.6　卧式车床丝杠简图

表 5.1 卧式车床丝杠机械加工工艺过程

工序	工序名称	工序内容	设备及主要工艺装备
1	备料	下料:45 钢,ϕ35 mm×1 410 mm	弓锯机
2	钳	校直,全长弯曲度≤1.5 mm	
3	热处理	正火,HBS170～210,外圆跳动≤1.5 mm	
4	车	①车端面、控制总长、两端钻 B 型标准中心孔; ②粗车外圆,各部分预留量为 2～3 mm	卧式车床、中心架、跟刀架、B24 中心钻
5	钳	校直、压高点、外圆跳动≤1 mm	
6	热处理	高温回火、外圆跳动≤1 mm	
7	车	①修中心孔;②半精车外圆各部,各部分预留量为 0.5～0.8 mm;③粗车梯形螺纹,每侧预留量为 0.3～0.5 mm	卧式车床、硬质合金顶尖
8	钳	校直、砸凹点、外圆跳动≤0.3 mm	
9	热处理	中温回火,外圆跳动≤0.2 mm	
10	车	①修中心孔;②半精车螺纹,每侧预留量为 0.2～0.3 mm,小径车至尺寸	卧式车床、硬质合金顶尖
11	钳	校直、砸凹点,外圆跳动≤0.15 mm	
12	时效	垂吊一周,早晚各敲打两次	
13	磨	修中心孔,磨外圆各部分至要求的尺寸	万能外圆磨床或无心磨床
14	钳	校直,径向跳动<0.1 mm	
15	车	精车螺纹至尺寸	
16	检验		

五、空心主轴的加工

1. 空心主轴的工艺特点

图 5.7 所示为 CA6140 车床主轴结构简图,它与一般轴类零件相比,具有以下特点:

(1)形状结构为多阶梯空心轴。

(2)表面类型有外圆柱面、圆锥面(锥度为 1∶12 的支撑轴颈 A,B 两处和头部用于安装卡盘的短锥 C)、花键、键槽和螺纹,内孔有两头内锥面(大头为莫氏 6 号,小头为 1∶20 的工艺锥孔)和中央直径为 ϕ48 mm 的通孔。

(3)主要表面精度要求较高,如支撑轴颈圆度偏差仅允许为 5 μm,表面粗糙度 Ra 为 0.5 μm,它们对公共轴线的圆跳动为 5 μm;其他轴颈,如前端装卡盘的锥面对公共轴线的圆跳动为 8 μm,莫氏锥孔对公共轴线的圆跳动在轴端处为 5 μm,在距轴端 300 mm 处为 10 μm。

主轴的上述特点决定了加工中必须注意以下几点。

(1)加工阶段的划分。加工过程大致划分为 4 个阶段:钻顶尖孔之前是预加工阶段,从钻顶尖孔至调质前的工序为粗加工阶段,从调质处理工序至表面淬火工序为半精加工阶段,表面淬火后的工序为精加工阶段。要求较高的支撑轴颈和莫氏 6 号锥孔的精加工,则应在最后进行。整个主轴加工的工艺过程,是以主要表面(特别是支撑轴颈)的加工为主线,穿插其他表面的加工工序组成的。

这样安排加工工艺过程的优点是粗加工切除大量金属时产生的变形,可以在半精加工和精加工中消除;而主要表面放在最后进行加工,可不受其他表面加工时的影响,并方便安排热处理工序,有利于机床的选择。

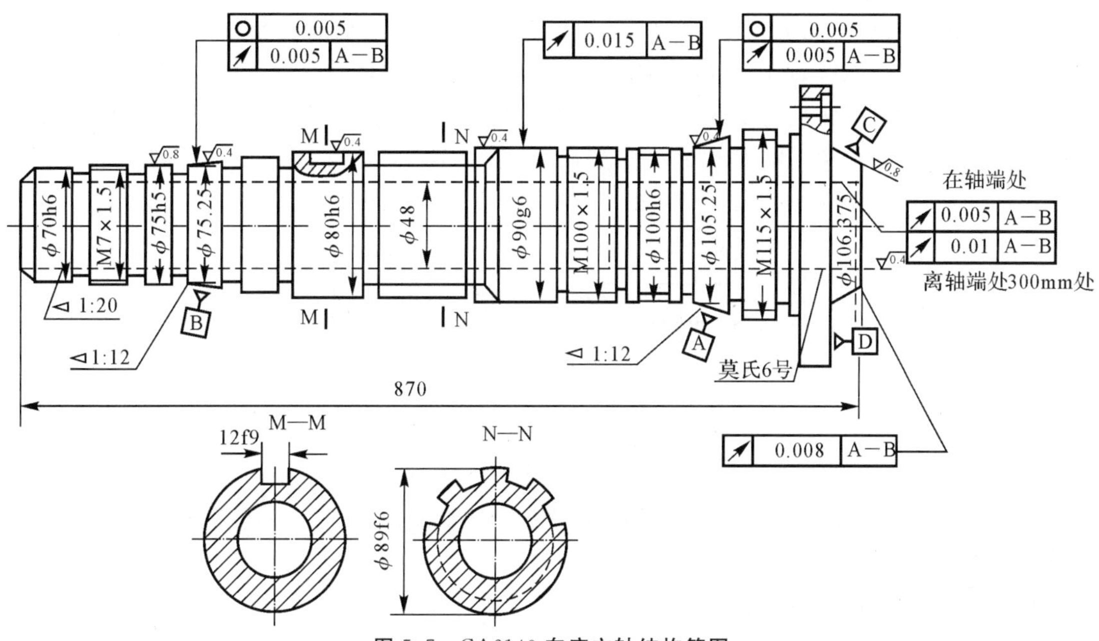

图 5.7　CA6140 车床主轴结构简图

(2)定位基准的选用。加工外回转面时,应以双中心孔作为定位基准,但因主轴为空心零件,所以在已加工出中央通孔以后的工序中,一般都采用带有中心孔的锥度或拉杆心轴装夹,其上的中心孔为加工时的定位基准。锥度或带锥度的拉杆心轴应具有较高的精度。拉杆心轴上两个锥度的锥面要求同轴,否则拧紧螺母后会使工件变形。

(3)工序顺序安排。工序顺序的安排主要根据基面先行、先粗后精、先主后次的原则。工序顺序安排还应注意以下几点:

1)热处理的安排。主轴毛坯锻造后,一般安排正火处理。其目的是消除锻造残余应力,改善金属组织,降低硬度,从而改善切削加工性能。棒料毛坯可不进行该步热处理工序。

粗加工后,安排调质处理。目的是获得均匀细致的索氏体组织,提高零件的综合力学性能,以便在表面淬火时得到均匀致密的硬化层,并使硬化层的硬度由表面向中心逐渐降低。同时具有索氏体组织结构的工件表面,经加工后,可获得较小的表面粗糙度值。

最后,还需对有相对运动的轴颈表面和经常与工夹具接触的锥面进行淬火或氮化处理,以提高其耐磨性。一般地,高频淬火安排在粗磨之前,氮化安排在粗磨之后、精磨之前。

2)外圆表面的加工顺序。先加工大直径外圆,再加工小直径外圆,以避免一开始就降低工件刚度。

3)深孔加工。空心主轴中央通孔属于深孔，深孔加工比一般孔加工较困难和复杂。这是因为，首先加工深孔要求钻杆较长，系统刚性变差，容易引起振动和钻偏；其次是钻头切削刃将在钻孔深处切削，冷却液不易注入，散热条件差，刀具磨损快，排屑困难，容易堵塞。因此，钻深孔时必须选择合适的加工方式，着重解决刀具的导向、排屑、冷却与润滑等问题。

深孔加工大多采用工件转动、刀具轴向进给的切削方式，使孔的轴线与回转中心保持一致。因此，单件小批生产中常用加长麻花钻在卧式车床上钻深孔。钻孔前，先将工件端面车平，用中心钻钻出中心定心孔，为防止钻头接触定心孔时摇摆不定，可用装在刀架上的平头方杆轻轻将钻头顶在定心孔中心，如图 5.8 所示；为减少钻孔时产生偏斜，可由短到长先后用几支长度不同的钻头分步加工。设备条件许可时可从轴的两端分头对钻深孔，但钻出的孔在其结合部会产生台肩。钻深孔时进给一定深度(一般为 10 mm 左右)后，应退出钻头排屑和冷却并向孔内浇注切削液，防止由温度过高引起钻头急剧磨损或因切屑堵塞而扭断。主轴的深孔加工属粗加工，但为避免主轴因内外圆不同轴和壁厚不均匀而导致不平衡，深孔因内应力和热的影响而变形，所以钻深孔前应安排在粗车或半精车和调质之后进行。

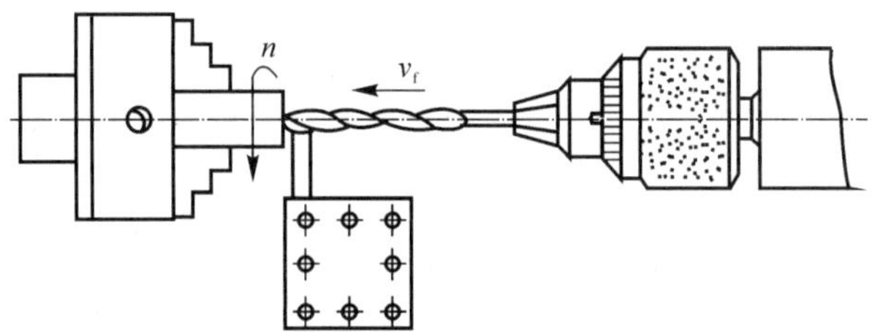

图 5.8　防止深孔钻切入摆动的方法

4)次要表面的加工安排。主轴上的花键、键槽等次要表面的加工，一般都放在外圆精车或粗磨后，精磨外圆前进行。主轴上的花键，若需淬火，可在外圆精车或粗磨后铣出，淬火后的变形在花键磨床上用磨削法消除，一般只磨外圆即可，如果淬火变形过大，则应磨花键齿侧，若花键不需淬火，则可在其他表面局部淬火后铣削。铣花键的方法与生产规模有关。成批大量生产时用花键铣床加工；单件小批量生产时在卧式铣床上利用分度头加工。在卧式铣床上铣花键一般分两步进行：

ⅰ)铣齿侧。可用组合铣刀一次铣好同一齿的两个侧面，逐齿分度铣完各齿，如图 5.9(a)所示；或用一把三面刃铣刀先依次分度铣好各齿同一侧面后，再用同样方法铣出各齿的另一侧面，如图 5.9(b)所示。

ⅱ)铣小径(齿底)。可用专用圆弧成形铣刀逐槽一次进给铣出，如图 5.9(c)所示；或用槽铣刀逐槽分次进给铣出，如图 5.9(d)所示。

用槽铣刀铣齿底前，应先调整铣刀中位面对准工件轴线，并使圆周切削刃和花键齿顶面轻微接触，然后精确转动分度头和移动铣床升降台，使工件齿侧让刀，齿底上升到加工位置，再开动纵向进给走刀铣削。行程结束后调整分度头偏转齿底，偏转量以保证铣出的小径圆弧光滑为准，然后再铣第二刀、第三刀……，直至近似地铣出花键小径的圆弧面，再分度铣下一齿底。

主轴上的螺纹是用来安装调整轴承间隙的螺母的，也是为了适应支撑轴颈间有较高的位置精度要求。为防止热处理的影响，车螺纹宜放在主轴局部淬火以后、精磨外圆之前进行。

(4)主轴锥孔的磨削。主轴锥孔对主轴支撑轴颈的圆跳动和锥孔与锥柄的接触率是机床的主要精度指标，因此，锥孔磨削是主轴加工的关键工序之一。

影响锥孔磨削精度的主要因素是定位基准、定位元件选择的合理性和带动工件旋转的平稳性。主轴锥孔磨削时，目前普遍采用带浮动卡头的专用夹具进行装夹。工件只绕夹具的定位轴线旋转，所以工件回转平稳，磨削精度高。工件又是以支撑轴颈定位，设计基准和定位基准重合，所以锥孔对两支撑轴颈的圆跳动大大减小。

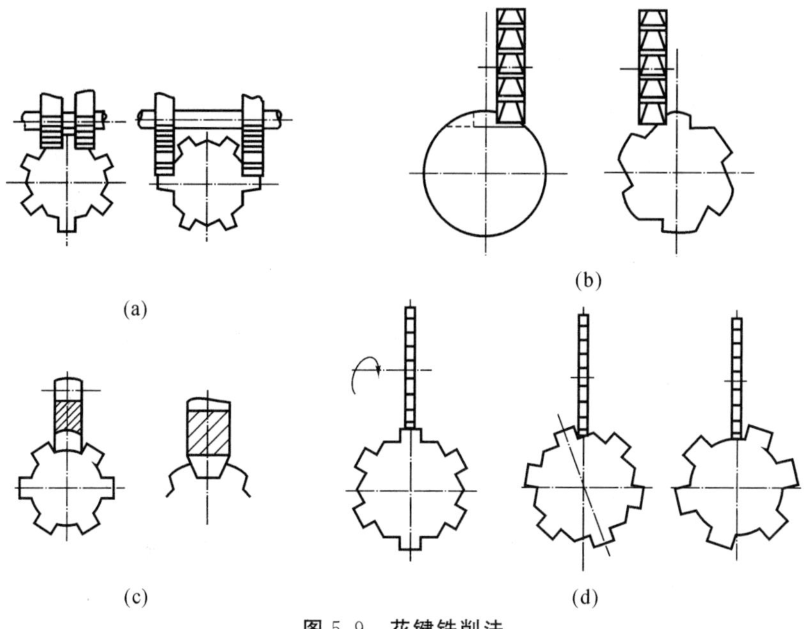

图 5.9　花键铣削法

(a)组合铣刀铣齿侧；(b)单刀依次铣齿侧；(c)成形铣小径；(d)分次铣小径

2. 空心主轴加工的工艺过程

CA6140 卧式车床主轴的机械加工工艺过程见表 5.2。

表 5.2　CA6140 车床主轴的机械加工工艺过程

工　序	工序名称	工序内容	设备及主要工艺装备
1	模锻	锻造毛坯	
2	热处理	正火	
3	铣端面，钻中心孔	铣端面，钻中心孔，控制总长为 872 mm	专用机床
4	粗车	粗车外圆、各部分预留量为 2.5～3 mm	仿形车床
5	热处理	调质	
6	半精车	车大头各台阶面	卧式车床
7	半精车	车小头各部外圆，预留余量为 1.2～1.5 mm	仿形车床
8	钻	钻 ϕ48 mm 通孔	深孔钻床
9	车	车小头 1∶20 锥孔及端面(配锥度)	卧式车床
10	车	车大头莫氏 6 号孔、外短锥及端面(配锥度)	卧式车床

续 表

工　序	工序名称	工序内容	设备及主要工艺装备
11	钻	钻大端端面各孔	钻床
12	热处理	短锥及莫氏 6 号锥孔，ϕ75h5 mm，ϕ90g6 mm，ϕ100h6 mm 进行高频淬火	
13	精车	仿形精车各外圆，预留余量为 0.4～0.5 mm，并切槽	数控车床
14	粗磨	粗磨 ϕ75h5 mm，ϕ90g6 mm，ϕ100h6 mm 外圆	万能外圆磨床
15	粗磨	粗磨小头工艺内锥孔（重配锥度）	内圆磨床
16	粗磨	粗磨大头莫氏 6 号内锥孔（重配锥度）	内圆磨床
17	铣	粗精铣花键	花键铣床
18	铣	铣 12f9 键槽	铣床
19	车	车三处螺纹 M115×1.5 mm，M100×1.5 mm，M74×1.5 mm	卧式车床
20	精磨	精磨各外圆至要求的尺寸	万能外圆磨床
21	精磨	精圆锥面及端面 D	专用组合磨床
22	精磨	精磨莫氏 6 号锥孔	主轴锥孔磨床
23	检验	按图样要求检验	

六、曲轴的加工

1. 曲轴加工的工艺特点

曲轴或偏心轴属异形轴，它是发动机、空压机、曲柄压力机、剪切机等机械设备中的重要零件。曲轴的结构与一般轴不同，它由主轴颈、曲拐（偏心）轴颈（又称连杆轴颈）、主轴颈和曲拐轴颈间的连接板等部分组成。曲轴有一个或多个曲拐轴颈，结构复杂、刚性较差、技术要求较高，故曲轴或偏心轴是较难加工的零件。

（1）曲拐轴颈的加工。曲拐轴颈的轴线应与主轴颈的轴线平行并保持要求的中心距，因此加工曲拐轴颈前，应先加工出曲轴端面和中心孔，以确定各轴颈轴线的正确位置。对于大型或单件小批量生产的曲轴，因毛坯大多是自由锻造的，所以中心孔一般均按划线加工。

如图 5.10(a)所示，当曲轴轴颈偏心距 $e<d/2$（d 为支撑轴颈直径）时，可将曲拐轴颈的中心孔钻在主轴颈中心孔的同一端面上；对 $e\geqslant d/2$ 的曲轴，可在两端预留工艺端部或焊接挡板上钻出主轴颈及曲拐轴颈的中心孔，如图 5.10(b)所示。

（2）防止变形及平衡方法。由于曲轴质量大、形状特殊、重心和几何中心不重合，车削时容易引起变形和振动，因此应采取必要措施改善加工条件。为提高曲轴刚性以减小变形，车主轴颈时，可在曲拐轴颈的开挡处用螺栓螺母支撑，如图 5.11(a)所示；当 $e\geqslant d/2$ 并使用挡板或夹具车曲拐轴颈时，可在曲拐轴线上用螺栓支撑，如图 5.11(b)所示。由于曲轴重心和轴颈轴线偏移，在车床上加工时产生的离心力和振动会影响轴颈的加工精度。因此在曲拐轴颈的开挡处加平衡重块，如图 5.12 所示，同时应适当降低主轴转速。

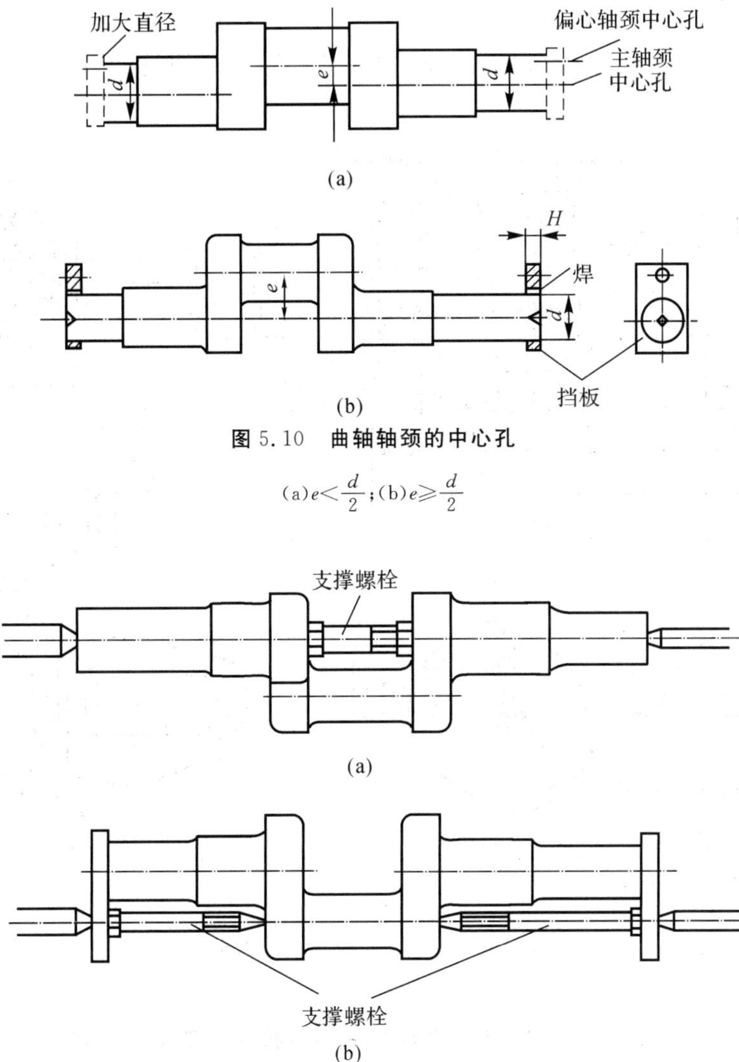

图 5.10　曲轴轴颈的中心孔

(a)$e<\frac{d}{2}$;(b)$e\geqslant\frac{d}{2}$

图 5.11　防止曲轴变形的支撑方法

(a)加工主轴颈;(b)加工曲拐轴颈

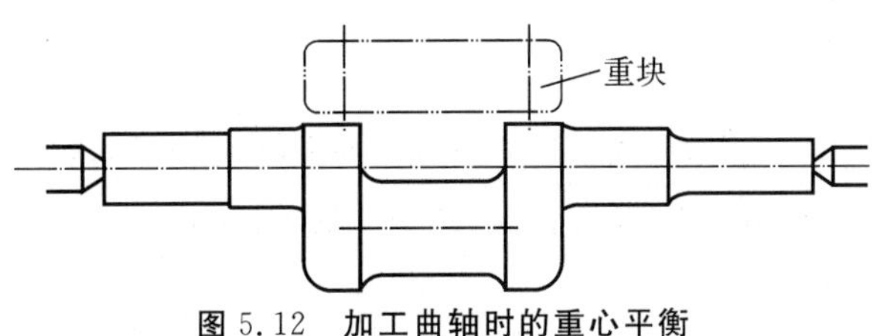

图 5.12　加工曲轴时的重心平衡

(3)探伤检查。由于曲轴工作负荷大且为重要传动件,为保证制造质量和使用寿命,半精加工或精加工后应进行超声波探伤,发现缺陷(如表面微裂纹、内部气孔和夹渣等)必须采取补救措施,无法补救的必须报废。

2. 曲轴加工的工艺过程

图 5.13 所示为 JA31－250 发动机曲轴，其单件小批生产的机械加工工艺过程见表 5.3。

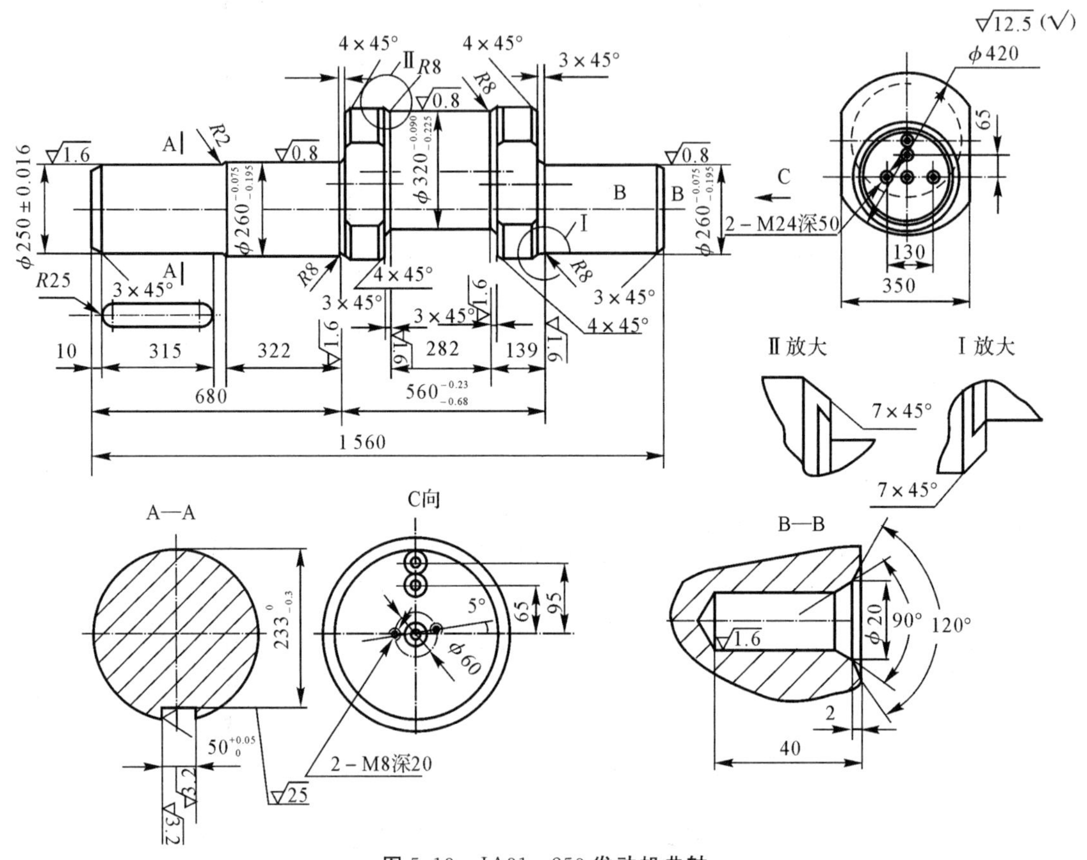

图 5.13　JA31－250 发动机曲轴

表 5.3　JA31－250 发动机曲轴的机械加工工艺过程

工　序	工序名称	工序内容	设备及主要工艺装备
1	锻	锻造毛坯	
2	热处理	退火	
3	钳	兼顾各部划全线	
4	镗	按上母线及侧母线找正，镗两端面，每端预留量为 5 mm	卧式铣镗床
5	钳	按上母线及侧母线找正，在两端面上划 3 个中心孔线	
6	镗	钻全部中心孔	卧式铣镗床
7	车	粗车各部，两端轴颈端面起 50～60 mm 长度车圆即可，其余各外圆预留余量为 10～12 mm，端面预留余量为 3～4 mm，注意加平衡重块	卧式车床
8	钳	划尺寸 350 mm 加工线	

续 表

工　序	工序名称	工序内容	设备及主要工艺装备
9	刨	刨尺寸 350 mm 两平面，每面预留余量为 2～3 mm	牛头刨床
10	热处理	调质 HBS220～250	
11	钳	划全线检查变形量，划 3 个中心孔线	
12	镗	重钻中心孔	卧式铣镗床
13	车	精车全部至要求的尺寸，其中轴颈按上偏差车出；滚压轴颈表面及 $R8$ mm 圆角，注意加平衡重块	卧式车床、滚压工具
14	检验	超声波探伤检查，做好记录，标明部位	超声波探伤仪
15	钳	划尺寸 350 mm 加工线，键槽及螺孔线	
16	镗	以轴颈外圆定位，铣尺寸 350 mm 达要求，铣键槽，钻螺纹底孔	卧式铣镗床
17	钳	攻螺纹，去毛刺	
18	检验		

5.2　套筒类零件的加工

一、套筒类零件的工艺分析

1. 套筒类零件的功用与结构

套筒类零件在机器中应用十分广泛，大多起支撑或导向作用，例如，支撑旋转轴的各种滑动轴承或夹具中的导向套、内燃机的汽缸套、液压系统中的液压缸等，如图 5.14 所示。套筒类零件工作时主要承受径向力或轴向力。由于功用的不同，其结构和尺寸差别很大，但仍有共同点：套筒类零件结构简单，主要工作表面为形状精度和位置精度要求较高的内外回转面；其孔壁较薄，加工中极易变形，长度一般大于直径。

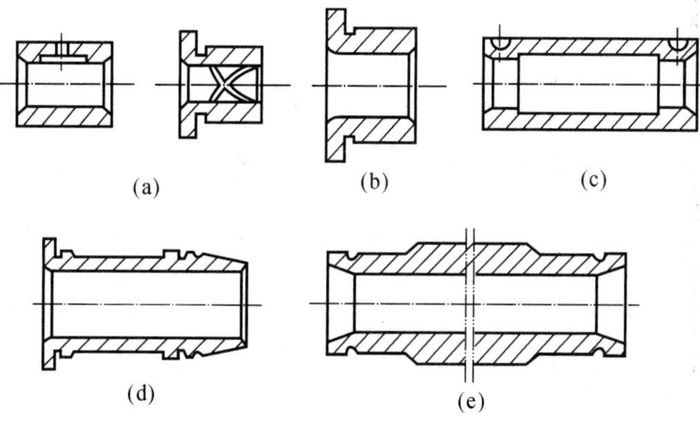

图 5.14　套筒类零件示例

(a)滑动轴承；(b)钻套；(c)衬套；(d)汽缸套；(e)油缸

2. 套筒类零件的材料与毛坯

套筒类零件常用材料是钢、铸铁、青铜或黄铜等。为节省贵重材料可采用双层金属结构，即用离心铸造法在钢或铸铁套筒的内壁上浇注一层巴氏合金等材料，用来提高轴承寿命。

套筒类零件毛坯的选择与材料、结构尺寸、批量等因素有关。直径较小（如 $d<20$ mm）的套筒一般选择热轧或冷拉棒料，或实心铸件。直径较大的套筒，常选用无缝钢管或带孔的铸、锻件。大批量生产时可采用冷挤压和粉末冶金等先进的毛坯制造工艺，这样既提高了生产效率，又节约了金属材料。

3. 套筒类零件的主要技术要求

（1）内孔的技术要求。内孔是套筒类零件起支撑或导向作用最主要的表面，通常与运动着的轴、刀具或活塞相配合。其直径尺寸精度一般为 IT7，精密轴承套为 IT6；形状公差一般应控制在孔径公差以内，较精密的套筒应控制在孔径公差的 1/3～1/2 以内，甚至更小。对长套筒除了有圆度要求外，还应对孔的圆柱度有要求。为保证套筒零件的使用要求，内孔表面粗糙度 Ra 为 2.5～0.16 μm，某些精密套筒的要求更高，Ra 值达 0.04 μm。

（2）外圆的技术要求。外圆表面常以过盈或过渡配合与箱体或机架上的孔相配合起支撑作用。其直径尺寸精度一般为 IT7～IT6，形状公差应控制在外径公差以内，表面粗糙度 Ra 为5～0.63 μm。

（3）各主要表面间的位置精度。

1）内外圆之间的同轴度。若套筒是装入机座上的孔之后再进行最终加工的，这时对套筒内外圆间的同轴度要求较低；若套筒是在装配前进行最终加工的，则对其内外圆之间的同轴度要求较高，一般为 0.01～0.05 mm。

2）孔轴线与端面的垂直度。套筒端面（或凸缘端面）如果在工作中承受轴向载荷，或作为定位基准和装配基准，这时端面与孔轴线有较高的垂直度或端面圆跳动要求，一般为 0.02～0.05 mm。

二、套筒类零件的装夹

由于套筒类零件的主要技术要求是内外圆的同轴度，因此选择定位基准和装夹方法时，应着重考虑在一次装夹中尽可能完成各主要表面的加工，或以内孔和外圆互为基准反复加工以逐步提高其精度。同时，由于套筒类零件壁薄、刚性差，选择装夹方法、定位元件和夹紧机构时，要特别注意防止工件变形。

1. 以外圆或内孔为粗基准一次安装，完成主要表面的加工

这种方法可在一次装夹中完成工件主要表面加工，可以消除定位误差对加工精度的影响，能保证一次装夹加工出的各表面间有很高的相互位置精度。但由于这种方法大都要求毛坯留有夹持部位，待各表面加工好后再切掉，造成材料浪费，故多用于尺寸较小的轴套零件车削加工。

2. 以内孔为精基准用心轴装夹

以内孔为精基准定位加工套筒类零件的外圆的方法，在生产实践中用得很广。这是因为加工内孔的切削条件和刀具刚性都较差，若以外圆作精基准定位加工内孔，保证内外圆的同轴度要求比较困难，但以孔为定位基准的心轴类夹具，结构简单、刚性较好、易于制造，在机床上

装夹的误差也很小。所以当不能在一次装夹中加工出套筒件的内外圆表面以保证同轴度时，往往改由内孔定位加工外圆，这一方案特别适合于加工小直径深孔套筒件。此法常用的定位元件为圆柱心轴和小锥度心轴；对于较长的套筒件，可用带中心孔的“堵头”装夹。

3. 以外圆为精基准使用专用夹具装夹

当套筒件内孔的直径太小不适于作定位基准时，可先加工外圆，再以外圆为精基准定位，用卡盘夹紧最终加工内孔。这种方法装夹，迅速可靠，能传递较大的扭矩。但是，一般卡盘的定位误差较大，加工后内外圆的同轴度较低。采用弹性膜片卡盘、液性塑料夹头或经修磨的高精度三爪自定心卡盘等定心精度高的专用夹具，可满足较高的同轴度要求。

三、套筒类零件工艺过程的特点

1. 套筒类零件的基本工艺过程

由于各种套筒类零件的几何构造和基本功能具有许多共同之处，其加工方案表现出明显的相似性。其基本工艺过程是备料→热处理(锻件调质或正火、铸件退火)→粗车外圆及端面→调头粗车另一端面及外圆→钻孔和粗车内孔→热处理(调质或时效)→精车→划线(键槽及油孔线)→插(铣、钻)→热处理→磨孔→磨外圆。

2. 套筒类零件的加工工艺特点

套筒类零件的加工工艺特点如下：

1)以车削和磨削为主要加工方法。套筒类零件的主要加工表面，大多是具有同一回转轴线的内孔、外圆和端面，可在一次装夹中完成切削加工，较容易保证外圆和内孔的同轴度，端面对轴线的垂直度及外圆、端面、内孔对轴线的圆跳动要求。对于精度要求较高的套筒类零件，可在粗车或半精车后，以外圆和内孔互为定位基准反复磨削，最后以内孔作为定位基准精磨外圆和端面完成其最终加工，满足内外圆同轴度、端面对轴线的垂直度以及各加工表面的表面粗糙度要求。对于有色金属材料制作的套筒类零件，因不宜采用磨削，精度要求较高的回转表面常用细车加工完成。

2)防止变形和保证各加工面的位置精度是加工套筒类零件的关键。如前所述，套筒类零件大多壁薄、长径比大，加工中受夹紧力、切削力、切削热量等作用后极易变形，而主要加工面的相互位置精度要求又比较高，因此如何保证主要表面的相互位置精度和防止其在加工中的变形是套筒类零件加工的显著工艺特点。

3)使用通用设备和专用工艺装备加工。尽管套筒类零件的技术要求较高，加工中又容易变形，但因其主要加工方法是车削和磨削，因此在生产现场仍然广泛采用卧式车床和万能外圆磨床等通用设备。为了保证主要加工面的相互位置精度，往往辅之以专用心轴装夹。

四、防止套筒类零件加工变形的措施

1. 减少夹紧力对变形的影响

(1)使夹紧力分布均匀。为防止工件因局部受力引起变形，应使夹紧力均匀分布。如图5.15所示，用三爪自定心卡盘夹紧圆形截面的薄壁套时，由于夹紧力分布不均，夹紧后套筒呈三棱形[见图 5.15(a)]；加工出符合要求的圆孔[见图 5.15(b)]后松开卡爪，工件外圆因弹性变形恢复成圆形,已加工出的圆孔却变成了三棱形[见图 5.15(c)]。为避免出现这种现象可采用开口过渡环[见图 5.15(d)]或专用卡爪[见图 5.15(e)]装夹。

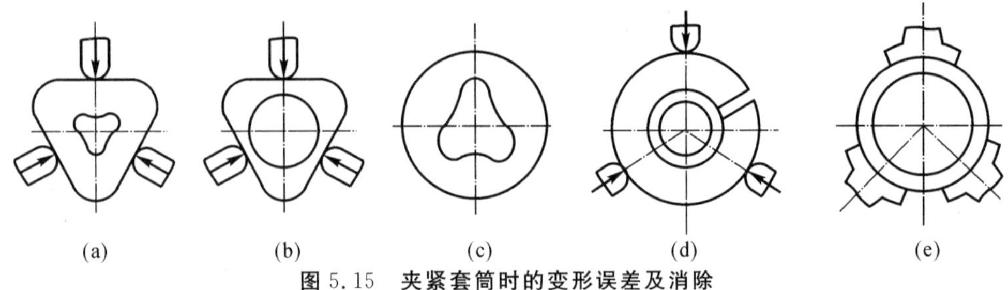

图 5.15 夹紧套筒时的变形误差及消除

(a)三爪夹紧;(b)加工好的内孔;(c)松开三爪后的零件;(d)加开口过渡环;(e)增大三爪面积

(2)变径向夹紧为轴向夹紧。由于薄壁工件径向刚性比轴向差,为减少夹紧力引起的变形,当工件结构允许时,可采用轴向夹紧的夹具,改变夹紧力的方向,如图 5.16 所示。

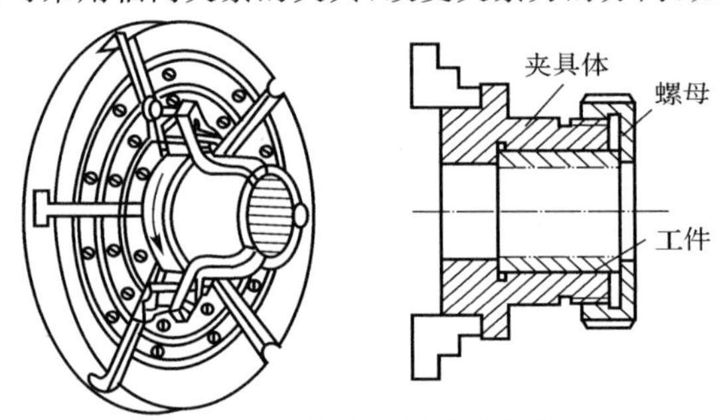

图 5.16 轴向夹紧薄壁套筒

(3)增加套筒毛坯刚性。在薄壁套筒夹持部分增设几根工艺肋或凸边,使夹紧力作用在刚性较好的部位以减少变形,待加工终了时再将肋或凸边切去。

2.减少切削力对变形的影响

(1)减少背向力。增大刀具主偏角 κ_r,可有效减少切削时的背向力 F_p,使作用在套筒件刚度较差的径向力明显降低,从而减小径向变形量。

(2)使切削力平衡。内外圆同时加工可使切削时的背向力相互抵消(内外圆车刀刀尖相对),从而大大减少甚至消除套筒件的径向变形。

3.减少切削热对变形的影响

切削热引起的温度升降和分布不均匀会使工件发生热变形。合理选择刀具几何角度和切削用量,可减少切削热的产生;使用切削液可加快切削热的扩散;精加工时使工件在轴向或径向有自由延伸的可能。这些措施都可以减少切削热引起的工件变形。

4.粗、精加工分开进行

将套筒类零件的粗、精加工分开,可使粗加工时因夹紧力、切削力、切削热产生的变形在精加工中得到纠正。

五、油缸本体零件加工工艺分析

液压系统中的油缸本体,如图 5.17 所示,是比较典型的长套筒类零件,结构简单,壁薄容易变形，加工面比较少，加工方法变化不多。油缸本体加工工艺过程见表 5.4。现对长套筒类零件加工的共性问题进行分析。

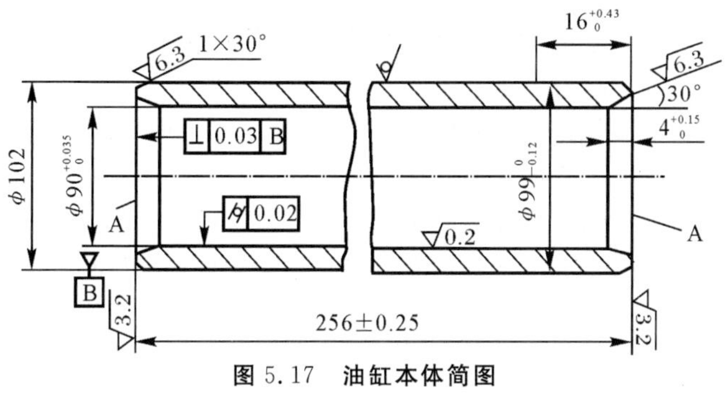

图 5.17　油缸本体简图

表 5.4　油缸本体加工工艺过程

工　序	工序名称	工序内容	设备及主要工艺装备
1	备料	无缝钢管切断	
2	热处理	调质 HB241～285	
3	粗镗、半精镗内孔	镗内孔到 ϕ(89±0.2) mm	四爪卡盘与托架
4	精车端面及工艺圆	①车端面，保证全长 258 mm，车外倒角 0.5×45°；车内倒角 $4^{+0.15}_{0}$ mm×30°。 ②在另一端面，保证全长(256±0.25) mm；车工艺圆 $\phi 99.3^{0}_{-0.12}$ mm，Ra 为 3.2 μm，长 $16^{+0.43}_{0}$ mm，倒内、外角	ϕ89 mm 孔可胀心轴
5	检查		
6	精镗内孔	镗内孔至 ϕ(89.94±0.035) mm	夹工艺圆，托另一端
7	粗、精研磨内孔	研磨内孔至 $\phi 90^{+0.035}_{0}$ mm(不许用研磨剂)	夹工艺圆，托另一端
8	清洗		
9	终检		

1. 油缸本体加工的技术要求

油缸本体主要加工表面为 $\phi 90^{+0.035}_{0}$ mm 的内孔，尺寸精度、形状精度要求较高，壁厚公差为 1 mm。为保证活塞在油缸体内移动顺利且不漏油，还特别要求内孔光洁无划痕，不许用研磨剂研磨。两端面对内孔有垂直度要求。外圆面为非加工面，但自 A 端起在 16 mm 以内，外圆尺寸允许加工至 $\phi 99^{0}_{-0.12}$ mm。

2. 加工工艺过程分析

为保证内外圆的同轴度要求，长套筒类零件的加工中也应采取互为基准和反复加工的原则。该油缸本体外圆为非加工面，为保证壁厚均匀，先以外圆为粗基准面加工内孔，然后以内孔为精基准面加工出了 $\phi 99^{0}_{-0.12}$ mm，Ra 为 3.2 μm 的工艺外圆。这样既提高了基准面间的位置精度，又保证了加工质量。对于油缸内孔，因孔径尺寸较大，精度和表面质量要求较高，故孔的最后加工方法为精研。加工方案为:粗镗→半精镗→粗研→精研。

5.3 盘类零件的加工

涡轮盘和压气机盘都属盘类零件,如图 5.18 所示。它们是近代喷气发动机的重要零件。这些盘都是在高温高转速下工作的,一般转速在 10 000～20 000 r/min 之间。涡轮盘在 500～600℃高温下工作;压气机盘的工作温度也在 0～427℃之间。它们又承受很大的离心力。例如,一个叶片的离心力就达约 9.8～68.6 kN,所以盘本身所受应力很大,尤以涡轮盘工作条件更为恶劣,所受最大应力高达 490 MPa。

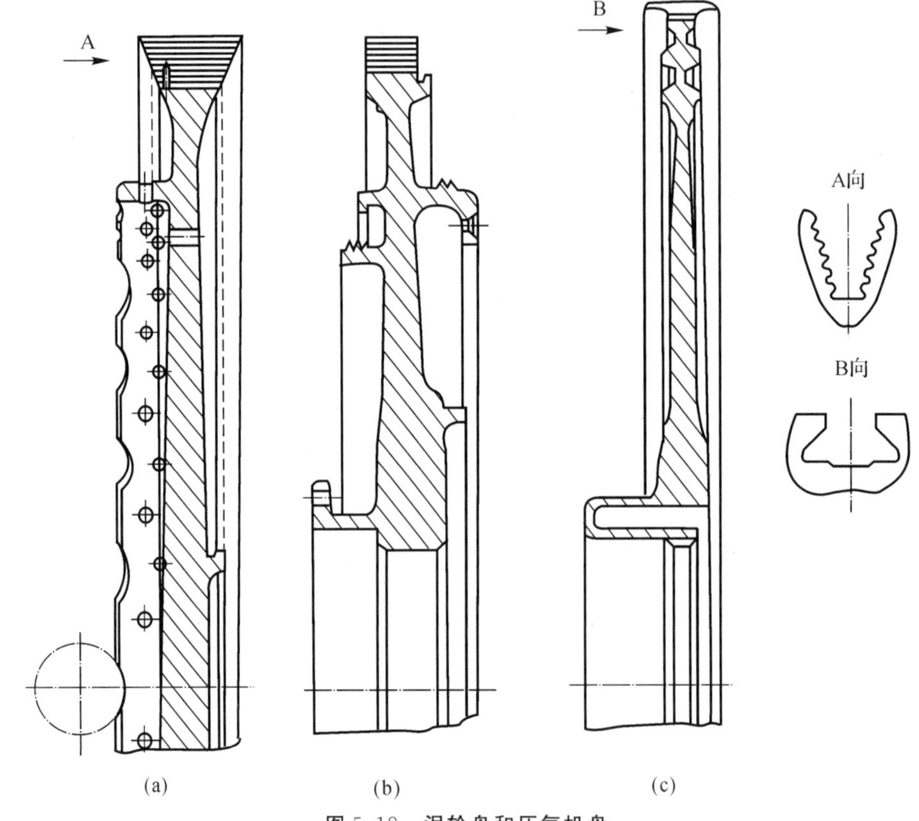

图 5.18 涡轮盘和压气机盘

(a)(b)涡轮盘;(c)压气机盘

为了保证盘的高转速下的平衡,零件各表面之间的相互位置精度要求较高。盘的所有表面都应仔细加工,不能有划伤和截然的转接部分,以免应力集中。盘的直径大而壁薄,为使盘本身具有较高的强度,往往将辐板的剖面做成等强度形。因此,它的两侧通常是由型面组成的。近年来喷气发动机的发展趋势是不断地减轻质量,提高性能。由于新结构不断出现,采用了新材料,所以盘的辐板的厚度逐渐减薄。目前压气机盘辐板最薄处为 1.2～0.9 mm,加之直径大,中央有孔,轮缘上又有数十个榫槽均布,故加工这样的薄壁轮盘的主要困难就是刚性太差。当前国内外广泛采用钛合金压气机盘,而钛合金的弹性模量仅为钢的一半左右,加工时更易产生振动与变形,使尺寸精度难以保证。所以在盘类零件加工中如何防止变形,保证得到规定的精度是主要问题。

为了认识盘类零件制造工艺的规律，首先选压气机盘来分析。因为压气机盘除榫槽的加工与涡轮盘相近外，变形问题更为突出。下面对压气机盘的工艺过程进行分析。

压气机盘是轴流式涡轮喷气发动机的关键零件之一。过去 20 多年中，我国制造的各种型号喷气发动机，其压气机盘基本上属于鼓盘结构，如图 5.19(b)～(d)所示。对于这种结构，在制造工艺上已取得了成熟的经验。而近几年试制的发动机中，压气机盘则属于盘轴结构，如图 5.20 所示，与前者在结构上有较大差异。同时，在设计和工艺上还提出了许多新要求，例如，在强度设计上采用较低的安全系数，在材料选择、尺寸精度、几何偏差、不平衡量和表面质量等方面均提出了较高的技术要求，从而在工艺路线安排上，在制造方法、机床和工装的选择、热处理、表面处理、无损探伤和零件检验等方面都提出了严格的要求，因而使盘的寿命得到了提高。

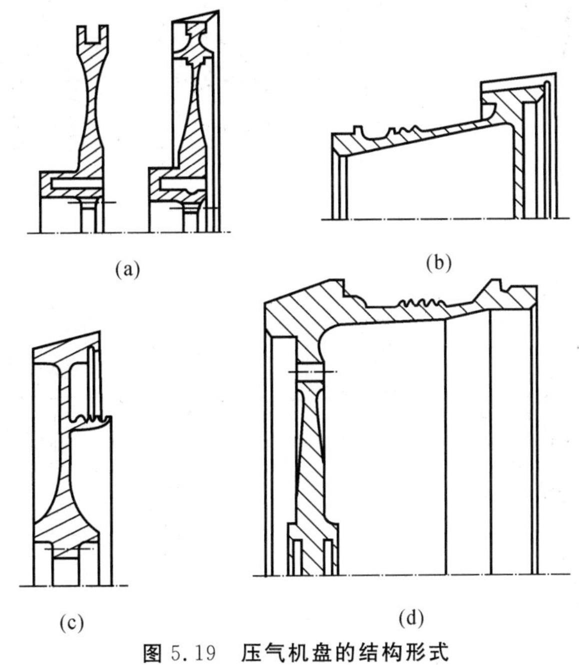

图 5.19　压气机盘的结构形式

(a)盘轴结构；(b)～(d)鼓盘结构

1. 构造和技术要求分析

(1)压气机盘的功用及工作条件。压气机盘是压气机转子上的关键零件。它既与压气机轴相连传扭，使压气机叶片对气体做功，又与前后隔圈轴向压紧形成压气机转子和气流通道的内腔。压气机盘是在高离心负荷、热负荷、振动力和气体腐蚀的作用下进行工作的。

(2)结构形式。压气机盘的几何形状和主要表面可分为以下几部分。

1)盘的辐板型面。辐板型面的设计不仅要求在工作时有足够的强度，而且要求盘的重量最轻，故一般都是按等强度理论进行设计。但完全等强度的辐板型面加工起来非常困难，所以同时还要考虑加工的工艺性。目前生产的压气机盘的辐板型面大体分为三类：①等厚型面；②对称曲线和大圆弧、小圆弧、小锥面组成的型面；③非对称型面，一面为平面，另一面为直线段、小角度锥面和小圆弧组成的型面。①③两类型面加工简单，不需仿形装置；②型面，如图 5.20 所示型面，其厚度为 $1.448_{-0.127}^{\ 0}$ mm，线轮廓度公差为 0.076 mm，在通用机床上难以加工，必须用仿形装置。但在单面加工时，由于盘的刚性差，易产生变形，从而引起超差。如用双面车床加工，则可获得满意的结果。

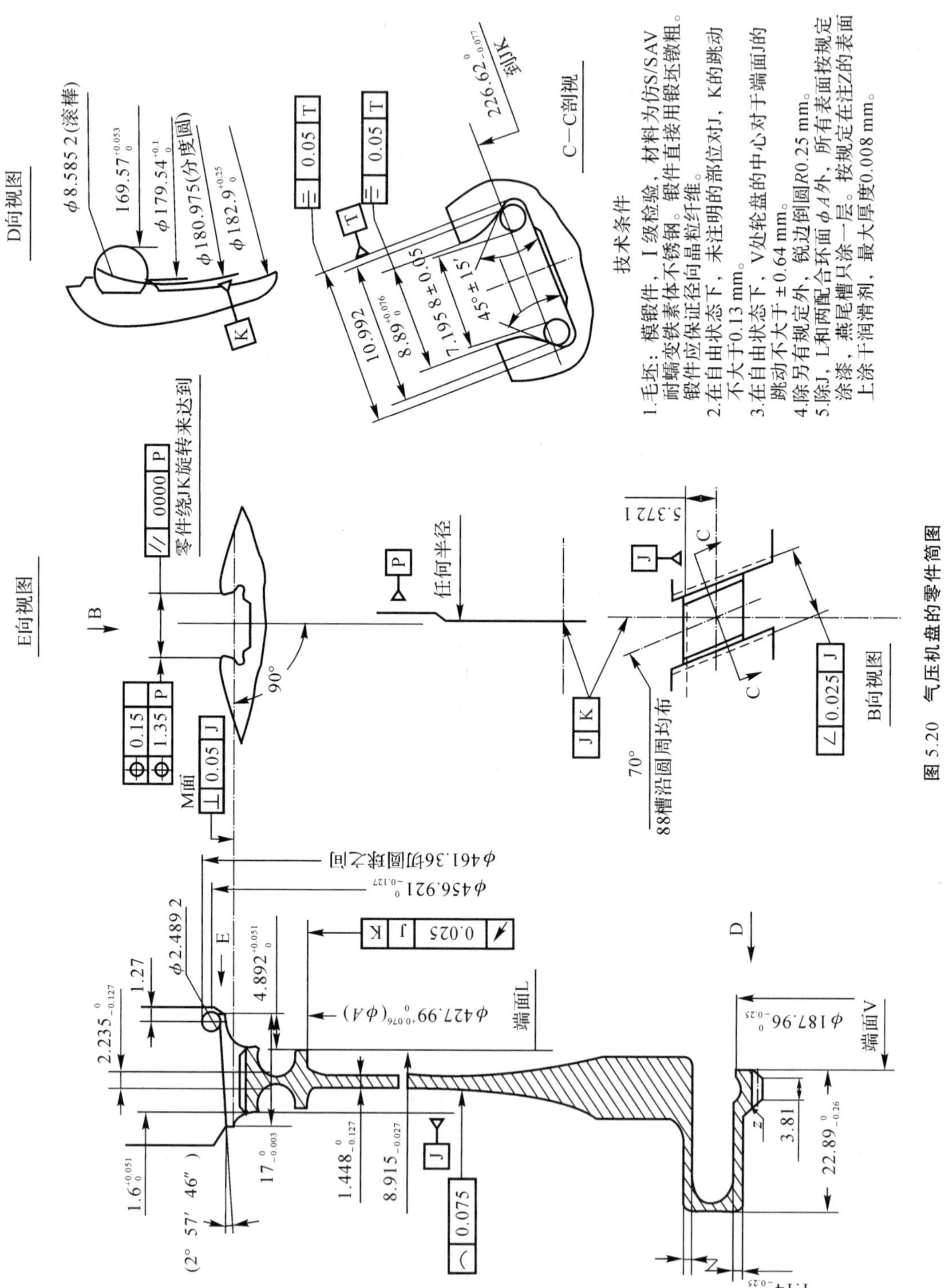

图 5.20　气压机盘的零件简图

2)叶片连接部分。目前轴流式压气机盘和叶片的连接有燕尾形榫槽、枞对形榫槽和销钉孔，以燕尾形榫槽应用最多。图 5.20 所示的盘，其燕尾形榫槽如图 5.21 所示。燕尾形榫槽的结构、尺寸精度、几何公差如下：

角 θ 为 $45°\pm15'$；

角 β 公差不大于 0.025；

槽底角 α 为 0°；

径向尺寸公差为 0.077 mm；

偏距公差为±0.67 mm(工序尺寸)；

额定位置公差为±0.076 mm；

齿槽圆周跳动为±0.038 mm；

榫槽宽度公差为±0.051 mm；

粗糙度 Ra 为 2.5～0.63 μm。

由于槽底的倾斜角 α 等于 0°，就简化了夹具的设计与制造，但因榫槽的径向尺寸和跳动量的精度要求较高，盘壁薄而槽间距离又小，加工时易产生变形，又给加工带来了困难。采用高速拉削并合理地布置定位夹紧方案，是可以达到设计要求的。

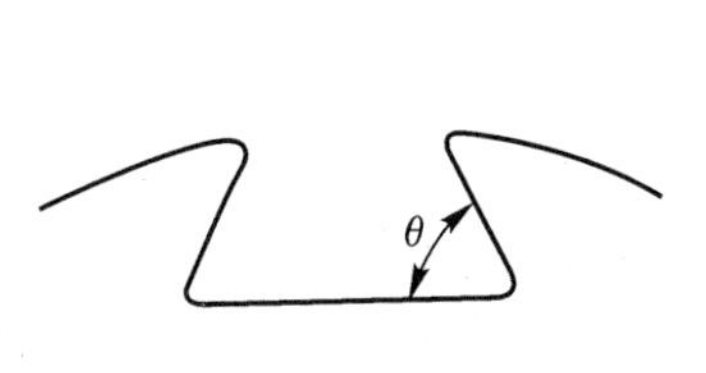

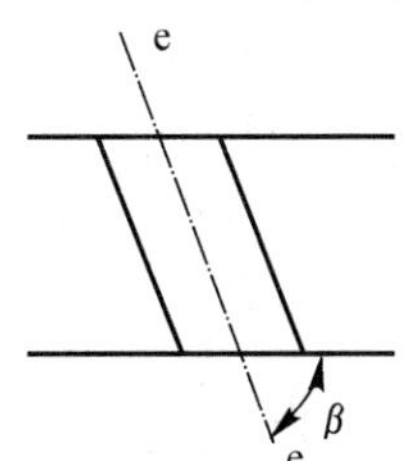

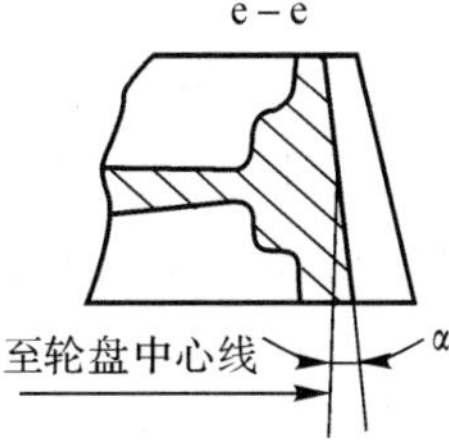

图 5.21　榫槽角度简图

3)定心和传扭部分。在以往生产的机种中，如图 5.19(b)(d)所示鼓盘结构的压气机盘之间的定位和连接是以定位圆柱表面通过热压配合保证盘在转子上的定位精度和整个转子的刚性。为确保转子有可靠的刚性和传力可靠性，在榫槽的销钉孔中又压入了带过盈的销钉。图 5.19(c)所示盘的定位圆柱面则需有 0.37～0.47 mm 的过盈通过热压在轴上定位，并用套齿进行传扭。而图 5.20 所示的盘则采用中心有过盈的花键套齿与轴相连进行定位和传扭。为了保证盘在高转速下定位传扭可靠，既保证盘和轴配合的渐开线套齿之间不会因离心力的作用而产生间隙，也为了补偿由于制造和装配带来的定位误差，在设计上，一方面使花键套齿带有0.06～0.09 mm的过盈装配，另一方面使套齿带有“发夹弹性槽”。这种结构又称发夹花键套齿，其齿位于发夹槽内圈上。发夹槽深而壁薄，在外力作用下易变形。当有周向齿距误差的花键内套齿与轴花键齿配合时，在装配力的作用下，发夹花键套齿可以利用其自身容易产生弹性变形的特点比较顺利地适应轴上花键齿的位置。为提高齿的连接强度，采用了压力角为 20°的双径节(双模数)渐开线花键齿。

4)轴向定位部分。图 5.20 所示的压气机盘以前后两个环面及其端面与前后隔圈压紧配合形成压气机转子和气流通道。尺寸公差为 0.076 mm，对于基准面 J 的垂直度公差为 0.025 mm，对于花键齿的节径同轴度公差为 0.025 mm，粗糙度为 Ra 2.5～0.63 μm。

(3)材料。由于压气机盘的工作条件,要求选用的材料在工作温度下有高的持久强度、抗腐蚀性、抗疲劳性和抗振性,并使其在保证强度的同时重量最轻。而图 5.20 所示的压气机盘所选用的材料为 S/SAV 耐蠕变铁素体不锈钢,其 σ_b=1 000～1 240 MPa。与其他机型相比,在同等温度下工作,其材料的强度极限值较高。这可以减小发动机的结构尺寸和整个发动机的重量,但随着结构尺寸及厚度的减小,零件的刚性也减弱。盘的辐板部分,对整个零件来说刚性最差,加工中易变形,而图 5.20 的压气机盘辐板刚性与其他机型相比,就显得更加薄弱了。各类压气机盘的辐板最小厚度和轮缘最大外径之比的比较见表 5.5。从中可以看出图 5.20的盘的辐板刚性较弱。

表 5.5　各类压气机盘的辐板最小厚度和轮缘最大外径之比

类　型	图 5.19(b)	图 5.19(c)	图 5.19(d)	图 5.20
h_{min}/D_{max}*	2.6/482	4.8/504	5/1 055	1.3/453
比　值	0.005 4	0.009	0.004 3	0.002 8

注:* h_{min}——辐板最小厚度;D_{max}——轮缘最大外径。

2. 毛坯的选择

图 5.20 压气机盘的毛坯与其他机型的盘的毛坯一样为模锻件,但热处理检验级别为 Ⅰ级,而其他机种为Ⅱ级,并对锻件的金属流线提出了要求,应保证径向晶粒纤维。在锻件供应之前需要经过超声波探伤检验,因此锻件的粗加工工序放在锻造厂进行。

图 5.22 为图 5.20 的零件毛坯图,图 5.23 为图 5.19(b)(c)的毛坯图。前者为盘轴结构,与后者的鼓盘式结构相比,因为没有鼓筒部分,故锻造工艺性较好,且毛坯余量较小。

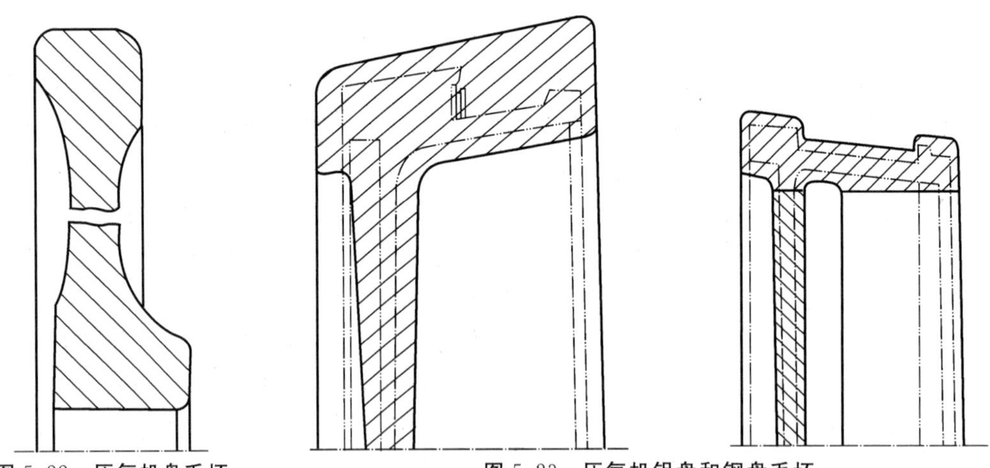

图 5.22　压气机盘毛坯　　　图 5.23　压气机铝盘和钢盘毛坯

3. 工艺过程的制定

工艺过程的制定关系到零件的加工质量。由于零件的工作条件、结构形式、尺寸精度各不相同,因而工艺过程的制定也就各有差异。如前所述的压气机盘是刚性差的薄壁环形件,制定工艺过程时主要应考虑防止加工中变形问题。

(1)加工阶段的划分。压气机盘的加工一般分为粗、半精、精、光整四个加工阶段。第一阶段粗加工的主要目的是去掉锻件上的大部分余量;第二阶段半精加工则是为了去掉精加工造成的表面缺陷以及由锻造和粗加工产生的内应力所引起的零件变形;通过第三阶段精加工后,就得到图纸规定的尺寸要求;最后通过光整加工和强化处理达到表面粗糙度和质量要求。工艺过程的复杂程度不但决定于零件的技术要求,而且还与零件的材料和刚性有关。材料为调质合金钢的压气机盘,其强度高于铝合金。在同等尺寸条件下,盘的强度和刚性都较大,加工时零件变形较小,因而在粗加工后不一定要安排消除应力的热处理工序。材料为铝合金的压气机盘粗加工之后需要安排稳定处理工序,以便在半精加工前,先消除由粗加工产生的残余应力,从而排除或减少加工时因应力重新分布而产生的变形。图 5.20 所示压气机盘虽然材料的强度较好,但零件刚性差,且尺寸精度高,故工艺过程较细。

抛光与半精加工阶段一般可安排同时进行。但在车床上由于抛光时产生的金属屑很细,易进入机床导轨之间,而使导轨磨损加剧;又因零件在精车后的工艺过程中,由于装夹、测量、搬运等原因,表面易碰伤、划伤,故需将抛光工序放在最后,以便在抛光时将碰伤、划伤一起抛掉。图 5.20 压气机盘采取振动光饰的方法抛光,故安排在精车之后,在振动光饰机上进行。

(2)工序集中与分散原则的选择。当加工盘类零件时,常采用工序集中的原则。这是因为工件重而大,搬运困难,定位中需经常找正。采用工序集中可减少定位次数,提高工件的加工精度,尤其是各表面之间的位置精度,并可减轻工人劳动强度,节省辅助时间。还因为零件外轮廓尺寸大,工序集中可减少大型设备数目,可以充分利用多刀半自动、数控立式、双面仿形车床等高生产率的大型机床。但工序集中后要求工人技术熟练程度高,尤其是重点工序,所以加工小盘时,工序可适当分散。

(3)热处理工序的位置。除铝合金压气机盘外,热处理工序一般不安排在机械加工之间,而安排在锻造之后机械加工之前,但铝合金压气机盘在粗加工之后则需安排淬火时效。其作用一是为了达到所要求的机械性能,二是为了消除粗加工产生的残余应力。

图 5.20 压气机盘材料为 S/SAV 抗蠕变铁素体不锈钢,其辐板太薄、刚性很差,故在粗加工前安排热处理。将锻件预热至 650～700℃,再转入高温炉中加热至(1 170±10)℃,然后浸入油中淬火。第一次回火(610±5)℃,保温 5 h 空冷,再在－70～－80℃下进行冰冷处理15 min。第二次回火 620～650℃,保温 5 h 空冷。在加工后存在残余应力,盘在工作时就会变形,如不消除应力,进行腐蚀工序时还会造成应力腐蚀,从而导致产生裂纹的危险,所以在精加工之后安排稳定热处理工序。

(4)辅助工序的安排。在机械加工过程中,洗涤、中间检验工序的安排,各类压气机盘大致相同,都是安排在某一个加工阶段或在某重要工序之后。其中特种检验工序如超声波探伤,必须在粗加工或半精加工之后进行。磁力探伤或荧光检验在精加工之后进行。图 5.20 压气机盘在机械加工之后还安排腐蚀检验,确保表面质量。

(5)表面处理工序的安排。一般压气机盘表面保护多采取镀层的方法:铝合金盘一般采用阳极化;不锈钢耐热合金等一类材料的压气机盘,如图 5.20 所示盘,采用了涂漆的方法进行保护。为了在装配或工作时不致划伤或擦伤接触表面及防止金属间黏结,在套齿、叶片和盘销钉的连接表面上均于最后工序涂以干膜润滑剂,如图 5.24 所示。

(6)定位基准的选择。加工压气机盘一般以前后两个端面作为轴向定位基准,以配合环面和外锥面作为径向定位基准。因盘类零件尺寸大,精度要求高,即使使用夹具也很难保证相互位置精度要求，故常采用找正的方法来定位。

因压气机盘的位置精度要求较高，且不能在一次安装中全部加工完毕，故在整个工艺过程中需要转换定位基准，这又会影响位置精度。为此常采用一次安装或互为基准以及采用同一基准的方法来保证位置精度。例如：在图 5.20 中，ϕ427.99 mm 的前后两个环面分别与前后两个端面的垂直度靠在一次安装中加工保证；两个环面的同轴度用同一基准内孔 x 定位来保证，两个端面的平行度用互为基准的方法来保证。

角向定位基准依零件的结构形式而异。当盘上有沿圆周均布的孔，图 5.19(b)(d)辐板上的一圈通气孔时，可用这些孔作为角向定位基准；而如图 5.20 那样的压气机盘没有轴向孔，则在端面开个工艺槽作为角向定位基准。轴向定位也多采用这种特点的工艺基准，图 5.25 是加工出辅助夹紧槽。在精车外锥面之前都采用此图所示工艺基准，以 A 面作轴向定位基准，压紧表面 B。这种工艺基准的特点是定位稳定性好。在精车外锥面之前，该表面不进行加工，因此能保证各加工工序夹紧位置一致。夹紧力方向与支撑表面垂直，零件在夹紧力的作用下，不会产生扭转变形，从而保证了零件的定位精度。由于各工序选用同一基准，减少了基准间互相转换所带来的误差。由于盘的辐板比较薄，且外缘尺寸大，中心部分加工时容易变形，所以除了用外圆端面支撑外，还需增加中心辅助支撑。

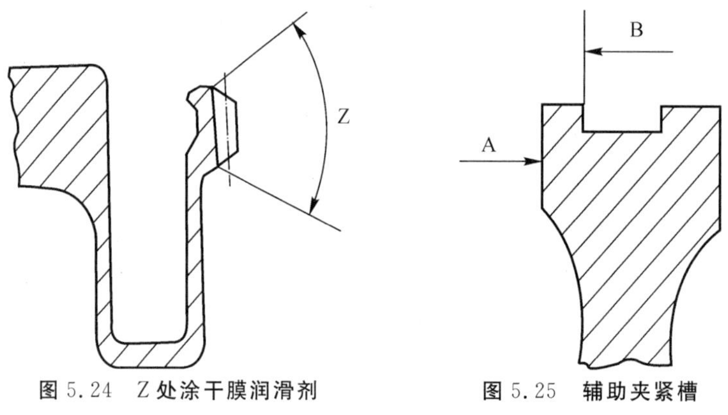

图 5.24　Z 处涂干膜润滑剂　　　图 5.25　辅助夹紧槽

5.4　箱体类零件的加工

一、箱体类零件的工艺分析

1. 箱体类零件的功用与结构

箱体类零件是机器或部件的基础零件，其作用是将箱体内部的轴、齿轮等有关零件和机构连接为一个有机整体，使这些零件和机构保持正确的相对位置，以便它们能正确、协调一致地工作。所以箱体的加工质量将直接影响整台机器的使用性能和寿命。

常见的箱体类零件有汽车、拖拉机的发动机机体、变速箱，机床的床头箱、进给箱、溜板箱，农机具的传动箱体等。图 5.26 所示为常见的几种典型箱体结构。

箱体零件的结构特点如下：

(1)形状较复杂，为一中空、多孔的薄壁铸件，刚性较差。为减少机械加工量、减轻重量、节约材料、提高刚性，在结构上常设有加强筋、内腔凸边、凸台等。

(2)有数个尺寸精度和几何精度要求较高的孔和平面。

(3)有许多小的光孔、螺纹孔以及用于安装定位的销孔。

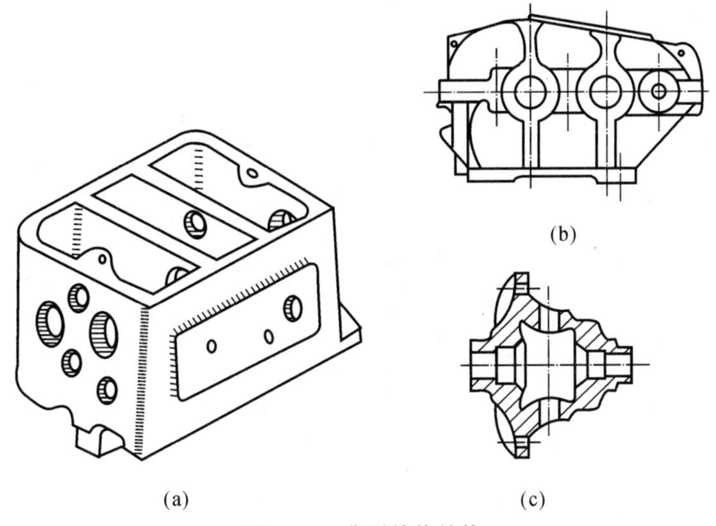

(a)　(b)　(c)

图 5.26　典型箱体结构

(a)机床主轴箱；(b)减速箱；(c)汽车后桥分速箱

2. 箱体类零件的材料与毛坯

箱体类零件的材料为 HT200，HT250，HT300，HT350，HT400 等灰铸铁(在航空航天、电动工具中也有采用铝和轻合金的)。灰铸铁有较好的耐磨性、减振性和良好的铸造性、可加工性，而且价格低廉。当负荷较大时，可选用 ZG200～ZG400 和 ZG230～ZG450 铸钢作为箱体材料。

箱体毛坯一般是铸件，因为采用铸造法易得到复杂的形状、内腔和必要的加强筋、凸边、凸台等。铸造毛坯的生产视生产批量而定，单件小批量用木模手工造型，毛坯精度低，加工余量大；大批生产时，常用金属模机器造型，毛坯精度高，加工余量小。单件小批量生产直径大于 ϕ50 mm 的孔，成批生产大于 ϕ30 mm 的孔，一般都在毛坯上铸出底孔，以减少加工余量。为了消除铸件内应力对机械加工质量的影响，应设退火工序或进行时效处理。

3. 箱体类零件的主要技术要求

箱体零件中以机床主轴箱精度的要求为最高，现以它为例，如图 5.27 所示，其精度要求可归纳为以下 4 项：

(1)孔径精度。孔径的尺寸误差、形状误差和表面粗糙度会造成轴承与孔的配合不良。孔径过大，配合过松，使主轴回转轴线不稳定，并降低其支撑刚度，易产生振动和噪声；孔径太小，会使配合过紧，轴承将因内外环变形而不能正常运转，缩短轴承寿命。轴承孔圆度较差，也会使轴承外环变形而引起主轴径向跳动。因此主轴孔的尺寸公差等级为 IT6，其余孔为 IT7～IT6；主轴孔的圆度偏差为 6～8 μm，其余孔的几何形状精度未作规定的，一般控制在尺寸公差范围内即可；一般主轴孔的 Ra 为 0.4 μm，其他各纵向孔的 Ra 为 1.6 μm，孔的内端面的 Ra 为 3.2 μm。

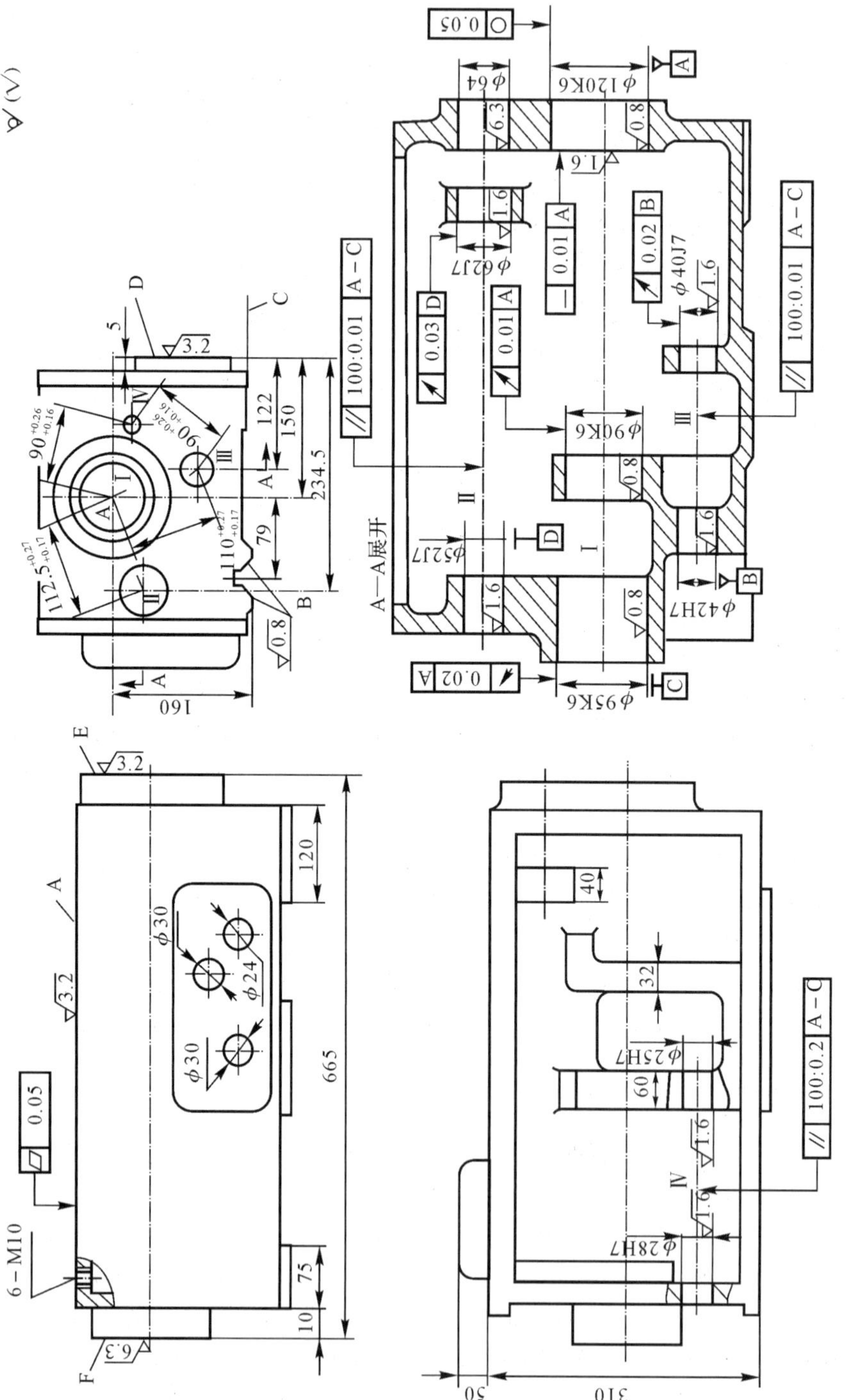

图5.27 车床主轴箱简图

(2)主要平面的精度。装配基面的平面度和表面粗糙度影响主轴箱与床身连接时的接触刚度,加工过程中作为定位基面则会影响主要孔的加工精度。因此规定底面和导向面必须平直,用涂色法检查接触面积或单位面积上的接触点数来衡量平面平直度的高低。顶面的平直度要求是为了保证箱盖的密封性,防止工作时润滑油泄出。在大批量生产中,若以其顶面作为定位基面来加工孔时,对它的平直度要求更高。主要平面的表面粗糙度会影响连接面的配合性质或接触刚度,装配基准面和定位基准面的 Ra 为 2.5～0.63 μm,其他平面的 Ra 值为 10～2.5 μm。

(3)孔与平面的相互位置精度。一般都规定主轴孔和主轴箱安装基面的平行度要求,它们决定了主轴与床身导轨的相互位置关系,这项精度是在安装时通过刮研来达到的。为了减少刮研工作量,一般规定在垂直和水平两个方向上,只允许主轴前端向上和向前偏移。

(4)孔与孔的相互位置精度。同一轴线上各孔的同轴度误差,会使轴和轴承装配到箱体内出现歪斜,从而造成主轴径向跳动和角间摆动,加剧了轴承磨损。故要求主轴轴承孔的同轴度为 12 μm,其他支撑孔的同轴度为 20 μm。孔系之间的平行度误差,会影响齿轮的啮合质量,因此,各支撑孔轴心线平行度为 100～125 μm/m,中心距之差为±50～±70 μm。

二、箱体类零件的装夹

1. 箱体定位基准的选择

箱体类零件结构复杂,加工精度要求较高,尤其是主要孔的尺寸精度和位置精度要求更高。要确保箱体零件的加工质量,首先就要合理地选择定位基准。

(1)常用精基准。加工箱体类零件常采用一个平面和两个销孔作为统一定位基准,也有采用 3 个互相垂直的平面或两个互相垂直的平面和一个销孔作为定位基准的。“一面两孔”定位与“三基面”定位相比较,具有以下特点:

1)定位可靠。“一面两孔”定位很简便、可靠地消除了工件的 6 个自由度。若以“三基面”定位,往往因限制 2 个自由度的定位侧面和限制 1 个自由度的定位端面,不能很好地与定位元件接触,影响定位精度。

2)可同时加工的面多。“一面两孔”定位中占用箱体的一个平面定位,在一次安装中,其余的面都可同时进行加工,便于工序集中,有利于保证各加工面的位置精度。

3)易于实现基准统一,从而大大减少夹具设计和制造的工作量。

4)易于实现自动化。由于“一面两孔”定位夹紧结构简单,定位可靠,装夹方便,为实现自动化加工提供了有利的条件。

采用“一面两孔”定位时,定位平面最好采用箱体零件的设计基准,以减少定位误差。若作为定位平面的安装面积过小,则应增加工艺凸台,保证装夹稳定可靠。定位平面的粗糙度 Ra 值为 2.5～0.68 μm,平面度为 50～100 μm。

两定位销孔孔距大一些为好,以提高定位精度。定位销孔的精度一般为 IT7 级。孔距位置度公差为 0.06～0.2 mm,定位销孔的直径应根据箱体零件质量的大小在 12～25 mm 的范围内选用。

(2)粗基准的选择。

1)加工定位平面的粗基准。定位平面的加工要求是与各主要轴承孔有一定位置精度,以保证各轴承孔都有足够的加工余量,并要求与不加工的箱体内壁有一定位置精度以保证箱体的壁厚均匀,避免内部装配零件与箱体内壁的干涉。

在单件、小批量生产时,由于毛坯铸造精度较差,目前多采用划线安装法安装。以划线作为粗基准找正工件。这样虽能满足定位平面的加工要求,但对工人技术要求高,生产效率低。

在大批量生产中,毛坯质量较好,常采用主要轴承铸孔(如变速箱主轴孔)作为主要粗基准(限制 4 个自由度),距主要轴承铸孔最远的次要轴承铸孔(或另选一适当的平面)限制一个转动的自由度的定位方法。

这时以箱体主要轴承铸孔为粗基准加工定位平面,可提高定位平面与主要轴承铸孔之间的位置精度。以后再以定位平面为基准加工主要轴承孔时,可保证主要轴承孔在与定位平面垂直方向上的加工余量均匀。又由于箱体内腔与各铸出的轴承孔均系由若干型芯拼合而成的整体型芯铸造出来的,铸出的各孔之间,以及各孔与内腔之间都有较高的位置精度,因此,以主要轴承铸孔为粗基准,既能保证各轴承孔有足够的加工余量,又能达到定位平面与内腔垂直的要求。

选用主要轴承铸孔作为粗基准(限制 4 个自由度),夹具结构复杂,装夹很不方便,而且装夹刚性很差,需要增加辅助支撑,生产效率受到限制。

为了克服上述缺点,在毛坯质量允许的条件下,可采用侧面的不加工部分 A 作粗基准(限制 3 个自由度),主要轴承铸孔 1 限制两个自由度,距离主要轴承铸孔最远的另一轴承铸孔限制 1 个自由度的定位方法,如图 5.28 所示。

只要铸造时能保证内壁与外壁侧面不加工部分的位置精度,仍可保证加工出来的定位平面与内壁的位置精度,这样装夹就可靠、方便得多了。

2)加工定位销孔的基准。两定位销孔的定位要求是保证箱体上的不加工内壁与加工的外表面间的位置精度,使壁厚均匀,从而使装入箱体内的零件与不加工的内壁间有足够的间隙,并要照顾到各轴承孔在与定位平面平行方向上有足够的加工余量。另外,还要求两定位销孔与定位平面相互垂直,以便于安装和提高定位精度。

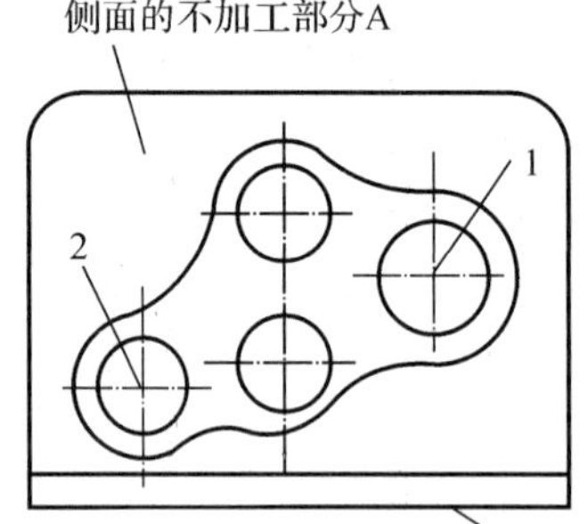

图 5.28 以平面和轴承铸孔定位加工定位平面

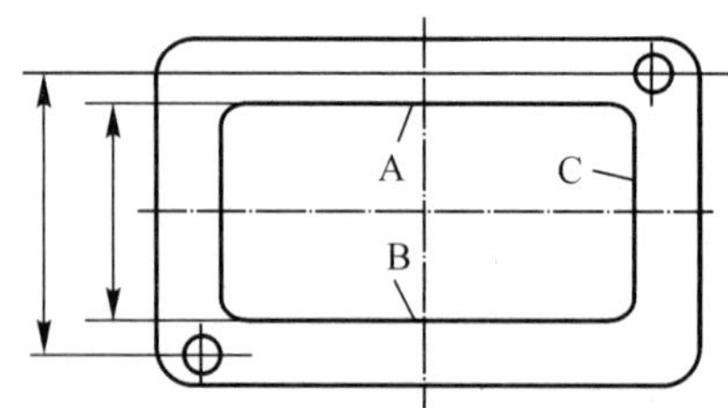

图 5.29 钻、铰定位销孔的定位方法

为了满足上述要求,常采用已加工的定位平面作主要基准限制 3 个自由度,保证定位销孔与定位平面垂直,再以内壁 A 与 B 定位限制两个自由度,并采用自动定心夹具,以保证 A 与 B 两内壁的对称中心与两定位销孔的对称中心重合,使壁厚均匀。最后以内壁 C 定位限制 1 个自由度,以照顾各轴承孔与定位平面平行方向上的加工余量,如图 5.29 所示。采用这种定位方法,虽然可行,但夹具复杂,安装不便,有时定位精度不能保证,效率也比较低。

现在,由于多工位机床的发展,可采用两工位机床,以侧面的不加工部分 A 以及两轴承铸孔 1 和 2 定位(如图 5.28 所示,相当于“一面两孔”定位)。在一次安装中,第一工位粗、精铣定位平面,第二工位钻、铰定位销孔,既简便又可保证加工要求。

2. 箱体类零件的装夹

单件小批量生产中,可直接使用螺钉和压板将箱体零件装夹在机床工作台上;大批量生产时,应使用专用夹具装夹。

由于箱体壁薄,箱体孔系精度要求高,当夹紧力过大或作用点安排不适当时,将使工件发生变形,影响孔系加工后的形状精度和位置精度。因此,装夹箱体时,夹紧力应作用在主要定位基面上,作用在刚性大的部位,例如箱体边缘实体或有筋板的地方。

三、箱体类零件加工工艺过程的特点

1. 箱体类零件加工的基本工艺过程

箱体类零件根据其几何结构、功用和精度不同,会有不同的加工方案。大批量生产时,箱体零件的一般工艺路线为粗、精加工定位平面→钻、铰两定位销孔→粗加工各主要平面→精加工各主要平面→粗加工轴承孔系→半精加工轴承孔系→各次要小平面的加工→各次要小孔的加工→最重要表面的精加工(如无最重要表面,本工序可取消)→轴承孔系的精加工→攻丝。单件小批量生产时,其基本工艺路线为铸造毛坯→时效→划线→精加工各主要表面及其他平面→划线→粗加工支撑孔→精加工各主要表面及其他平面→精加工支撑孔→划线→钻各小孔→攻螺纹、去毛刺。

2. 箱体类零件加工的工艺特点

(1)按先面后孔、先主后次顺序加工。由于箱体的加工和装配大多以平面为基准,先加工平面,不仅为加工精度较高的支撑孔提供了稳定可靠的精基准,而且还符合基准重合原则,有利于提高加工精度。同时,由于箱体上的连接孔大都分布在相关平面上,先加工平面,将凹凸不平的铸造表面切除,可减少钻孔时钻头引偏和刀具崩刃等现象的发生,对刀和调整也较方便。加工平面或孔系时,应贯彻先主后次原则,即先加工主要平面或主要孔。这是因为加工其他平面或孔时,以先加工好的主要平面或主要孔作为精基准,装夹可靠,调整各表面的加工余量较方便,有利于提高各表面的加工精度;同时由于主要平面或主要孔精度要求高,加工难度大,先加工时如果出现废品,不至于浪费其他表面的加工工时。与轴承孔相交的油孔,应在轴承孔精加工之后钻出,否则,精加工轴承孔时,会因先钻油孔造成断续切削而引起振动,影响轴承孔的加工精度。

(2)工序间合理安排时效处理。箱体结构一般较复杂,壁厚不均匀,铸造残留内应力大。为消除内应力,减少箱体在使用过程中的变形以保持精度稳定,铸造后一般均需进行时效处理。自然时效的效果较好,但生产周期长,目前仅用于精密机床的箱体铸件。对于普通机床和一般设备的箱体,一般都采用人工时效。箱体经粗加工后,应存放一段时间后再精加工,以消除粗加工积聚的内应力。精密机床的箱体或形状特别复杂的箱体,应在粗加工后再安排一次人工时效,使铸造和粗加工造成的内应力得以释放。

(3)广泛采用通用设备和工艺装备。单件小批量生产的箱体,基本上都按工序集中原则在通用机床上加工。因其毛坯质量不高，生产批量较小，一般不用专用夹具。因此，划线是不可缺少的工序，各工序的加工精度主要靠操作者的技术水平和机床工作精度来保证。箱体平面通常在刨床、铣床和磨床上加工。特别是刨削，刀具结构简单，机床调整方便，在龙门刨床上，还可以实现多件顺序加工并在一次安装中用几把刀同时加工出若干个表面，以保证这些表面较高的相互位置精度，并可大大提高生产效率。

四、箱体孔系的加工

箱体零件上各轴承孔之间，轴承孔与平面之间，都具有一定的位置要求，工艺上将这些具有一定位置要求的一组孔称为“孔系”。孔系有平行孔系、同轴孔系、交叉孔系。孔系加工是箱体零件加工中最关键的工序。根据生产规模、生产条件以及加工要求的不同，可采用不同的加工方法。

1. 平行孔系的加工

(1)划线找正和试镗法。划线找正是加工孔系最简单的方法。加工前按照零件图上标注的尺寸，划出各孔的位置。加工时，根据所划的线找正机床主轴的位置，逐孔进行加工。这种方法生产效率低，误差大，孔距精度为 0.5～0.25 mm。

为了消除划线及按划线找正的误差，可采用试镗法。加工时，按划线位置先将较小的第一孔镗至规定尺寸 d，如图 5.30 所示。

然后再根据第二孔的划线位置将机床主轴调到第二孔的位置，把第二孔镗至尺寸 D_1（略小于规定直径），而且只镗出一段长度，量出此两孔壁之间的距离 L_1，则两孔轴心距为

$$A_1=\frac{d}{2}+\frac{D_1}{2}+L_1 \tag{5.1}$$

根据 A_1 与规定轴心距之间的误差，重新找正机床主轴位置，再镗出一段直径 D_2（略小于规定直径），用同样方法求得 A_2。这样经过几次试镗，最后使两孔轴心距达到规定要求，再将第二孔镗至规定直径。

此法优点是，不需要专门的辅助设备，但测量不方便，测量精度不高，生产效率低。

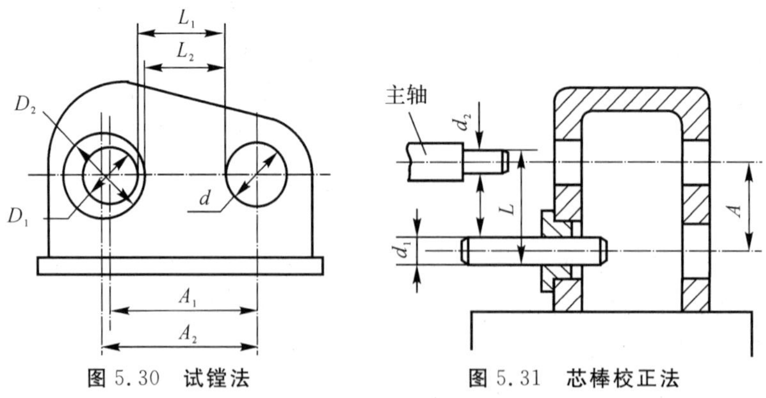

图 5.30　试镗法　　图 5.31　芯棒校正法

(2)芯棒校正法。为了避免多次试镗的麻烦和提高孔的精度，可用芯棒调整机床主轴位置，其方法如图 5.31 所示。

在加工好的第一孔内，插入套筒和芯棒，配合间隙要小，芯棒直径为 d_1，同时在机床主轴

上安装直径为 d_2 的芯棒。然后测量两芯棒之间的距离为

$$L=A+\frac{d_1}{2}+\frac{d_2}{2} \tag{5.2}$$

测量完毕后，取下芯棒换上镗杆，进行第二孔的加工。在用百分尺测量时，孔距精度为 ±30 μm，用块规测量为 ±10 μm。这种方法可用在镗床、铣床和车床上进行镗孔。与试切法相比较，可加工直径小或余量小的孔，但芯棒与孔的配合间隙会影响测量精度。

(3)坐标法。坐标法镗孔就是把孔距尺寸换算成为两个互相垂直的坐标尺寸，然后利用机床上的坐标尺寸测量装置或利用百分表和各种具有不同测量精度的块规、量棒等测量工具，精确确定机床主轴和工件在水平与垂直方向的相对位置，来保证孔距精度。这样，既省去了多次测量和找正主轴的操作，操作技术也不需很高，还不需要专用的工艺装备。因此，坐标法镗孔系无论在单件小批量生产或成批生产中都被广泛采用。

图 5.32 为在镗床上安装控制工作台横向移动和床头箱垂直移动的测量装置，利用百分表和不同尺寸的量块，就可以准确地控制主轴与工件在水平与垂直方向上的位置。在铣床上安装同样的测量装置，也可使用坐标法镗孔。

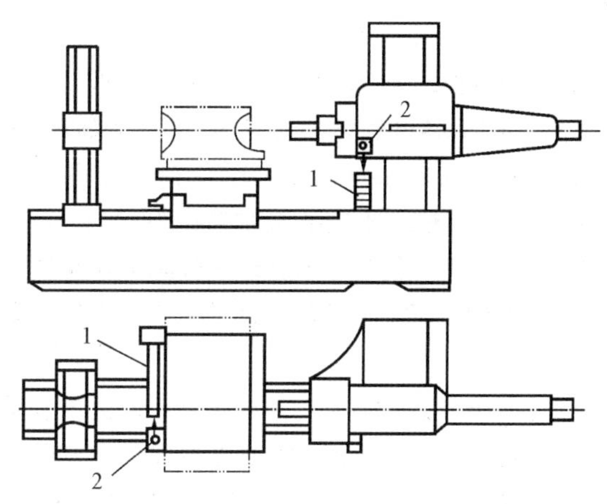

图 5.32　镗床上用坐标法镗孔

1—量块；2—百分表

位置精度要求特别高的孔系，现在已多采用精密坐标镗床来加工，孔距精度小于0.01 mm。

(4)镗模加工法。镗模加工法就是预先精确地将孔系复制到镗模板上，将镗模板安装在夹具体上，镗杆支撑在镗模导套中并与机床主轴浮动连接，由机床主轴带动镗杆旋转，由镗模导向，将孔系加工出来，如图 5.33 所示。

镗模加工法的加工精度与机床精度基本无关，而主要与镗模的精度、镗杆支撑方式以及镗杆与导套之间配合精度有关。用镗模精加工孔系能可靠地保证 IT7 级精度和表面粗糙度 Ra 值为5～2.5 μm。当采用固定式镗模时，孔距精度为 ±50 μm。当从一端加工，镗杆两端均有支撑时，孔与孔之间的平行度和同轴度为 20～30 μm；当分别由两端同时加工时为 40～50 μm。

必须指出，镗模的导套与镗杆之间存在一定配合间隙，导套和镗杆的制造误差和使用中的磨损，都会直接影响孔系的加工精度。所以，在开始加工和加工一段时间之后，必须对加工精度进行检查，发现问题，及时调整。

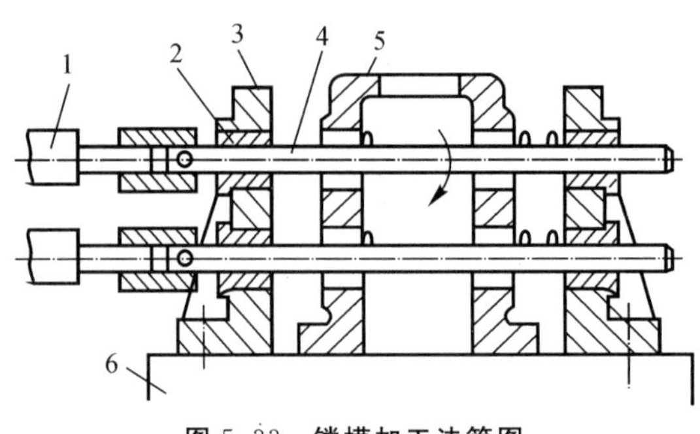

图 5.33 镗模加工法简图

1—主轴；2—导套；3—镗模；4—镗杆；5—工件；6—夹具体

使用镗模加工孔系，生产效率和加工精度都较高，且操作简单，在成批大量生产中广泛使用；即使在小批量生产中，当零件精度要求较高时，使用镗模加工也是合理的，但此时应力求使镗模简单。

2. 同轴孔系的加工

同轴孔系主要位置精度就是同轴度，保证其同轴度的方法如下：

(1)尽可能一次安装加工。就是尽可能在一次安装中把同轴的各孔同时或依次全部加工完毕。这样可避免多次安装产生的安装误差。当采用一根镗杆镗削几层同轴线的孔时，孔的同轴度可控制在 15～20 μm 以内，这种加工方法又称"穿镗孔"法，具体方案有悬伸镗孔、用导向支撑套镗孔、穿长镗杆支架镗孔等。若采用两根镗杆分别从两端加工时，孔的同轴度可控制在 30～50 μm 以内。加工出的同轴孔系，其同轴度取决于所用机床设备的精度、工件加工余量的大小和均匀性。

(2)多次安装加工时，要提高重复定位精度。由于零件结构、技术要求和现有设备的影响，在一次安装时同轴线上各孔不能全部加工出来，这时就要进行多次安装加工。例如，箱体零件同轴的孔径为从两端向里递减结构，若无双面组合机床，采用普通机床加工时，就需要装夹两次或采用回转工作台转位。这种情况下加工出的孔同轴度除与第(1)种情况中的影响因素有关外，还和装夹精度有关，因此要注意提高重复定位精度(对某一给定位置的离散度)。

3. 交叉孔系

交叉孔系的主要技术要求是控制有关孔的垂直度，在普通卧式铣床上主要靠机床工作台上的 90°对准装置来保证。目前国内有些镗床，如 TM617，采用了端面齿定位装置，90°定位精度达 5′，还有的用了光学瞄准器。当有些镗床工作台 90°定位精度很低时，可采用高精度回转夹具安装工件进行加工。

五、车床主轴箱的加工

1. 车床主轴箱加工的基本要求

车床主轴箱，如图 5.27 所示，属于结构复杂的重要箱体，是主轴箱部件装配时的基础件，主轴箱部件中的传动件(如轴、齿轮等)，特别是主轴部件的正确工作位置是由箱体保证的。因此，主轴箱部件的工作性能很大程度上取决于箱体的制造精度。与其他类型箱体的加工相比较，对车床主轴箱体的加工有如下基本要求：

(1)确保主轴的回转精度。主轴是主轴箱中特别重要的工作部件，其回转精度是车床重要的技术性能指标，对车床加工精度的影响极大。由于主轴部件通过轴承安装在主轴箱体的主轴孔内，故主轴孔的尺寸、形状、位置精度和表面粗糙度对主轴部件的装配质量和回转精度有重大影响。加工主轴孔时，必须严格控制其尺寸偏差、形状误差、前后轴承孔的同轴度偏差等在允许范围内；否则，任一项误差值超出允许范围，都会使主轴部件装配困难并降低其工作精度。

(2)确保主轴轴线的位置精度。主轴箱部件通过箱体上的装配基准面在床身上获得准确定位，从而确定了主轴轴线和床身导轨的相对位置。这一相对位置正确与否，对车床的加工精度影响很明显。因此，加工主轴箱时应使箱体上的装配基准面与主轴孔互为基准，确保两者在水平和垂直两个方向上都具有尽可能高的平行度。

(3)确保主轴箱部件中的传动件正常工作。主轴箱部件实现主轴的正、反转多级变速传动，其中轴、齿轮等重要传动件正确的工作位置，是由箱体上孔系的加工精度来保证的，即箱体孔系中各支撑孔的尺寸精度、形状精度、位置精度、表面粗糙度等将直接影响被支撑传动件的传动精度。因此，加工主轴箱体上的孔系时，除了必须保证各孔的尺寸精度、形状精度、前后支撑孔的同轴度和表面粗糙度符合图样要求外，还必须保证各孔轴线和主轴孔轴线或装配基准面间有足够高的平行度或垂直度。

综上所述不难看出，主轴箱装配基准面和孔系的加工是其加工的核心和关键。加工主轴箱和加工其他箱体零件一样，单件小批量生产时是先划线，接着在通用机床上完成的。成批大量生产时，广泛采用多轴龙门铣床、组合式磨床及专用多工位组合镗床等设备进行加工。

2. 车床主轴箱机械加工的工艺过程

在单件小批量生产中，图 5.27 的车床主轴箱的机械加工工艺过程见表 5.6。

表 5.6　CA6140 主轴箱的机械加工工艺过程

工　序	工序名称	工序内容	设备及主要工艺装备
1	铸造	铸造毛坯	
2	热处理	人工时效	
3	油漆	上底漆	
4	划线	兼顾各部划全线	
5	刨	①按线找正，粗刨顶面 A，预留量为 2～2.5 mm；②以顶面 A 为基准，粗刨底面 C 及 V 导向面，各部分预留量为 2～2.5 mm；③以底面 C 和 V 导向面为基准，粗刨侧面 D 及两端 E 和 F，预留量为 2～2.5 mm	龙门刨床
6	划	划各纵向孔镗孔线	
7	镗	以底面 C 和 V 导向面为基准，粗镗各纵向孔，各部分预留量为 2～2.5 mm	卧式镗床
8	时效		

续表

工　序	工序名称	工序内容	设备及主要工艺装备
9	刨	①以底面C和V导向面为基准精刨顶面A至尺寸；②以顶面A为基准精刨底面C及V导向面，预留刮研量为0.1 mm	龙门刨床
10	钳	刮研底面C及V导向至要求的尺寸	
11	刨	以底面C和V导向面为基准精刨侧面D及两端面E和F至要求的尺寸	龙门刨床
12	镗	以底面C和V导向面为基准：①半精镗和精镗各纵向孔，主轴孔留精细镗余量为0.05～0.1 mm，其余镗好，小孔可用铰刀加工；②用浮动镗刀块精细镗主轴孔至要求的尺寸	卧式镗床
13	划	各螺纹孔、紧固孔及油孔孔线	
14	钻	钻螺纹底孔、紧固孔及油孔	摇臂钻床
15	钳	攻螺纹、去毛刺	
16	检验		

六、分离式箱体的加工

齿轮箱体采用分体式结构，这样便于制造毛坯和安装，剖分面多与传动轴的轴线平面重合。图5.34的减速器箱体就是采用分体式结构（有箱体、箱盖两部分），为提高箱体刚度和便于连接，在剖分面处应设置有一定厚度和宽度的凸缘。

与整体式箱体加工相比，分体式箱体加工要稍复杂些，多出了剖分面及其定位销孔的加工工序。

以图5.34减速器箱体为例，加工过程大致如下：首先选择适当粗基准，加工出箱体底面及其两工艺定位销孔和剖分面及其两装配定位销孔。然后可按以下两种方法进行：

(1)直接将箱体箱盖连接在一起，以箱体底面及其两工艺定位孔为基准，按整体式箱体的工艺进行加工。

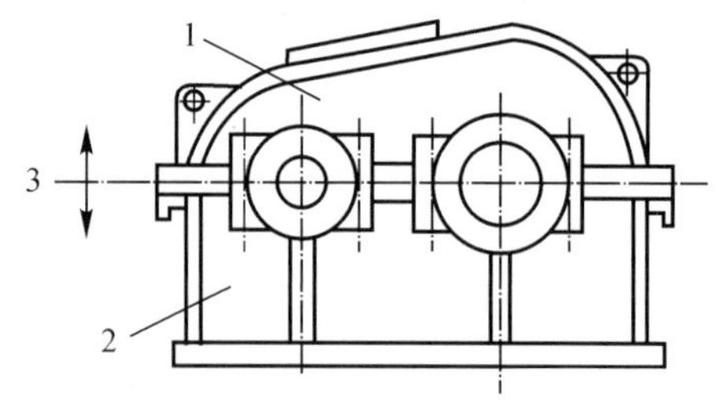

图5.34　减速器箱体简图

1—箱盖；2—箱体；3—剖分面

(2)以箱体箱盖接合面及其两装配定位销孔为基准，分别对箱体、箱盖进行加工，最后再将箱体、箱盖连接起来，对剖分面上孔系进行加工。

当箱体、箱盖上需加工的几何要素较少或它们与剖分面上孔系相对位置精度较高时，常采用方法(1)；反之，则采用方法(2)。

需要注意的是剖分面上孔系（包括两装配定位销孔）是采用配作方式加工而成的。所以装配时要一一对应，另外为避免削弱箱体刚度，加工时要尽量保证凸缘厚度，且厚度均匀，这就要求选择合适的粗基准。

对于结构更复杂的箱体，有时会出现更多的剖分面，但加工工艺安排同一个剖分面相似。

习　　题

5.1　试分析比较零件的外圆、内孔、平面加工方法的工艺特点及其运用范围。

5.2　试述零件锥面车削方法和其他加工方法的适用范围，以及为保证车削精度，在操作时应注意的事项。

5.3　常见齿形的加工方法有哪些？分别叙述其各自加工精度及适用范围。

5.4　简述车螺纹的工艺特征和操作中必须注意的工艺技术问题。

5.5　轴类零件常用的定位基准是什么？夹紧时须注意哪些问题？

5.6　传动丝杠加工时，为获得良好的加工精度和表面质量，生产中常采用哪些工艺措施？

5.7　根据空心轴加工工艺特点，为保证加工精度，生产过程中应该采取哪些工艺措施？

5.8　轴类零件的花键在什么阶段加工？花键加工一般有几种对刀方法？

5.9　试分析薄壁套筒受力变形对加工精度产生影响的原因及改进措施。

5.10　加工轮盘类零件常采用哪些装夹方法？各自特点如何？

5.11　根据箱体的结构特点，选择粗、精基准时应考虑哪些主要问题？

5.12　为什么箱体加工的精基准通常采用统一的精基准？试举例说明。

5.13　孔系加工方法有哪几种？试举例说明各种加工方法的特点及适用范围。

5.14　图 5.35 为一拨叉零件，材料为 45 号钢，毛坯为模锻件。试拟定其单件小批量生产时的工艺路线和加工小端凸台($9.65_{-0.25}^{\ 0}$ mm)的定位方案，并简述理由。

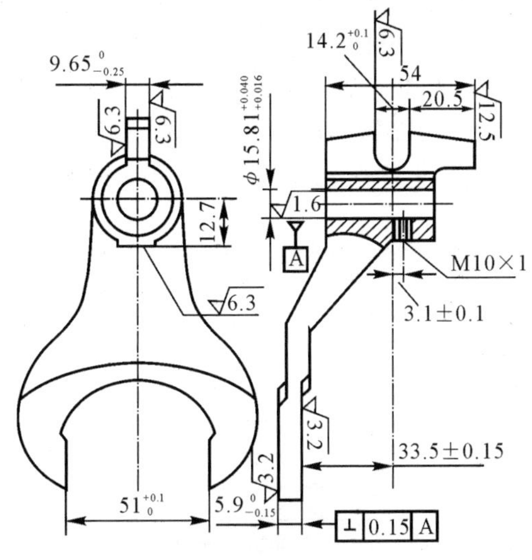

图　5.35

第 6 章　机器装配工艺基础

6.1　装配概述

一、装配概念

机器装配是机械制造过程中最后的工艺环节，机器质量最终是由装配工艺来保证的。机器的装配质量在很大程度上决定着机器的最终质量，如果装配工艺制定得不合理，即使全部机器零件都符合质量要求，也不能装配出合格产品。研究和发展装配技术，提高装配质量和装配生产效率是机械制造工艺中的一项重要任务。

按规定的技术要求，将零件或部件进行配合和连接，使之成为半成品或成品的工艺过程称为装配工艺过程。它包括零件清洗、调整、检验、试验和包装等工作。

机器产品是由零件、合件、组件和部件等组成的。零件是组成机器的最小单元，合件是由若干零件永久连接而成或连接后再经加工而成，例如发动机中连杆小头孔内压入衬套后再精镗衬套孔。组件是指一个或若干个合件与零件的组合，组件在机器中不具有完整的功能，例如车床主轴箱中的主轴就是在主轴上装上若干齿轮、垫片、键、轴承等零件的组件。部件是由若干组件、合件和零件构成的，部件在机器中能完成一定的、完整的功能，如机床的主轴箱、溜板箱、走刀箱部件等。机器则是由若干部件、组件、合件和零件构成的。图 6.1 为装配单元过程示意图。

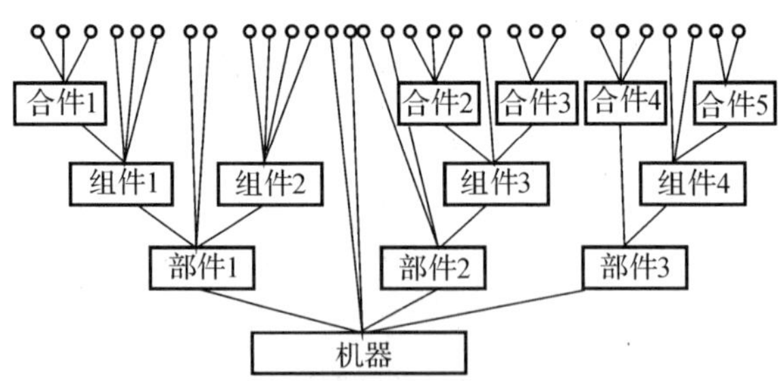

图 6.1　装配单元过程示意图

将零件、合件装配成组件称为组装。将零件、合件和组件装配成部件称为部装。将零件、合件、组件和部件装配成机器产品称为总装。

装配时必须有一基准零件或部件，它的作用是用来连接需要装在一起的零件、组件或部件，并确定这些零部件之间的正确位置。

装配工艺是保证机器质量的最终环节。如果装配工艺不当，即便制造的零件都符合质量要求，也不一定能够装配出合格的机器，相反，若制造的零件质量不是很良好，只要在装配过程中采取合适的工艺措施，也能使机器达到规定的要求。另外在机器装配过程中，可以发现机器在设计上存在的问题和零件加工工艺上存在的质量问题，并对设计和制造方面加以改进。因此，研究装配工艺，选择合适的装配方法，制定合理的装配工艺规程，尽量采用新的装配工艺，以提高装配精度和生产率。

二、装配精度

机器的质量是以其工作性能、使用效果、精度和使用寿命等指标进行综合评定的。它主要取决于结构设计、零件加工质量及其装配精度。因此，装配不仅影响机器的工作性能和使用性能，而且影响机器制造的经济性。正确规定机器和部件的装配精度是产品设计的重要环节之一，装配精度标注在机器的装配图上，既是制定装配工艺规程的依据，也是确定零件加工精度和选择合理装配方法的依据。对一些标准化、系列化和通用化的产品，如通用机床，减速机等，它们的装配精度要求可根据国家标准或行业标准来制定。对于没有标准可循的产品，其装配精度可根据用户的使用要求，参照类似产品或产品的已有数据，采用类比法来确定。对于一些重要的产品，其装配精度需要经过分析计算和试验研究后才能确定。

装配精度一般包括相关零部件间的相互距离精度、相互位置精度、相对运动精度和接触精度。

相互距离精度是指相关零部件的距离尺寸的精度，包括轴向间隙，轴向距离和轴线距离，例如，车床前后顶尖对床身导轨的等高度。

相互位置精度是指零部件间的平行度、垂直度、同轴度和各种跳动等，例如台式钻床主轴轴线对工作台台面的垂直度。

相对运动精度是指机器中有相对运动的零部件间在运动方向和运动位置上的精度，包括直线运动精度、回转运动精度和传动精度等，例如滚齿机滚刀与工作台之间的传动精度。

接触精度是指零部件间的配合间隙大小及配合接触面积的大小和分布情况，例如，轴与孔的配合、齿轮啮合、锥体配合、机床中对导轨面的接触质量等。

装配精度与零件精度有着密切的关系，零件的精度特别是关键零件的精度直接影响相应的部件和机器的装配精度。例如，在普通车床装配中，要满足尾座移动对溜板移动的平行度要求，该平行度主要取决于床身导轨 A 与导轨 B 之间的平行度，如图 6.2 所示。

机器的装配精度与相关的若干个零件或部件的加工精度有关，即这些零件的加工误差的累积将影响到机器的装配精度。如图 6.3 所示，在某车床主轴箱中主轴前顶尖中心要求与尾座后顶尖中心要等高，这一装配要求与主轴箱 1、尾座 2、尾座底板 3 和床身 4 等零件的加工精度有关。由此可见，在装配过程中，零件加工误差的累积会影响产品的装配精度，只要在装配中采取适当措施，就可以将零件的加工误差的影响降到最低，以保证装配质量。

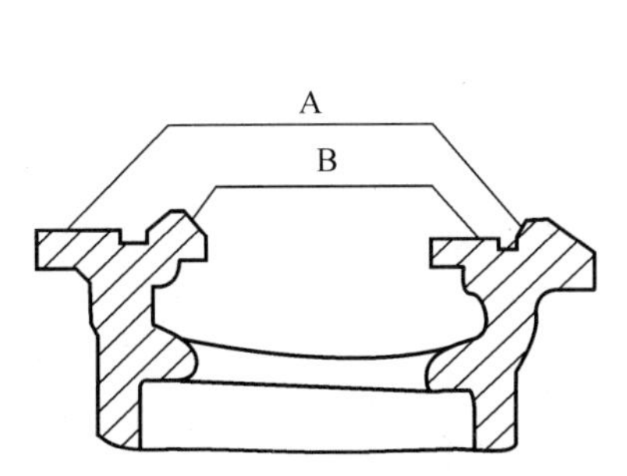

图 6.2　床身导轨简图

A—溜板导轨；B—尾座导轨

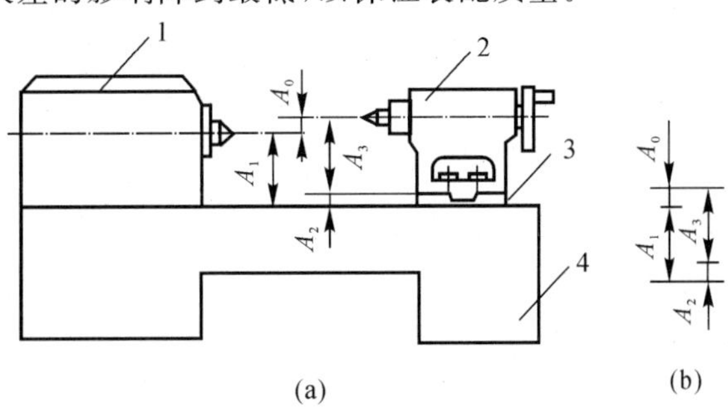

图 6.3　主轴箱与尾座套筒中心线等高示意图

1—主轴箱；2—尾座；3—底板；4—床身

6.2 装配工艺规程的制定

将合理的装配工艺过程按一定的格式编写成文件，就是装配工艺规程。装配工艺规程是指导装配生产的主要技术文件，是制定装配生产计划，进行生产技术准备的主要依据，也是新建、改建装配车间的基本依据之一，制定装配工艺规程是生产技术准备工作的主要内容之一。制定装配工艺规程与制定机械加工工艺规程一样，也须考虑多方面的问题。

一、制定装配工艺规程的基本原则

在制定装配工艺规程时，应遵循以下原则：

(1)保证产品装配质量，并力求提高其装配质量，以延长产品的使用寿命。

(2)合理安排装配顺序和装配规程，尽量减少钳工装配的工作量，以减轻劳动强度。

(3)尽可能缩短装配周期，提高装配效率，降低装配成本。

(4)尽可能减少装配工作的占地面积，有效地提高车间的利用率。

二、制定装配工艺规程的原始资料

在制定装配工艺规程之前，需要收集以下原始资料：

(1)产品的总装图和部件装配图，以及重要零件图或主要零件图。

(2)验收产品的技术要求，即产品的质量标准和验收依据。

(3)产品的生产纲领。

(4)现有的生产条件，应了解现有的装配工艺设备、工人技术水平、装配车间面积等情况。

三、制定装配工艺规程的步骤

1.产品的分析

(1)研究分析装配图，掌握装配技术要求及产品验收技术标准，明确装配中的关键技术问题。

(2)对产品结构进行尺寸分析和工艺分析，尺寸分析是指装配尺寸链的分析与计算，应对产品图上装配尺寸链及其精度要求进行验算，并确定达到装配要求的工艺方法。工艺分析是指对装配结构工艺性的分析，以确定产品结构是否便于装拆和维修。

(3)研究产品将其分解为可以独立进行装配的“装配单元”方案，以便组织装配工作的平行、流水作业。

图 6.1 为装配单元流程图，可以看出，同一等级的装配单元在总装前互相独立，可以同时平行装配，而各级单元之间，可以流水作业，这对组织装配安排计划、提高装配效率和保证装配质量均十分有利。

2.确定装配组织形式

装配组织形式按产品在装配过程中是否移动可分为固定式和移动式两种。固定式装配是指全部装配工作在一个固定点进行，产品在装配过程中不移动，该装配形式多用于单件小批量生产或重型产品生产，如重型机床、飞机、大型发电设备等。移动式装配是指将零部件按顺序从一个装配位置移动到另一个装配位置，在各装配位置上分别完成一部分装配工作，经过若干个装配位置后完成产品的装配工作，这种装配形式常用于大批量的生产中，如汽车、拖拉机等产品。

装配组织形式的选择主要取决于产品的尺寸、质量、复杂程度和生产批量，并应考虑现有生产技术条件和设备状况，装配组织形式一经确定，装配方式、工作地布置也相应确定。

3.拟定装配工艺过程

装配单元划分后，相应级别的装配及整体总装的全部应以最理想的施工顺序完成。这一步应考虑的内容有以下几方面。

(1)确定装配工作的具体内容。根据产品结构及其装配要求，即可确定装配工作具体内容，要妥善安排包括清洗、刮研、平衡、过盈连接(压配或热胀冷缩方法)、螺纹连接和校正等在内的其他工作。总装后还应进行质量检验和试车，对某些产品的特殊要求，除在图纸上说明外，还应在有关设计文件中加以说明，以引起注意。

(2)确定装配工艺方法及设备。为完成装配工作，必须选用合适的装配方法、装配设备及所用的工、夹、量具等。专用装配设备及工、夹、量具要提出设计任务书。所用装配工艺参数，如过盈配合的压入力、变温装配的温度、紧固螺钉螺母的旋紧扭矩、预紧力的大小、装配环境的要求等可参照经验数据或经试验和计算确定。

(3)选择装配基准件。无论哪一级的装配单元都要选定某个零件或比它低一级的组件作为装配基准件。装配基准件通常应是产品的主要零部件，它的体积和重量较大，有足够的支撑面，可以满足陆续装入其他零、部件作业的需要和稳定性需求。基准件补充加工的工作量应最少，尽可能不再有后续加工工序。基准件还应有利于装配过程中的检测，工序间的传递、输送和翻身转位等作业。

(4)拟定装配顺序。产品的装配顺序是由产品的结构和装配组织形式决定的，安排装配顺序的一般原则是：

“预处理工序先行”——零件的清洗、倒角、去毛刺和飞边、油漆等工序要安排在前。

“先下后上”——先安装处于机器下部的有关零件，再安装处于机器上部的零部件，使机器在整个装配过程中的重心始终处于稳定状态。

“先内后外”——使先装配部分不妨碍后续工作的进行。

“先难后易”——开始装配时，基准件上有较开阔的安装调整、检测空间，有利于较难装配的零部件的装配工作。

“先重大后轻小”——先安排体积、重量较大的零部件。

“先精密后一般”——先将影响整台机器精度的零、部件安装调试好，再安装一般要求的零、部件。

(5)绘制装配系统图。对于结构比较简单、零部件少的产品，可以只绘制产品装配系统图。对于结构复杂、零部件很多的产品，则还需要绘制各装配单元的装配系统图。用以表明产品零、部件间相互装配关系及装配流程的示意图叫装配系统图。图6.4为产品的装配系统图。

绘制装配系统图时，先画一条较粗的横线，横线右端指向装配单元的长方格，横线左端为基准件长方格。按装配顺序的先后，从左向右依次将装入基准件的零件、合件、组件和部件。

表示零件的长方格画在粗横线的上方，表示合件、组件和部件的长方格画在横线的下方。每一长方格内，上方注明装配单元名称，左下方填写装配单元编号，右下方填写装配单元件数。在装配系统图上加注所需的工艺说明，如焊接、配钻、配刮、冷压和检验等。装配系统图比较清楚而全面地反映了装配单元的划分、装配顺序和装配工艺方法等内容，是装配工艺规程制定中的主要文件之一，也是划分装配工序的依据。

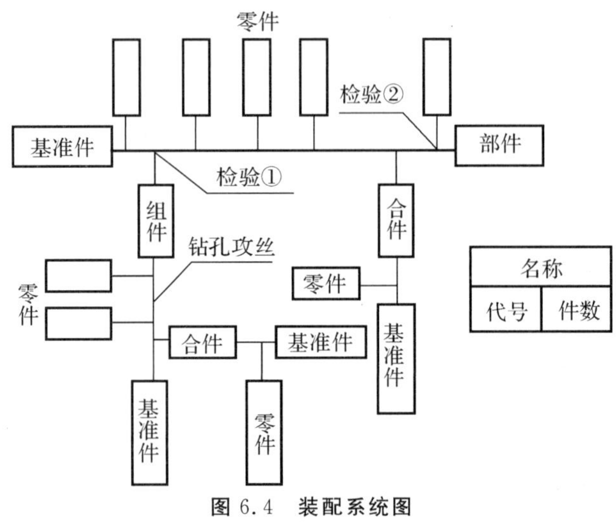

图 6.4　装配系统图

4. 编写装配工艺规程

装配工艺规程中的装配工艺过程卡及装配工艺卡等的编写方法与机械加工所用同类卡片的编写方法基本相同。

单件小批量生产时，通常不需制定装配工艺卡，而是用装配系统图来代替。装配时，按产品装配图及装配系统图进行装配工作。

成批量生产时，通常制定部件及总装的装配卡，不制定装配工序卡。但在工艺卡上要写明工序次序、简要工序内容、所需设备和工夹具名称及编号、工人技术等级及时间定额等。但成批量生产中的关键工序需制定相应的装配工序卡。

在大批量生产中，不仅要制定装配工艺卡，而且要制定装配工序卡，用以指导工人进行装配。

6.3　装配尺寸链

一、装配尺寸链的基本概念

在机器的装配关系中，由有关零件的尺寸或相互位置关系所组成的尺寸链，称为装配尺寸链。

正确地查找装配尺寸链的组成，是进行尺寸链计算的根据。为此，首先应明确封闭环。装配尺寸链的封闭环就是装配后的装配精度或技术要求。在装配关系中，对装配精度要求发生直接影响的那些零、部件的尺寸和位置关系，都是装配尺寸链的组成环。

二、装配尺寸链的分类及建立

装配尺寸链按照各组成环的几何特征和所处的空间位置，可分为直线尺寸链（由长度尺寸组成，各尺寸环彼此平行）、角度尺寸链（由角度或平行度、垂直度等构成）、平面尺寸链（由成角度关系布置的长度尺寸构成，各尺寸环均位于一个平面上）和空间尺寸链。在一般机器的装配关系中，最常见的是直线尺寸和角度尺寸链。

对于每一个装配技术要求，通过装配关系的分析，都可查明其相应的装配尺寸链组成。其查找方法是取封闭环两端的那两个零件为起点，沿着装配精度要求的位置方向，以装配基准面为联系的线索，分别查明装配关系中影响装配要求的有关零件，直到找到同一个基准零件，甚至是同一个基准表面为止。这一方法与查找工艺尺寸链的跟踪法在实质上是一致的。

图 6.5 为某车床主轴局部装配简图。双联齿轮在装配后要求在轴向 $A_{\Sigma}=0.05\sim0.2$ mm 间隙，以保证齿轮既转动灵活又不致引起过大的轴向窜动。分析图可知，对 A_{Σ} 有影响的有关尺寸为 A_1，A_2，A_3，N 和 A_4。查明组成环之后，画出尺寸链图，并写出尺寸链的方程式。

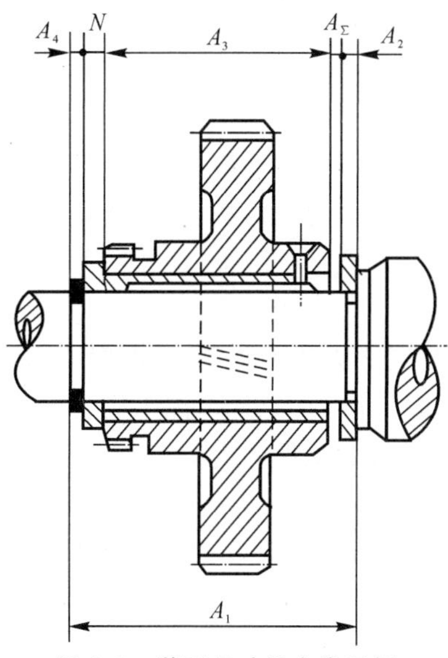

图 6.5　装配尺寸链查找示例

三、装配尺寸链组成的最短路线原则

在设计机器时，应根据尺寸链最短原则，尽量减少对封闭环精度有影响的零件数目。在装配精度已经确定的条件下，装配尺寸链中组成环的数目越少，每个组成环所分配的公差就越大，对零件的加工精度要求就越低，加工精度就越容易保证，经济性也越好。因此，组成环的数目必须是只包括直接影响封闭环精度的零件的有关尺寸，这是机器设计中所必须遵循的原则。

图 6.6 的变速箱，其中 A_{Σ} 代表轴向间隙，它是必须保证的一个装配精度。图 6.6(b)(c) 列出了两种不同的装配尺寸链，前者是错误的，后者是正确的。前者的错误是将变速箱盖上的两个尺寸 B_1 和 B_2 都列入了尺寸链中，而箱盖上只有凸台高度 A_2 这一个尺寸与 A_{Σ} 直接有关，而尺寸 B_1 的大小只影响箱盖法兰的厚度，只是使整个变速箱的轮廓大小有所不同，与 A_{Σ} 的大小并无直接关系。如图 6.6(c)所示，把 B_1 和 B_2 去掉，而以 A_2 一个尺寸取而代之，就正

确了。通过比较便可发现，正确的装配尺寸链，其路线最短，环数最少，此即最短路线原则，又称最少环数原则。

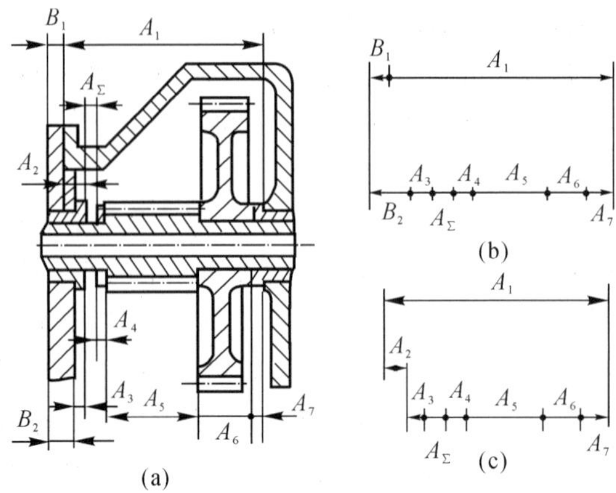

图 6.6　装配尺寸链组成的最少环数原则示例

(a)变速箱；(b)错误尺寸链；(c)正确尺寸链

四、达到装配精度的几种方法

在长期装配实践中，人们根据机器的结构特点、性能要求、生产纲领和生产条件的不同，创造了许多的装配工艺方法，通常可归纳为互换法、选择装配法、修配法和调节法。

1. 互换法

机器的各个零件按图纸规定的公差进行加工，装配时不需再经任何选择、修配和调整就能达到规定的装配精度和技术要求。此法优点是装配工作简单，生产率高，有利于组织流水生产和协作化生产，也有利于机器的维修和配件的供给。

图 6.7(a)为齿轮箱部件，装配后要求轴向间隙为 0.2～0.7 mm，即 $A_\Sigma=0^{+0.7}_{+0.2}$ mm。已知有关零件的基本尺寸是 $A_1=122$ mm，$A_2=28$ mm，$A_3=5$ mm，$A_4=140$ mm，$A_5=5$ mm，现确定各环公差的大小与分布位置。

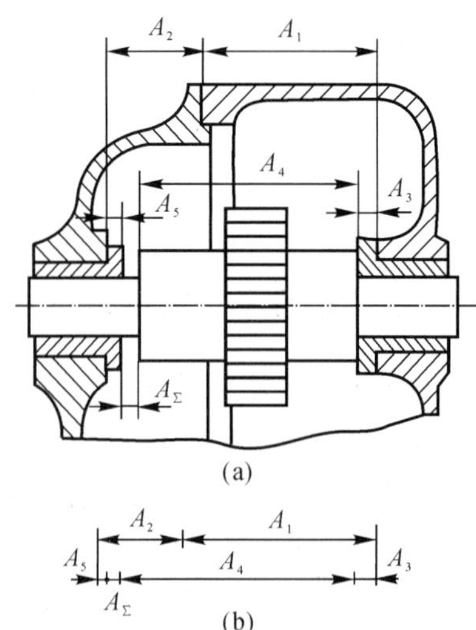

图 6.7　轴的装配尺寸链

(a)齿轮箱；(b)尺寸链图

(1)极值解法(完全互换法)。

1)画出装配尺寸链图[见图 6.7(b)]，校核各环的基本尺寸。该尺寸链由 6 环组成，其中 A_Σ 为封闭环；A_1，A_2 为增环；A_3，A_4，A_5 为减环。

封闭环的基本尺寸

$$A_\Sigma=(A_1+A_2)-(A_3+A_4+A_5)=(122+28)-(5+140+5)=0$$

2)确定各组成环尺寸的公差及其分布位置。为了满足封闭公差值 $T(A_\Sigma)=0.5$ mm 的要求，各组成环公差之和 $\Sigma T(A_i)$ 不得超过 0.5 mm，即

$$\Sigma T(A_i)=T(A_1)+T(A_2)+T(A_3)+T(A_4)+T(A_5)\leqslant T(A_\Sigma)=0.5\text{ mm}$$

现需确定各组成环公差 $T(A_i)$ 的值。先按等公差法考虑各环所能分配的平均公差 $T(A_M)$，即

$$T(A_M)=\frac{T(A_\Sigma)}{n-1}=\frac{0.5}{5}=0.1\ \text{mm}$$

由此值可知，零件制造的精度不算高，是可以加工的。因此，用完全互换的极值法是可行的。但是，还应根据各环加工的难易程度和设计要求调整各环的公差。本例中 A_1 和 A_2 加工较难，公差可略大；A_3 和 A_5 加工较易，其公差可规定较严。此外，选定 A_4 为协调环。

所谓协调环就是这个组成环在尺寸链中起协调封闭的作用。因为封闭环的公差是由装配要求所确定的既定值，当大多数组成环取为标准公差值之后，就可能有一个组成环的公差值取的不是标准公差值，这个组成环就称为协调环。选择协调环的一般原则是选择不需用定尺寸刀具加工、不需用极限量规检验的尺寸作为协调环；或将难于加工的尺寸公差从宽取标准公差值，选一易于加工的尺寸作为协调环；亦可将易于加工的尺寸公差从严取标准公差值，选一难于加工的尺寸作为协调环，如图 6.8 所示。

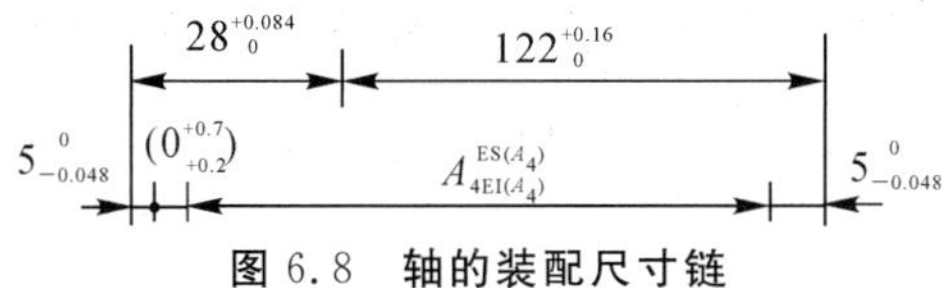

图 6.8　轴的装配尺寸链

现确定

$$T(A_1)=0.16\ \text{mm},\quad T(A_2)=0.084\ \text{mm},\quad T(A_3)=T(A_5)=0.048\ \text{mm}$$

按“入体原则”确定其公差的分布位置，则

$$A_1=122^{+0.16}_{0},\quad A_2=28^{+0.084}_{0},\quad A_3=A_5=5^{0}_{-0.048}$$

3)确定协调环的公差及其分布位置。显然，协调环的公差为

$$T(A_4)=T(A_\Sigma)-T(A_1)-T(A_2)-T(A_3)-T(A_5)=$$
$$0.5-0.16-0.084-2\times0.048=0.16\ \text{mm}$$

协调环的上、下偏差按尺寸链的基本计算式计算，则有

$$\text{EI}(A_\Sigma)=0.2=0+0-0-0-\text{ES}(A_4)$$

即

$$\text{ES}(A_4)=-0.2\ \text{mm}$$
$$A_4=140^{-0.2}_{-0.36}\ \text{mm}$$

4)验算。将确定和计算的公差值代入，可得

$$T(A_\Sigma)=T(A_1)+T(A_2)+T(A_3)+T(A_4)+T(A_5)=$$
$$0.16+0.084+2\times0.048+0.16=0.5\ \text{mm}$$

这一计算结果符合装配技术要求。

在正常情况下，一台机器所有组成环都以极限尺寸进入装配的情况是较少的，尤其是在大批、大量生产条件下更是如此。因此，极值法通常用于装配精度要求较低，或装配精度要求虽然较高，但环数较少的情况下。当装配精度要求较高，而环数又较多(>5)时，选用概率法计算更为合理。

(2)概率法解算。按此法计算，将存在 0.27%的不合格品率，故此法又称为不完全互换法。仍以图 6.7 为例，即

$$T(A_M)=\sqrt{\frac{T(A_\Sigma)^2}{n-1}}=\sqrt{\frac{0.5^2}{6-1}}=0.22\ \text{mm}$$

按此法计算，各环的平均公差值比按极值法计算的结果扩大了 $\sqrt{n-1}$ 倍，从而更易于加工。

现按加工难易程度和设计要求调整各组成环的公差如下：

$$T(A_1)=0.4\ \text{mm},\quad T(A_2)=0.21\ \text{mm},\quad T(A_3)=T(A_5)=0.075\ \text{mm}$$

根据 $T_\Sigma=\sqrt{\sum\limits_{i=1}^{n-1}T_i^2}$ 的要求，协调环 A_4 的公差为

$$0.5^2=0.4^2+0.21^2+0.075^2+0.075^2+T(A_4)^2$$

$$T(A_4)=0.186\ \text{mm}$$

取 $A_1=122^{+0.4}_{0}$ mm，$A_2=28^{+0.24}_{0}$ mm，$A_3=A_5=5^{\ 0}_{-0.075}$ mm，而 A_4 的上、下偏差应在算出 A_4 的平均尺寸后再确定。

由
$$A\Sigma_M=(A_{1M}+A_{2M})-(A_{3M}+A_{4M}+A_{5M})$$

$$0.45=(122.2+28.105)-(4.9625+A_{4M}+4.9625)$$

得
$$A_{4M}=139.93\ \text{mm}$$

$$A_4=A_{4M}\pm\frac{T(A_4)}{2}=139.93\pm0.093\ \text{mm}$$

即
$$A_4=140^{+0.023}_{-0.163}\ \text{mm}$$

2. 选择装配法

在成批或大量生产条件下，对于组成环不多而装配精度要求却很高的尺寸链，若采用完全互换法，则零件的公差将过严，甚至超过了加工工艺的现实可能性。在这种情况下，可采用选择装配法，该方法是将组成环的公差放大到经济可行的程度，然后选择合适的零件进行装配，以保证规定的装配精度要求。

选择装配法有直接选配法、分组装配法和复合选配法 3 种。

(1)直接选配法。由装配工人从许多待装配的零件中，凭经验挑选合适的零件通过试凑的方式进行装配。这种方法简单，零件不必事先分组，装配质量主要取决于工人的技术水平，不宜用于节奏要求较严的大批量生产。

(2)分组装配法。将组成环的公差，按完全互换的极值解法所求得的值放大数倍(一般为 2～4倍)，使能按经济加工精度加工，然后再测量出零件实际尺寸大小，进行分组，对各相应组的零件分别进行装配，以达到规定的装配精度要求。

(3)复合选配法。这是上述两种方法的复合。即把零件预先测量分组，装配时再在各相应组中直接选配，如汽车发动机的汽缸和活塞的装配就是如此。

下述着重讨论分组装配法。

分组装配法在机床装配中用得很少，但在内燃机、轴承等大批大量生产中有一定应用。图 6.9 为活塞销的连接情况，根据装配技术要求，活塞销孔与活塞销外径在冷态装配时应有 0.002 5～0.007 5 mm 的过盈量。与此相应的配合公差仅为 0.005 mm。若活塞与活塞销采用完全互换法装配，且销孔与活塞销直径的公差按“等公差”分配时，它们的公差只有 0.002 5 mm。如果上述配合采用基轴制原则，则活塞销外径尺寸 $d=\phi28^{\ 0}_{-0.0025}$ mm，相应的销孔直径 $D=\phi28^{-0.0050}_{-0.0075}$ mm。显然，制造这样精确的活塞销和销孔是很困难的，也是不经济的。在生产中采用的方法是先将上述公差值都增大 4 倍($d=\phi28^{\ 0}_{-0.01}$ mm，$D=\phi28^{-0.005}_{-0.015}$ mm)，这样即可采用高效率的无心磨和金刚镗去分别加工活塞销外圆和活塞销孔，然后用精密测量仪器进行测量，并

按尺寸大小分成 4 组，涂上不同的颜色，以便进行分组装配，具体分组情况见表 6.1。

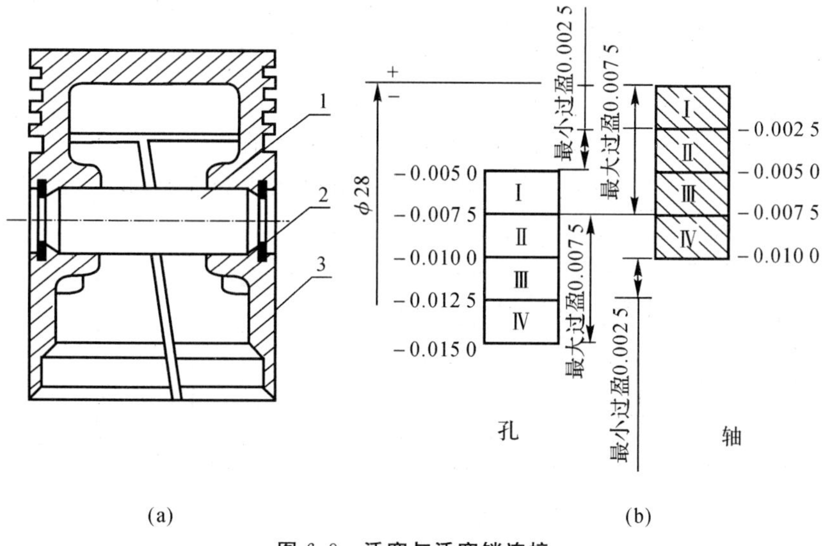

图 6.9　活塞与活塞销连接

(a)活塞组件；(b)放大 4 倍的公差带分组

1—活塞销；2—挡圈；3—活塞

表 6.1　活塞销与活塞销孔直径分组　　单位：mm

组　别	标志颜色	活塞销直径 $d=\phi28_{-0.010}^{0}$	活塞锁孔直径 $D=\phi28_{-0.015}^{-0.005}$	配合情况	
				最小过盈	最大过盈
Ⅰ	红	$\phi28_{-0.0025}^{0}$	$\phi28_{-0.0075}^{-0.0950}$	0.002 5	0.007 5
Ⅱ	白	$\phi28_{-0.0050}^{-0.0025}$	$\phi28_{-0.0100}^{-0.0075}$		
Ⅲ	黄	$\phi28_{-0.0075}^{-0.0050}$	$\phi28_{-0.0125}^{-0.0100}$		
Ⅳ	绿	$\phi28_{-0.0100}^{-0.0075}$	$\phi28_{-0.0150}^{-0.0125}$		

由表 6.1 中可以看出，各组的公差和配合性质与原来的要求相同。

采用分组互换装配时应注意以下几点：

(1)为了保证分组后各组的配合精度和配合性质符合原设计要求，配合件的公差应当相等，公差增大的方向要同向，增大的倍数要等于以后的分组数，如图 6.9(b) 所示。

(2)分组数不宜多，过多会增加零件的测量和分组工作量，并使零件的储存、运输及装配等工作复杂化。

(3)分组后各组内相配合零件的数量要相等，形成配套，否则会出现某些尺寸零件的积压浪费现象。

分组互换装配适合于配合精度要求很高，相关零件少，一般只有两三个零件的大批、大量生产。

3. 修配法

修配法是各组成环皆按经济加工精度制造，只是在组成环中选定一个作为修配环，预先留下修配余量，装配时通过修刮该尺寸使封闭环达到规定的精度。

这种方法的关键在于确定修配环的加工尺寸，使修配时有足够的而且是最小的修配余量。修配时封闭环尺寸的变化有两种情况：①封闭环尺寸变小；②其尺寸变大。因此，用修配法解尺寸链时，可根据这两种情况来进行计算。

首先来解一个当修配环被修配时，封闭环尺寸变小的例子。

在普通车床精度标准中规定：主轴锥孔轴心线和尾座顶尖套锥孔轴心线的等高度误差为0.06 mm（只许尾座高），如图6.10所示。

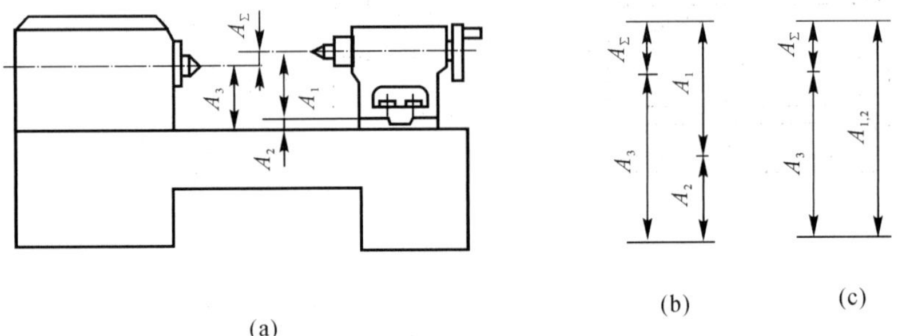

图6.10　车床不等高度的装配尺寸链

(a)车床装配；(b)极值尺寸链；(c)修配尺寸链

图6.10(b)是一个简化了的尺寸链，已知 $A_1=156$ mm，$A_2=46$ mm，$A_3=202$ mm，$A_\Sigma=0\sim0.06$ mm。

若按完全互换的极值解法，各组成环公差的平均值 $T(A_M)$ 为

$$T(A_M)=\frac{0.06}{4-1}=0.02\ \text{mm}$$

可见，各组成环的精度要求较高，加工较难，很不经济。在生产中常按经济加工精度规定各组成环的公差，而在装配时用修配底板的方法来达到装配精度。

为了减小最大修刮量，通常先将尾座和尾座底板的接触面配刮好，把两者作为一个整体，以尾座底板的底面作定位基准精镗尾座顶尖套孔，并控制该尺寸精度为0.1 mm。原组成环 A_1 和 A_2 合并为一个环 $A_{1,2}$，则由4个环尺寸链变为3个环尺寸链，如图6.10(c)所示。尺寸 A_3 和 $A_{1,2}$ 根据用镗模加工时的经济精度，其公差值为 $T(A_3)=T(A_{1,2})=0.1$ mm。对于尺寸 A_3，其公差可按双向对称分布，即 $A_3=(202\pm0.05)$ mm，而 $A_{1,2}$ 的公差分布，因它是修配环，需要通过计算确定。

为使装配时能通过修配 $A_{1,2}$ 来满足装配要求，必须使装配后封闭的实际值 $A'_{\Sigma\min}$ 在任何情况下都不小于规定的最小值 $A_{\Sigma\min}$；同时，为了减小修配工作量，应使 $A'_{\Sigma\min}=A_{\Sigma\min}$。由图6.11可见，若 $A'_{\Sigma\min}<A_{\Sigma\min}$，一部分装配件将无法修复。由于 $T(A'_\Sigma)$ 是一个定值，若 $A'_{\Sigma\min}>A_{\Sigma\min}$，则 $A'_{\Sigma\min}$ 也跟着增大，要修刮的劳动量就较大。根据这一关系，就可得出封闭环变小时的极限尺寸关系为

$$A'_{\Sigma\min}=\sum_{i=1}^{m}A_{i\min}-\sum_{i=m+1}^{n-1}A_{i\max}=A_{\Sigma\min}$$

下述按此式计算修配环的实际尺寸。

(1)计算修配环的实际尺寸。本例修配环为增环，把它作为未知数先从增环组中分出，则可写成

$$A_{\Sigma\min}=\sum_{i=1}^{m-1}A_{i\min}+A_{1,2\min}-\sum_{i=m+1}^{n-1}A_{i\max}$$

$$A_{1,2\min}=A_{\Sigma\min}-\sum_{i=1}^{m-1}A_{i\min}+\sum_{i=m+1}^{n-1}A_{i\max}$$

将实例数值代入

$$A_{1,2\min}=A_{\Sigma\min}+A_{3\max}=0+202.05=202.05\ \text{mm}$$

从而得　$$A_{1,2}=202_{+0.05}^{+0.15}\ \text{mm}$$

为了提高接触刚度，底板的底面在总装时必须修刮。在上述的计算中是按 $A_{\Sigma\min}=0$ 进行计算的，在总装时，若出现这种极端情况就没有修刮余量。所以必须对 $A_{1,2}$ 加以放大，留有必要的修刮余量(设为 0.15 mm)，则修正后的实际尺寸应为

$$A_{1,2}=202_{+0.20}^{+0.30}\ \text{mm}$$

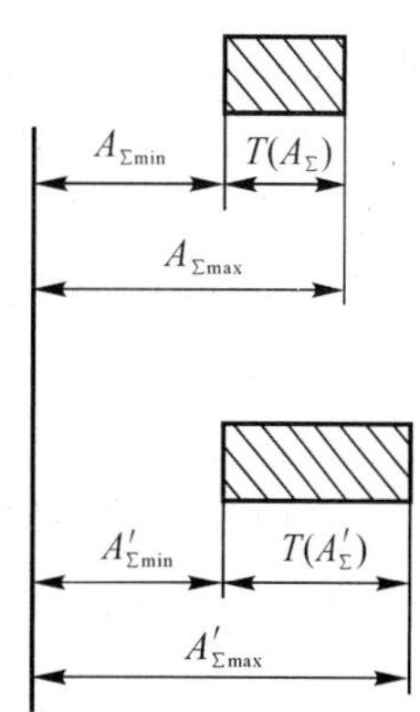

图 6.11　封闭环实际值与规定值相对位置示意图

(2)最大修刮余量 Z_K 的计算。当增环 $A_{1,2}$ 做得最大，而减环 A_3 做得最小时，尾座顶尖套锥孔轴心线高出主轴锥孔轴心线的距离最大。在这种情况下，修刮底板底面，使尾座顶尖套锥孔轴心线高出主轴锥孔轴心线为 0.06 mm时，所刮去的余量将是最大的修刮余量，即

$$Z_K=A_{1,2\max}-A_{3\min}-0.06=202.30-201.95-0.06=0.29\ \text{mm}$$

实际修刮时正好刮到高度差为 0.06 mm 的情况很少的，所以实际的最大修刮量稍大于0.29 mm。

当修配环被修配，封闭环尺寸变大时，必须使装配后封闭环的实际值 $A'_{\Sigma\min}$ 在任何情况下都大于规定的最大值 $A_{\Sigma\min}$。同时，为使修配的工作量最小，应使 $A'_{\Sigma\min}=A_{\Sigma\max}$，根据这一关系，修配环被修配，封闭环变大时的计算关系式为

$$A'_{\Sigma\min}=\sum_{i=1}^{m}A_{i\max}-\sum_{i=m+1}^{n-1}A_{i\min}=A_{\Sigma\max}$$

其求解法和前边相同，如修配环为减环，把它作为未知数从减环中分出，移项求解即得。

修配装配法主要有以下特点：

(1)零件加工精度要求不高，但能获得高的装配精度；

(2)增加了修配工作量，生产率较低；

(3)要求工人技术水平高；

(4)一般用于单件小批量生产时，组成环数较多而装配精度要求高的场合。

正确选择修配环是很重要的，一般应遵循以下原则：

(1)应选择易修配加工且拆装容易的零件为修配件；

(2)一般不应选择公共环的零件作为修配环，因公共环同时属于两个或多个尺寸链，修配它虽保证了这项精度，但却可能破坏另一项精度。

还有一种修配法装配的派生方法，就是用“自身加工”修配法(自己加工自己)，以达到装配精度要求。如在车床上对三爪卡盘进行“自车自”，在六角车床上对转塔刀孔进行“自镗自”，以保证同轴度要求；又如在刨床上对工作台进行“自刨自”和在平面磨床上对工作台面进行“自磨自”，以保证平行度；等等。这种方法广泛应用于机床制造业中，并取得满意的技术经济效果。

4. 调节法

对精度要求较高的尺寸链，不能按完全互换法进行装配时，除可用修配法外，还可用调节

法对超差部分进行补偿，以达到装配技术要求。

采用调节法可以按经济加工精度确定零件的公差。为了保证装配精度，可以通过改变某一零件的位置，或在尺寸链中选定或增加一个零件作为调节环来补偿误差。因此，设计机器时，在结构上应有所考虑，以便装配时能顺利地调节补偿（调节环）。

（1）可动调节法。可动调节法，就是改变零件的位置（移动、转动或移动转动同时进行）来达到装配精度。调节过程不需拆卸零件，比较方便。图 6.12 所示结构是用螺钉来调整轴承外环相对于内环的轴向位置以取得适合的间隙或过盈。图 6.13 所示结构是通过楔块上下移动来调整丝杠螺母副的间隙。

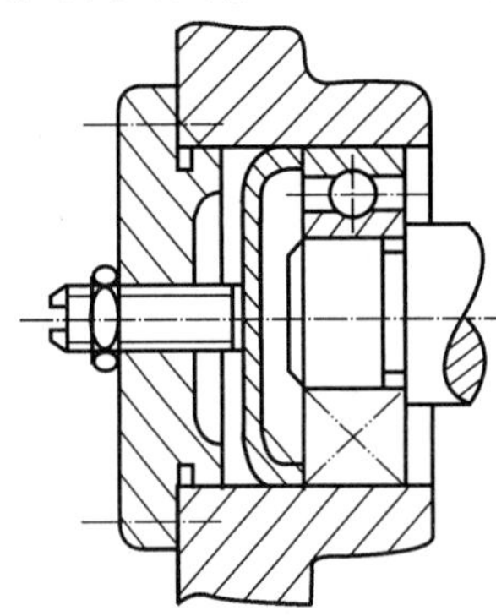

图 6.12　**轴承间隙的调整**

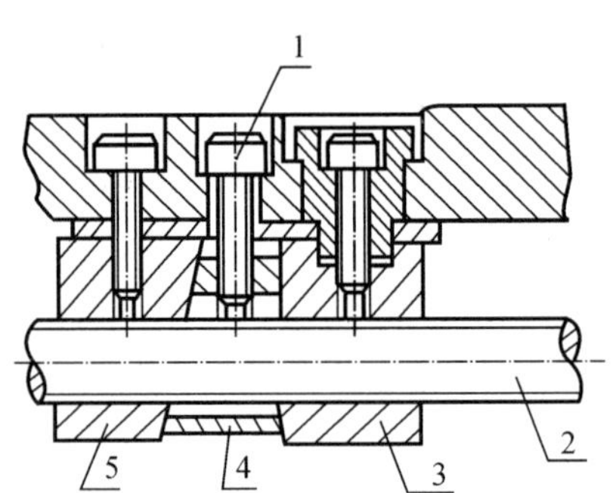

图 6.13　**丝杠螺母副间隙的调整**

1—调节螺钉；2—丝杠；3，5—螺母；4—楔块

（2）固定调节法。这种装配方法，是在尺寸链中加入一个零件作为调节环。该调节环零件是按一定尺寸间隔制成的一组零件，根据装配需要，选用其中某一尺寸的零件来补偿，从而保证所需要的装配精度。通常使用的调节件有垫圈、垫片、轴套等。下面通过实例来说明调节件尺寸的确定方法。

在图 6.14 的机构中，装配后要求保证间隙 $A_{\Sigma}=0.2^{+0.1}_{0}$ mm。若用完全互换法装配，则 4 个组成环能够分配到的平均公差仅为 $T(A_{\Sigma})=\frac{0.1}{4}=0.025$ mm，这一要求对加工来说很不经济，同时又考虑到小齿轮端面与固定轴台肩中加一垫片有利于补偿磨损，故决定采用固定补偿件调整法。又因为该机械的装配属于大批量生产流水作业，要求装配迅速，有一定节奏，故垫片尺寸应事先进行计算，然后按计算尺寸制造。制造成各档尺寸的垫片，装配时可根据实际间隙，选取相应的垫片，故称为分组垫片调整法。计算方法如下：

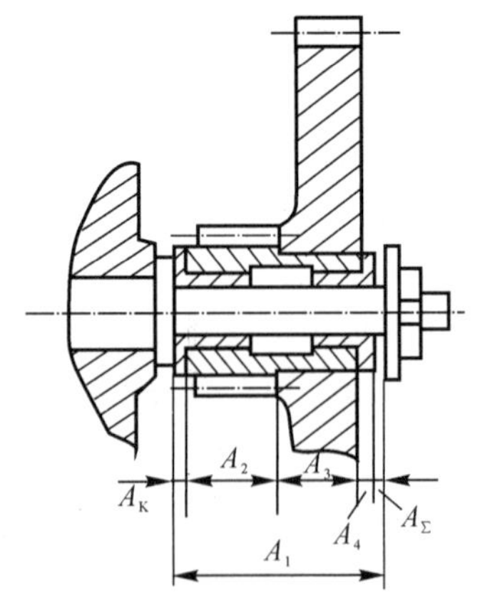

图 6.14　**保证装配间隙的分组垫片调整法**

1）决定垫片厚度的基本尺寸及公差为

$$A_K=2\text{ mm},\quad T(A_K)=0.02\text{ mm}$$

2）修改结构尺寸。在原设计中

$$A_1=21.2\text{ mm},\quad A_2=10\text{ mm}$$

$$A_3=10\text{ mm},\quad A_4=1\text{ mm}$$

将 A_1 加长，改为

$$A_1'=A_1+A_K=21.2+2=23.2\ \text{mm}$$

3)决定组成环性质，验算基本尺寸。可以看出 A_1 是增环；A_K，A_2，A_3，A_4 都是减环。

$$A_\Sigma=A_1-(A_K+A_2+A_3+A_4)=23.2-(2+10+10+1)=0.2\ \text{mm}$$

4)确定组成环的经济公差。它们的尺寸及其极限偏差如下：

$$A_1'=23.2^{+0.12}_{0},\quad A_2=10^{0}_{-0.1},\quad A_3=10^{+0.1}_{0},\quad A_4=1^{0}_{-0.08}$$

5)计算超差量：

$$\text{ES}(A_\Sigma')=0.12-(-0.1-0.08+0)=0.3\ \text{mm}$$

$$\text{EI}(A_\Sigma')=0-(0.1+0+0)=-0.1\ \text{mm}$$

因此

$$A_\Sigma'=0.2^{+0.3}_{-0.1}\ \text{mm}$$

即间隙变动范围是 0.1～0.5 mm，$T(A_\Sigma')=0.4$ mm，所以超差量为

$$T(A_S)=T(A_\Sigma')-T(A_\Sigma)=0.4-0.1=0.3\ \text{mm}$$

此超差量应予以补偿，故 $T(A_S)$ 称为补偿量。

6)确定垫片的分档数 n。假定垫片做得绝对精确，没有公差，则分档数 n 为

$$n=\frac{T(A_S)}{(A_\Sigma)}+1$$

但垫片不可能做得绝对精确，必须把垫片的公差 $T(A_K)$考虑进去，而且 $T(A_K)<T(A_\Sigma)$ 才行，则有

$$n=\frac{T(A_S)+T(A_K)}{T(A_\Sigma)-T(A_K)}+1$$

由于 $T(A_K)=0.02$ mm，可得

$$n=\frac{0.3+0.02}{0.1-0.02}+1=5$$

7)确定补偿范围的分档垫片尺寸(见表 6.2)。因此间隙误差 $T(A_\Sigma')=0.4$ mm，共分 5 档，故各档误差为$\dfrac{T(A_\Sigma')}{n}=\dfrac{0.4}{5}=0.08$ mm。

表 6.2　分档垫片尺寸　　　　**单位**:mm

组　号	间隙尺寸分档	垫片尺寸及其偏差	装配后得到的间隙范围
1	2.10～2.18	$1.88^{+0.02}_{0}$	0.2～0.3
2	2.18～2.26	$1.96^{+0.02}_{0}$	0.2～0.3
3	2.26～2.34	$2.04^{+0.02}_{0}$	0.2～0.3
4	2.34～2.42	$2.12^{+0.02}_{0}$	0.2～0.3
5	2.42～2.50	$2.20^{+0.02}_{0}$	0.2～0.3

(3)误差抵消调节法。误差抵消调节法是指在装配各组成零件时，调节其相对位置，使各零件的加工误差互相抵消以提高装配精度的方法。此法在机床的装配中应用较多，如机床主轴的组装用调整前后轴承的径向跳动方向的方法控制主轴的径向跳动；调整前后轴承与主轴轴肩端面跳动的高低点以控制主轴的轴向窜动；在滚齿机的工作台分度蜗轮装配中，改变两者偏心方向以互相抵消误差来提高其同轴度；等等。

习　题

6.1　在机器生产过程中，装配过程起什么重要作用？

6.2　什么是零件、合件、组件、部件？

6.3　为什么在大批量生产中，一般都采用互换法进行装配？它的优点是什么？

6.4　采用分组互换法保证装配精度要注意什么？

6.5　什么是装配尺寸链最短路线原则？

6.6　极值法解尺寸链与概率法解尺寸链有何不同？各用于何种情况？

6.7　采用修配法保证装配精度时，选取修配环的原则是什么？

6.8　如图 6.15 所示，在溜板与床身装配前有关组合零件的尺寸分别为 $A_1=46_{-0.04}^{\ 0}$ mm，$A_2=30_{\ 0}^{+0.03}$ mm，$A_3=16_{+0.03}^{+0.06}$ mm。试计算装配后，溜板压板与床身下平面之间的间隙 A_Σ 是多少。试分析在使用过程中间隙因导轨磨损而增大后如何解决。

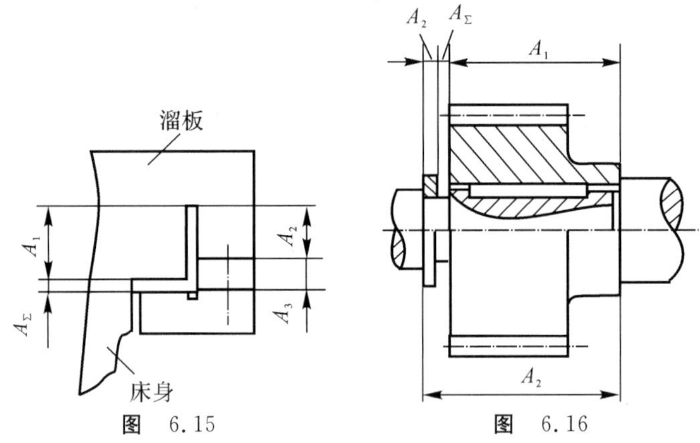

图　6.15　　　　图　6.16

6.9　图 6.16 为某主轴部件，为保证弹性挡圈能顺利装入，要求保证轴向间隙为 $A_\Sigma=0_{+0.05}^{+0.42}$ mm。已知条件：$A_1=32.5$ mm，$A_2=35$ mm，$A_3=2.5$ mm。试计算确定各组成零件尺寸的上、下偏差。

6.10　图 6.17 为蜗轮减速器，装配后要求蜗轮中心平面与蜗杆轴线偏移公差为±0.065 mm。试按采用固定调整法标注有关组成零件的公差，并计算加入调整垫片的组数及各组垫片的极限尺寸(提示：在轴承端盖和箱体端面间加入调整垫圈，如图 6.17 中的 N 环)。

6.11　试比较装配尺寸链与工艺尺寸链，分析各自的特点。

6.12　当采用调整法装配主轴部件时，是否可以提高主轴的回转精度？为什么？当采用角度调整法使被装配的主轴在某一测量截面上的径向跳动等于零时，是否说明主轴回转运动就没有任何误差？为什么？

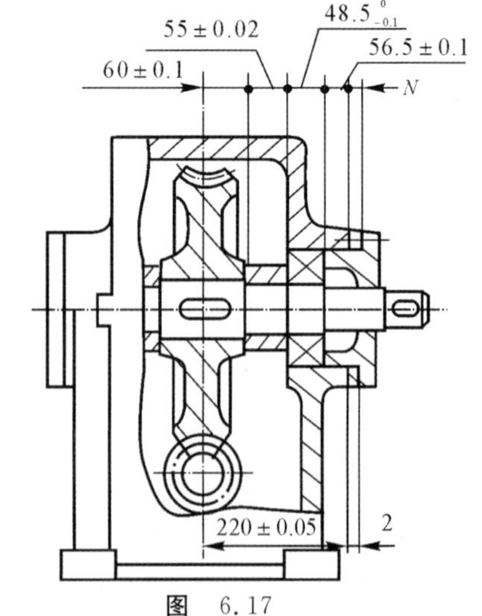

图　6.17

第7章　现代制造工艺技术

7.1　特种加工技术

一、特种加工特点及应用领域

特种加工是相对于常规加工而言的。由于早在第二次世界大战后期就发明了电火花加工，因此出现了电加工的名称，以后又出现了电解加工、超声波加工、激光加工等方法，提出了特种加工的名称，在欧美称为非传统性加工(Non－Traditional Manufacturing，NTM)。特种加工的概念应该是相对的，其内容将随着加工技术的发展而变化。

1.特种加工方法的种类

特种加工方法的种类很多，根据加工机理和所采用的能源，可以分为以下几种。

(1)力学加工。应用机械能来进行加工，如超声波加工、喷射加工、喷水加工等。

(2)电物理加工。利用电能转换为热能、机械能或光能等进行加工，如电火花成形加工、电火花线切割加工、电子束加工和离子束加工等。

(3)电化学加工。利用电能转换为化学能进行加工，如电解加工、电镀、刷镀、镀膜和电铸加工等。

(4)激光加工。利用激光光能转化为热能进行加工，如激光束加工。

(5)化学加工。利用化学能或光能转换为化学能来进行加工，如化学铣削和化学刻蚀(即光刻加工)等。

(6)复合加工。将机械加工和特种加工叠加在一起就形成了复合加工，如电解磨削、超声电解磨削等。最多有四种加工方法叠加在一起的复合加工，如超声电火花电解磨削等。

2.特种加工的特点及应用范围

(1)特种加工不是依靠刀具和磨料来进行切削和磨削，而是利用电能、光能、声能、热能和化学能来去除金属和非金属材料的，因此工件和工具之间并无明显的切削力，只有微小的作用力，在机理上与传统加工有很大不同。

(2)特种加工的内容包括去除和结合等加工。去除加工即分离加工，如电火花成形加工等是从工件上去除一部分材料。结合加工又可分为附着、注入和结合。附着加工是使工件被加工表面覆盖一层材料，如镀膜等；注入加工是将某些元素离子注入工件表层，以改变工件表层的材料结构，达到所要求的物理力学性能，如离子束注入、化学镀、氧化等；结合加工是使两个工件或两种材料接合在一起，如激光焊接、化学粘接等。因此在加工概念的范围上又有了很大的扩展。

(3)在特种加工中，工具的硬度和强度可以低于工件的硬度和强度，因为它不是靠机械力来切削，同时工具的损耗很小，甚至无损耗，如激光加工、电子束加工、离子束加工等，故适于加工脆性材料、高硬材料、精密微细零件、薄壁零件、弹性零件等易变形的零件。

(4)加工中的能量易于转换和控制。工件一次装夹可实现粗、精加工，有利于保证加工质量，提高生产率。

二、电火花加工

1.电火花加工基本原理

电火花加工是利用工具电极与工件电极之间脉冲性的火花放电，产生瞬时高温将金属蚀除。这种加工又称为放电加工、电蚀加工、电脉冲加工。

图 7.1 为电火花加工原理图。图中采用正极性接法，即工件接阳极，工具接阴极，由直流脉冲电源提供直流脉冲。工作时，工具电极和工件电极均浸泡在工作液中，工具电极缓缓下降与工件电极保持一定的放电间隙。电火花加工是电力、热力、磁力和流体力等综合作用的过程，一般可以分成以下 4 个连续的加工段：

(1)介质电离、击穿、形成放电通道。

(2)火花放电产生熔化、气化、热膨胀。

(3)抛出蚀除物。

(4)间隙介质消电离。

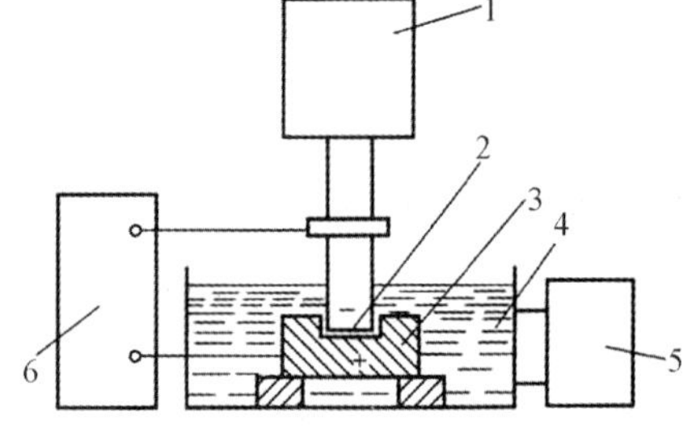

图 7.1　电火花加工原理图

1—进给系统；2—工具电极；3—工件；4—工作液；5—工作液泵站；6—直流脉冲电源

由于电火花加工是脉冲放电，其加工表面由无数个脉冲放电小凹坑所组成，工具电极的形状就复制在工件上。

2.电火花加工的影响因素

影响电火花加工的因素有以下几种：

(1)极性效应。单位时间蚀除工件金属材料的体积或重量，称为蚀除量或蚀除速度。由于正负极性的接法不同而蚀除量不一样，称为极性效应。将工件接阳极称为正极性加工，将工件接阴极称为负极性加工。

在脉冲放电的初期，由于电子质量轻、惯性小，很快就能获得高速度而轰击阳极，因此阳极的蚀除量大于阴极。随着放电时间的增加，离子获得较高的速度，由于离子的重量重，轰击阴极的动能较大，因此阴极的蚀除量大于阳极。控制脉冲宽度就可以控制两极蚀除量的大小。短脉宽时，选正极性加工，适合于精加工；长脉宽时，选负极性加工，适合于粗加工和半精加工。

(2)工作液。工作液应能压缩放电通道的区域，提高放电的能量密度，并能加剧放电时流体动力过程，加速蚀除物的排出。工作液还应加速极间介质的冷却和消电离过程，防止电弧放电。常用的工作液有煤油、去离子水、乳化液等。

(3)电极材料。电极材料必须是导电材料，要求在加工过程中损耗小，稳定，机械加工性好。常用的电极材料有纯铜、石墨、铸铁、钢和黄铜等。蚀除量与工具电极和工件材料的热学性能有关，如熔点、沸点、热导率和比热容等。熔点、沸点越高，热导率越大，则蚀除量越小；比热容越大，耐蚀性越高。

3. 电火花加工的类型

电火花加工的类型主要有电火花成形加工、电火花线切割加工、电火花回转加工、电火花表面强化和电火花刻字等。这里主要介绍前两者。

(1)电火花成形加工。电火花成形加工主要指穿孔加工、型腔加工等。穿孔加工主要是加工冲模、型孔和小孔(一般为 $\phi 0.05 \sim \phi 2$ mm)。型腔加工主要是加工型腔模和型腔零件，相当于加工成形不通孔。其加工示意图如图 7.1 所示。

(2)电火花线切割加工。用连续移动的电极丝(工具)作为阴极，工件作为阳极，两极通以直流高频脉冲电源，通过放电蚀除工件材料。电火花线切割加工机床可以分为两大类，即高速走丝和低速走丝。

高速走丝电火花线切割机床如图 7.2 所示，电极丝 3 绕在卷丝筒 2 上，并通过两个导丝轮 7 形成锯弓状。卷丝筒 2 装在走丝溜板 1 上，电动机带动卷丝筒 2 做周期正、反转，走丝溜板 1 相应于卷丝筒 2 的正、反转在卷丝筒 2 轴向与卷丝筒 2 一起做往复移动，使电极丝 3 总能对准丝架 4 上的导丝轮，并得到周期往复移动。同时丝架可绕两水平轴分别做小角度摆动，其中绕 Y 轴的摆动是通过丝架的摆动而得到的，而丝架绕 X 轴的摆动是通过丝架上、下丝臂在 Y 方向的相对移动得到的，这样可以切割各种带斜面的平面二次曲线型体。电极丝多用钼丝，走丝速度一般为 2.5～10 m/s。电极丝使用一段时间后要更换新丝，以免因损耗断丝而影响工作。

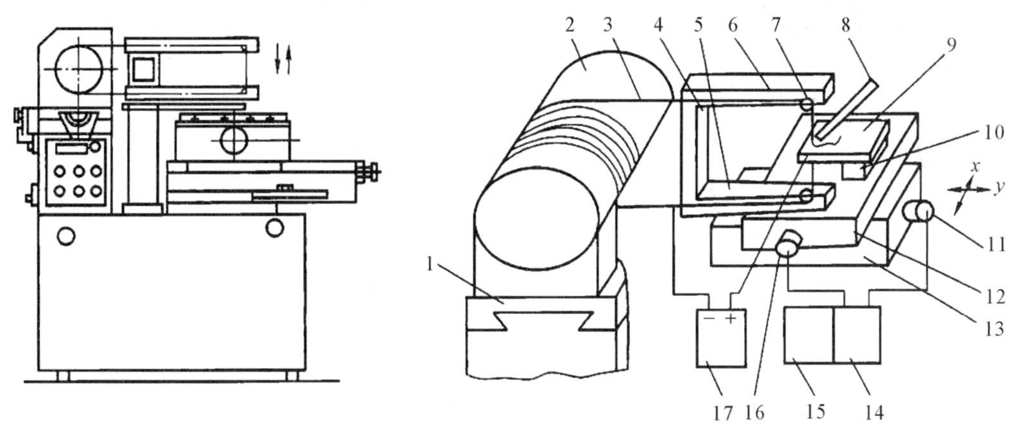

图 7.2　高速电火花线切割机床结构原理图

1—走丝溜板；2—卷丝筒；3—电极丝；4—丝架；5—下丝臂；6—上丝臂
7—导丝轮；8—工作液喷嘴；9—工件；10—绝缘垫块；11、16—伺服电动机
12—工作台；13—溜板；14—伺服电动机电源；15—数控装置；17—脉冲电源

低速走丝电火花线切割机床的结构原理如图 7.3 所示。它以成卷筒丝作为电极丝，经旋紧机构和导丝轮、导向装置形成锯弓状，走丝做单方向运动，多用铜丝，为一次性使用，走丝速度一般低于 0.2 m/min，但其导向、旋紧机构比较复杂。低速走丝电火花线切割机床由于电极丝走丝平稳、无振动、损耗小，因此加工精度高，表面粗糙度值小，同时断丝可自动停机报警，并有气动自动穿丝装置，使用方便，现已成为主流产品和发展方向。

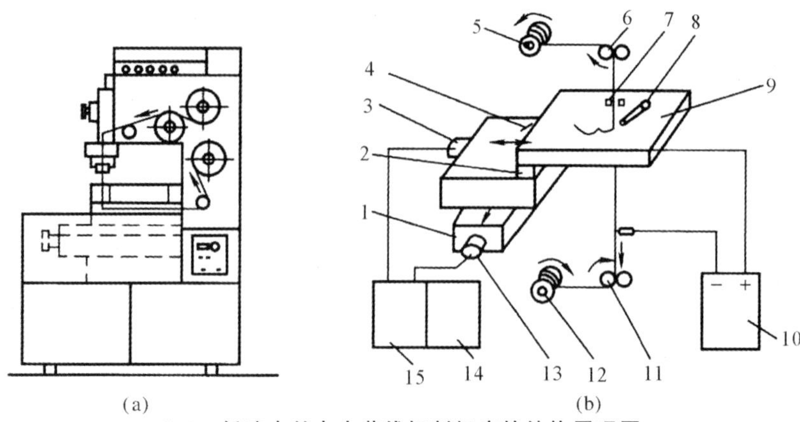

(a)　　(b)

7.3　低速走丝电火花线切割机床的结构原理图

(a)机床外形;(b)机床结构原理图

1—溜板;2—绝缘垫板;3,13—伺服电机;4—工作台;5—放丝卷筒;6,11—导丝轮;7—导向装置;8—喷嘴;9—工作;10—脉冲电源;12—收丝卷筒;14—数控装置;15—伺服电机电源

目前,电火花线切割机床已经数控化。数控电火花线切割机床具有多维切割、重复切割、丝径补偿、图形缩放、移位、偏转、镜像、显示和加工跟踪、仿真等功能。

无论是高速走丝还是低速走丝电火花线切割机床都具有四坐标数控功能,因此可加工各种锥面、复杂直纹表面。图7.4为用电火花线切割加工出来的一些零件。

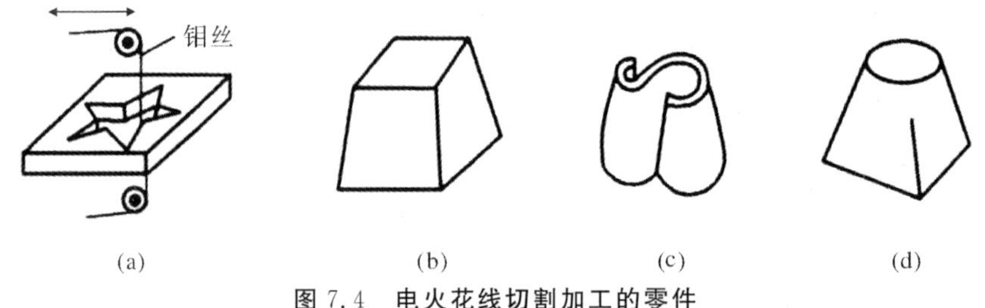

(a)　　(b)　　(c)　　(d)

图7.4　电火花线切割加工的零件

(a)二维零件图形;(b)带斜面立方体;(c)带斜面曲线体;(d)上、下不同图形曲线体

4. 电火花加工的特点

不论材料的硬度、脆性、熔点如何,电火花加工可加工任何导电材料,现在已研究出加工非导体材料和半导体材料的方法。由于加工时工件不受力,适于加工高精密、微细、刚性差的工件,如带有小孔、薄壁、窄槽、复杂型孔、型面和型腔等的零件。加工时,加工参数调整方便,可在一次装夹下同时进行粗、精加工。电火花加工机床结构简单,现已几乎全部数控化,实现数控加工。

5. 电火花加工的应用

电火花加工的应用范围非常广泛,是特种加工中应用最为广泛的一种方法。

(1)穿孔加工。可加工型孔、曲线孔(弯空孔、螺旋孔)、小孔等。

(2)型腔加工。可加工锻模、压铸模、塑料模、叶片、整体叶轮等零件。

(3)线电极切割。可进行切断、开槽、窄缝、型孔、冲模等加工。

(4)回转共轭加工。将工具电极做成齿轮状和螺纹状,利用回转共轭原理,可分别加工模数相同,而齿数不同的内、外齿轮和相同螺距齿形的内、外螺纹。

(5)电火花回转加工。加工时工具电极回转,类似钻削、铣削和磨削,可提高加工精度。这时工具电极可分别做成圆柱形和圆盘形，称为电火花钻削、铣削和磨削。

(6)金属表面强化。

(7)打印标记、仿形刻字等。

三、电解加工

1. 电解加工基本原理

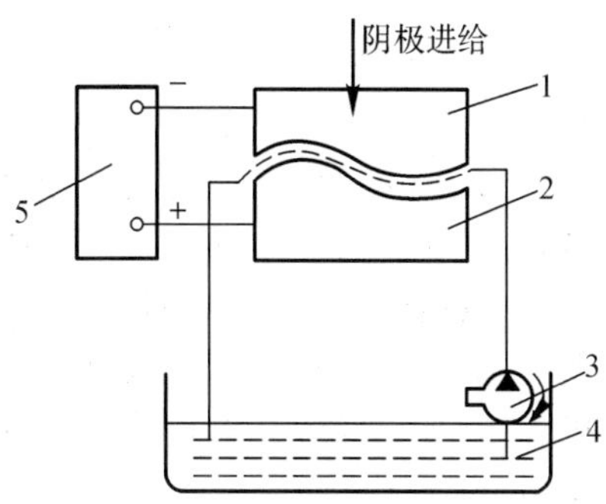

图 7.5　电解加工原理图

1—工具阴极；2—工件阳极；
3—泵；4—电解液；5—直流电源

电解加工是在工具和工件之间接上直流电源，工件接阳极，工具接阴极。工具极一般用铜或不锈钢等材料制成。两极间外加直流电压 6～24 V，极间间隙保持 0.1～1 mm，在间隙处通以 6～60 m/s 的高速流动电解液，形成极间导电通路，产生电流。加工时工件阳极表面的材料不断溶解，其溶解物被高速流动的电解液及时冲走，工具阴极则不断进给，保持极间间隙，其加工原理如图 7.5 所示，可见其基本原理是阳极溶解，是电化学反应过程。它包括电解质在水中的电离及其放电反应、电极材料的放电反应和电极间的放电反应。

2. 电解加工的特点

电解加工的一些特点与电火花加工类似，不同之处有以下几点：

(1)加工型面、型腔生产率高，比电火花加工高 5～10 倍。

(2)阴极在加工中损耗极小，但加工精度不及电火花加工，棱角、小圆角($r<0.2$ mm)很难加工出来。

(3)加工表面质量好，表面无飞边、残余应力和变形层。

(4)加工设备要求防腐蚀、防污染，并应配置废水处理系统。因为电解液大多采用中性电解液(如 $NaCl$、$NaNO_3$ 等)、酸性电解液(如 HCl，HNO_3，H_2SO_4 等)，对机床和环境有腐蚀和污染作用，应进行一些处理。

3. 电解加工方法及其应用

除上述基本方法外，尚有充气电解加工、振动进给脉冲电流电解加工以及电解磨削等复合加工。图 7.6 为中间电极法电解加工。中间电极对工件起电解作用，普通砂轮起磨削和刮削阳极薄膜作用。

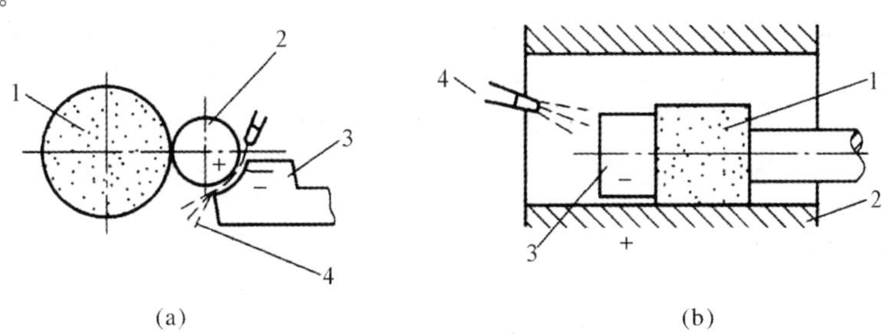

图 7.6　中间电极法电解加工

(a)外圆加工；(b)内圆加工

1—普通砂轮；2—工件(阳极)；3—中间电极；4—电解液

四、超声波加工

1.超声波加工基本原理

超声波加工是利用工具做超声振动，通过工件与工具之间的磨料悬浮液进行加工，图 7.7 为其加工原理图。加工时，工具以一定的力压在工件上，由于工具的超声振动，悬浮磨粒以很大的速度、加速度和超声频打击工件，工件表面受击处产生破碎、裂纹，脱离而成颗粒，这是磨粒撞击和抛磨作用。磨料悬浮液受工具端部的超声振动作用产生液压冲击和空化现象，促使液体渗入被加工材料的裂纹处，加强了机械破坏作用，液压冲击也使工件表面损坏而蚀除，这是空化作用。

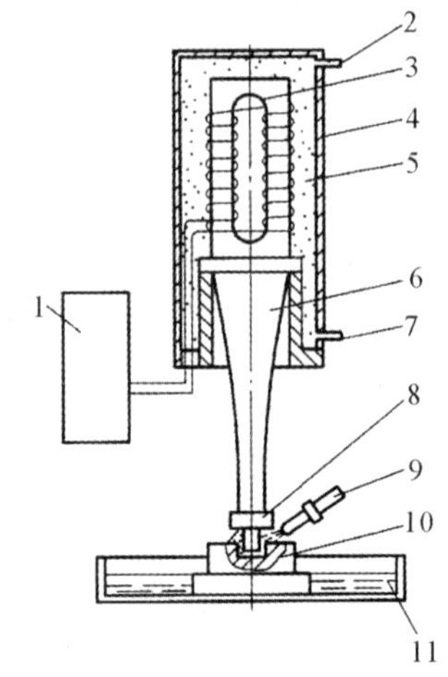

图 7.7　超声波加工原理图

1—超声波发生器；2—冷却水入口；3—换能器；4—外罩；5—循环冷却水；6—变幅杆；7—冷却水出口；8—工具；9—磨料悬浮液；10—工件；11—工作槽

2.超声波加工的设备

它主要由超声波发生器、超声频振动系统、磨料悬浮液系统和机床本体等组成。超声波发生器是将 50 Hz 的工频交流电转变为具有一定功率的超声频振荡，一般为 16 000～25 000 Hz。超声频振动系统主要由换能器、变幅杆和工具所组成。换能器的作是把超声频电振荡转换成机械振动，一般用磁致伸缩效应(见图 7.7)或压电效应来实现。由于振幅太小，要通过变幅杆放大，工具是变幅杆的负载，其形状为欲加工的形状。

3.超声波加工的特点

(1)适于加工各种硬脆金属材料和非金属材料，如硬质合金、淬火钢、金刚石、石英、石墨和陶瓷等。

(2)加工过程受力小、热影响小，可加工薄壁、薄片等易变形零件。

(3)被加工表面无残余应力，无破坏层，加工精度较高，表面粗糙度值较小。

(4)可加工各种复杂形状的型孔、型腔和型面，还可进行套料、切割和雕刻。

(5)生产率较低。

4.超声波加工的应用

超声波加工的应用范围十分广泛。除一般加工外，还可进行超声波旋转加工。这时用烧结金刚石材料制成的工具绕其本身轴线做高速旋转，因此除超声撞击作用外，尚有工具回转的切削作用。这种加工方法已成功地用于加工小深孔、小槽等，且加工精度大大提高，生产率较高。此外尚有超声波机械复合加工、超声波焊接和涂敷、超声清洗等。

五、电子束加工

1.电子束加工基本原理

如图 7.8 所示，在真空条件下，利用电流加热阴极发射电子束，经控制栅极初步聚焦后，由加速阳极加速，并通过电磁透镜聚焦装置进一步聚焦，使能量密度集中在直径为 5～10 μm 的斑点内。高速、能量密集的电子束冲击到工件上，使被冲击部分的材料温度在几分之一微秒内升高到几千摄氏度，这时热量还来不及向周围扩散就可以把局部区域的材料瞬时熔化、气化，甚至蒸发而去除。

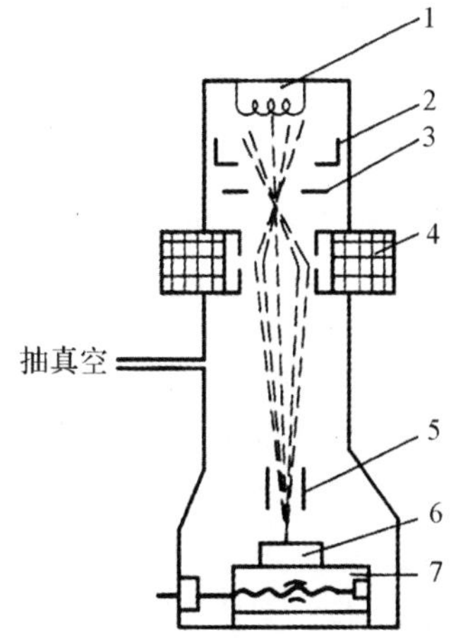

图 7.8　电子束加工原理图

1—发射电子阴极；2—控制栅极；3—加速阳极；4—聚焦装置；5—偏转装置；6—工件；7—工作台位移装置

2. 电子束加工的设备

它主要由电子枪系统、真空系统、控制系统和电源系统等组成。电子枪由电子发射阴极、控制栅极和加速阳极组成，用来发射高速电子流，进行初步聚焦，并使电子加速。真空系统的作用是造成真空工作环境，因为在真空中电子才能高速运动，发射阴极不会在高温下氧化，同时也能防止被加工表面和金属蒸气氧化。控制系统由聚焦装置、偏转装置和工作台位移装置等组成，控制电子束的束径大小和方向，按照加工要求控制工作台在水平面上的两坐标位移。电源系统用于提供稳压电源、各种控制电压和加速电压。

3. 电子束加工的应用

电子束可用来在不锈钢、耐热钢、合金钢、陶瓷、玻璃和宝石等材料上打圆孔、异形孔和槽。最小孔径或缝宽可达 0.02～0.03 mm。电子束还可用来焊接难熔金属、化学性能活泼的金属，以及碳钢、不锈钢、铝合金和钛合金等。另外，电子束还用于微细加工中的光刻。

电子束加工时，高能量的电子会渗入工件材料表层达几微米至几十微米，并以热的形式传输到相当大的区域，因此将它作为超精密加工方法时要注意其热影响，但作为特种加工方法是有效的。

六、离子束加工

1. 离子束溅射加工基本原理

在真空条件下，将氩(Ar)、氪(Kr)、氙(Xe)等惰性气体，通过离子源电离形成带有 10 kV 数量级动能的惰性气体离子，并形成离子束，在电场中加速，经集束、聚焦后，射到被加工表面上，对加工表面进行轰击，这种方法称为“溅射”。由于离子本身质量较大，因此有比电子束更大的能量。当冲击工件材料时，有以下 3 种情况：①如果能量较大，会从被加工表面分离出原子和分子，这就是离子束溅射去除加工；②如果被加速了的离子从靶材上打出原子或分子，并将自身附着到工件表面上形成镀膜，则为离子束溅射镀膜加工(见图 7.9)；③用数十万电子伏特的高能量离子轰击工件表面，离子将打入工件表层内，其电荷被中和，成为置换原子或晶格间原子，留于工件表层内，从而改变了工件表层的材料成分和性能，这就是离子束溅射注入加工。

离子束加工与电子束加工不同。离子束加工时，离子质量比电子质量大千倍甚至万倍，但速度较低，因此主要通过力效应进行加工；而电子束加工时，由于电子质量小，速度高，其动能几乎全部转化为热能，使工件材料局部熔化、气化，因此主要是通过热效应进行加工。

2. 离子束加工的设备

离子束加工的设备由离子源系统、真空系统、控制系统和电源组成。离子源又称为离子枪，其工作原理是将气态原子注入离子室，经高频放电、电弧放电、等离子体放电或电子轰击等方法被电离成等离子体，并在电场作用下使离子从离子源出口孔引出而成为离子束。图 7.10 为双等离子体离子束加工的基本原理图。图中首先将氩、氪或氙等惰性气体充入低真空(1.3 Pa)的离子室中，利用阴极与阳极之间的低气压直流电弧放电，将其电离成为等离子体。中间电极的电位一般比阳极低些，两者都由软铁制成，与电磁线圈形成很强的轴向磁场，所以以中间电极为界，在阴极和中间电极、中间电极和阳极之间形成两个等离子体区。前者的等离子体密度较低，后者在非均匀强磁场的压缩下，在阳极小孔附近形成了高密度、强聚焦的等离子体。经过控制电极和引出电极，只将正离子引出，使其呈束状并加速，从阳极小孔进入高真空区(1.3×10^{-6} Pa)，再通过静电透镜所构成的聚焦装置形成高密度细束离子束，轰击工件表面。工件装夹在工作台上，工作台可做双坐标移动及绕立轴的转动。

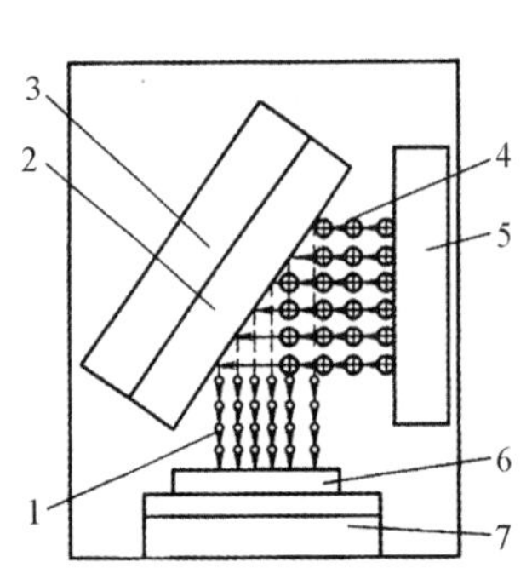

图 7.9　离子束溅射镀膜加工原理

1—溅射粒子；2—溅射材料；3—靶；
4—离子束；5—离子束源；6—工件；7—工作台

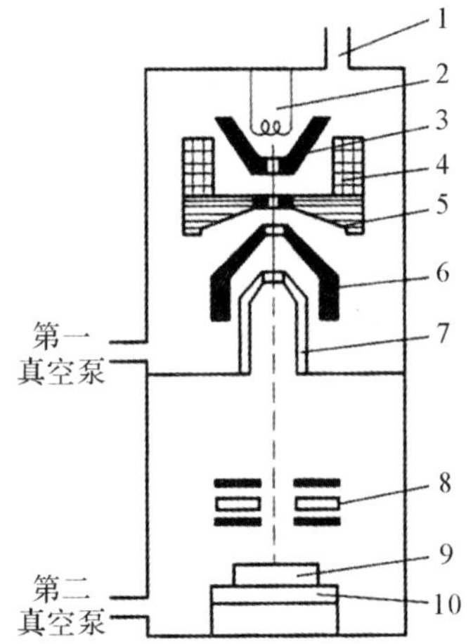

图 7.10　双等离子体离子束加工原理

1—惰性气体入口；2—阴极；3—中间电极；
4—电磁线圈；5—阳极；6—控制电极；
7—引出电极；8—聚焦装置；9—工件；10—工作台

3. 离子束加工的应用

离子束加工被认为是最有前途的超精密加工和微细加工方法，其应用范围很广，可根据加工要求选择离子束直径和功率密度。例如，做去除加工时，离子直径较小而功率密度较大；做注入加工时，离子束直径较大而功率密度较小。

离子束去除加工可用于非球面透镜的成形、金刚石刀具和压头的刃磨、集成电路芯片图形的曝光和刻蚀。离子束镀膜加工是一种干式镀，比蒸镀有较高的附着力，效率也高。离子束注入加工可用于半导体材料掺杂、高速钢或硬质合金刀具材料切削刃表面的改性等。

七、激光加工

1. 激光加工基本原理

激光是一种通过受激辐射而得到的放大的光。原子由原子核和电子组成。电子绕核转动，具有动能；电子又被核吸引，而具有势能。两种能量的总称为原子的内能。原子因内能大小而有低能级、高能级之分。高能级的原子不稳定，总是力图回到低能级去，称为跃迁；原子从低能级到高能级的过程，称为激发。在原子基团中，低能级的原子占多数。氦、氖、氪原子，钕离子和二氧化碳分子等在外来能量的激发下，有可能使处于高能级的原子数大于低能级的原子数，这种状态称为粒子数的反转。这时，在外来光子的刺激下，导致原子跃迁，将能量差以光的形式辐射出来，产生原子发光，称为受激辐射发光。这些光子通过共振腔的作用产生共振，受激辐射越来越强，光束密度不断放大，形成了激光。由于激光是以受激辐射为主的，故具有不同于普通光的一些基本特性：

(1)强度高、亮度大。

(2)单色性好，波长和频率确定。

(3)相干性好，相干长度长。

(4)方向性好，发散角可达 0.1 mrad，光束可聚集到 0.001 mm。

当能量密度极高的激光束照射到加工表面上时，光能被加工表面吸收，转换成热能，使照射斑点的局部区域温度迅速升高、熔化、气化而形成小坑。由于热扩散，斑点周围的金属熔化，小坑中的金属蒸气迅速膨胀，产生微型爆炸，将熔融物高速喷出，并产生一个方向性很强的反冲击波，这样就在被加工表面上打出一个上大下小的孔。因此激光加工的机理是热效应。

2. 激光加工的设备

激光加工的设备主要由激光器、电源、光学系统和机械系统等组成。激光器的作用是把电能转变为光能，产生所需要的激光束。激光器分为固体激光器、气体激光器、液体激光器和半导体激光器等。固体激光器结构示意图如图 7.11 所示，固体激光器由全反射镜 1，谐振腔 2，冷却水管 3，10，工作物质 4，玻璃套管 5，部分反射镜 6，激光束 7，聚光器 8，氙灯 9 和电源 11 所构成。固体激光器工作时，由管 3 进入的冷却水对工作物质进行冷却；由管 10 进入的冷却水对氙灯进行冷却。在两者冷却作用下，保证激光器的正常温度。常用的工作物质有红宝石、钕玻璃和掺钕钇铝石榴石(YAG)等。光泵使工作物质产生粒子数反转，目前多用氙灯作为光泵。因它发出的光波中有紫外线成分，对钕玻璃等有害，会降低激光器的效率，故用滤光液和玻璃套管来吸收。聚光器的作用是把氙灯发出的光能聚集在工作物质上。谐振腔又称为光学谐振腔，其结构是在工作物质的两端各加一块相互平行的反射镜，其中一块做成全反射，另一块做成部分反射。受激光在输出轴方向上多次往复反射，正确设计反射率和谐振腔长度，就可得到光学谐振，从部分反射镜一端输出单色性和方向性很好的激光。气体激光器有氦-氖激光器和二氧化碳激光器等。

电源为激光器提供所需能量，有连续和脉冲两种。

光学系统的作用是把激光聚焦在加工工件上，它由聚集系统、观察瞄准系统和显示系统组成。

机械系统是整个激光加工设备的总成。先进的激光加工设备已采用数控系统。

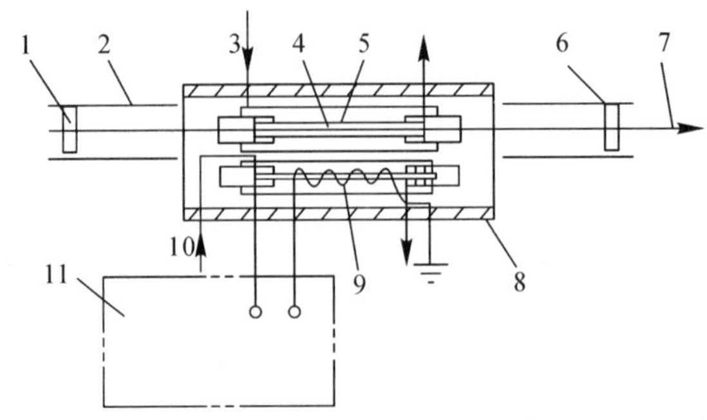

图 7.11　固体激光器结构示意图

1—全反射镜;2—谐振腔;3、10—冷却水管;4—工作物质;5—玻璃套管;
6—部分反射镜;7—激光束;8—聚光器;9—氙灯;11—电源

3. 激光加工的特点和应用

激光加工是一种非常有前途的精密加工方法,其具有以下特点。

(1)加工精度高。激光束斑直径可达 1 μm 以下,可进行微细加工,它又是非接触方式,受力受热变形小。

(2)加工材料范围广。激光加工可加工陶瓷、玻璃、宝石、金刚石、硬质合金和石英等各种金属和非金属材料,特别是难加工材料。

(3)加工性能好。工件可放置在加工设备外进行加工,可透过透明材料加工,不需要真空。可进行打孔、切割、微调、表面改性和焊接等多种加工。

(4)加工速度快、效率高。

(5)价格比较高。

特种加工是航天、航空、电子、兵器、船舶、汽车、电力、钢铁、石化和装备等支柱产业零部件加工的主要手段之一,涵盖了现代制造业中去除成形加工、离散/堆积成形加工、生长成形、极端制造等加工方法。进入 21 世纪,我国特种加工技术迎来了持续发展的大好局面,同时也面临着国外制造强国高品位、高精度、高自动化、高智能化等严峻挑战。提高我国特种加工整体集成技术和创新水平,才能在世界市场竞争中保持和发扬优势,这也是特种加工技术工作者面临的紧迫和艰巨的任务。

7.2　增材制造技术

一、增材制造的概念

材料成形制造方法从材料增减的角度可分为增材制造、减材制造和等材制造 3 种。

(1)增材制造。增材制造是在三维 CAD 技术的基础上,采用离散材料如粉末、线材、片材、块材和液体等逐层累加原理,制造实体零件的技术。

(2)减材制造。在零件加工过程中,采用如切削、电加工等方法使材料逐渐减少而成形。

(3)等材制造。材料在零件加工过程中,采用如铸造、锻造、冲压等方法使材料只是产生物理形态上的变化,而质量上变化很少,或基本不变。

现在，国内外都大力发展3D打印技术，其发展速度很快，应用范围很广，深受制造业的重视。但究其原理和方法，它就是增材分层制造技术，然而3D打印的说法更通俗形象。

快速原型制造是指先用一般材料如纸、塑料、低熔点合金等制造出一个原型，以便检验考核，再用合金钢等模具材料制造出模具，用该模具加工出产品，因此称为原型制造。现在的快速原型制造经过多年发展，已经可以直接加工产品，并且质量好、效率高，也称为快速成型制造。

由于现在增材制造中的方法与快速原型制造中的方法相同，故都统一在增材制造技术中进行论述。

二、增材制造方法

增材制造是一种分层制造方法，它是利用计算机控制技术，采用激光束、电子束等能源将材料加工成零件的方法。常用的方法有光固化、热熔、喷印、黏结和焊接等。常用的材料有粉末、丝状、液态的金属、工程塑料等。

1. 分层实体制造

图7.12所示为分层实体制造(Laminated Object Manufacturing，LOM)示意图。根据零件分层几何信息，用数控激光器在铺上的一层箔材上切出本层轮廓，并将该层非零件图样部分切成小块，以便以后去除；再铺上一层箔材，用热压辊辗压，以固化黏结剂，使新铺上的箔材牢固地黏结在成形体上；再切割新层轮廓。如此反复直至加工完毕。所用的箔材通常为一种特殊的纸，也可用金属箔等。

2. 光固化立体造型

光固化立体造型(Stereo Lithography，SL)又称为激光立体光刻(Laser Photolithography，LP)。图7.13为光固化立体造型示意图。液槽中盛有紫外激光固化液态树脂，开始成形时，工作台台面在液面下一层高度，聚焦的紫外激光光束在液面上按该层图样进行扫描，被照射的地方就被固化，未被照射的地方仍然是液态树脂。然后升降台带动工作台下降一层高度，第二层上布满了液态树脂，再按第二层图样进行扫描，新固化的一层被牢固地黏结在前一层上，如此重复直至零件成形完毕。

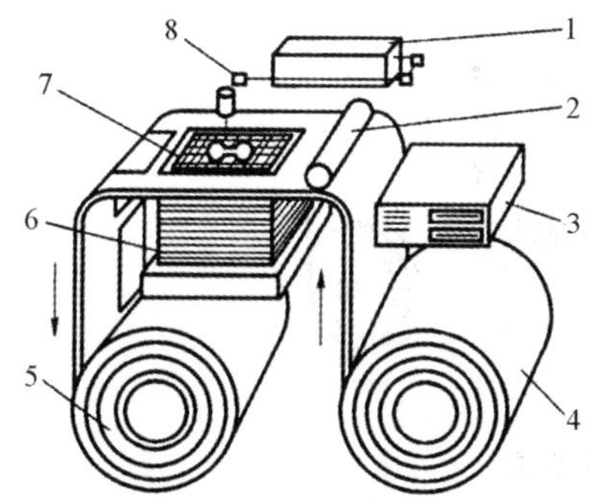

图7.12　分层实体制造示意图

1—激光器；2—热压辊；3—计算机；4—供纸卷；5—收纸卷；6—块体；7—层框和碎小纸块；8—透镜系统

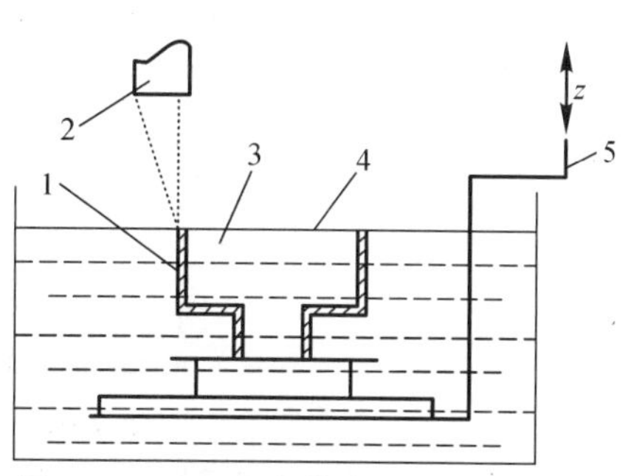

图7.13　光固化立体造型示意图

1—成形零件；2—紫外激光器；3—光敏树脂；4—液面；5—升降台

3. 激光选区熔化

选区内的金属或合金粉末利用直径为 100 μm 的激光束进行熔化和堆积，成形为金属零件，具有结构复杂、组织致密、冶金结合的特点，可用于加工高温合金、不锈钢和钛合金等难加工材料，但零件的内应力和性能稳定性却难以控制。图 7.14 为激光选区熔化示意图。

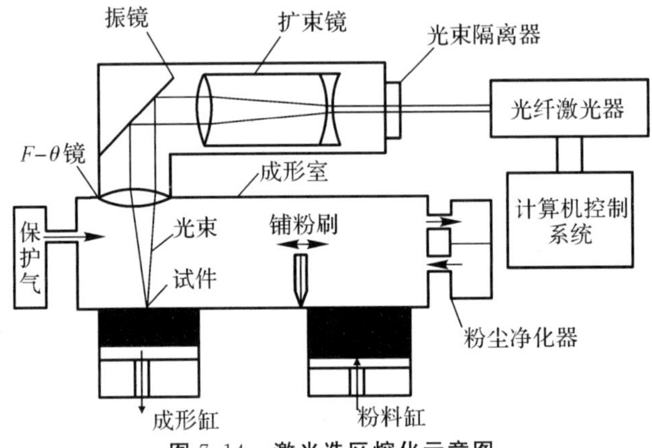

图 7.14　激光选区熔化示意图

4. 熔融沉积成形

熔融沉积成形(Fused Deposition Modeling，FDM)又称为熔融挤压成形(Melted Extrusion Modeling，MEM)，图 7.15 为熔融沉积成形示意图。将丝状热熔性材料，通过一个熔化器加热，由一个喷头挤压出丝，按层面图样要求沉积出一个层面，然后用同样的方法生成下一个层面，并与前一个层面熔接在一起，这样层层扫描堆成一个三维零件。这种方法无需激光系统，设备简单，成本较低。其热熔性材料也比较广泛，如工业用蜡、尼龙、塑料等高分子材料，以及低熔点合金等。其特别适合大型、薄壁、薄壳成形件，可节省大量的填充过程，是一种有潜力、有希望的原型制造方法。它的关键技术是要控制好从喷头挤出的熔丝温度，使其处于半流动状态，既可形成层面，又能与前一层层面熔接。当然还需控制层厚。

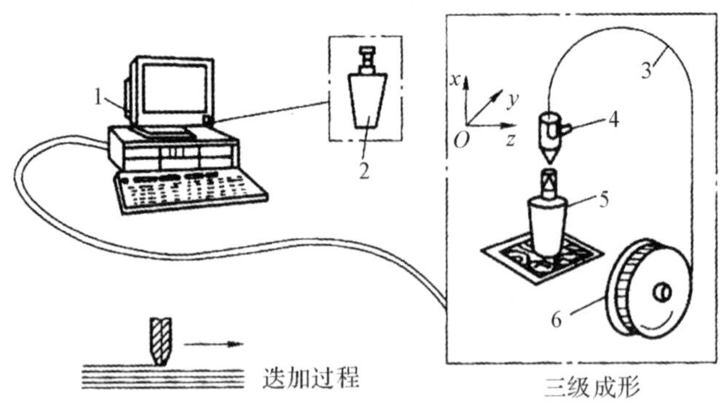

图 7.15　熔融沉积成形示意图

1—计算机；2—模型；3—丝；4—喷头；5—快速泵；6—丝轮

5. 喷射打印成形

喷射印制成形(Jet Printing Modeling，JPM)是将热熔成形材料如工程塑料等熔融后由喷头喷出，扫描形成层面，经逐层堆积而形成零件的方法。也可以在工作台上铺上一层均匀、密实的可黏结粉末，由喷头喷射黏结剂而形成层面，再逐层叠加形成零件，如图 7.16 所示。喷头可以是单个，也可以是多个。这种方法不采用激光，成本较低，但精度不够高。

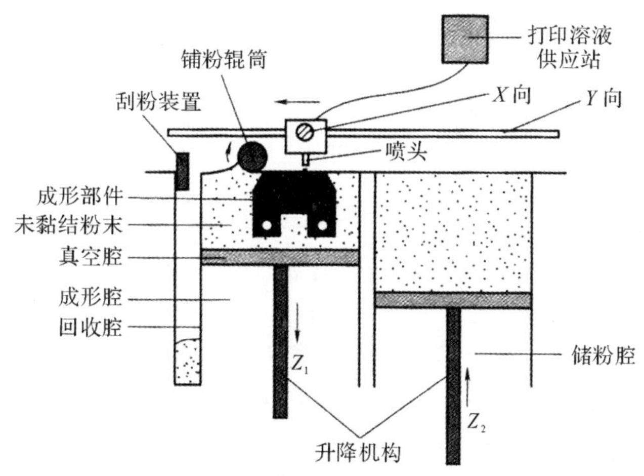

图 7.16　**喷射打印成形示意图**

现在已有电子束选区熔化(EBSM)的增材制造技术问世，采用电子束加热，可成形难熔材料，制品热应力小，成分纯净，精度高，并可进行多束加工，成形效率高，但电子束成本比较昂贵，且要在真空环境下工作，因此目前多用于精密零件的成形制造。

增材制造技术在应用的时候，由于零件需要分层，计算复杂且工作量大，与计算机、数控、CAD/CAM、高能束流和材料等技术关系密切，不仅可以制造单一材质的制品，而且可以制造不同密度同一材料和不同材料构成的制品，在机械工程、生物工程(如人体器官、骨骼)、材料工程等制造中应用前景广阔，成效突出，然而目前在加工质量(零件精度、表面完整性)和材质(品种、性能)等方面有待进一步研究和提高。

7.3　高速和超高速加工技术

一、高速和超高速加工的概念

高速加工和超高速加工通常包括切削和磨削两种。

高速切削的概念来自德国的 Carl J. Salomon 博士。他在 1924—1931 年间，通过大量的铣削实验发现，切削温度会随着切削速度的不断增加而升高，当达到一个峰值后，却随着切削速度的增加而下降，该峰值速度称为临界切削速度。在临界切削速度的两边，形成一个不适宜切削区，称为“死谷”或“热沟”。当切削速度超过不适宜切削区时，如继续提高切削速度，则切削温度下降，称为适宜切削区，即高速切削区，这时的切削即为高速切削。图 7.17 为 Salomon 的切削温度与切削速度的关系曲线。从图中可以看出，不同加工材料的切削温度与切削速度的关系曲线有差别，但大体相似。

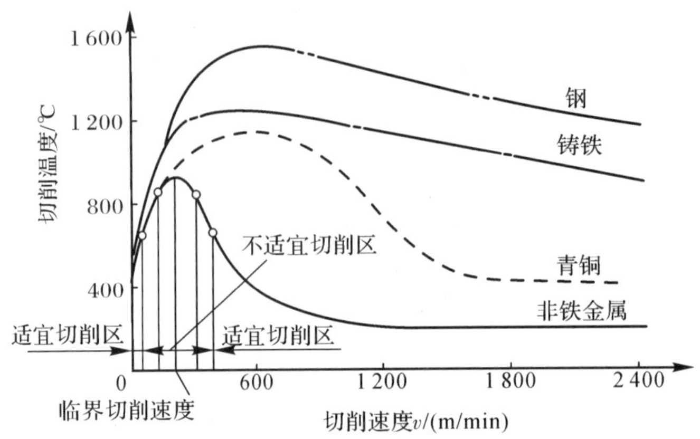

图 7.17　Salomon 的切削温度与切削速度的关系曲线

高速切削加工的速度受切削方法、被加工材料和刀具材料等多个因素的影响而难于确定具体数值。1978 年,国际生产工程学会的切削委员会提出线速度为 500～7 000 m/min 的切削加工为高速切削加工,这可以作为一条重要的参考。当前实验研究的高速切削速度已达到 45 000 m/min,但在实际生产中所用的要低得多。

高速磨削由于超硬磨料的出现得到了很大发展。通常认为,砂轮的线速度高于 90～150 m/s时即为高速磨削。当前高速磨削速度的实验研究已达到 500 m/s,甚至更高。

超高速加工是高速加工的进一步发展,其切削速度更高。目前高速加工和超高速加工之间没有明确的界限,两者之间只是一个相对的概念。

二、高速加工的特点和应用

(1)随着切削速度的提高,单位时间内的材料切除量增加,切削加工时间减少,提高了加工效率,降低了加工成本。

(2)随着切削速度的提高,切削力减小,切削热也减少,从而有利于减少工件的受力变形、受热变形和减小内应力,提高加工精度和表面质量。因此其可用于加工刚性较差的零件和薄壁零件。

(3)由于高速切削时切削力减小和切削热减少,可用来加工难加工材料和淬硬材料,如淬硬钢等,扩大了加工范畴,可部分替代磨削加工和电火花加工等。

(4)在高速磨削时,在单位时间内参加磨削的磨粒数大大增加,单个磨粒的切削厚度很小,从而改变了切屑形成的形式,对硬脆材料能实现延性域磨削,表面质量好,对高塑性材料也可获得良好的磨削效果。

(5)随着切削速度的提高,切削力减小,因而切削过程中的激振源减少。同时由于切削速度很高,切削振动频率可远离机床的固有频率,因此使切削振动大大降低,有利于改善表面质量。

(6)高速切削时,切削刃和单个磨粒所受的切削力减小,可提高刀具和砂轮等的使用寿命。

(7)高速切削时,可以不加切削液,是一种干式切削,符合绿色制造要求。

(8)高速切削加工的条件要求是比较严格的,需要有高质量的高速加工设备和工艺装备。

设备要有安全防护装置，整个加工系统应有实时监控，以保证人身安全和设备的安全运行。

由于高速加工具有明显的优越性，在航空、航天、汽车、模具等制造行业中已推广使用，并取得了显著的技术经济效果。

三、高速加工的机理

高速切削加工时，在切削力、切削热、切屑形成和刀具磨损、破损等方面均与传统切削有所不同。

在切削加工的开始，切削力和切削温度会随着切削速度的提高而逐渐增加，在峰值附近，被加工材料的表层不断软化而形成了黏滞状态，严重影响了切削性，这就是“热沟”区。这时切削力最大，切削温度最高，切削效果最差。切削速度继续提高时，切屑变得很薄，摩擦因数减小，剪切角增大，同时在工件、刀具和切屑中，传入切屑的切削热比例越来越大，从而被切屑带走的切削热也越来越大。这些致使切削力减小，切削温度降低，切削热减少，这就是高速切削时产生峰值切削温度的原因。实验证明，在高速切削范围，尽可能提高切削速度是有利的。

在高速范围内，由于切削速度比较高，在其他加工参数不变的情况下，切屑很薄，对铝合金、低碳钢、合金钢等低硬度材料，易于形成连续带状切屑；而对于淬火钢、钛合金等高硬度材料，则由于应变速度加大，被加工材料的脆性增加，易于形成锯齿状切屑。随着切削速度的增加，甚至出现单元切屑。

在高速切削时，由于切削速度很高，切屑在极短的时间内形成，应变速度大，应变率很高，对工件表面层的深度影响减少，因此表面弹性、塑性变形层变薄，所形成的硬化层减小，表层残余应力减小。

高速磨削时，在砂轮速度提高而其他加工参数不变的情况下，单位时间内磨削区的磨粒数增加，单个磨粒切下的切屑变薄，从而使单个磨粒的磨削力变小，总磨削力必然减小。同时，由于磨削速度很高，磨屑在极短的时间内形成，应变率很高，对工件表面层的影响减少，因此表面硬化层、弹性、塑性变形层变薄，残余应力减小，磨削犁沟隆起高度变小，犁沟和滑擦距离变小。而且由于磨削热降低，不易产生表面磨削烧伤。

四、高速加工的体系结构和相关技术

进行高速切削和磨削并非易事。图 7.18 为高速加工的体系结构和相关技术，可见其系统比较复杂，涉及的技术面较宽。

高速加工时要有高速加工机床，如高速车床、高速铣床和高速加工中心等。机床要有高速主轴系统和高速进给系统，具有高刚度和抗振性，并有可靠的安全防护装置。刀具材料通常采用金刚石、立方氮化硼、陶瓷等，也可用硬质合金涂层刀具、细粒度硬质合金刀具。对于高速铣刀要进行动平衡。高速砂轮的磨料多用金刚石、立方氮化硼等。砂轮要有良好的抗裂性、高的动平衡精度、良好的导热性和阻尼特性。高速加工时，高速回转的工件需要严格的动平衡，整个加工系统应有实时监控系统，以保证正常运行和人身安全。在加工工艺方面，如切削方式应尽量采用顺铣加工，进给方式应尽量减少刀具的急速换向，以及尽量保持恒定的去除率，等等。

高速加工的关键技术主要是高速加工设备的制造、刀具和砂轮的制作、加工工艺的制定、安全防护装置和实时监测系统的设置安装等。

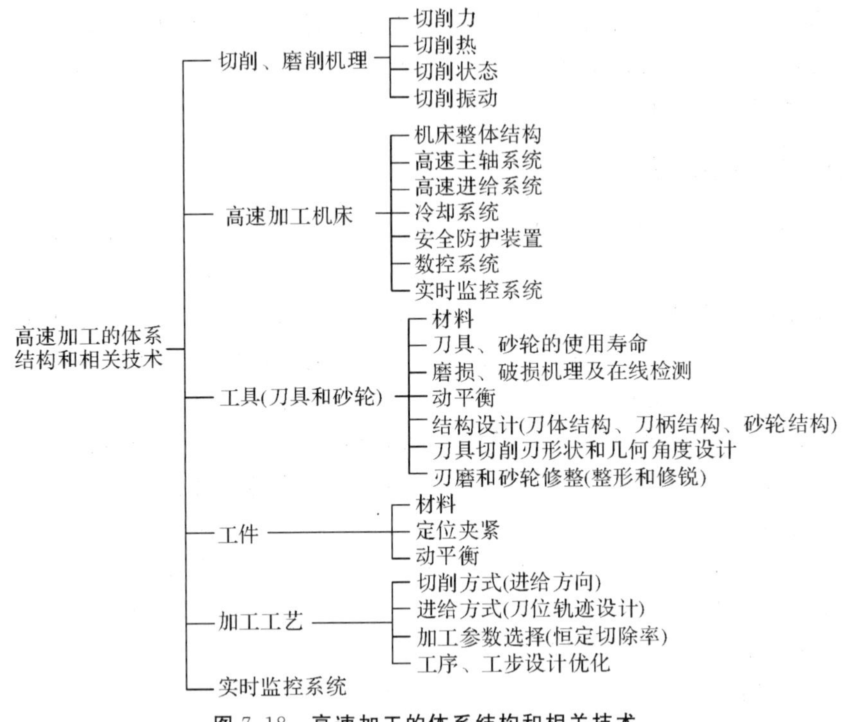

图 7.18　高速加工的体系结构和相关技术

7.4　精密加工和超精密加工技术

一、精密加工和超精密加工的概念

精密加工和超精密加工代表了加工精度发展的不同阶段。从一般加工发展到精密加工，再到超精密加工，由于生产技术的不断发展，划分的界限将随着发展进程而逐渐向前推移，因此划分是相对的，很难用数值来表示。现在，精密加工通常是指加工精度为 1～0.1 μm、表面粗糙度 Ra 值小于 0.01～0.1 μm 的加工技术；超精密加工是指加工精度高于 0.1 μm、表面粗糙度 Ra 值小于 0.025 μm 的加工技术。当前，超精密加工的水平已达到纳米级，形成了纳米技术，而且正在向更高水平发展。

精密加工和超精密加工是由日本提出的。在欧洲和美国，通常将精密加工（Precision Machining，PM）技术和超精密加工（Ultra-Precision Machining，UPM）技术统称为精密工程（Precision Engineering，PE）。

二、精密加工和超精密加工的特点

(1)创造性原则。对于精密加工和超精密加工，由于被加工零件的精度要求很高，有时已不可能采用现有的机床，因此应考虑采用直接创造性原则。现在，精密机床和超精密机已有不少可选品种问世，但大多为通用型，价格相当昂贵，交货期也较长，因此在可能的条件下，是可以考虑直接购买的。对于一些特殊的高精度零件加工，可能要用间接创造性原则进行专门研制。

(2)微量切除(极薄切削)。超精密加工时,背吃刀量极小,属于微量切除和超微量切除,因此对刀具刃磨、砂轮修整和机床精度均有很高要求。

(3)综合制造工艺系统。精密加工和超精密加工是一门多学科交叉的综合性高技术,要达到高精度和高表面质量,涉及被加工材料的结构及质量(如材料结构中的微缺陷等)、加工方法的选择、工件的定位与夹紧方式、加工设备的技术性能和质量、工具及其材料选择、测试方法及测试设备、恒温、净化、防振的工作环境,以及人的技艺等诸多因素,因此,精密加工和超精密加工是一个系统工程,不仅复杂,而且难度很大。

(4)精密特种加工和复合加工方法。在精密加工和超精密加工方法中,不仅有传统的加工方法,如超精密车削、铣削和磨削等,而且有精密特种加工方法,如精密电火花加工、激光加工、电子束加工、离子束加工等,还有一些精密复合加工方法。

(5)自动化技术。现代精密加工和超精密加工应用计算机技术、在线检测和误差补偿、适应控制和信息技术等,使整个系统工作自动化,减少了人的因素影响,提高了加工质量。

(6)加工检测一体化。精密加工和超精密加工中,不仅要进行离线检测,而且有时要采用在位检测(工件加工完后不卸下,在机床上直接检测)、在线检测和误差补偿,以提高检测精度。

三、精密加工和超精密加工方法

根据加工方法的机理和特点,精密加工和超精密加工方法可分为刀具切削加工、磨料磨削加工、特种加工和复合加工等,如图7.19所示。由图7.19中可以看出,有些方法是传统加工方法、特种加工方法的精密化,有些方法是复合加工方法,其中包括传统加工方法的复合、特种加工方法的复合,以及传统加工方法与特种加工方法的复合(如机械化学抛光、精密电解磨削、精密超声珩磨等)。

由于精密加工和超精密加工方法很多,现择其主要的几种方法进行论述。

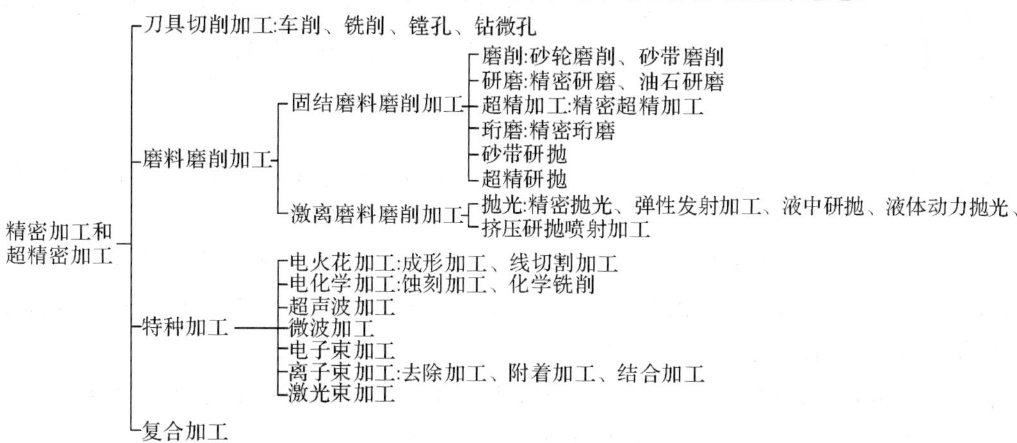

图7.19　各种精密加工和超精密加工方法

1.金刚石刀具超精密切削

(1)金刚石刀具超精密切削的机理。金刚石刀具超精密切削是极薄切削,其背吃刀量可能小于晶粒的大小,切削就在晶粒内进行。这时,切削力一定要超过晶体内部非常大的原子、分子结合力,切削刃上所承受的切应力会急速增加并变得非常大。例如,在切削低碳钢时,其应力值将接近该材料的抗剪强度。因此，切削刃将会受到很大的应力，同时产生很大的热量，切削刃切削处的温度将极高，要求刀具材料应有很高的高温强度和硬度。金刚石刀具不仅有很高的高温强度和硬度，而且由于金刚石材料本身质地细密，经过精细研磨，切削刃钝圆半径可达 0.005～0.02 μm，切削刃的几何形状可以加工得很好，表面粗糙度值可以很小，因此能够进行 *Ra* 值为 0.008～0.05 μm 的镜面切削，并达到比较理想的效果。

通常，精密切削和超精密切削都是在低速、低压、低温下进行的，这样切削力很小，切削温度很低，工件被加工表面塑性变形小，加工精度高，表面粗糙度值小，尺寸稳定性好。金刚石刀具超精密切削是在高速、小背吃刀量、小进给量下进行的，是在高应力、高温下切削，由于极薄切削，切速高，不会波及工件内层，因此塑性变形小，同样可以获得高精度、小表面粗糙度值的加工表面。

目前，金刚石刀具主要用来切削铜、铝及其合金。当切削钢铁等含碳的金属材料时，由于会产生亲和作用，产生碳化磨损(扩散磨损)，不仅刀具易于磨损，而且影响加工质量，切削效果不理想。

(2)影响金刚石刀具超精密切削的因素。对表面粗糙度影响最大的是主轴回转精度，因此，主轴采用液体静压轴承或空气静压轴承，其回转精度高于 0.05 μm。振动对表面粗糙度极其有害，工件与刀具切削刃之间不允许振动，因此工艺系统应有较大的动刚度，同时电动机和外界的振源应严格隔离。热变形对形状误差影响很大，特别是主轴的热变形影响更大，因此应设置冷却系统来控制机床及其切削区域的温度，并应在恒温室中工作。机床工作台和床身导轨的几何精度、位置精度，以及进给传动系统的结构尺寸误差和形状误差有较大影响，应有较高的系统刚度。工件材料的种类、化学成分、性质和质量对加工质量有直接影响。金刚石刀具的材质、几何形状、刃磨质量和安装调整对加工质量有直接影响。对于数控超精密加工机床，除一般精度外，尚有随动(伺服)精度，它包括速度误差(跟随误差)、加速度误差(动态误差)和位置误差(反向间隙、死区、失动)，这些误差都会影响尺寸精度和形状精度。

2.精密磨削

精密磨削是指加工精度为 1～0.1 μm、表面粗糙度 *Ra* 值达到 0. 025～0.2 μm 的磨削方法。它又称为小粗糙度磨削。

(1)精密磨削机理。精密磨削主要是靠砂轮的精密修整，使磨粒具有微刃性和等高性。磨削后，加工表面留下大量极微细的磨削痕迹，残留高度极小，加上无火花磨削阶段的作用，最终获得高精度和小表面粗糙度值的加工表面。

精密磨削的机理可归纳为：①微刃的微切削作用，磨粒的微刃性和等高性，如图 7.20 所示。②微刃的等高切削作用。③微刃的滑挤、摩擦、抛光作用。

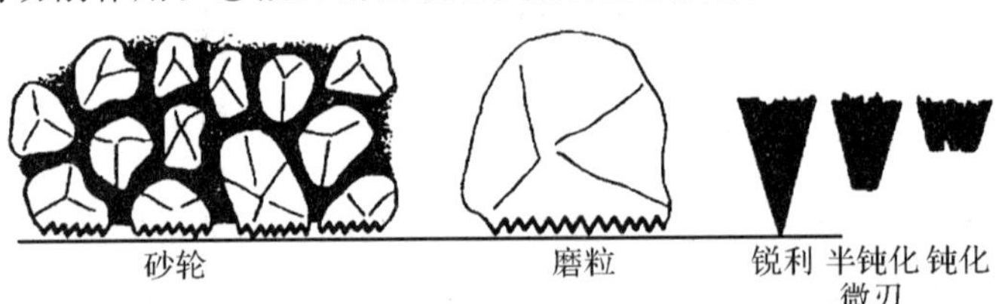

图 7.20　磨粒的微刃性和等高性

(2)精密磨削砂轮及其修整。精密磨削时,砂粒上大量的等高微刃是金刚石修整工具以极低而均匀的进给(10～15 mm/min)精细修整而得到的。砂轮修整是精密磨削的关键之一。精密磨削砂轮选择的原则应是易产生和保持微刃。砂轮的粒度可选择粗粒度和细粒度两种。粗粒度砂轮经过精细修整,微刃的切削作用是主要的;细粒度砂轮经过精细修整,半钝态微刃在适当压力下与工件表面的摩擦抛光作用比较显著,其加工表面粗糙度值较粗粒度砂轮所加工的要小。

精密磨削砂轮的修整方法有单粒金刚石修整、金刚石粉末烧结型修整器修整和金刚石超声波修整等,如图 7.21 (a)～(c)所示。一般修整时,修整器应安装在低于砂轮中心 0.5～1.5 mm处,尾部向上倾斜 10°～15°,使金刚石受力小,寿命长,如图 7.21(d)所示。砂轮修整的规范为:修整器进给速度 10～15 mm/min,修整深度 2.5 μm/单行程,修整 2～3 次/单行程,光修(无修整深度)1 次/单行程。

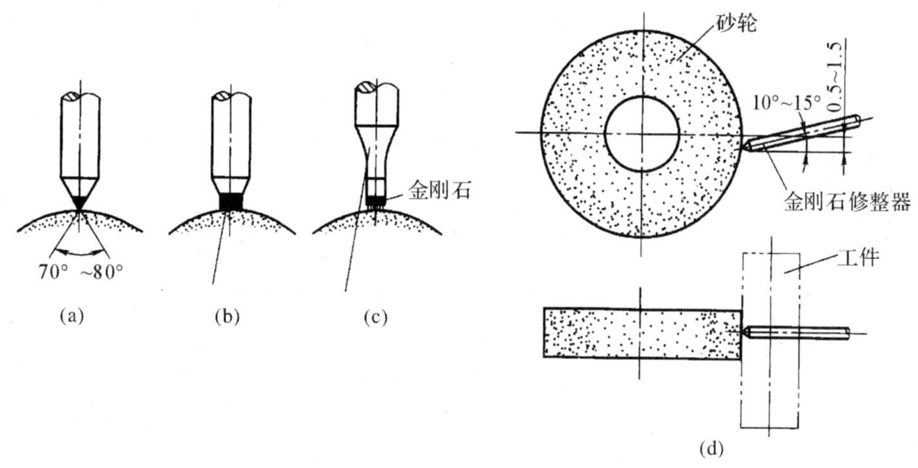

图 7.21　精密磨削时的砂轮修整

(a)单粒金刚石修整 ;(b)金刚石粉末烧结型修整器修整;(c)金刚石超声波修整;
(d)金刚石修整器修整砂轮时的安装位置

(3)精密磨床的结构。磨床应有高几何精度,如主轴回转精度、导轨直线度,以保证工件的几何形状精度要求;应有高精度的横向进给机构,以保证工件的尺寸精度,以及砂轮修整时的修整深度;还应有低速稳定性好的工作台纵向移动机构,不能产生爬行、振动,以保证砂轮的修整质量和加工质量。由于砂轮修整时的纵向进给速度很低,其低速稳定性对砂轮修整的微刃性和等高性非常重要,是一定要保证的。

影响精密磨削质量的因素很多,除上述分析的砂轮选择及其修整、磨床精度及其结构外,尚有磨削工艺参数的选择和工作环境等诸多因素的影响。

3.精密和超精密砂带磨削

砂带磨削是一种高效磨削方法,能得到高的加工精度和表面质量,具有广阔的应用范围,可补充或部分代替砂轮磨削。

(1)砂带磨削方式。它可分为闭式和开式两种,如图 7.22 所示。

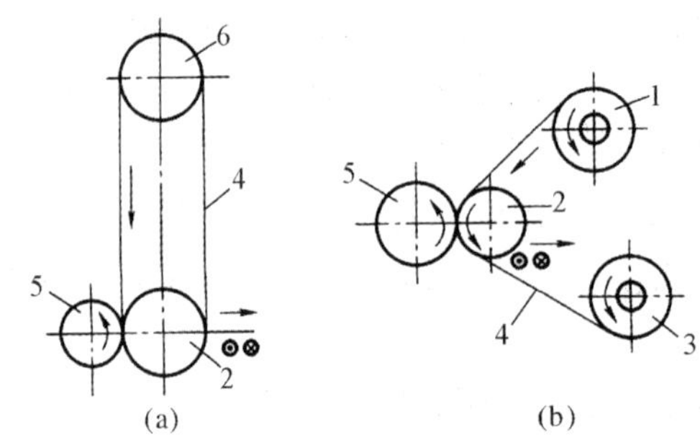

图 7.22　砂带(振动)磨削(研抛)方式

(a)闭式砂带;(b)开式砂带

1—砂带轮;2—接触轮;3—卷带轮;4—砂带;5—工件;6—张紧轮

1)闭式砂带磨削采用无接头或有接头的环形砂带,通过张紧轮撑紧,由电动机通过接触轮带动砂带高速回转。砂带线速度为 30 m/s,工件回转或移动(加工平面),接触轮外圆以一定的工作压力与工件被加工表面接触,砂带头架做纵向及横向进给,从而对工件进行磨削。砂带磨钝后,换上一条新砂带[见图 7.22(a)]。这种方式效率高,但噪声大,易发热,可用于粗加工和精加工。

2)开式砂带磨削采用成卷砂带,由电动机经减速机构通过卷带轮带动砂带做缓慢移动,砂带绕过接触轮外圆以一定的工作压力与工件被加工表面接触,工件回转或移动(加工平面),砂带头架或工作台做纵向及横向进给,从而对工件进行磨削[见图 7.22(b)]。由于砂带在磨削过程中的连续缓慢移动,切削区域不断出现新砂粒,旧砂粒不断退出,因而磨削工作状态稳定,磨削质量和效果好,其多用于精密和超精密磨削中,但效率不如闭式砂带磨削高。

砂带振动磨削是通过接触轮带动砂带做沿接触轮的轴向振动,可减小表面粗糙度值和提高效率,如图 7.22 所示。

砂带磨削按砂带与工件接触的形式来分,可分为接触轮式、支承板(轮)式、自由浮动接触式和自由接触式等。图 7.22 为接触式。按照加工表面的类型来分,可分为外圆、内圆、平面、成形表面等磨削方式。

(2)砂带磨削的特点及其应用范围。

1)砂带本身具有弹性,接触轮外圆有橡胶或塑料等弹性层,因此砂带与工件是柔性接触,磨粒载荷小而均匀,具有抛光作用,同时又能起减振作用,故称为“弹性”磨削。

2)用静电植砂法制作砂带,磨粒有方向性,同时磨粒的切削刃间隔长,摩擦生热少,散热时间长,切削不易堵塞,力、热作用小,有较好的切削性,能有效地减少工件变形和表面烧伤,故又有“冷态”磨削之称。

3)强力砂带磨削的效率可与铣削、砂轮磨削媲美。砂带又不需修整,磨削比(切除工件的重量与磨料磨损的重量之比)较高,因此又有“高效”磨削之称。

4)砂带制作比砂轮制作简单,无烧结、修整工艺问题,易于批量生产,价格便宜,使用方便,是一种“廉价”磨削。

5)可生产各种类型的砂带磨床,用于加工外圆、内圆、平面和成形表面。砂带磨削头架可作为部件安装在车床、立式车床上进行磨削加工。砂带磨削可加工各种金属和非金属材料,有很强的适应性,是一种“适应”磨削。

砂带磨削的关键部件是磨削头架，磨削头架的关键零件是接触轮(板)。

4. 精密研磨抛光方法

近年来，在磨削和抛光方法上出现了许多方法，如油石研磨、磁性研磨、电解研磨、化学机械抛光、机械化学抛光、软质磨粒抛光(弹性发射加工)、浮动抛光、液中研抛、喷射加工、砂带研抛和超精研抛等。现仅以磁性研磨和软质磨粒抛光为例进行阐述。

(1)磁性研磨。工件放在两磁极之间，工件和极间放入含铁的刚玉等磁性磨料，在直流磁场的作用下，磁性磨料沿磁力线方向整齐排列，如同刷子一般对被加工表面施加压力，并保持加工间隙。研磨压力的大小随磁场中磁通密度及磁性磨料填充量的增大而增大，因此可以调节。研磨时，工件一面旋转，一面沿轴线方向振动，使磁性磨料与被加工表面之间产生相对运动。这种方法可研磨轴类零件的内外圆表面，也可以用来去飞边。对钛合金的研磨效果较好，如图 7.23 所示。

(2)软质磨粒抛光。软质磨粒抛光的特点是可以用较软的磨粒，甚至比工件材料还要软的磨粒(如 SiO_2，ZrO_2 等)来抛光。抛光时工件与抛光器不接触，不产生机械损伤，可大大减少一般抛光中所产生的微裂纹、磨粒嵌入、洼坑、麻点、附着物、污染等缺陷，能获得极好的表面质量。

典型的软质磨粒机械抛光是弹性发射加工(Elastic Emission Machining，EEM)，它是一种无接触的抛光方法，是利用水流加速微小磨粒，使磨粒与工件被加工表面产生很大的相对运动，并以很大的速率撞击工件表面的原子晶格，使表层不平处的原子晶格受到很大的剪切力，致使这些原子被移去。图 7.24 为弹性发射加工原理图，抛光液的入射角(与水平面的夹角)要尽量小，以增加剪切力，抛光器为聚氨酯球，抛光时抛光器与工件不接触。

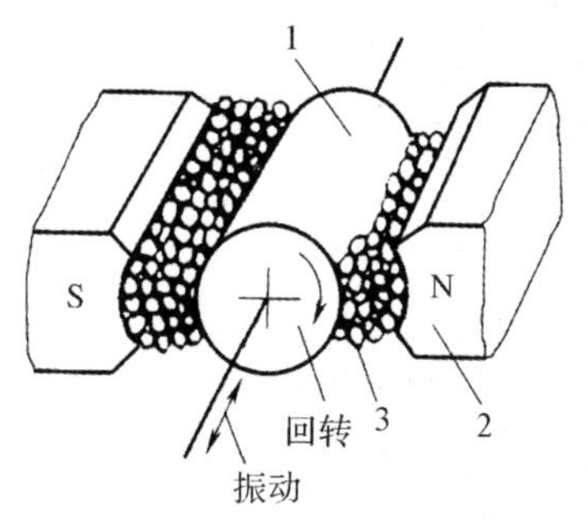

图 7.23　磁性研磨原理

1—工件；2—磁极；3—磁性磨料

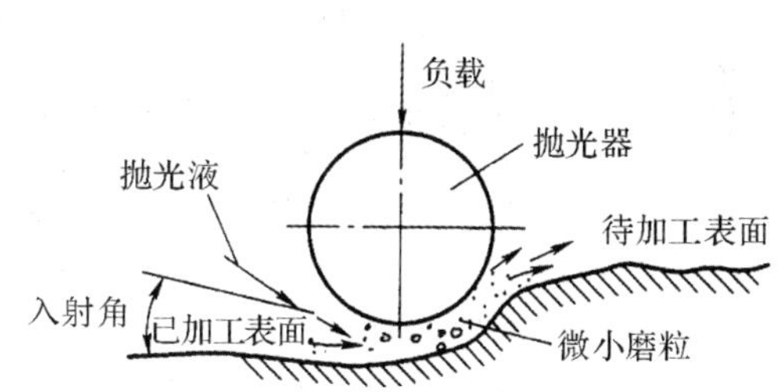

图 7.24　弹性发射加工原理图

7.5　微细加工及纳米技术

一、微细加工技术

1. 微细加工的概念及其特点

细加工技术是指制造微小尺寸零件的生产加工技术。从广义的角度来说，微细加工包含了各种传统的精密加工方法(如切削加工、磨料加工等)和特种加工方法(如外延生产、光刻加工、电铸、激光束加工、电子束加工和离子束加工等)，属于精密加工和超精密加工范畴；从狭义的角度来说，微细加工主要指半导体集成电路制造技术，这是因为微细加工技术的出现和发展与大规模集成电路有密切关系，其主要技术有外延生产、氧化、光刻、选择扩散和真空镀膜等。

微小尺寸加工和一般尺寸加工是不同的，主要表现在精度的表示方法上。一般尺寸加工时，精度是用加工误差与加工尺寸的比值来表示的。在现行的公差标准中，公差单位是计算标准公差的基本单位，它是公称尺寸的函数。公称尺寸越大，公差单位也越大，因此属于同一公差等级的公差，公差单位数相同，但对于不同的公称尺寸，其公差数值不同。在微细加工时，由于加工尺寸很小，精度用尺寸的绝对值来表示，即用去除的一块材料的大小来表示，从而引入了加工单位尺寸(简称加工单位)的概念。加工单位就是去除的一块材料的大小。

微细加工的特点与精密加工类似，可参考精密加工和超精密加工部分的论述。

目前，通过各种微细加工方法，在集成电路基片上制造出的各种各样的微型机械，发展得十分迅速。

2. 微细加工方法

微细加工方法的分类可参考精密加工的分类方法，分为切削加工、磨料加工、特种加工和复合加工。考虑到微细加工与集成电路的关系密切，接分离(去除)加工、结合加工和变形加工来分类更好。

微细加工技术的各种加工方法可用树状结构表示，如图 7.25 所示。目前微细加工正向着高深宽比三维工艺方向发展。

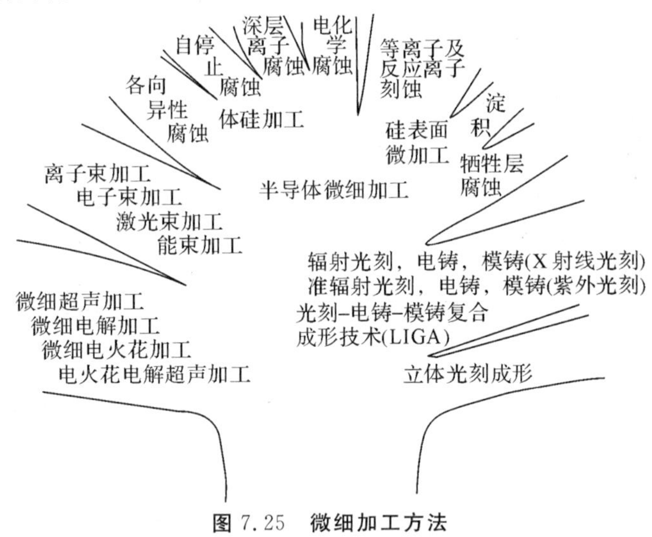

图 7.25　微细加工方法

在微细加工中，光刻加工是其主要的加工方法之一。它又称为光刻蚀加工或刻蚀加工，简称刻蚀。它主要制作高精度微细线条所构成的高密度微细复杂图形。

光刻加工可分为两个阶段：①原版制作，生成工作原版或称工作掩膜，即光刻时的模板；②光刻。

光刻过程如图 7.26 所示，分为涂胶、曝光、显影与烘片、刻蚀、剥膜与检查等工作。

(1)涂胶。把光致抗蚀剂涂敷在已镀有氧化膜的半导体基片上。

(2)曝光。由光源发出的光束，经掩膜在光致抗蚀剂涂层上成像，称为投影曝光。或将光束聚焦成细小束斑通过扫描在光致抗蚀剂涂层上绘制图形，称为扫描曝光。两者统称为曝光。常用的光源有电子束、离子束等。

(3)显影与烘片。曝光后的光致抗蚀剂在特定溶剂中把曝光图形显示出来，即为显影。其后进行 200～250℃的高温处理，以提高光致抗蚀剂的强度，称为烘片。

(4)刻蚀。利用化学或物理方法，将没有光致抗蚀剂部分的氧化膜除去，称为刻蚀。刻蚀的方法有化学刻蚀、离子刻蚀、电解刻蚀等。

(5)剥膜与检查。用剥膜液去除光致抗蚀剂的处理称为剥膜。剥膜后进行外观、线条、断面形状、物理性能和电学特性等检查。

20 世纪 80 年代中期德国 W. Ehrfeld 教授等发明的光刻-电铸-模铸复合成形技术(LIGA)是当前的微细加工发展方向，它是由深度同步辐射 X 射线刻、电铸成形和模铸成形等技术组合而成的综合性术，可制作高宽比大的立体微结构，加工精度可达 0.1μm，可加工的材料有金属、陶瓷和玻璃等。

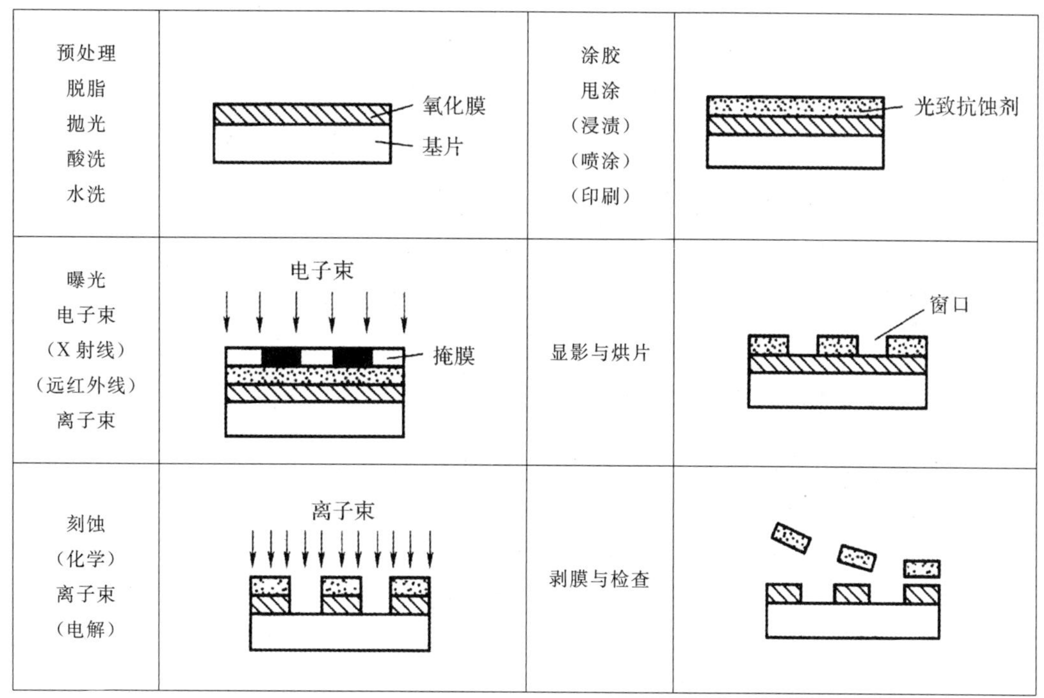

图 7.26　光刻过程

3. 集成电路芯片的制造

现以一个集成电路芯片的制造工艺为例来说明微细加工的应用。图 7.27 所示为一块集成电路芯片的主要工艺方法。

(1)外延生长。外延生长是在半导体晶片表面沿原来的晶体结构晶轴方向通过气相法(化学气相沉积)生长出一层厚度为 10 μm 以内的单晶层，以提高晶体管的性能。外延生长层的厚度及其电阻率由所制作的晶体管的性能决定。

(2)氧化。氧化是在外延生长层表面通过热氧化法生成氧化膜。该氧化膜与晶片附着紧密，是良好的绝缘体，可做绝缘层，防止短路。

(3)光刻。即刻蚀,是在氧化膜上涂覆一层光致抗蚀剂,经图形复印曝光(或图形扫描曝光)、显影、刻蚀等处理后,在基片上形成所需要的精细图形,并在端面上形成窗口。

(4)选择扩散。基片经外延生长、氧化、光刻后,置于惰性气体或真空中加热,并与合适的杂质(如硼、磷等)接触,则窗口处的外延生长表面将受到杂质扩散作用,形成 1～3 μm 深的扩散层,其性质和深度取决于杂质种类、气体流量、扩散时间和扩散温度等因素。选择扩散后就可形成半导体的基区(P 结)或发射区(N 结)。

(5)真空蒸镀。在真空容器中,加热导电性能良好的金、银、铂等金属,使之成为蒸气原子而飞溅到芯片表面,沉积形成一层金属膜,即为真空蒸镀。完成集成电路中的布线和引线准备,再经过光刻,即可得到布线和引线。

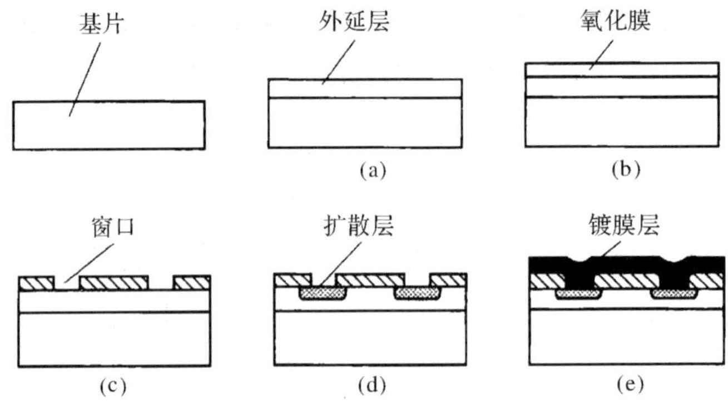

图 7.27 集成电路芯片的主要工艺方法

(a)外延生长;(b)氧化;(c)光刻口;(d)选择扩散;(e)真空镀膜

4.印制电路板制造

(1)印制电路板的结构与分类。印制电路板是用一块板上的电路来连接芯片、电器元件和其他设备的,由于其上的电路最早是采用筛网印刷技术来实现的,因此通常称为印制电路板。图 7.28(a)～(d)所示分别为单面板、双面板和多层板。

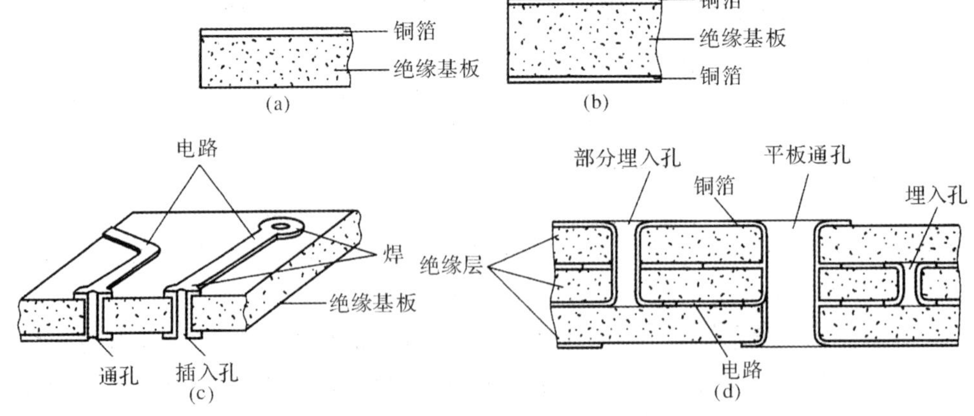

图 7.28 印刷电路板

(a)单面板;(b)双面板;(c)双面板电路结构;(d)多层板电路结构

单面印制电路板是最简单的一种印制电路板，它是在一块厚 0.25～0.3 mm 的绝缘基板上粘一层厚度为 0.02～0.04 mm 的铜箔而构成的。绝缘基板是将环氧树脂注入多层薄玻璃纤维板，然后经热镀或辊压的高温和高压使各层固化并硬化，形成既耐高温又抗弯曲的刚性板材，以保证芯片、电器元件和外部输入、输出装置等接口的位置和连接。双面印制电路板是在基板的上、下两面均粘有铜箔，这样，两面均有电路，可用于比较复杂的电路结构。由于电路越来越复杂，因此又出现了多层电路板。现在多层电路板的层数已可达到 16 层甚至更多。

(2)印制电路板的制造。一块单层印制电路板的制造过程可分为以下几道工序。

1)剪切。通过剪切得到规定尺寸的电路板。

2)钻定位孔。通常在板的一个对角边上钻出两个直径为 3 mm 的定位孔，以便以后在不同工序加工时采用一面两销定位，同时加上条形码以便识别。

3)清洗。表面清洗去油污，以减少以后加工出现缺陷。

4)电路制作。早期的电路制作是先画出电路放大图，经照相精缩成要求大小，作为原版，在印制电路板上均匀涂上光敏抗蚀剂，照相复制原版，腐蚀掉不需要的部分，清洗后就得到所需的电路。现在多采用光刻技术来制作电路，这在微型化和质量上均有很大提高。

5)钻孔或冲孔。用数控高速钻床或压力机加工出通道孔、插件孔和附加孔等。

6)电镀。由于在绝缘基板上加工出的孔是不导电的，因此对于双层板要用非电解电镀(在含有铜离子的水溶液中进行化学镀)的方法将铜积淀在通孔内的绝缘层表面上。

7)镀保护层，如镀金等。

8)测试。

多层电路板的制造是在单层电路板的基础上进行的。即首先要制作单层电路板，然后将它们黏合在一起而制成。图 7.28(d)为三层电路板，其中有平板通孔、埋入孔和部分埋入孔等。多层电路板制造的关键技术有：各层板间的精密定位、各层板间的通孔连接等。

二、纳米技术

纳米技术是当前先进制造技术发展的热点和重点，它通常是指纳米级 0.1～100 nm 的材料、产品设计、加工、检测和控制等一系列技术。它是科技发展的一个新兴领域，它不是简单的“精度提高”和“尺寸缩小”，而是从物理的宏观领域进入到微观领域，一些宏观的几何学、力学、热力学、电磁学等都不能正常地描述纳米级的工程现象与规律。

纳米技术主要包括纳米材料、纳米级精度制造技术、纳米级精度和表面质量检测、纳米级微传感器和控制技术、微型机电系统和纳米生物学等。

微型机电系统(Micro Electro Mechanical Systems，MEMS)是指集微型机构、微型传感器、微型执行器、信号处理、控制电路、接口、通信和电源等于一体的微型机电器件或综合体，它是美国的惯用词，日本仍习惯地称为微型机械(Micromachine)，欧洲称为微型系统(Microsystem)，现在大多称为微型机电系统。微型机电系统可由输入、传感器、信号处理、执行器等独立的功能单位组成，其输入是力、光、声、温度、化学等物化信号，通过传感器转换为电信号，经过模拟或数字信号处理后，由执行器与外界作用。各个微型机电系统可以采用光、磁等物理量的数字或模拟信号，通过接口与其他微型机电系统进行通信，如图 7.29 所示。电系统可以认为微型机是一个产品，其特征尺寸范围应为 1 μm～1mm。考虑到当前的技术水平，尺寸在 1～10 mm的小型机械和将来利用生物工程和分子组装可实现的 1 nm～1 μm 的纳米机械或分子机械，均可属于微型机械范畴。

微型机电系统在生物医学、航空航天、国防、工业、农业、交通、信息等多个部门均有广泛的应用前景，已有微型传感器、微型齿轮泵、微型电动机、电极探针和微型喷嘴等多种微型机械问世，今后将在精细外科手术、微卫星的微惯导装置、狭窄空间及特殊工况下的维修机器人、微型仪表和农业基因工程等各个方面显现出巨大潜力。

目前，微型机电系统的发展前沿主要有：微型机械学研究、微型结构加工技术（高深宽比多层微结构的表面加工和体加工技术）、微装配、微键合、微封装技术、微测试技术、典型微器件和微机械的设计技术等。

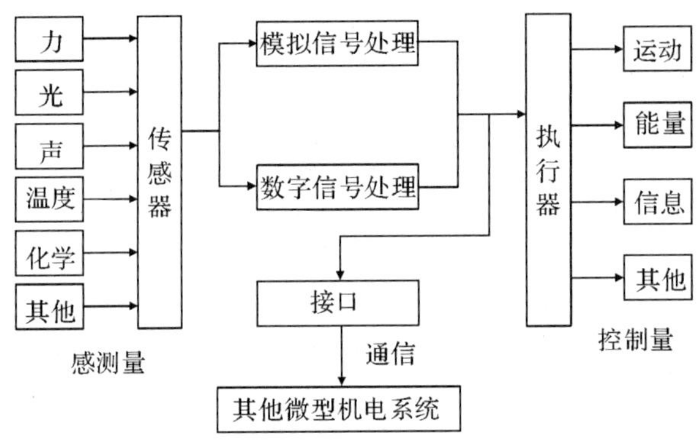

图 7.29　微型机电系统的机构

7.6　复合加工技术

一、复合加工技术含义的扩展

1. 传统复合加工技术

传统复合加工是指同时采用多种形式能量的综合作用来实现对工件材料的加工，两种或更多加工方法组合在一起，可以发挥各自加工的优势，使加工效果能够叠加，达到高质高效加工的目的。在加工方法或作用的复合上，可以是传统加工方法的复合，也可以是传统加工方法和特种加工方法的复合，应用力、热、光、电、磁、流体和声波等多种能量综合加工。

2. 广义复合加工技术

由于多位机床、多轴机床、多功能加工中心、多面体加工中心和复合刀具的发展，工序集中也是一种复合加工，如车铣复合加工中心、铣镗复合加工中心、铣镗磨复合加工中心等；工件一次定位，在一次行程中进行多个工序的复合工序加工，如利用复合刀具进行加工等；多面体加工；多工位顺序加工或同时加工以及多件加工等。这些复合加工技术与传统复合加工技术集合在一起，就形成了广义复合加工技术。

20 世纪 80 年代，复合加工技术逐渐向工序集中型复合加工发展，追求在一台加工中心上能够进行车削、铣削、镗削等多功能加工，并力求在工件一次装夹下加工尽量多的加工表面，甚至在多面体加工夹具结构的支持下，能够加工全部加工表面，从而可以避免工件多次装夹所造成的误差，提高加工精度、表面质量和生产率，所以称为完整加工和完全加工。

二、复合加工的类型

（一）作用叠加型

两种或多种加工方法或作用叠加在一起，同时作用在同一加工表面上，强调了一个加工表面的多作用组合同时加工，主要解决难加工材料的加工难题。典型的多能量复合加工技术如下。

1. 化学-机械复合加工

化学加工是利用酸、碱、盐等化学溶液对金属或某些非金属工件表面产生化学反应，腐蚀溶解而改变工件尺寸和形状的加工方法。如果仅仅进行局部有选择性的加工，则需要将工件上的非加工表面用耐腐蚀性涂层覆盖保护起来，仅露出需加工的部位。

化学-机械复合加工的原理是由溶液的腐蚀作用形成化学反应薄层，然后此薄层被磨粒的机械摩擦作用去除。这是一种超精密的精整加工方法，可以有效地加工硬质合金、工程陶瓷、单晶蓝宝石和半导体晶片等，可以防止机械加工引起的表面脆性裂纹和凹痕，避免磨粒的耕犁引起的隆起以及擦划引起的划痕，可获得光滑无缺陷的表面。

2. 切削复合加工

切削复合加工（Cutting Combined Machining，CCM）主要以改善切屑的形成过程为目标，可以分为加热切削和超声振动辅助切削两种。

加热切削是通过对工件的局部瞬时加热，改变其物理力学性能和表层的金相组织，降低工件切削区材料的强度，提高其塑性，改善其切削加工性能。加热切削是对铸造高锰钢、不锈钢等难切削加工材料进行高效率切削加工的一种有效方法，常用的有等离子电弧加热车削和激光辅助车削等。

超声振动辅助切削以超声振动的能量来减小刀具与工件之间的摩擦，并提高加工区工件材料的塑性，可以改善车削、钻削、铰削、插削、攻螺纹、切断等切削过程并能提高加工质量。

3. 磨削复合加工

磨削复合加工（Grinding Combined Machining，GCM）主要用于获得高的形状精度和表面质量。大规模集成电路的发展要求晶片达到小于 0.1μm 的平面度和纳米级的表面粗糙度，镜面的表面上应无细微划痕、擦伤和裂纹，表层的变质层应极微小。

磨削复合加工可以分为以下几种。

（1）基于松散磨料或游离磨料的复合加工。由于松散磨料加工使用柔性材料研具，游离磨料加工是通过磨料流运动实现的，而且无研具的约束，因而能根据与工件的接触情况自动调整吃刀量（切削深度），并使磨粒切削方位随机变换，容易保持磨粒的锐利性，从而实现微量切削形成高质量的加工表面。在此基础上再复合液力、电子、磁场和化学等能量作用，可以有选择地控制工件表面不平度突起点的加工并促进高质量加工表面的形成。

(2)电解在线修整砂轮磨削法(ELID)。ELID 磨削技术由日本物理化学研究所的大森整博士发明，它是将细粒度金刚石或 CBN 砂轮与电解在线连续修整砂轮技术相结合，使磨料保持锋利和均匀排列，可以获得镜面加工表面，而且生产率较高。

ELID 磨削技术在日本、美国、英国、德国等国家得到广泛的重视和研究、应用，主要用于对硬脆性材料表面进行超精密加工。目前，使用该技术对硬质合金、陶瓷、光学玻璃等脆性材料加工均实现了镜面磨削，加工工件表面粗糙度与在同样机床条件下的普通砂轮磨削相比有大幅度的提高，部分工件的表面粗糙度 Ra 已经达到纳米级。

(3)机械脉冲放电—磨削复合加工。机械脉冲放电-磨削复合加工技术是通过使用专用的金刚石或 CBN 砂轮，并使其和工件分别与直流电源的正负两极相连来工作的。在复合加工过程中，专用砂轮高速旋转，当导电的金属部分与工件相对时，极间电压击穿工作液介质产生火花放电；当不导电的磨块与工件接触时，进行磨削加工，火花放电形成的烧蚀层被磨粒磨除，形成新鲜的表面。该复合加工技术特别适合于导电难加工材料的高效精密加工。

4. 放电复合加工

电火花放电复合加工(Electro-Discharge Combined Machining，EDCM)是以火花放电所产生的热能为主，与磨料机械能、超声振动能和电解的化学能等一种或几种能量形式复合进行的加工，它可以提高加工表面质量和加工效率。电火花放电复合加工主要有电解-放电复合加工、磨削-放电复合加工、超声-放电复合加工、超声振动-放电-磨削复合加工技术等。

(二)功能集合型(工序集中型)

两种或多种加工方法或作用集合在一台机床上，同时或有时序地作用在一个工件的同一加工表面或不同加工表面上，强调了一个工件的多功能集中加工，主要解决复杂结构件的加工难题，特别是保证工件的尺寸、几何精度和生产率。例如，车铣复合加工中心既可车又可铣，多面体加工中心的五面体加工或六面体加工，组合机床的加工，复合工序和复合工步中，在加工埋头螺钉孔时，螺钉孔与沉头孔的复合加工，以及转塔车床的顺序加工等。

值得提出的是，车铣复合加工中心可以分为三种类型：第一类可称为车铣复合加工中心，它以车削加工为基础，集合了铣削加工功能；第二类可称为铣车复合加工中心，它以铣削加工为基础，集合了车削加工功能；第三类称为车铣加工中心，是单指车削和铣削复合加工的。三类加工中心的性能特点、结构各有不同，名称上也应有所区别，前两类可称为车铣复合加工，后一类可称为车铣加工。

当前，以铣削为主体的复合加工发展很快，如车铣加工、镗铣加工、插铣加工等，值得注意。

功能集合型的复合加工技术在汽车、航空工业中已有广泛的需求和应用，如曲轴和凸轮轴等是发动机的典型重要零件，现在可在车铣复合加工中心上经一次装夹即完成大部分加工（见

图 7.30)，从而大大地提高了加工质量和生产率。

图 7.30　车铣复合中心加工的典型零件

习　　题

7.1　试述分层加工(堆积加工)的原理。

7.2　试论述特种加工的种类、特点和应用范围。

7.3　试比较电火花线切割中高速走丝和低速走丝的优缺点及其发展态势。

7.4　试述超声波加工的机理、设备组成、特点及应用。

7.5　分析激光加工的特点和应用范围。

7.6　为什么要发展高速加工?

1.7　试述高速切削和高速磨削的机理。

7.8　精密磨削为什么能加工出精度高、表面粗糙度值小的工件?

7.9　试论述砂带磨削的特点及其应用范围。

7.10　微细加工和一般加工在加工概念上有何不同?

7.11　试述集成电路的一般制造过程。

7.12　何谓微型机电系统?

参 考 文 献

[1] 王选逵. 机械制造工艺学[M]. 4版. 北京：机械工业出版社，2019.
[2] 宋绪丁. 机械制造技术基础[M]. 4版. 西安：西北工业大学出版，2019.
[3] 陈锡渠. 现代机械制造工艺[M]. 北京：清华大学出版社，2006.
[4] 朱焕池. 机械制造工艺学[M]. 2版. 北京：机械工业出版社，2016.
[5] 宁生科. 机械制造基础[M]. 西安：西北工业大学出版，2004.
[6] 何船. 机械制造技术[M]. 西安：西北工业大学出版社，2018.
[7] 刘忠伟. 先进制造技术[M]. 北京：电子工业出版社，2017.
[8] 郑修本. 机械制造工艺学[M]. 3版. 北京：机械工业出版社，2017.
[9] 汪哲能. 现代制造技术概论[M]. 北京：机械工业出版社，2019.
[10] 王劲锋. 现代制造技术概论[M]. 北京：高等教育出版社，2018.
[11] 张芙丽. 机械制造装备[M]. 北京：清华大学出版社，2017.
[12] 黄鹤汀. 机械制造装备[M]. 3版. 北京：机械工业出版社，2017.
[13] 齐宏. 现代机械制造技术概论[M]. 北京：机械工业出版社，2007.
[14] 孙波. 计算机辅助工艺设计[M]. 北京：化学工业出版社，2008.
[15] 张建华. 复合加工技术[M]. 北京：化学工业出版社，2005.
[16] 顾崇衔. 机械制造工艺学[M]. 西安：陕西科学技术出版社，1987.
[17] 于骏一. 机械制造技术基础[M]. 北京：机械工业出版社，2004.
[18] 融亦鸣. 现代计算机辅助夹具设计[M]. 北京：北京理工大学出版社，2010.
[19] 陈旭东. 机床夹具设计[M]. 北京：清华大学出版社，2010.
[20] 刘晋春. 特种加工[M]. 5版. 北京：机械工业出版社，2010.
[21] 艾兴. 高速切削加工技术[M]. 北京：国防工业出版社，2004.
[22] 袁哲俊. 精密和超精密加工技术[M]. 3版. 北京：机械工业出版社，2016.
[23] 王启平. 机械制造工艺学[M]. 5版. 哈尔滨：哈尔滨工业大学出版社，2000.
[24] 杨金凤. 机床夹具及应用[M]. 北京：北京理工大学出版社，2011.
[25] 卢秉恒. 机械制造技术基础[M]. 4版. 北京：机械工业出版社，2018.
[26] 刘烈元. 机械加工工艺基础[M]. 北京：高等教育出版社，2006.
[27] 苑伟政，乔大勇. 微机电系统(MEMS)制造技术[M]. 北京：科学出版社，2014.
[28] 庄万玉，丁杰雄. 制造技术[M]. 北京：国防工业出版社，2005.
[29] 傅水根，张学政，马二恩. 机械制造工艺基础[M]. 2版. 北京：清华大学出版社，2004.
[30] 杨棹，陈国香. 机械与模具制造工艺学[M]. 北京：中国宇航出版社，2005.
[31] 田锡天，侯忠斌，阎光明，等. 机械制造工艺学[M]. 2版. 西安：西北工业大学出版社，2010.
[32] 吴拓. 现代机床夹具设计[M]. 北京：化学工业出版社，2009.